室内装饰节点与构造施工

理想·宅　编著

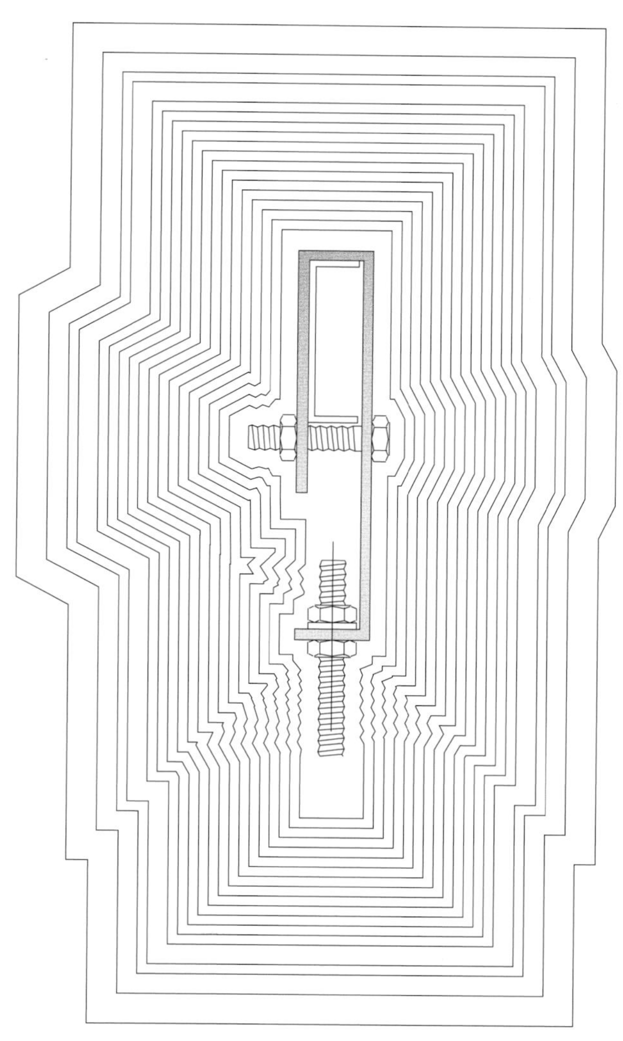

中国电力出版社
CHINA ELECTRIC POWER PRESS

内容提要

本书共分十章，涵盖了涂饰材料、裱糊材料、石材、瓷砖、透光材料、金属、布料皮革、板材、木质材料及地面材料十种常见的室内装饰材料，各种材料使用位置和装饰形式不同，节点构造也有所不同。本书通过 CAD 节点图、三维解析图以及工艺解析三个部分来讲解节点构造，用实景效果图来展示装饰效果和适用场景，为读者在选择工艺时提供参考。

本书图文并茂，实用性强，主要可供设计师、设计专业的学生以及施工人员进行学习和参考。

图书在版编目（CIP）数据

室内装饰节点与构造施工 / 理想 · 宅编著 . — 北京：中国电力出版社，2023.8

ISBN 978-7-5198-7836-8

Ⅰ . ①室… Ⅱ . ①理… Ⅲ . ①室内装饰 - 工程施工 Ⅳ . ① TU767

中国国家版本馆 CIP 数据核字 (2023) 第 087372 号

出版发行：中国电力出版社
地　　址：北京市东城区北京站西街 19 号（邮政编码 100005）
网　　址：http://www.cepp.sgcc.com.cn
责任编辑：曹　巍（010-63412609）
责任校对：黄　蓓　王海南
装帧设计：张俊霞
责任印制：杨晓东

印　　刷：三河市万龙印装有限公司
版　　次：2023 年 8 月第一版
印　　次：2023 年 8 月北京第一次印刷
开　　本：889 毫米 ×1194 毫米　16 开本
印　　张：23
字　　数：506 千字
定　　价：178.00 元（含赠品）

前言

室内设计曾经只是建筑专业的一个细分领域，经过多年的发展，已经成为我国市场化最强的行业之一。室内设计又分为平面设计、深化设计、机电设计等多个方向，逐渐形成了单独的部门，尤其是深化设计方面，对项目的个性化、标准都提出了更高的要求，渐渐备受重视。

在深化设计中，节点是必不可少的部分。虽然节点看上去是一个局部的内容，但实际上其提供的信息十分丰富，可以说，最终的落地效果和施工质量很大程度上都依赖于节点图。节点图分为面层、中间层和底层三个部分，面层就是人肉眼可看到的装饰材料；中间层则由骨架和填充材料组成，规定了一些施工材料的安装厚度；底层即经过打毛或者其他处理的原建筑结构。理解好这三层结构，节点就十分简单了。

本书先通过讲解材料，再讲解装饰形式，最后细化节点构造的方式，帮助读者理解节点构造与施工工艺。简单明了地分析材料的特性和分类，可以帮助读者更快速地了解材料的使用位置。例如，不同位置的玻璃施工做法不同，而且整面玻璃和局部玻璃的施工做法也不同，通过不同的装饰形式，读者可以了解到不同结构所需要的节点构造，遇到特殊结构时也能够举一反三，轻松画出节点图。关于节点构造，本书通过 CAD 节点图、三维解析图以及工艺解析进行讲解，三维解析图将工艺可视化，展示隐藏的施工结构，然后转化成二维的图像，就是常说的 CAD 节点图，最后还辅以实景效果图，帮助读者了解装饰效果和适用场景，为读者在选择工艺时提供一定的参考。除此之外，还针对材料的不同装饰形式做了详细的工艺解析，像单一材料的装饰就深入解析了通用工艺，而不同材料的相接或特殊位置则是进行了针对性的要点解析。

本书内容适用性和实际操作性较强，可供设计师、设计专业的学生以及施工人员进行学习和参考。书中节点图的尺寸都是实践中的常见尺寸，仅供参考，具体施工尺寸要参考施工现场的实际情况。由于编写水平和时间有限，书中难免有疏漏及不妥之处，恳请广大读者批评指正，以便做进一步的修改和完善。

编者

2023 年 6 月

目录

CONTENTS

第四章 瓷砖

第五章 透光材料

第六章 金属

第七章 布料、皮革

第八章 板材

第九章 木质材料

第十章 地面材料

第一章

涂饰材料

涂饰材料施工工艺相对简单，且成本低廉，使用范围非常广泛，可满足室内装饰中不同场景和使用部位的需求。除了可以增加视觉美感外，涂饰材料还能对物体表面形成保护，有些品种还具有绝缘、防腐、标志等特殊功效。因此，我们在选择涂料时，不仅要考虑颜色效果，还要考虑被涂饰物体、用途、鲜艳度、有无阳光直射等因素。

一、乳胶漆

1. 材料特性

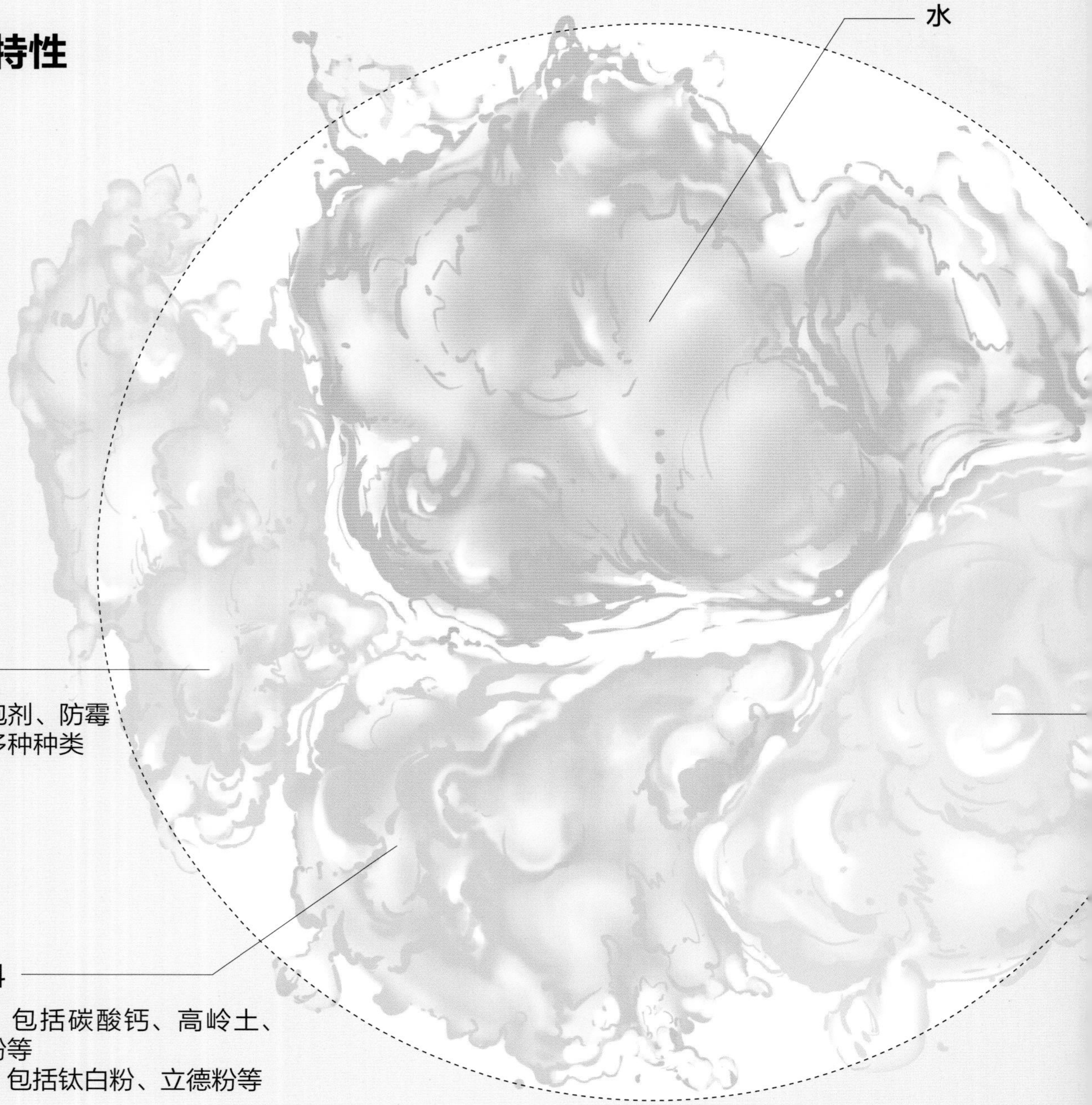

水

助剂

分消泡剂、防霉剂等多种种类

颜填料

填料：包括碳酸钙、高岭土、滑石粉等
颜料：包括钛白粉、立德粉等

材料分类 按作用分类

普通乳胶漆

不带任何功效的乳胶漆，适合不要求特殊功效的空间，可满足不同消费层次的需求

功效乳胶漆

具有特殊功效的乳胶漆，有多种类型，如抗菌型、抗污型等，适合有功能性需求的空间使用

● 优点：

乳胶漆是水性涂料，用水替代了溶剂型涂料中的有机溶剂，因此基本无毒。同时它还具备易于涂刷、干燥迅速、漆膜耐水、耐擦洗性强等优点。

● 适用基层：

适用于混凝土、水泥砂浆、石棉水泥板、纸面石膏板、胶合板、纸筋石灰等基层。

● 涂刷分层特点：

从涂刷角度来看，可将乳胶漆分为底漆（底涂）和面漆（面涂）两层。使用乳胶漆进行室内装饰时，必须将面漆与底漆配合使用，这样才能保证涂刷质量，延长漆膜的使用寿命。

● 底漆特点：

使用底漆，可提高面漆的附着力、增加面漆的丰满度，还可以提供抗碱性和防腐功能等，同时可以保证面漆均匀吸收。

● 面漆特点：

面漆的主要成分为树脂，因而能够牢固地黏合到底漆之上，它是乳胶漆的最后一层，其美化效果全依靠它来展现。

基料（乳液）
主要成膜物质

按涂刷效果分类

有光乳胶漆

色泽纯正、光泽柔和。漆膜坚韧、附着力强、干燥快。具有防霉耐水特性，耐候性好，遮盖力高

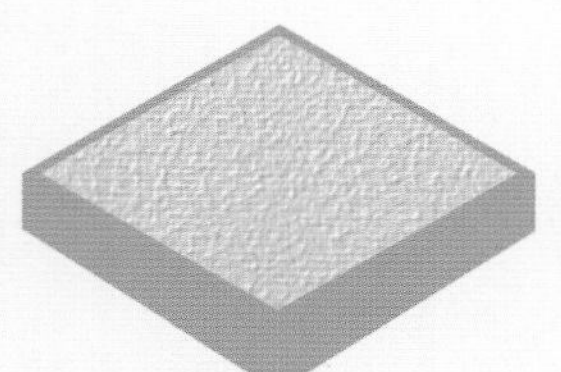

丝光乳胶漆

涂膜平整光滑、质感细腻，高遮盖力、附力强，耐洗刷，光泽持久。具有极佳的抗菌及防霉性能，耐水、耐碱性能优良

亚光乳胶漆

无毒、无味。具有较高的遮盖力、良好的耐洗刷性。附着力强，耐碱性好，流平性好

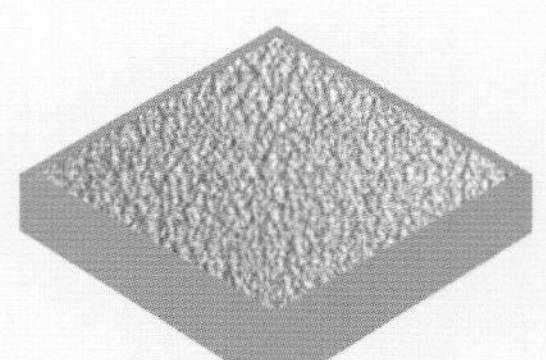

亮光乳胶漆

遮盖力卓越，坚固美观，光亮如瓷。具有很高的附着力，防霉抗菌性能高。耐洗刷、涂膜耐久且不易剥落，坚韧牢固

2. 节点与构造施工

乳胶漆可用作顶面和墙面的饰面材料，除单独使用外，还可以与其他材料组合设计和施工，达到丰富装饰层次感的效果。

(1) 整墙乳胶漆节点构造

整墙做乳胶漆是较为简单、省钱的装饰方式，可以根据空间风格来选择合适的颜色，其节点构造也较为简单，通常会根据基层材料来选择相应的节点构造。需要注意的是，虽然整墙乳胶漆施工的工艺简便，被广泛运用在各种空间当中，但并不适用于卫生间这类潮湿的场所，容易脱皮、褪色。

❶ 混凝土基层乳胶漆墙面

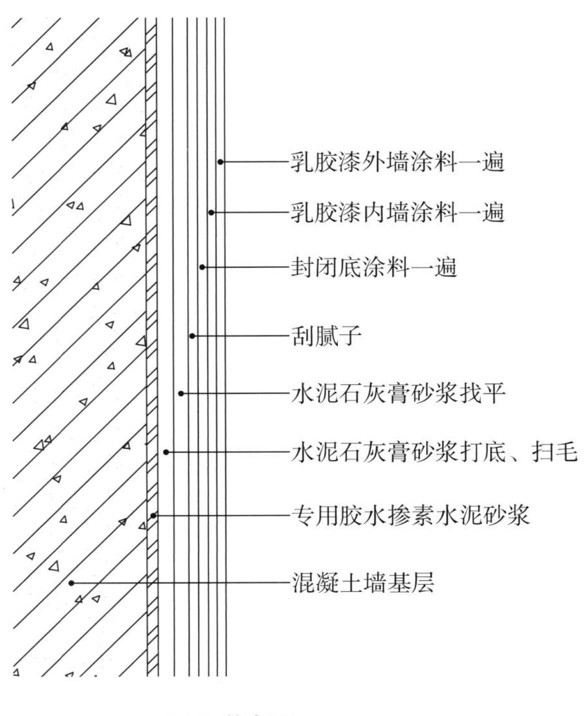

▲ CAD 节点图

❷ 纸面石膏板基层乳胶漆墙面

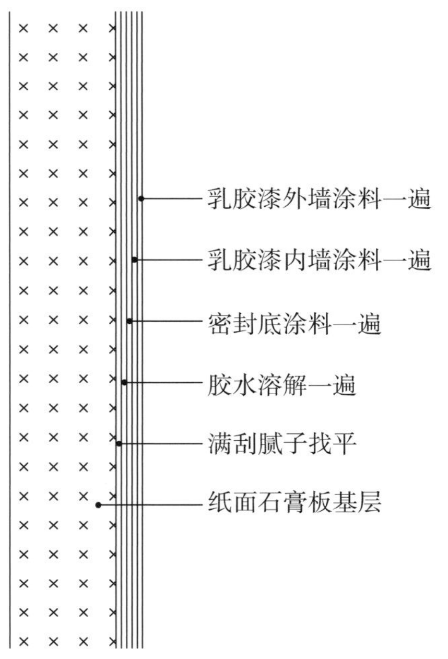

▲ CAD 节点图

三维解析图

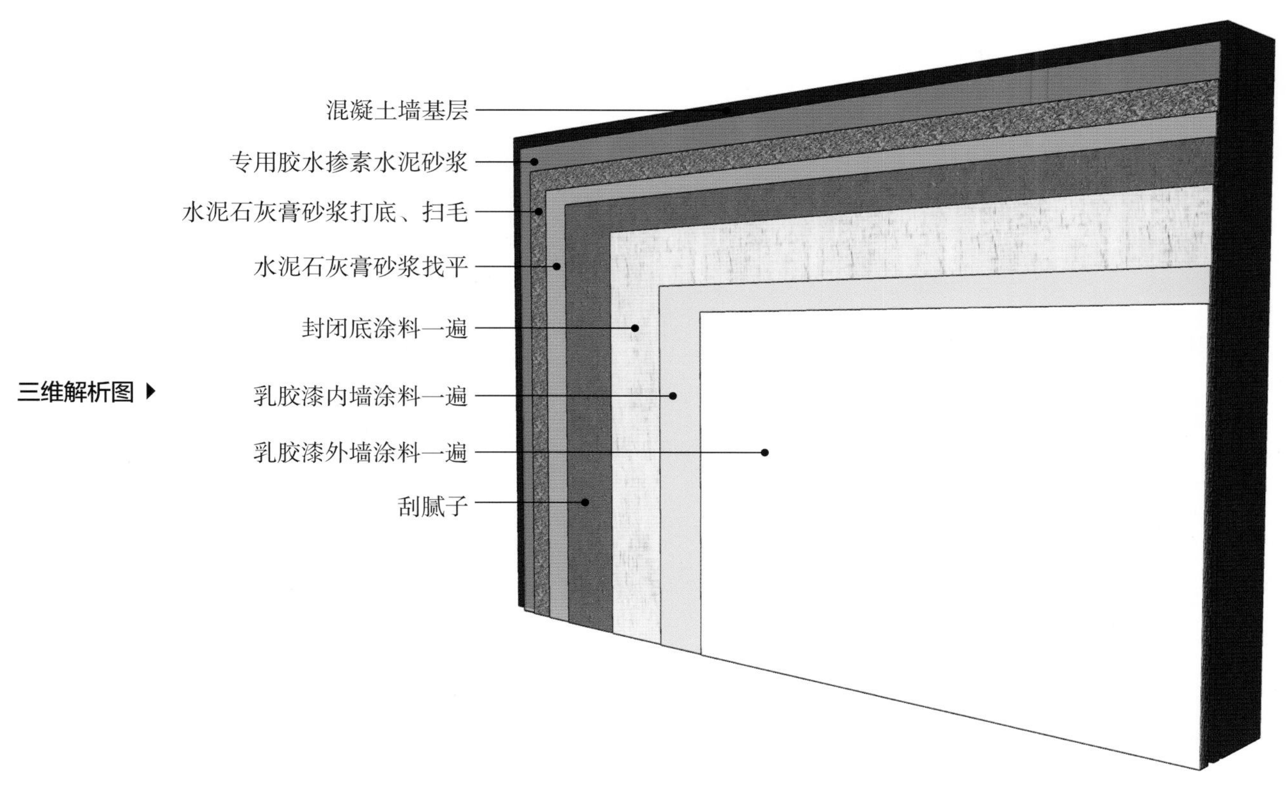
混凝土墙基层
专用胶水掺素水泥砂浆
水泥石灰膏砂浆打底、扫毛
水泥石灰膏砂浆找平
封闭底涂料一遍
乳胶漆内墙涂料一遍
乳胶漆外墙涂料一遍
刮腻子

三维解析图

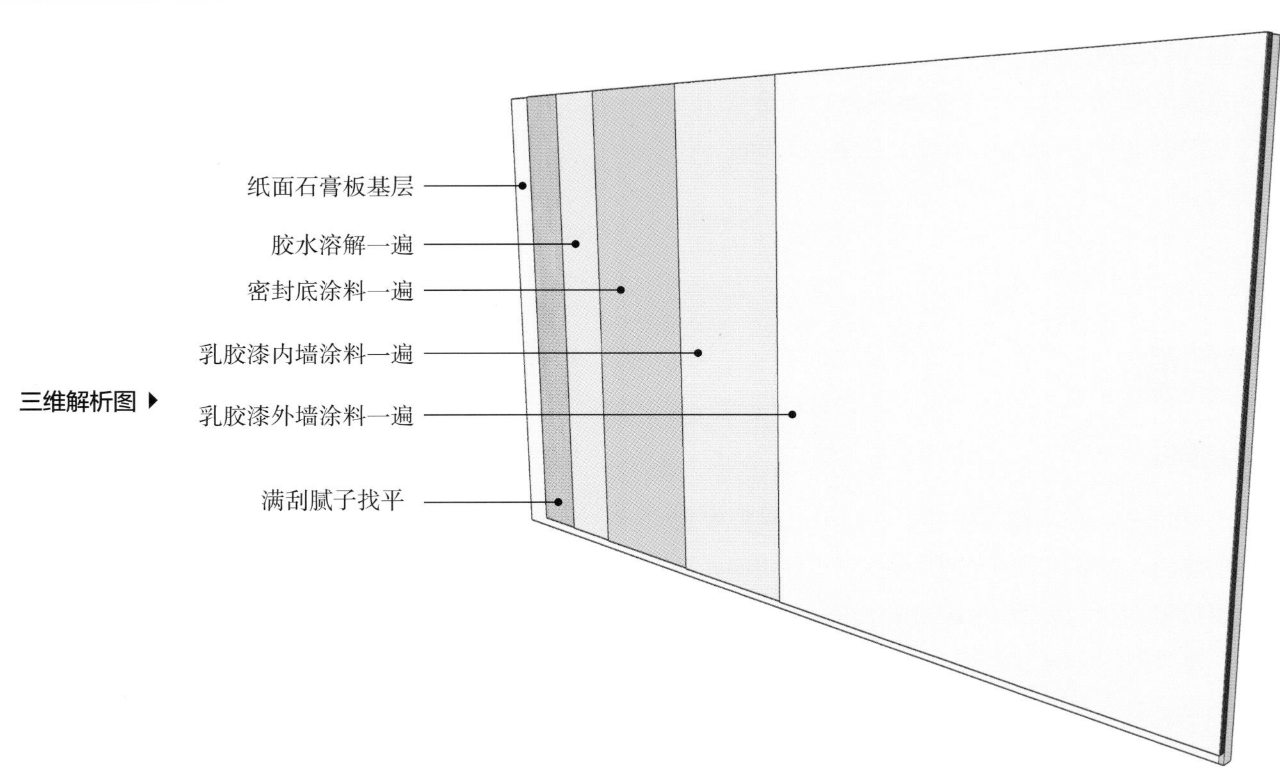
纸面石膏板基层
胶水溶解一遍
密封底涂料一遍
乳胶漆内墙涂料一遍
乳胶漆外墙涂料一遍
满刮腻子找平

工艺解析

不论在哪种基层上施工，乳胶漆的施工工艺大致相同，都是先清理基层然后再上漆，以保证墙面的平整度。

▶实景效果图

第一步

基层处理

清理墙面，确保墙面坚实、平整，尽量无浮土、浮尘。在墙面上尽量均匀地辊一遍混凝土界面剂，待其干燥（一般需 2h 以上）。同时对墙面阴阳角进行处理，保证阴阳角垂直方正。

第二步

挂网

将聚合物水泥砂浆喷涂在加气混凝土或加气硅酸盐砌块墙基层上，为挂网做好准备，待其干透后再用墙面钉将 15mm×15mm 的钢丝网钉在墙面上，用水淋湿并用 10mm 厚的水泥砂浆（水泥：水：砂的比例为 1：0.2：3）进行刮底，并涂刷一道素水泥膏以使表面光滑。

第三步

满刮腻子

墙面一般刮两遍腻子即可。如果是平整度较差的墙面，需要在局部多刮几遍腻子。如果墙面平整度极差，可考虑先刮一遍 6mm 厚的水泥砂浆（水泥：水：砂的比例为 1：0.2：3）进行找平，然后再刮腻子。下一遍腻子的批刮的时间应在上一遍腻子表面干透后。

第四步

打磨腻子

耐水腻子完全凝实之后（通常需要 5~7 天）会变得坚实无比，如果此时再进行打磨就会变得异常困难。因此建议刮腻子后 1~2 天便开始打磨腻子。打磨作业可选在夜间，用 200W 以上的电灯泡贴近墙面照明，打磨时注意查看平整程度。

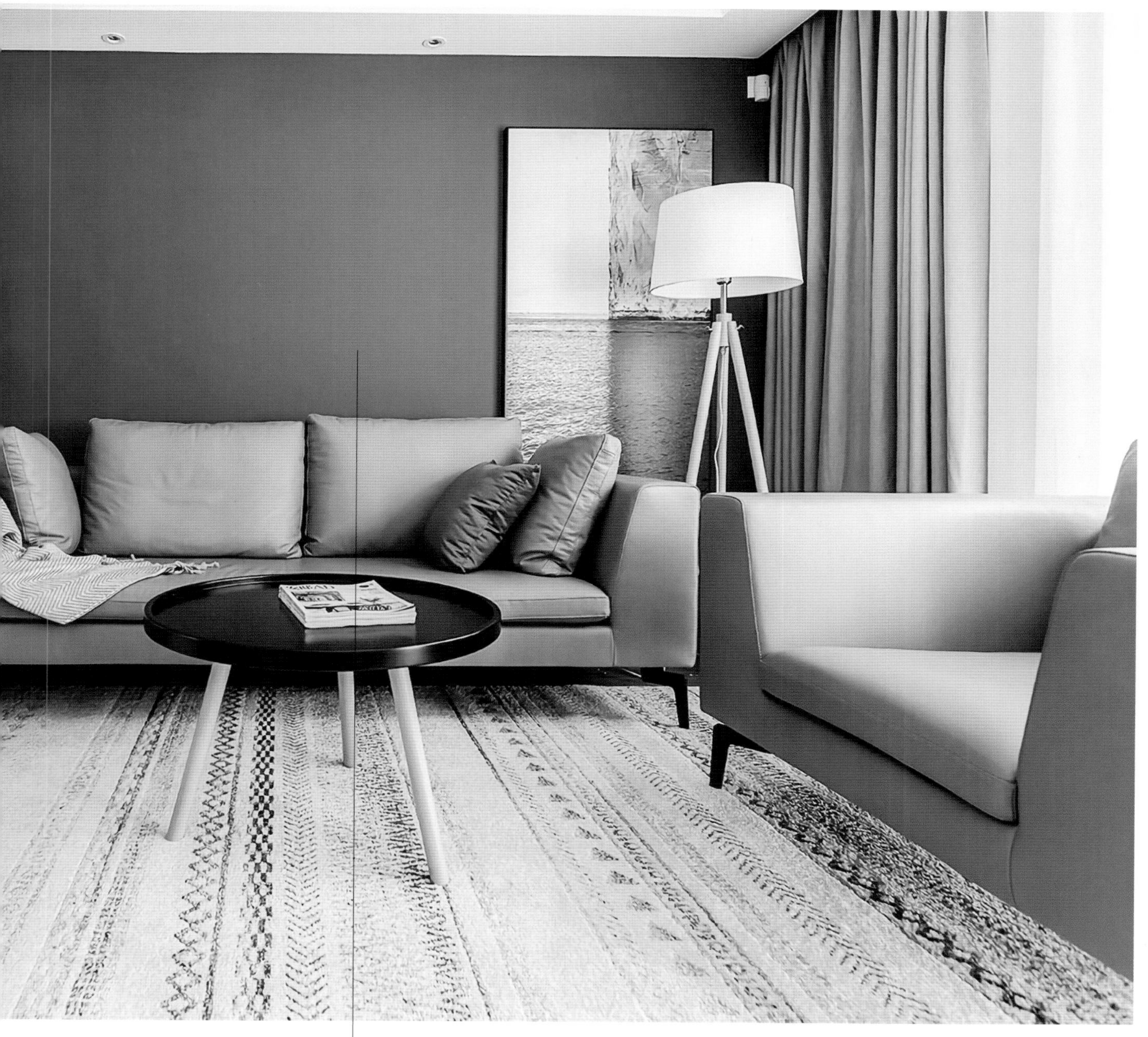

可根据空间风格进行乳胶漆的颜色搭配和选择，蓝色的墙面与嫩黄色的沙发形成撞色，给人更加丰富的视觉效果。

第五步

涂刷封闭底涂料

封闭底涂料涂刷一遍即可，务必均匀，待其干透后再进行下一步骤。涂刷墙面时宜按照先左后右、先上后下、先难后易、先边后面的顺序进行，避免漏涂或涂层过厚、涂料不均匀等问题。具体施工中常用排笔涂刷，若使用新排笔涂刷，要注意将活动的毛笔清理干净。

第六步

涂刷乳胶漆

乳胶漆通常要刷两遍，上遍涂刷表面干透后再涂刷下一遍，最后一遍乳胶漆刷完干透前应注意防水、防旱、防晒，并防止漆膜出现问题。乳胶漆的漆膜干燥较快，所以应连续迅速操作，逐渐涂刷向另一边。一定要注意上下顺刷、互相衔接，避免出现接槎明显的问题。

(2)乳胶漆与其他材料组合节点构造

室内装饰中，经常将乳胶漆和线条、墙裙及软硬包等组合使用，既能烘托风格特点，又能丰富空间层次。使用乳胶漆与线条的组合时，通常在处理好基层的墙面上用各种类型的装饰线条设计出造型（线条可黏结也可钉接）。若是乳胶漆与墙裙的组合，通常会先安装墙裙，再涂刷乳胶漆，这种方式多运用在美式、欧式、田园风、法式等类型的室内空间中。

❶ 乳胶漆与不锈钢相接墙面

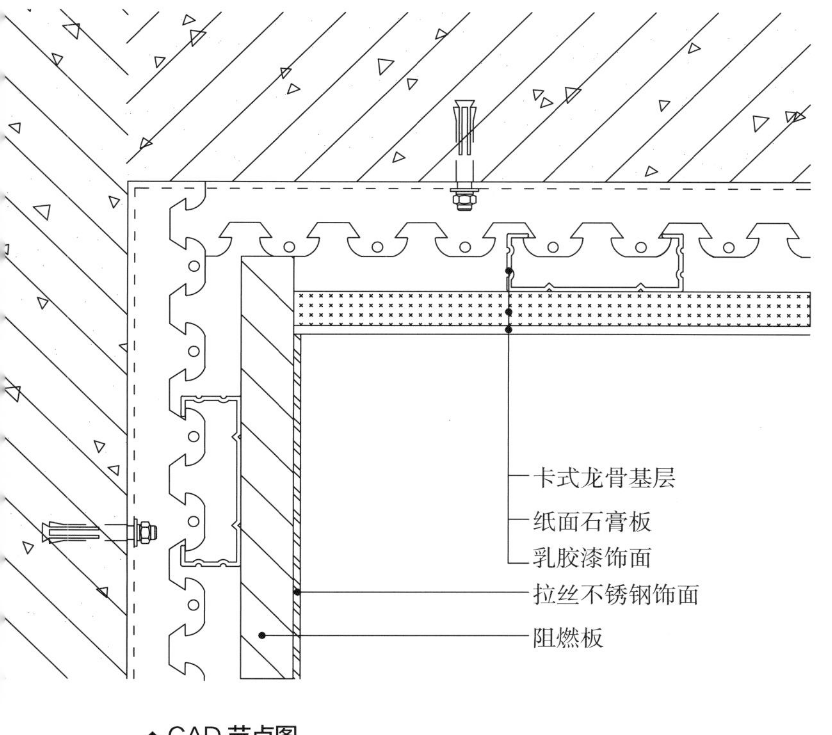

▲ CAD 节点图

施工要点

1. 先安装不锈钢板，然后再喷涂乳胶漆。
2. 安装不锈钢板前，需要先将卡式横挡龙骨固定在墙体上，后安装基层板。
3. 用专用胶水在基层板表面和不锈钢板背面均匀涂刷，待胶水干燥至不黏手后再慢慢施压并敲实，固定一段时间后放开。
4. 需要注意的是，乳胶漆会破坏不锈钢表面的分子结构，所以在节点完成后，应检查不锈钢表面是否粘有乳胶漆。如果不锈钢表面粘有乳胶漆，浸湿后擦掉即可。
5. 不锈钢板与乳胶漆的接触缝隙用专用填缝剂擦缝并清理干净。

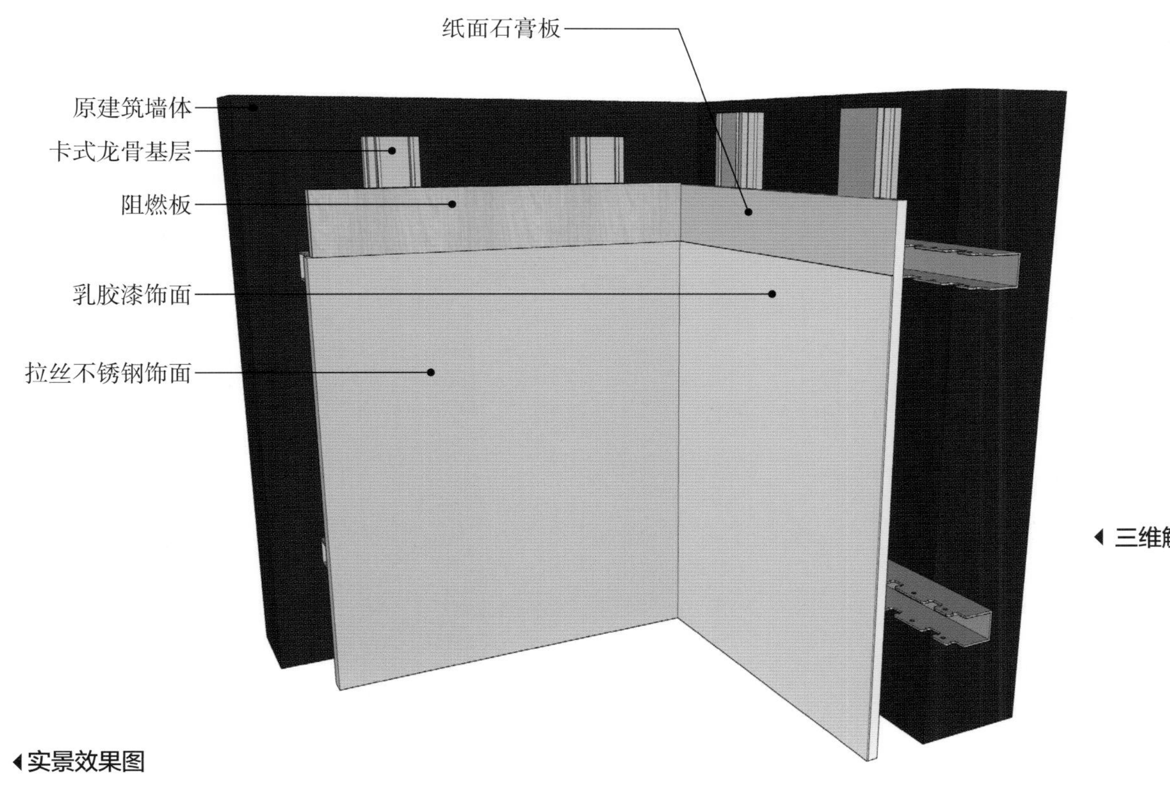

◀ 三维解析图

◀ 实景效果图

墙面乳胶漆与不锈钢相接通常采用较窄的不锈钢条进行装饰，可以提亮整体墙面而不显突兀，适宜用在客厅、卧室等空间。

❷ 乳胶漆与软硬包相接墙面

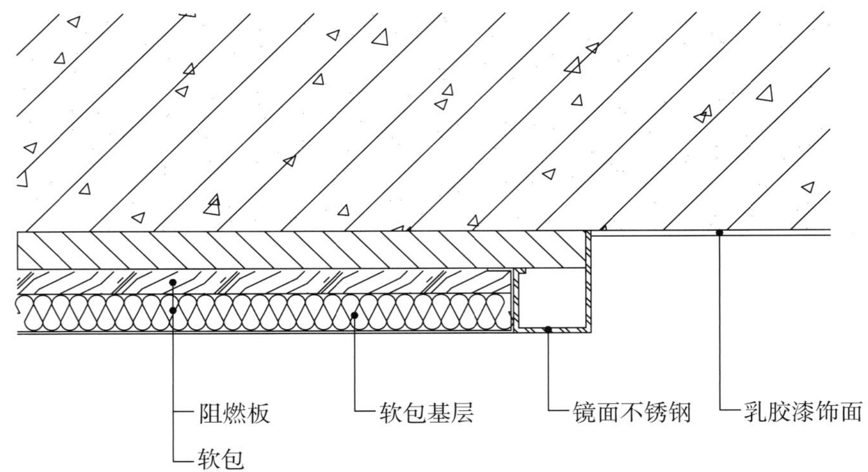

▲ CAD 节点图

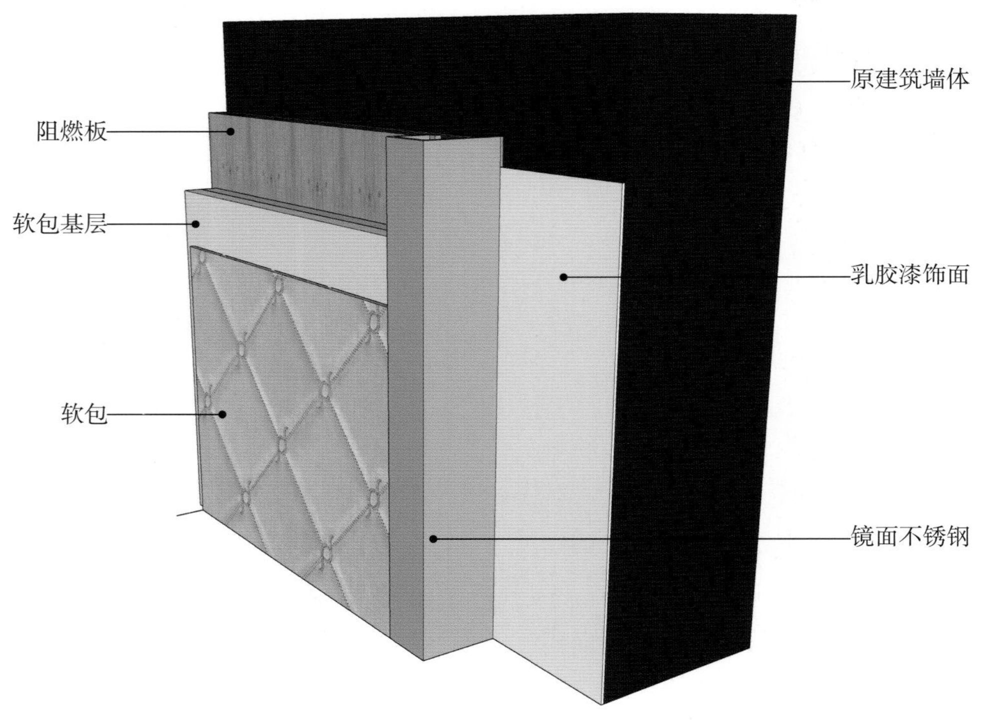

▲ 三维解析图

施工要点

1. 先安装软包或硬包，最后再喷涂乳胶漆。
2. 安装软包或硬包前，需先对基层进行找平处理，然后固定基层板并将软包或硬包基层固定在基层板上，最后将饰面压在软包或硬包基层上。
3. 使用专用胶水在软包或硬包饰面的背面与基层表面均匀涂刷，待胶水干燥至不黏手后找好位置，将饰面慢慢贴在基层上，固定一段时间后放开，注意要将多余的胶水沿边挤出并清理干净。
4. 将乳胶漆与软包相接处清理干净后，用专用保护膜做好相接节点处的成品保护，预防污染问题。
5. 在软包或硬包边缘用不锈钢收边条进行固定，可防止翘边等情况发生。

实景效果图▼

亲子餐厅空间中，在墙面上设置硬包，能减轻墙面给人的坚硬感，结合色彩丰富的墙面，空间显得更具童趣。

③ 乳胶漆墙面与环氧磨石地面相接

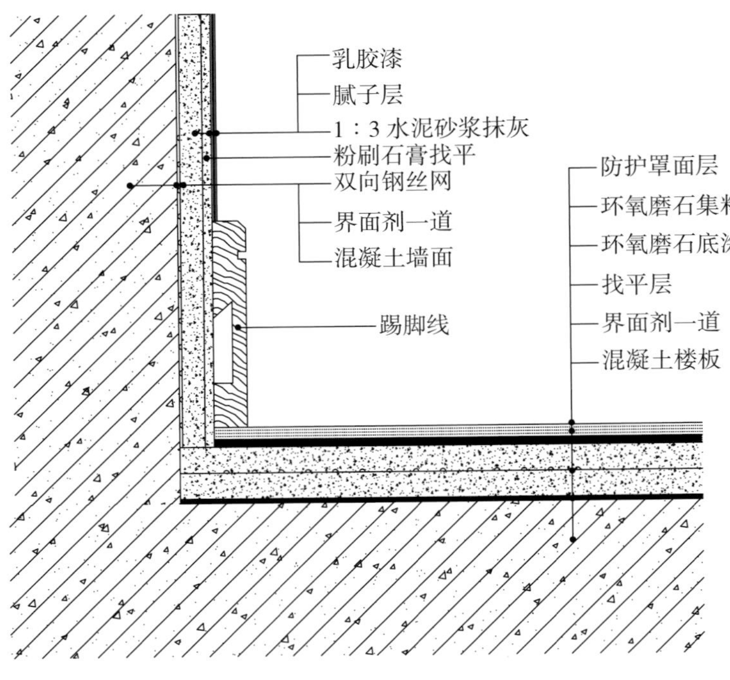

▲ CAD 节点图

界面剂
乳胶漆
双向钢丝网
1：3 水泥砂浆抹灰
粉刷石膏找平
腻子层
踢脚线
防护罩面层
环氧磨石底涂层
界面剂
环氧磨石集料层
找平层

▲ 三维解析图

1. 先铺装地面，避免铺贴水泥砂浆时产生灰尘等影响到墙面的整洁。
2. 地面先涂刷界面剂，再用细石混凝土做 30mm 厚的找平层，环氧磨石底部应采用银镜纤维网进行加强，并对找平层进行局部修平。
3. 在上方铺设集料层，然后进行打磨处理，以保证其平整度。
4. 地面铺装完成后应使用保护膜对环氧磨石地坪进行处理，避免涂料施工污染地面。
5. 涂刷乳胶漆后，再在墙面和地面的衔接处安装踢脚线。

▲实景效果图

踢脚线的材质和颜色应与门框相呼应，让空间更具整体性。

二、马来漆

1. 材料特性

硅丙乳液

分为有机单硅体和丙烯酸类单体两种

助剂

分消泡剂、防霉剂等多个种类

材料分类 按颜色分类

单色马来漆

由单一颜色的涂料制成，效果相对来说较朴素，可以代替墙漆或墙纸，适用于大面积的墙面

混色马来漆

由两种颜色的涂料叠加而成，效果较单色马来漆更加华丽，适用于大空间的墙面或背景墙

• 物理特性：

马来漆是一种新型墙面艺术漆，突出特点为表达力强，可按照个人需求进行设计，且种类繁多、色彩丰富。

• 优点：

其装饰效果可与墙纸媲美，但规避了墙纸易变色、翘边、起泡、有接缝、寿命短等缺点，除此之外，还具有耐酸、耐碱、耐擦洗等优点。

• 涂刷分层特点：

从涂刷位置来看，马来漆可分为底层和面层两大部分。底层涂料下方为抗碱底漆及腻子层，但根据所用涂料品种的不同，有时也可以不适用抗碱底漆。

• 底层特点：

通常是用涂料做一至两次平涂，可刷可喷，底层具有遮盖基层、为图案制作打底等作用。

凹凸棒土

主要成分

• 面层特点：

花纹多种多样，可根据需要设计和定制，能充分满足需求，即使是单一的颜色，也可利用涂刷次数及施工手法而形成不同的效果。

按纹理分类

大刀纹马来漆

大块面的纹理叠加产生犹如刀片的图案，可以代替墙漆或墙纸大面积使用

金银纹马来漆

批涂图案时加入了金银粉，或在其他图案上叠加金银线做装饰，有华丽、富贵的效果，适用于大空间的墙面或背景墙

叠影纹马来漆

有方块、半圆、三角等多种纹理，犹如叠加起来的影子，效果独特、层次丰富，适用于大空间的墙面或背景墙

2. 节点与构造施工

马来漆适合用于墙面及局部顶面的饰面，其施工形式灵活多变，可根据涂料种类具体进行选择。马来漆适合多种室内风格，如现代、简约、美式、中式等。但在设计时，需注意色彩的选择应与空间风格特征相符，如现代风格的居室内可选择灰色或具有个性的跳色。

❶ 纸面石膏板饰马来漆顶棚

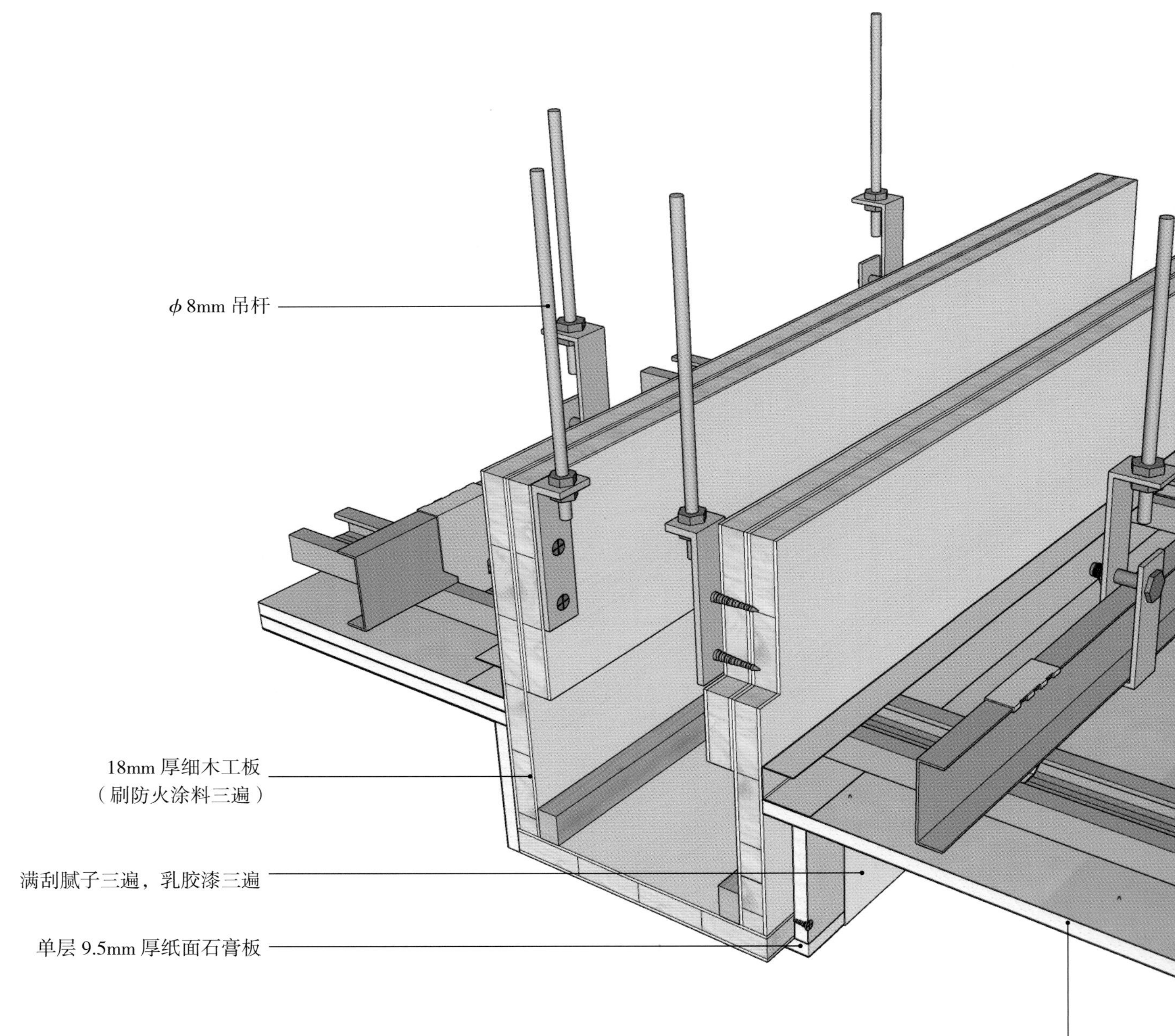

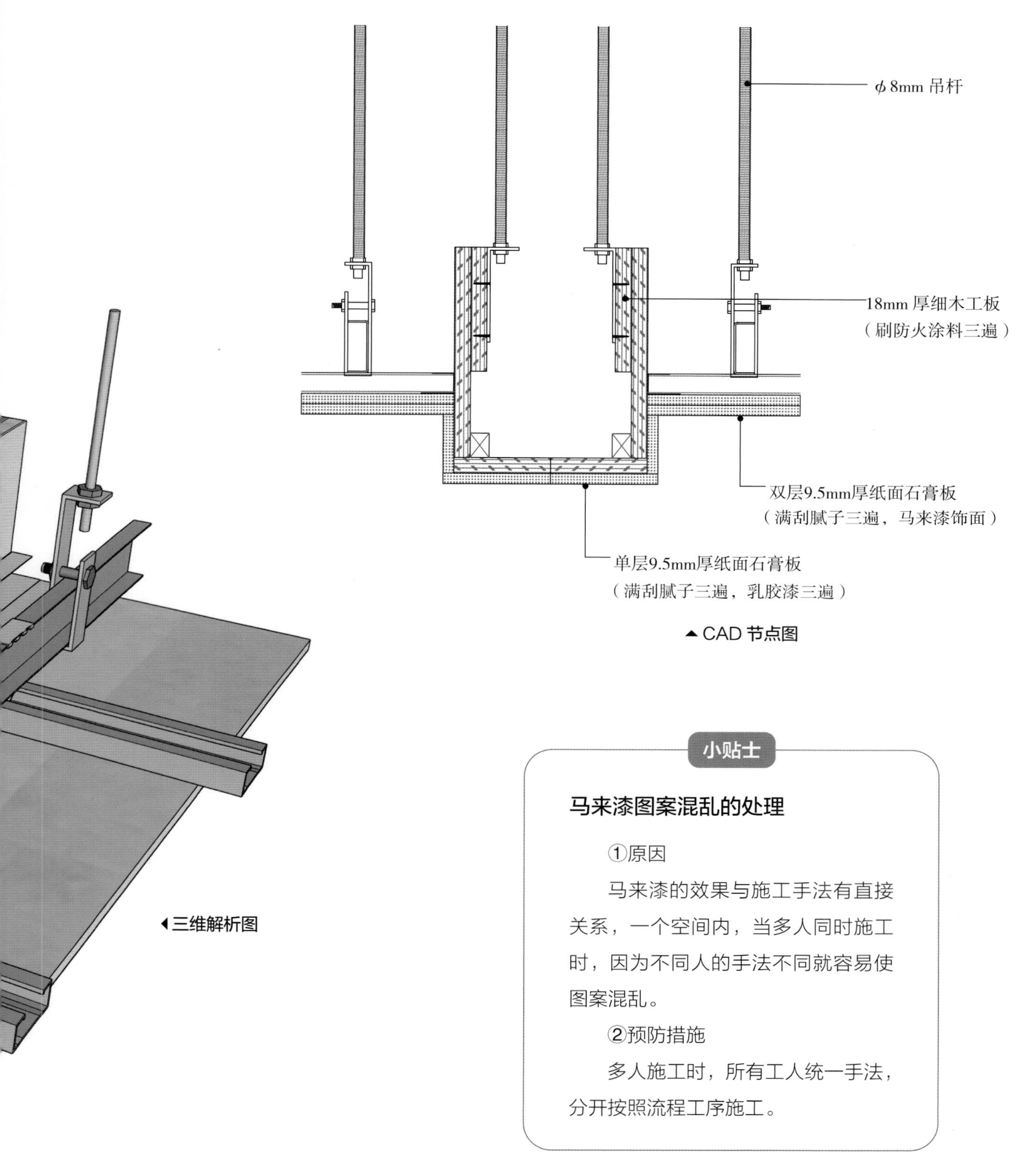

▲CAD 节点图

◀三维解析图

小贴士

马来漆图案混乱的处理

①原因

马来漆的效果与施工手法有直接关系，一个空间内，当多人同时施工时，因为不同人的手法不同就容易使图案混乱。

②预防措施

多人施工时，所有工人统一手法，分开按照流程工序施工。

工艺解析

第一步

弹线

在顶棚上弹线，确定吊件的位置。在四周墙面上弹水平线，保证顶棚面层在同一水平线上。

第二步

固定吊件

龙骨的吸顶吊件用膨胀螺栓与钢筋混凝土板固定。

第三步

固定龙骨

用 ϕ8mm 吊杆和配件固定 D50 主龙骨，主龙骨的间距为 900mm，之后再依次固定 D50 的副龙骨，增强结构的稳定性。

第四步

安装纸面石膏板

用自攻螺钉将龙骨和纸面石膏板固定在一起。

第五步

刷第一遍马来漆

用马来漆批刀在纸面石膏板基层上批出类似长方形的图案，各个图案尽量不重叠，且每个方形角度尽可能朝向不同方向，图案间最好留半个图案大小的间隙。

第六步

刷第二遍马来漆

同样用马来漆刀批涂，补第一道留下来的空隙，并且要与第一道施工图案边角错开。

第七步

刷第三遍马来漆

刷漆前先检查是否还有空隙或毛糙的地方，用 500 号砂纸轻轻打磨，好的马来漆是可以打磨出光泽来的。接下来再上第三遍马来漆，按照之前的方法用马来漆刀批刮，注意边批刮边打磨。

第八步

抛光

三遍批刮完成后已经初步形成了马来漆图案的效果，接着用不锈钢刀调整好角度批刮抛光，直到墙面显示出如大理石般的光泽，整个工艺即完成。

▲实景效果图

独立办公室中应用褐色系的混色马来漆，不同深浅颜色的马来漆纹理相交，形成独特的纹理，和空间中的深木色家居相搭配，显得沉稳、大气。

❷ 纸面石膏板基层马来漆墙面

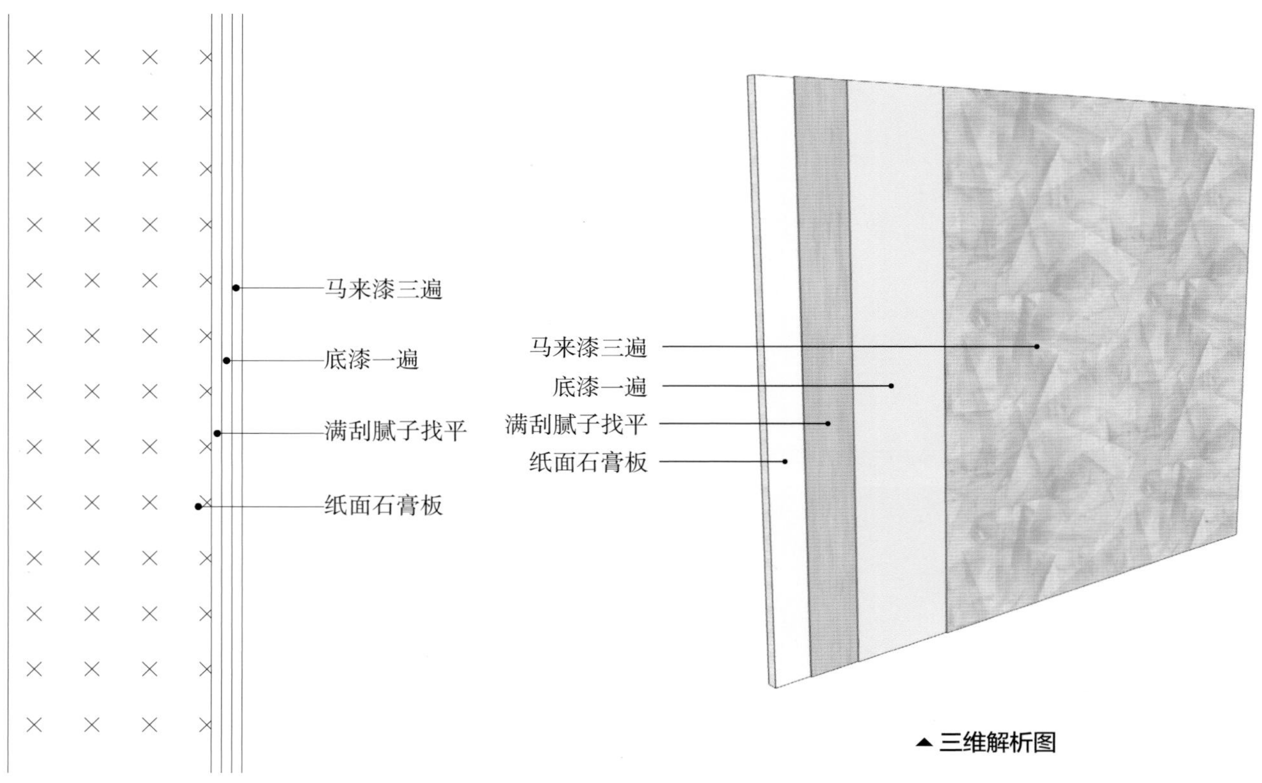

▲ 三维解析图

▲ CAD 节点图

工艺解析

第一步

清理基层

清除基层表面上的灰尘、油污、疏松物等，确保墙面整洁。

第二步

满刮腻子找平

用腻子批平。此步处理完成后，必须保证基底致密结实。

第三步

涂底漆

在施工墙面上均匀滚涂一遍抗碱底漆，而后沿水平方向对基底进行打磨，最后用布或者毛刷等工具对基底浮尘进行清理。

第四步

刷第一遍马来漆

将马来漆在施工墙面均匀平批一次。注意，这一层越薄越好。

▲实景效果图

现代风格居室中，灰色马来漆墙面强化了现代感和个性感。

第五步

刷第二遍马来漆

用马来漆批刀在墙面上批刮出图案，图案之间不要重叠，要保持 10cm 左右的间距。批完马来漆后，必须另换干净的批刀将多余的浆料回收，回收时批刀“刀口”必须与墙垂直。

第六步

刷第三遍马来漆

待第二遍马来漆彻底干燥后，需用细砂纸仔细打磨光滑。第三遍重复第二遍的“批”“刮”，抹点需不重复在一个位置上。

第七步

抛光

刷完三遍马来漆后，用不锈钢刀调整好角度批刮抛光，直到墙面具有如大理石般的光泽。

三、硅藻泥

1. 材料特性

硅藻土

主要成分为二氧化硅

凝胶材料

分为无机凝胶材料和有机凝胶材料

材料分类 按材料特点分类

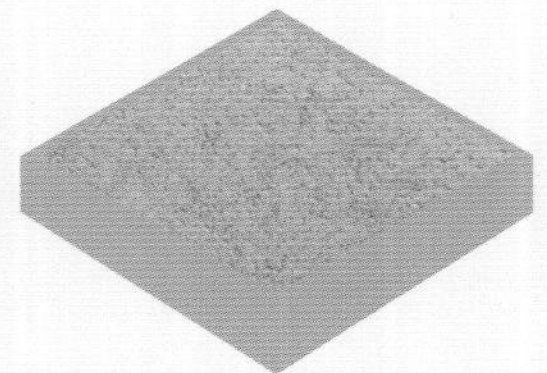

稻草硅藻泥

此类硅藻泥是颗粒最大的一种硅藻泥，吸放湿量较高。材料中添加了稻草，故而有自然、淳朴的装饰效果，适合田园风格等空间中

防水硅藻泥

此种硅藻泥为中等颗粒，吸放湿量中等。材料中添加了防水剂，可以用在较为潮湿的空间

原色硅藻泥

此类硅藻泥是一种大颗粒的硅藻泥，吸湿量较大。表面粗糙感明显，有较为粗犷的装饰效果，适合用于工业风等空间中

金粉硅藻泥

此类硅藻泥是一种颗粒较大的硅藻泥，吸放湿量较高。材料中添加了金粉，有一种较为奢华的装饰效果，更适合用于欧式、轻奢等风格中

物理特性：

硅藻泥为粉状或膏状涂料，纯天然原料，没有任何污染性。

优点：

硅藻泥含有天然孔隙，可以吸收和释放水分，自动调节室内空气湿度。除此之外，硅藻泥还有阻燃、不易沾染灰尘、降噪等功能，还能去除甲醛、苯、氨等有害物质及二手烟、垃圾等产生的细菌与臭味。

施工分层特点：

硅藻泥的主要原料为硅藻矿物——硅藻土，辅以无机矿物颜料调色及无机凝胶物质等胶结材料。从施工方面来看，硅藻泥可为底层和面层两部分，底层下方与乳胶漆相同，为腻子基层和封闭基膜，若使用耐水腻子，则封闭基膜可省略。

底漆特点：

底层硅藻泥位于腻子层上方，主要起到基底的作用，同时为图案的制作做好基色，并覆盖墙面原色。厚度约1.5mm，完成后等待至表面不黏手，再进行面层施工。

色料

无机颜料

面漆特点：

表层硅藻泥完成涂抹后，需在表面制作图案，其施工质量关系到整体的美观性和使用寿命。厚度约1.5mm，涂抹后用抹刀收光，然后制作图案，图案完成后需再次收光。

按施工方式分类

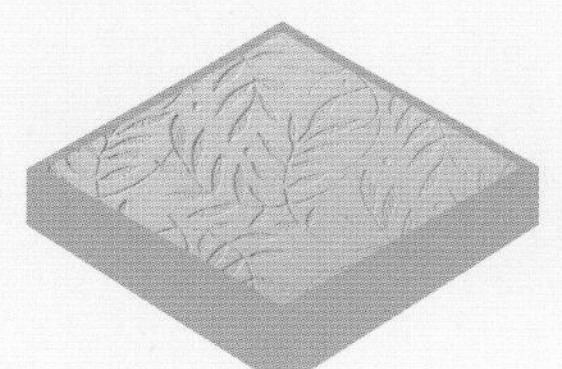

膏状硅藻泥

此类硅藻泥是唯一一种状态为膏状的硅藻泥，材料的颗粒和吸放湿量均较小

表面质感型硅藻泥

采用平光工法或喷涂工法施工，肌理不明显，质感类似乳胶漆，但更粗一些，装饰效果质朴大方，大部分空间都适用

艺术型硅藻泥

采用艺术工法施工，常使用各种工具在表面制作出各种肌理或图案，或绘制图案，装饰效果丰富，大部分空间都适用

2. 节点与构造施工

硅藻泥可用于装饰顶面和墙面，除了在墙面上单独平面涂刷外，还可与造型及其他材质组合使用。硅藻泥的使用能够增强质朴感，但磕碰损伤后不易修复，因此不建议在使用频率较高的公共区域内大面积涂刷。

硅藻泥墙面

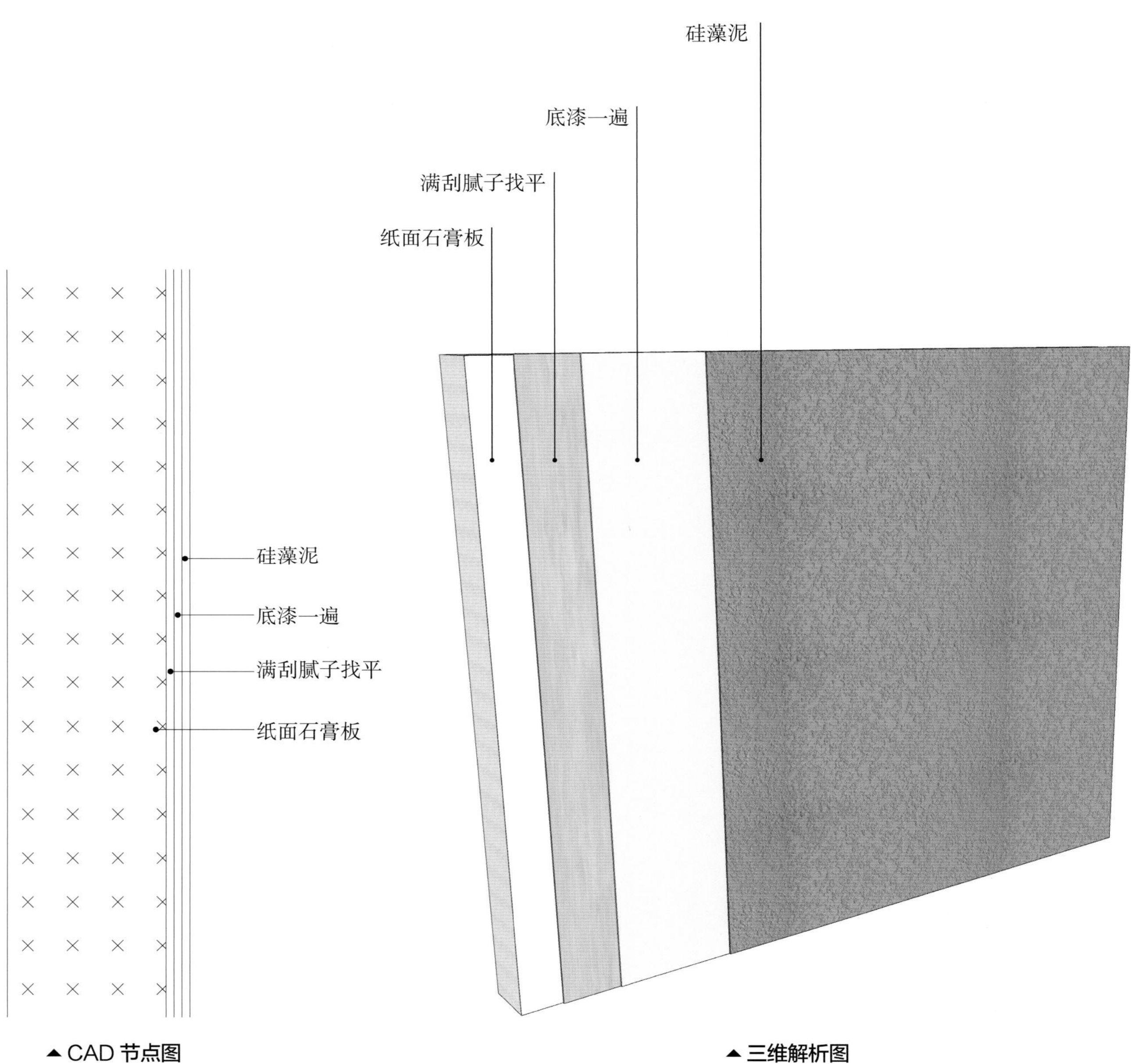

▲CAD 节点图　　▲三维解析图

小贴士

硅藻泥组合施工

硅藻泥可以通过造型来丰富装饰层次，在一些不便于做造型的部位或小面积空间中，还可以通过硅藻泥与其他材质的组合来增添层次感。做此类组合，需要考虑施工的便捷性及效果的呈现，通常做法是在一面墙上做上下分割。下部可选择文化石、仿古砖、桑拿板或墙裙等，上部涂刷硅藻泥，中间用腰线过渡，腰线的材质可根据具体情况选择。

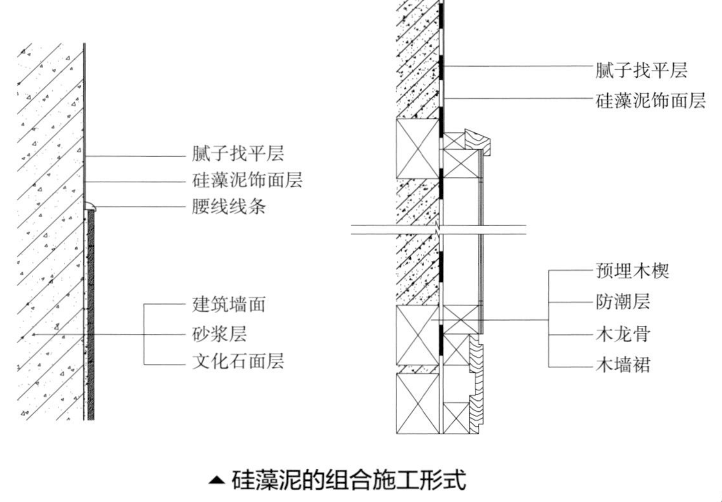

▲硅藻泥的组合施工形式

硅藻泥具有非常浓郁的质朴感，很适合用在美式、田园、地中海等具有自然特点的一类风格空间中，为了进一步突出此类风格的特点，可将硅藻泥作为背景墙的主材，同时搭配典型的风格造型，如经典的拱形或边角变化的拱形、圆弧形等，此类造型多用石膏板制作，更便于硅藻泥的涂饰。

工艺解析

第一步

清理基层

如果毛坯墙墙体情况较差，需铲掉后重新刮腻子；如果墙体开裂，则要铲掉表面，然后做网格，再上腻子；如果墙面为石膏板、胶合板等轻体墙，需粘贴一层无纺布、网格布等后再刮腻子。

第二步

刮腻子找平

刮腻子时应刮两边，每次完工后，均需用水平尺测量平整度。

第三步

涂封闭底漆

涂刷封闭底漆一遍，可以增强墙面与硅藻泥之间的附着力。

第四步

涂刷硅藻泥

硅藻泥施工有平光工法、喷涂工法和艺术工法三种方式，可根据具体情况进行选择。

平光工法：以平滑效果为主，效果类似乳胶漆，共计需涂刷三遍涂料。

喷涂工法：用喷枪施工，效率高，但肌理单一，多为凹凸肌理，需喷涂两遍。

艺术工法：效果因工具和手法而异，即使使用同一种工具，因手法不同效果也不同，施工方式最复杂，效果最独特。

需要注意的是，第一遍涂料不能抹得太薄或太厚，以不露出基层为宜。

第五步

收光处理

每进行一次收光，都必须用干毛巾擦掉收光抹刀上的剩料。硅藻泥完全干燥一般需要 48h 以上，48h 内不要触动。

第二章

裱糊材料

通过裱糊方式进行施工的材料即为裱糊材料，包括墙纸和墙布等，墙纸以纸裱褙，墙布的面层为各种布。裱糊材料具有色彩多样、图案丰富、安全环保、施工便捷、价格可选择范围多等优点，除了可以用于墙面饰面，还可用来装饰顶面、隔断、柜门等部位。随着科技的发展，裱糊材料更加注重环保性、肌理及图案的丰富性。

一、墙纸

1. 材料特性

面层

可采用纸、聚氯乙烯树脂、编织物、纤维、天然材料等材料

中间层

含胶黏剂层、热压层等

材料分类 按面层用材分类

PVC 墙纸

有一定的防水性，可用在厨房和卫生间等空间，有较好的质感和透气性，施工方便。经发泡处理后具有很强的三维立体感

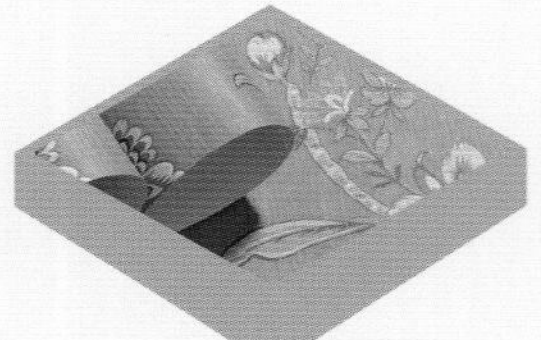

纯纸墙纸

透气性好，吸水吸潮，环保性佳，多采用数码打印制作，图案清晰细腻，色彩还原性好，并具防紫外线特性

金属墙纸

具有金碧辉煌的效果，在家居空间中适合做小面积的装点。对施工手法的要求较高

无纺墙纸

拉力强，防潮透气，不易发霉发黄，无毒、无刺激，色彩丰富，但材质容易分解

天然材料墙纸

采用天然材料简单加工制成，无毒、环保，透气性好。带有浓郁的自然气息，装饰效果多样

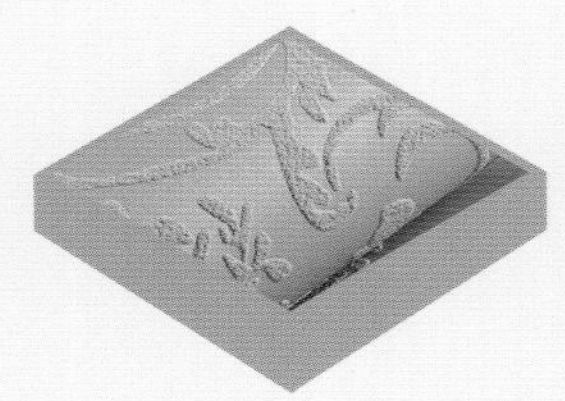

植绒墙纸

具有绒布般的丝质感，不反光，绿色环保，可吸声，花色繁多，属于高档墙纸，需精心打理

- **物理特性：**

　　以纸作为基层，经过涂布、印刷、覆膜、压纹等工序制成。色系、花纹和质感繁多，装饰效果极强，为设计提供了广阔的可能性。

- **优点：**

　　具有一定的强度、韧度和良好的抗水性能，有些功能性墙纸还具有防火、除臭、抗菌、防霉等功效。

- **施工分层特点：**

　　墙纸可分为裱糊层和面层两大部分，裱糊层主要为胶黏剂（包括糯米胶、淀粉胶和桶装胶），面层为各种类型的墙纸。

- **裱糊层特点：**

　　糯米胶和淀粉胶价格低、环保，但调和不好会影响整体质量；桶装胶多为进口，价格高，但黏结性和环保性更强一些。

- **面层特点：**

　　墙纸种类繁多，不同类型具有不同的特点，如纯纸墙纸显色效果好，编织墙纸透气性好，PVC墙纸易于施工等。

按图案制作分类

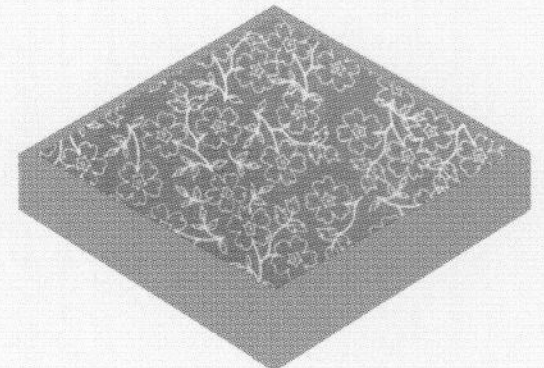

印刷墙纸

采用印刷或打印工艺制作，图案多为平面款式，无肌理

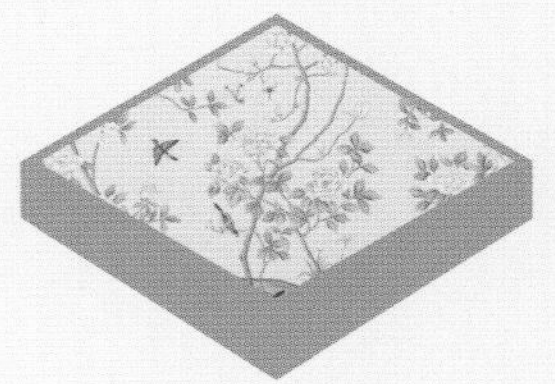

手绘墙纸

图案以手绘方式制作，具有独特的艺术感，可绘制在各种材料类型的墙纸之上，可定制

编织墙纸

采用编织方式制作，可编织成图案，也可为素色，多使用天然材质制成，如草编墙纸、藤编墙纸等

2. 节点与构造施工

墙纸是常见的墙面装饰材料之一，可以单独做墙面装饰，也可与造型或其他材料组合施工。单独做装饰时可通过花型来调整空间比例，花纹越小越能扩大空间面积。

(1) 整墙式墙纸节点构造

墙纸具有施工便捷、花色繁多的优点，单独做整面墙体装饰时，整体性强，选择墙纸时要注意贴合空间的风格及色彩，保证色调统一。

❶ 混凝土基层墙纸墙面

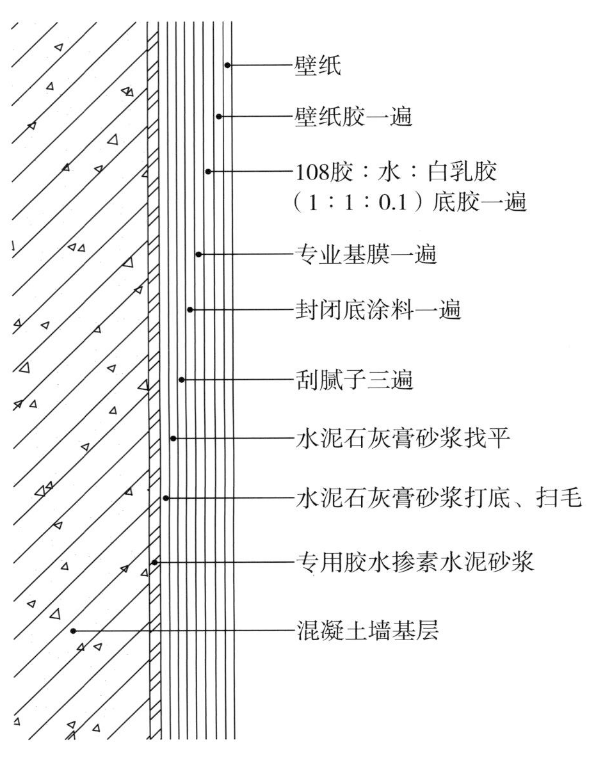

▲ CAD 节点图

❷ 轻质砖基层墙纸墙面

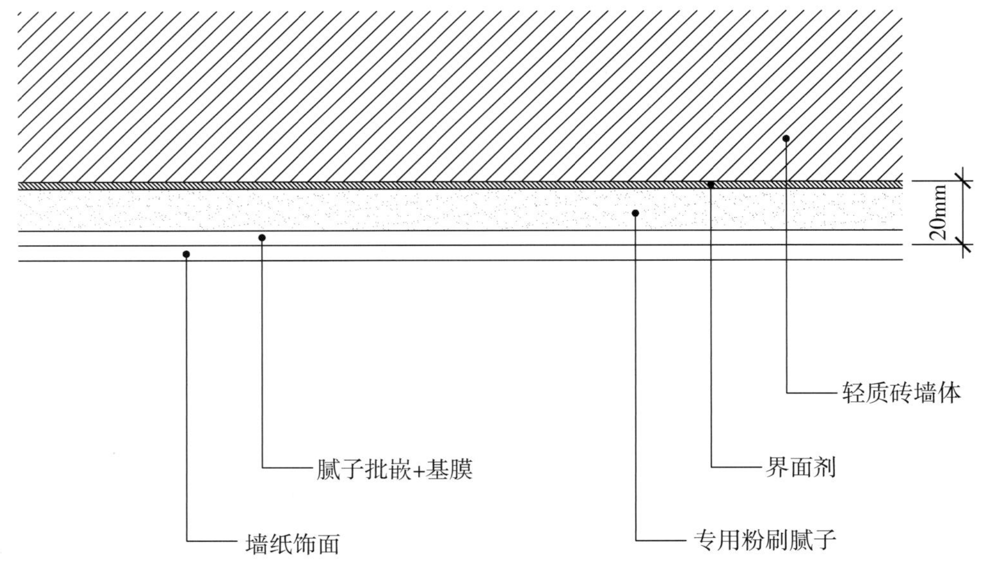

▲ CAD 节点图

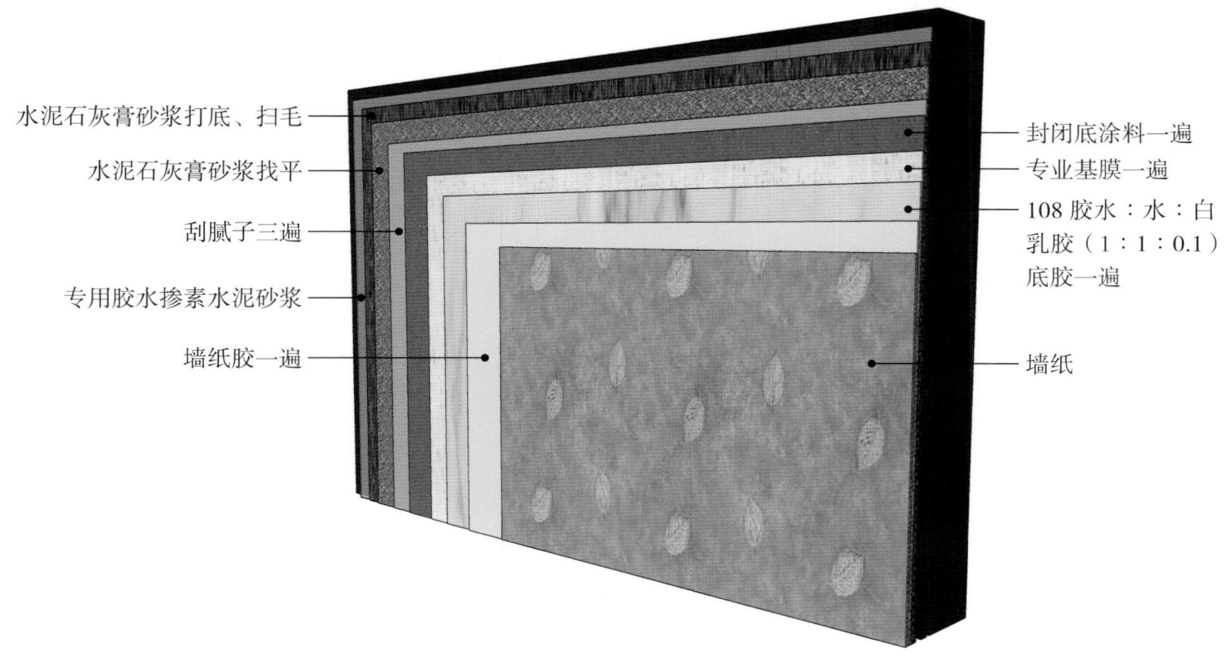
水泥石灰膏砂浆打底、扫毛
水泥石灰膏砂浆找平
刮腻子三遍
专用胶水掺素水泥砂浆
墙纸胶一遍
封闭底涂料一遍
专业基膜一遍
108 胶水：水：白乳胶（1：1：0.1）底胶一遍
墙纸

▲三维解析图

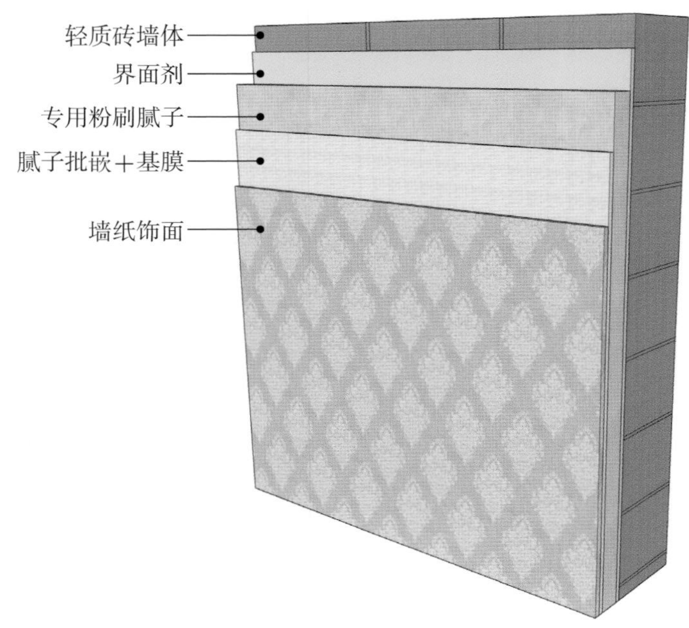
轻质砖墙体
界面剂
专用粉刷腻子
腻子批嵌＋基膜
墙纸饰面

▲三维解析图

❸ 纸面石膏板基层墙纸墙面

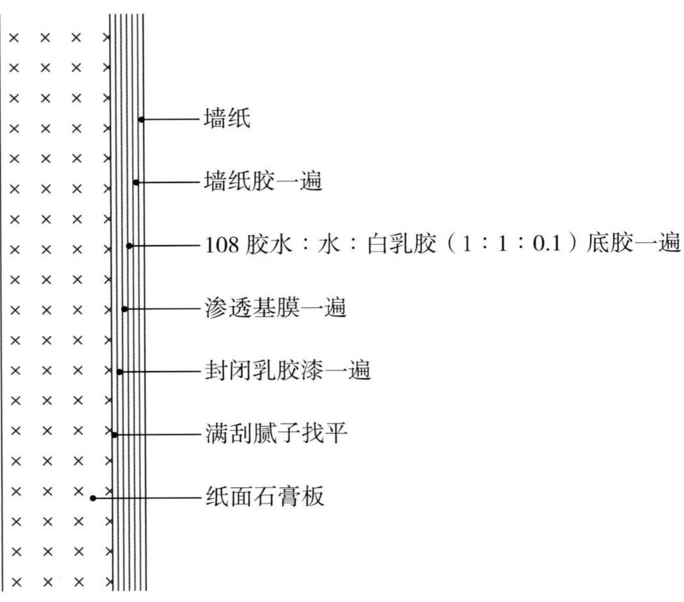

▲ CAD 节点图

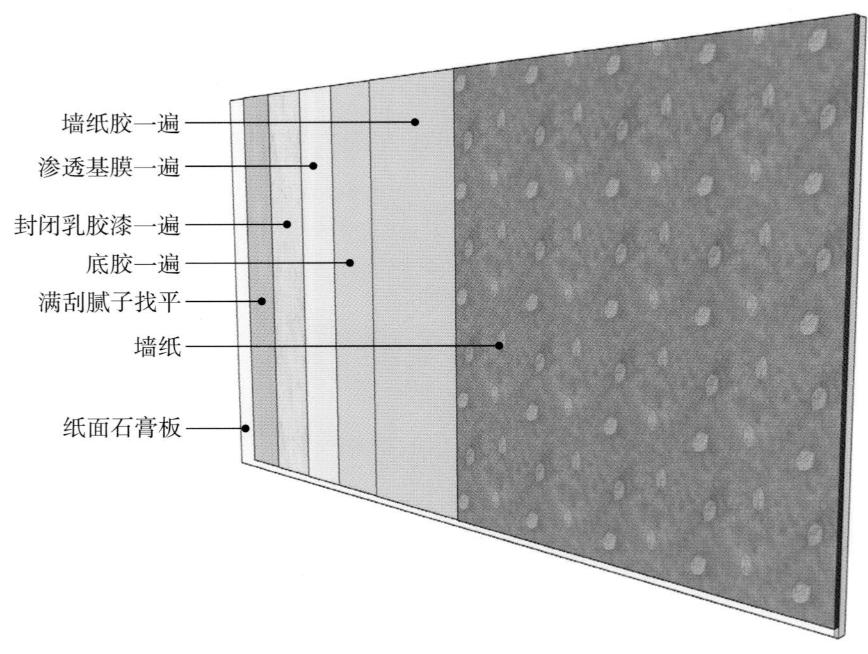

▲ 三维解析图

小贴士

铺贴形式

铺贴墙纸，可分为对花和不对花两种。

①对花

如果墙纸是规律性的图案，为了效果整齐，通常需要对花施工。平行对花为花纹平行或水平相对；错位对花为花纹交错相对，即张数为单数的墙纸花纹相同，张数为双数的墙纸花纹相同。

②不对花

如果墙纸的纹理不规则，为暗纹或素色的墙纸，则无须对花，粘贴时通常采用正反贴的方式。

工艺解析

无论何种基层，墙纸的施工工艺一般都是从清理基层开始，在保证基层平整度的情况下再粘贴墙纸。选择墙纸单独做墙面装饰时，要考虑其色彩对空间的影响，选择与居住者相符的色彩，更容易营造出感觉舒适、满意的装饰效果。

选择淡蓝色的墙纸，搭配粉色家具，充分表现女孩甜美、温柔的个性。

实景效果图▶

第一步

清理基层

基层应平整，同时墙面阴阳角垂直方正，墙角小圆角弧度大小上下一致，表面坚实、平整、洁净、干燥，没有污垢、尘土、沙砾、气泡、空鼓等现象。针对安装于基面的各种开关、插座、电器盒等突出设置，应先卸下扣盖等影响墙纸施工的部件。

第二步

刷界面剂

基层处理经工序检验合格后，在处理好的基层上涂刷防潮底漆及一遍界面剂，要求薄而均匀，墙面要细腻光洁，不应有漏刷或流淌等问题。

第三步

涂刷腻子和基膜

用专用的粉刷腻子在基层上刮腻子三遍，每次施工均需等上一遍腻子干燥后再涂刷下一遍，刮完腻子后将其晾干并对墙面进行打磨抛光，之后再涂刷基膜，以加强墙底的防水、防毒功能。

第四步

墙面弹线

在底层涂料干燥后，弹水平线和垂直线，这一操作的作用是使墙纸粘贴的图案、花纹等纵横连贯。

第五步

裁纸

按基层实际尺寸进行测量，计算所需用量，并在墙纸每一边预留 20~ 50mm 的余量，从而计算需要用的卷数以及确定裁切方式。裁剪好墙纸后按次序摆放，反面朝上平铺在工作台上，用辊筒刷或白毛巾洗刷清水，使墙纸充分吸湿伸展，浸湿 15 分钟后方可粘贴。

第六步

刷胶黏剂

需在墙纸和墙面刷胶黏剂一遍，要求厚薄均匀。胶黏剂不能刷得过多、过厚或不均，并防止溢出；避免刷不到位的现象，以防止产生起泡、脱壳、墙纸黏结不牢等问题。

第七步

贴墙纸

首先找垂直线，然后对花纹拼缝，再用刮板将墙纸刮平，拼贴时注意阳角千万不要有缝，墙纸至少包过阳角150mm，达到拼缝密实、牢固，且花纹图案对齐的效果。多余的胶黏剂应沿操作方向刮挤出墙纸边，并及时用干净、湿润的白毛巾擦干，保持纸面清洁。

第八步

清理修整

墙纸施工完成后可检查一遍，如有粘贴不牢的，用针筒注入胶水进行修补，并用干净白色湿毛巾将其压实。若粘贴面起泡，可顺图案边缘将墙纸割裂或刺破，排除内部空气，纸边口脱胶处要及时用胶液贴牢，最后用干净白色湿毛巾将墙纸面上残存的胶和污物擦拭干净。

（2）墙纸与其他材料组合节点构造

实际施工中，除了单一花色或混合花色墙纸平贴于墙面外，在一些背景墙部位，还可以组合一些造型或其他材质施工，以丰富整体装饰的层次感。造型或所搭配的材质基本没有具体限制，可根据室内风格的特点来确定。

❶ 墙纸与木饰面相接墙面

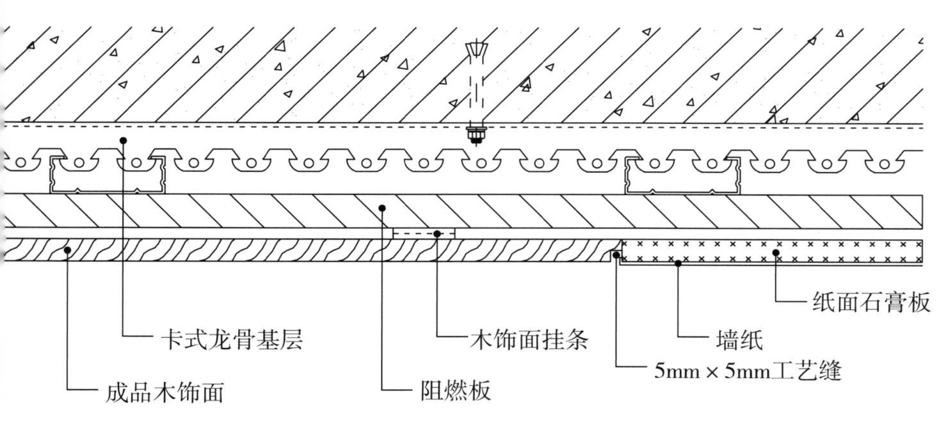

▲ CAD 节点图

施工要点

1. 用细木工板作木饰面和墙纸两者共同的基层，以保证墙面的平整度。
2. 细木工板及双层纸面石膏板分段与卡式龙骨基层固定，注意纸面石膏板钉眼处需做防锈处理。
3. 成品木饰面用木饰面挂条进行挂装。
4. 用墙纸胶将墙纸平整地粘贴在纸面石膏板上。
5. 保证墙纸与木饰面拼接缝中抽槽的平直与见光，可以用专用保护膜做成品保护。

◀ 实景效果图

原色的木饰面搭配深色带花纹的墙纸作为整体室内的墙面装饰，可以使家居氛围更加厚重、自然。需要注意的是，墙纸与木饰面都是易燃材料，使用时需注意做好防火处理。

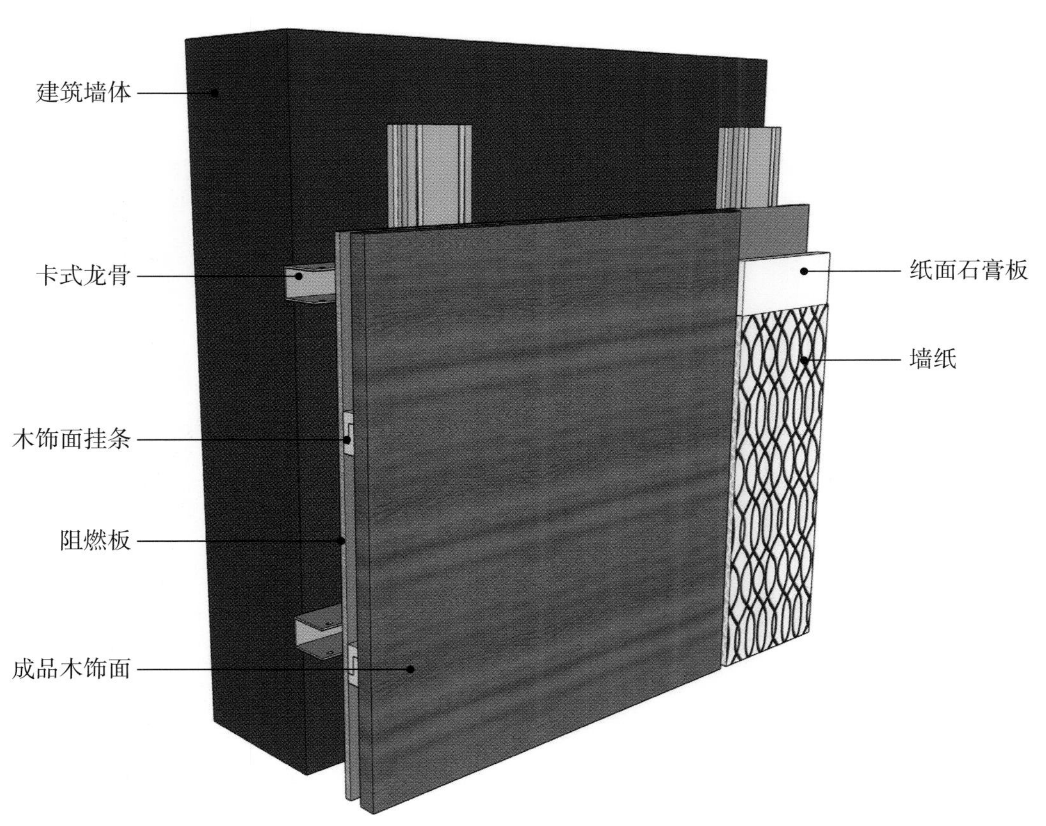

▲ 三维解析图

❷ 墙纸与瓷砖相接墙面

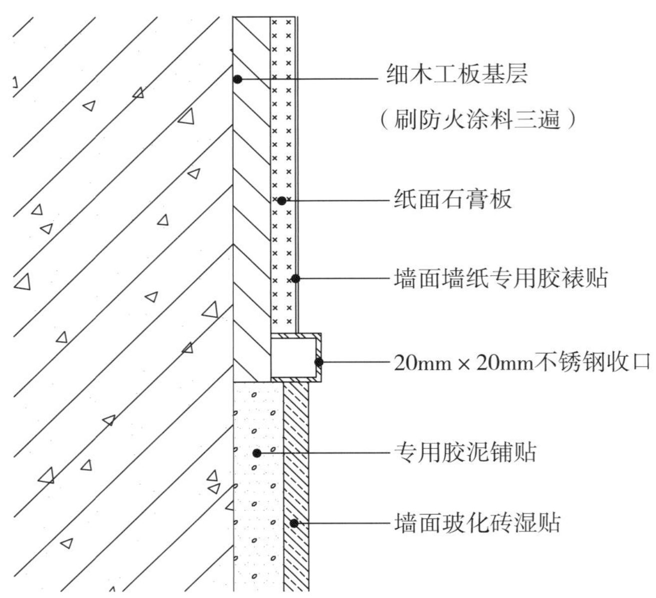

▲ CAD 节点图

建筑墙体

墙面墙纸专用胶裱贴

纸面石膏板

20mm × 20mm 不锈钢收口

墙面玻化砖湿贴

细木工板基层

专用胶泥铺贴

▲ 三维解析图

实景效果图▼

清新配色的墙纸与同色调的瓷砖相接，尽显清爽文艺，用于卫生间空间中，可舒缓视觉，使人心情舒畅。

施工要点

1. 在正式施工前需要先做好准备工作，用防火涂料将细木工板涂刷三遍，并将细木工板、纸面石膏板及不锈钢收口按设计要求裁成所需的尺寸。
2. 将突出墙面的混凝土剔平，对混凝土墙面进行凿毛处理，用钢丝刷满刷一遍，再浇水湿润。清除墙面基层即抹灰面和墙砖背面的污渍、灰尘，并涂刷一道界面剂，以增强黏结力。
3. 铺贴瓷砖时，同一段的墙砖应自下向上铺贴，先将拌制好的硅酸盐水泥或胶泥在墙面涂刷约 3mm 厚，同时在墙砖背面涂抹水泥，用力压得密实平整。瓷砖粘贴后如有偏差应在 20 min 内进行移动矫正。
4. 铺完瓷砖后，即可粘贴墙纸。墙纸粘贴完毕后，可选择相同颜色的矿物颜料和白水泥拌和均匀，调成 1：1 比例后吸水泥浆，灌入瓷砖板块的缝隙之中，并用刮板将流出的水泥浆刮向缝隙内，至基本灌满为止。
5. 为预防成品污染问题，将墙纸表面清理干净后，需用专用保护膜做好成品保护。

二、墙布

1. 材料特性

面层

可采用纱线布、织布、植绒布、功能布等材料

中间层

含黏着剂层、热压层等

材料分类

按面层用材分类

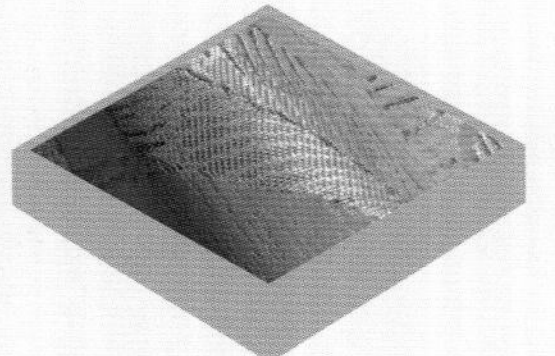

天然材质墙布

以棉、麻等天然纤维为主制作，款式多样，色彩柔和

无纺墙布

采用织布方式制作，布纹明显，面层花纹种类多样，有平纹、提花、刺绣等

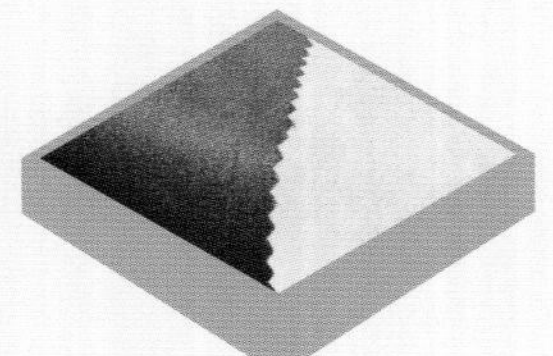

化纤材质墙布

又称人造纤维装饰贴墙布，种类繁多，花纹图案新颖美观，无毒无味，透气性好，不易褪色，但不耐擦洗

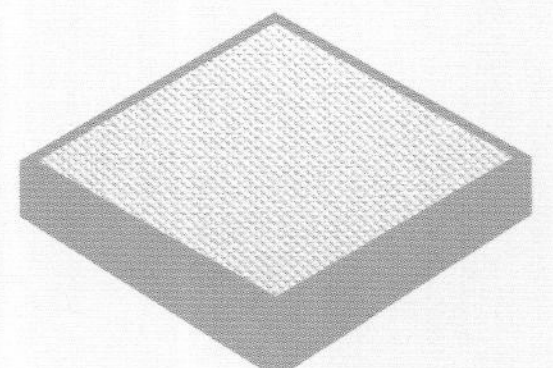

玻璃纤维墙布

美观大方，色彩艳丽，不易褪色或老化，防火性能好，耐潮性强，可擦洗，但容易断裂和老化

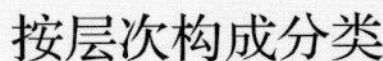

按层次构成分类

单层墙布

由一层材料编织而成，如丝绸、化纤、纯棉、布革等，其中以锦缎墙布最为绚丽多彩，这是因为其缎面上的花纹是三种以上颜色的缎纹底编织而成的

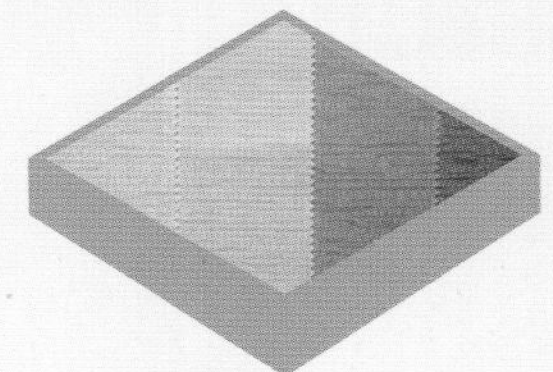

复合墙布

由两层或两层以上的材料制成，分为表面材料和背衬材料，其中，背衬材料有发泡和低发泡两种，两部分黏结或压接

基层

分为纸底、胶底、浆底及针刺棉底等

- **物理特性：**

墙布多采用丝、毛、棉、麻等天然纤维纺织而成，色彩多样、图案丰富，但花纹的样式相对来说比墙纸少，多为几何图形和花卉图案。

- **优点：**

没有异味，环保性、抗拉性较好，耐磨，方便打理，还具有吸声隔声的功能。

- **施工分层特点：**

施工时，可分为裱糊层和面层两部分处理，裱糊层主要为胶黏剂（包括糯米胶、淀粉胶和桶装胶），面层为各种类型的墙布。

- **裱糊层特点：**

一般使用糯米胶和淀粉胶，因为其价格低且环保，但是糯米胶要避免在低温下使用，不然会影响墙布的粘贴效果；桶装胶多为进口，价格稍高，但黏结性更强一些。

- **面层特点：**

墙布种类繁多，其特点依面层用材而有所区别。玻璃纤维墙布容易断裂、老化，化纤材质则不宜多次擦洗。

按墙布幅面分类

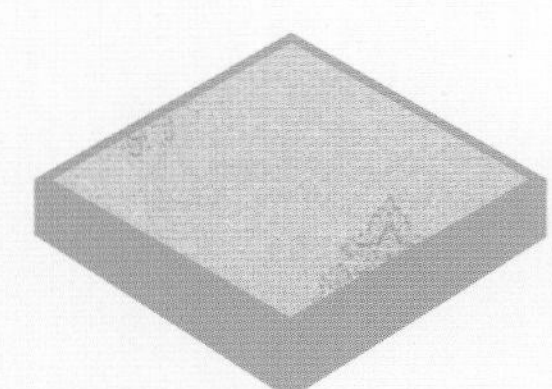

普通墙布

与墙纸一样，每幅墙布的幅面宽度有限，所以施工时需要进行拼接裱糊，应尤其注意接缝的处理

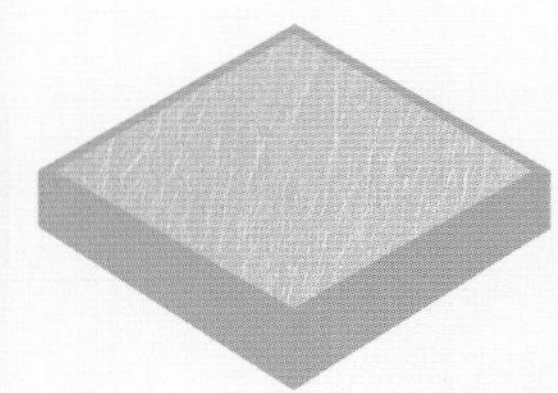

无缝墙布

无缝墙布比拼接墙布更美观实用，一整面墙只用一块布，不需费心对花，而且没有容易开胶脱落的问题

2. 节点与构造施工

墙布比墙纸更柔软，能更有效地保护墙面，而且还有无缝墙布（若房宽超出 3.1m，则不适合使用无缝墙布）。墙布常用的装饰方式为整墙式和组合式，组合式与墙纸类似，本节将重点讲解整墙式墙布节点构造。

❶ 冷胶施工墙布墙面

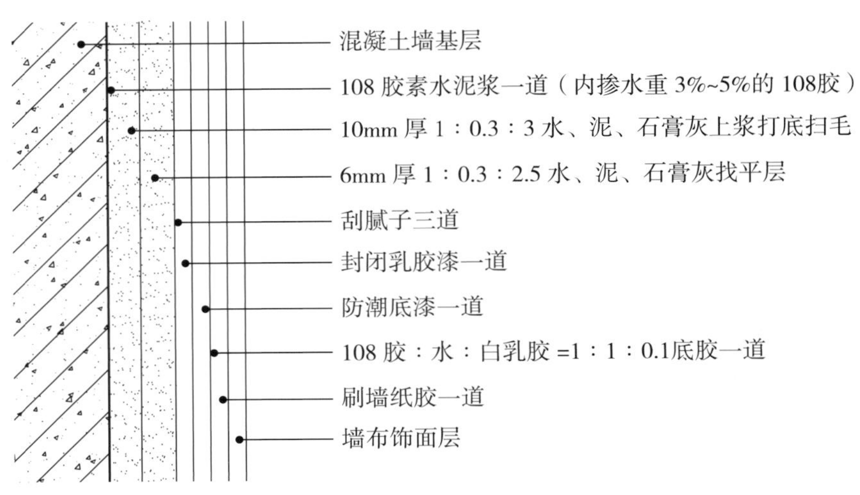

▲ CAD 节点图

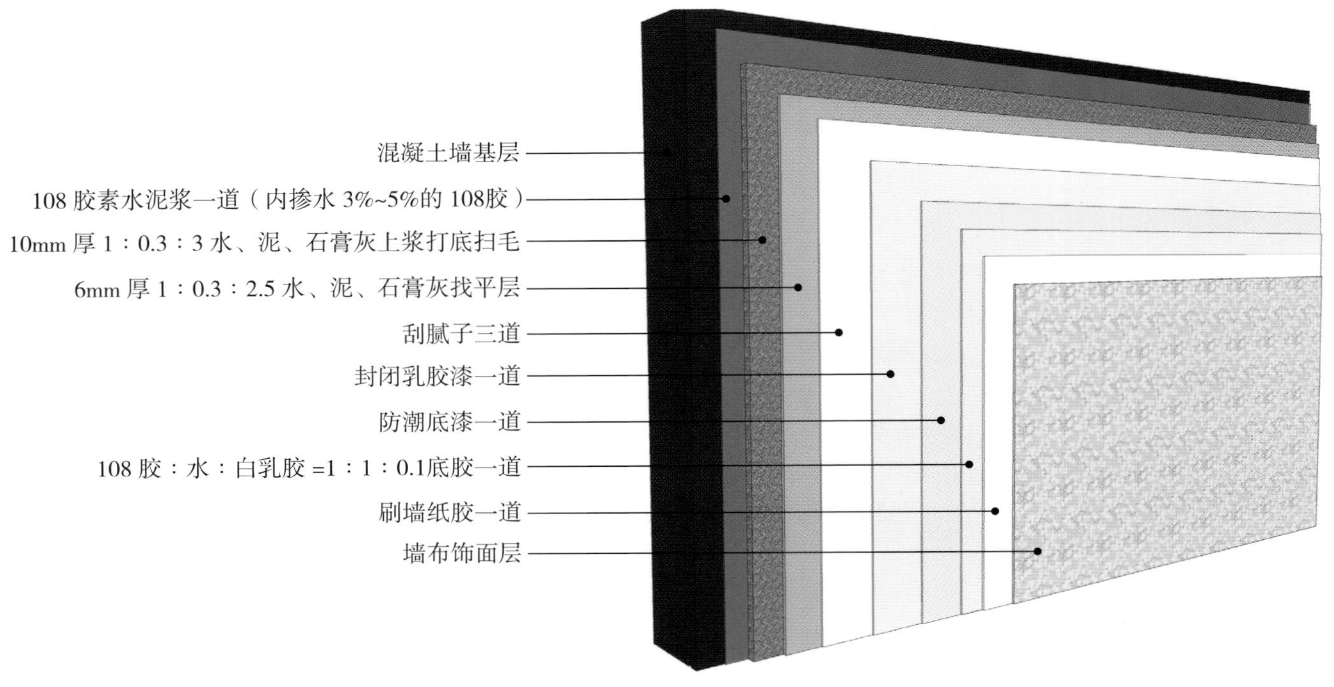

▲ 三维解析图

工艺解析

第一步

基层处理

检查墙面是否干净、平整，墙皮表面应无松动、脱落现象。

第二步

素水泥浆一道

在素水泥浆中掺水 3%~5% 的 108 胶，增加基层的黏性。

第三步

扫毛

以 1：0.3：2.5 的比例混合水、泥、石膏灰，用混合物涂在墙面上，再进行扫毛，必须顺南—北或东—西方向用扫帚或其他工具扫毛，扫毛的纹路要清晰均匀、方向及深浅一致。

第四步

做找平层

以 1：0.3：2.5 的比例混合水、泥、石膏灰，用混合物做 6mm 左右的找平层。

第五步

刮腻子三道

第一道腻子的主要作用是为墙面打底和找平；第二道腻子是全面打底处理，让墙面大致平整；第三道是局部找平，让墙面更加平整。

第六步

刷封闭乳胶漆一道

在墙面上滚刷封闭乳胶漆，并按比例调配好墙布胶粉、胶浆。封闭乳胶漆可以有效封闭墙面，防止墙面返碱，更好地保护外层材料，还能够增加附着力。

第七步

刷胶

先将胶或者环保糯米胶涂刷到墙壁上，等水分蒸发，黏性增强后，再铺贴墙布。

第八步

铺贴墙布

将墙布展开，用墙纸刮板将墙布刮贴在墙上，按由里至边的顺序，将墙布上下贴齐后再继续铺贴。

❷ 热胶施工墙布墙面

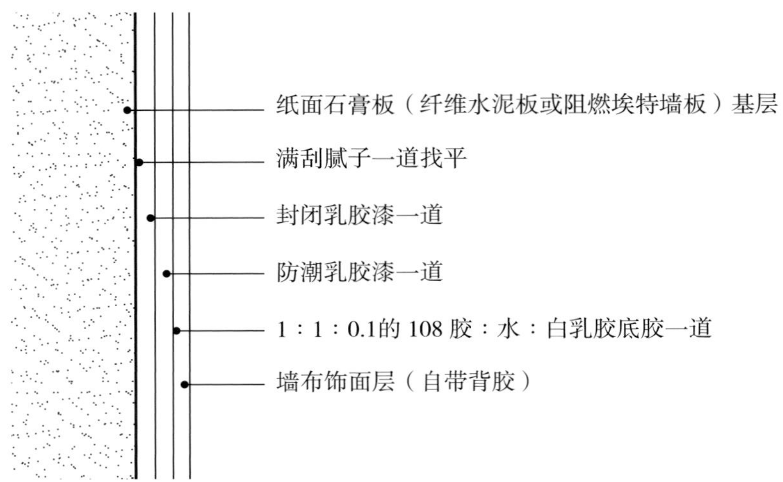

▲ CAD 节点图

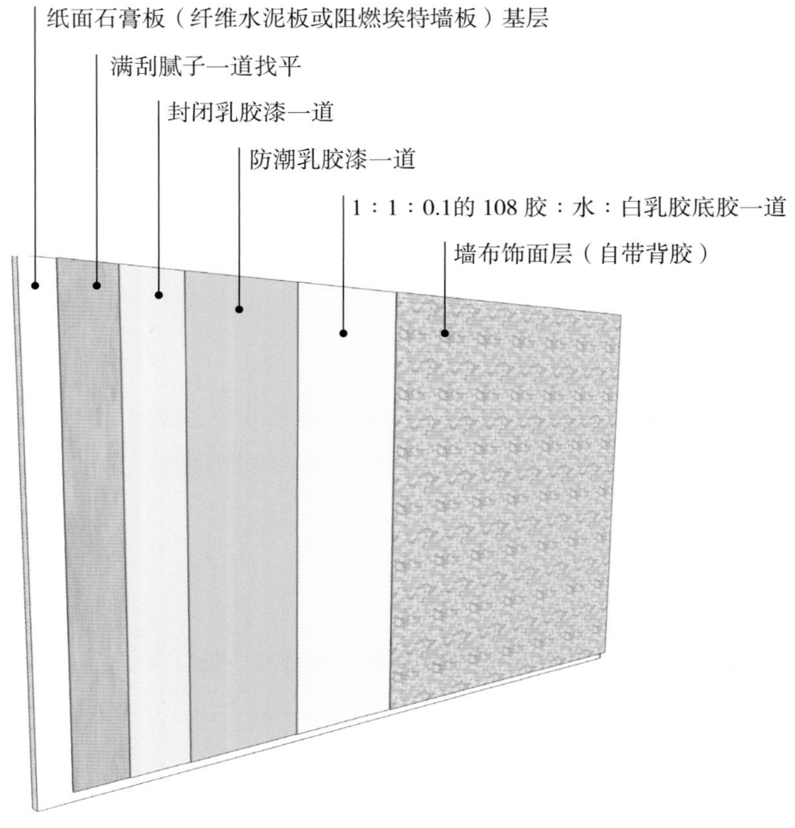

▲ 三维解析图

工艺解析

第一步

基层处理

在老墙或有色差的墙体上贴墙布，容易产生泛色、透底、色差等问题，应使用白色覆盖型基膜涂刷墙面。

第二步

满刮腻子

满刮腻子一道，做整体墙面找平。

第三步

刷封闭乳胶漆一道

用滚筒大面积涂刷，用笔刷涂刷小面积的区域，将封闭乳胶漆均匀涂刷于墙面，需操作 1~2 遍，自然干燥 24h 后再进行下一步操作。

第四步

粘贴墙布

有些厂家的墙布背面有离型纸，务必小心撕去，若操作不当则容易造成缺胶、残胶问题，导致墙布报废。可以用水平仪器在墙面标记，用蒸汽熨斗把热胶墙布从顶端熨烫固定，从上至下，围绕墙体次序进行熨烫，并适时做调整，注意阳角不应有接缝，需将阴阳角用熨斗仔细熨贴顺滑。热胶的施工方式不污染墙布表面和室内其他物体，且不易起皱，边角平直，但对施工人员的水平要求较高，同时成本较高，而且阳光晒后容易溶胶、起鼓。

实景效果图▼

屋内墙面全部裱糊墙布时，更适合选择热胶施工方式。

第三章

石材

石材在室内、室外空间中均适用，因其美观而独特的装饰效果和耐磨、经久等物理特点，一直被设计师们青睐，成为经典的装饰材料之一。天然石材具有很多不可复制的特性，尤其是其多变而自然的纹理，因此其发展前景仍然十分可观。但因为原料不断减少及开采限制等原因，同时出于保护环境和节约能源的目的，市面上的天然石材逐渐减少，而人造石材的种类及花色不断增多，逐渐取代天然石材。人造石材的需求量增大、制造技术日趋成熟，有着广阔的发展前景。

一、大理石

1. 材料特性

碳酸钙

主要成分，占 50% 以上

碳酸镁

二氧化硅

影响大理石的颜色

氧化钙

材料分类

按色彩分类

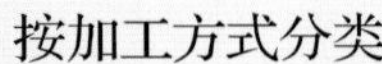

米黄色系

色彩柔和、效果温馨，是使用较多的一个种类，包括金线米黄、莎安娜米黄、西班牙米黄等多种类型

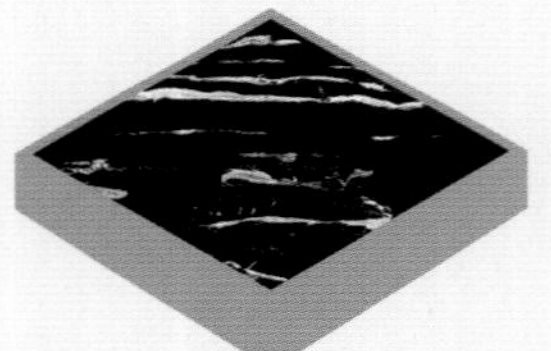

黑色系

具有庄严肃穆的效果，适合局部墙面使用，大面积应用容易显得压抑，包括黑白根、银白龙等类型

单板

全部使用大理石制作的板材，为单一石材结构，是较传统的大理石板材形式

灰色系

色彩高雅、简洁，有不同深度的灰色，包括波斯灰、土耳其灰、冰岛灰、杭灰、云灰等多种类型

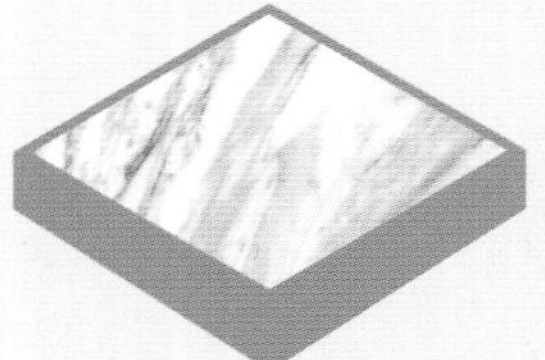

白色系

具有简洁、明亮的感觉，纹理多为灰色，可大面积使用，常用的有爵士白、雅士白、翡翠白、大花白等类型

复合板

面材为大理石，基材为瓷砖、石材、玻璃或铝蜂窝等。与单板相比质量更轻、强度更高，安装效率和安全性有所提升

- **物理特性：**

大理石由沉积岩和沉积岩的变质岩形成，主要成分是碳酸钙，其含量为 50%~75%，呈弱碱性。大理石表面条纹分布一般较不规则，硬度较低。经过加工处理后制成板材，主要用于地面和墙面装饰，因其耐磨、耐热等优点深受欢迎。

- **优点：**

大理石纹理自然而多变，色彩丰富，装饰效果华丽。材质稳定，长期不变形。加工性能优良，可锯、可切、可磨光、可钻孔、可雕刻等。保养简单方便，不必涂油，也不易粘灰尘，使用寿命长。

- **加工施工特点：**

大理石荒料通常为块状，需要经过切割、磨光等工序才能制成大理石板材，根据荒料厚度，可将大理石加工成平板和薄板两种类型。一块荒料可以先根据平板的尺寸等分，剩余的部分再加工成薄板，也可以将一整块荒料均匀等分，全都加工成薄板。

- **平板特点：**

平板的厚度可根据需要来裁切，常见的厚度为 12mm、15mm、20mm 和 30mm。可用于装饰墙面、地面，有些厚度大的板材还可用作台面或窗台板等。

- **薄板特点：**

薄板的厚度低于平板，最薄的为 1~2mm 厚。可用作装饰墙面，也可与其他底材黏结，制成大理石复合板。

按表面处理方式分类

抛光板

表面非常平滑，高度磨光，有高光泽，可达镜面效果，是最常使用的一类大理石板

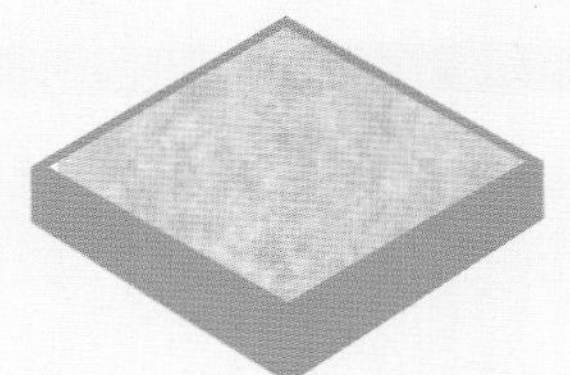

亚光板

表面平滑，但是低度磨光，会产生漫反射，无光泽，无光污染隐患

酸洗板

此类板材在制作时用强酸腐蚀石材表面，使其有小的腐蚀痕迹，外观具有极强的质朴感，适合有特殊效果需求的情况

2. 节点与构造施工

大理石可用作墙面、地面装饰，但大理石材质本身有毛细孔，与水汽接触时间长后会造成光泽度降低，或是有纹理颜色加深，因此不建议将大理石铺装在卫生间等容易潮湿的空间中。若要在此类空间中铺设，石材防水工程要做到表面的六面防护。由于石材的施工工艺为通用，因此本部分将重点讲解石材地面铺贴的节点与构造施工。

❶ 干铺法石材地面

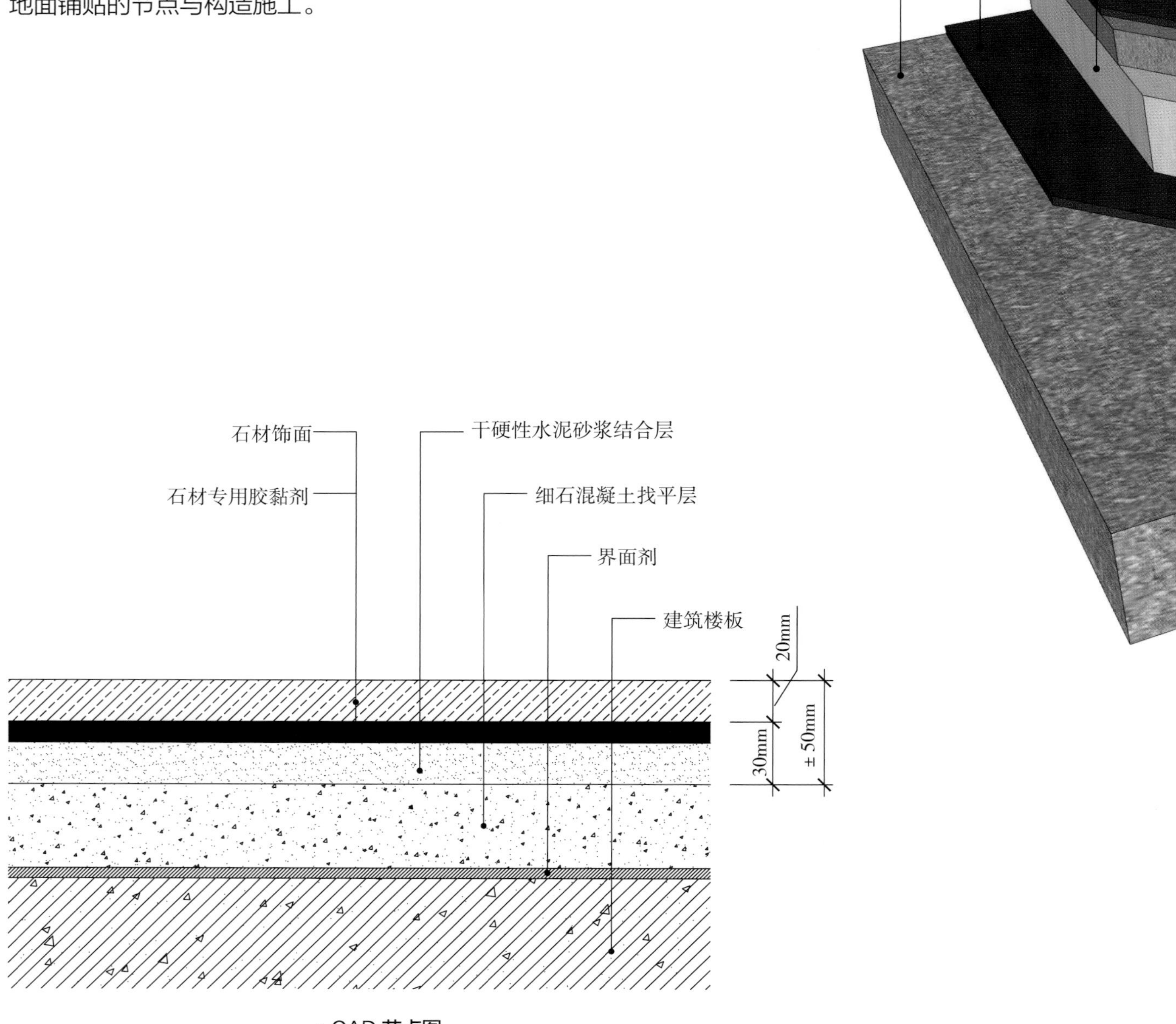

▲ CAD 节点图

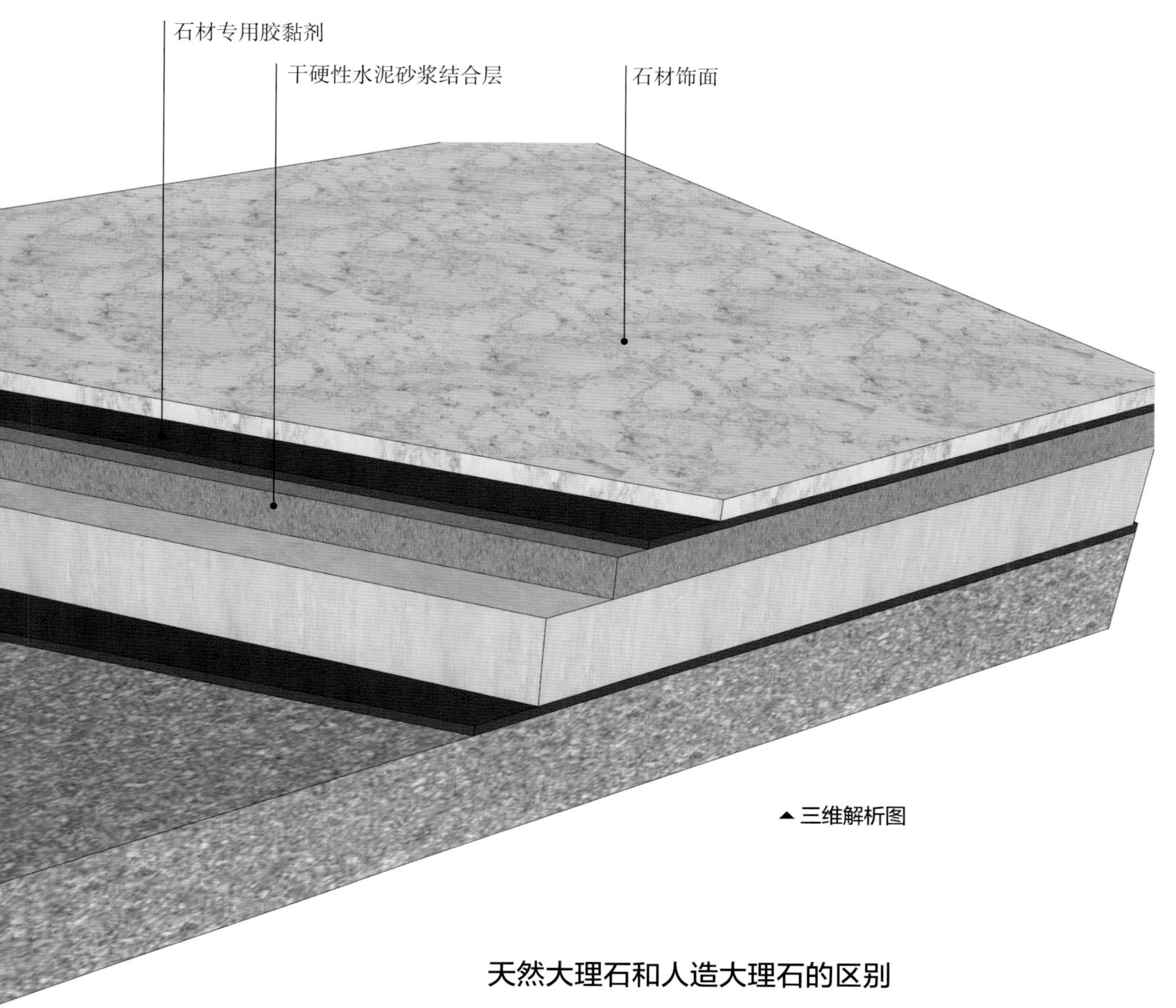

▲ 三维解析图

天然大理石和人造大理石的区别

特质	天然大理石	人造大理石
结构组成	地壳中原有的岩石经过地壳内高温高压作用形成的变质岩	以天然石材的碎石为填充料，加入水泥、石膏和不饱和聚酯树脂制成
纹理特征	花纹自然、丰富	花纹的人工设计感比较强
施工特点	石材连接处十分明显，无法实现无缝拼接	石材连接处不明显 、整体感强

工艺解析

第一步

基层处理

清理基层上的浮浆、油污、涂料、凸起物等影响黏结强度的物质。

第二步

将石材按照位置排放

在正式铺设前，应将石材板块按颜色、图案、纹理进行试拼，将非整块板对称排放在房间靠墙位置，试拼后按两个方向编号排列，然后按编号排放整齐。

第三步

刷界面剂

先在基层表面洒水湿润，再涂刷界面剂，以增强找平层与基层的黏结力。

第四步

用细石混凝土做找平层

第五步

用干硬性水泥砂浆做结合层

按照水泥和砂 1 ： 3 比例合成水泥砂浆，做 30mm 厚的面层，其平整度应不小于 3mm。

第六步

涂石材专用胶黏剂

用10mm厚的素水泥膏做黏结剂，将其均匀批涂在石材背面，使石材和找平层更好地黏结在一起。

第七步

试铺

在铺装空间内两个相互垂直的方向铺两条干砂，其宽度应大于板块宽度，厚度不小于 30mm，结合施工大样图及房间实际尺寸把石材板块排放好，以便检查板块之间有无缝隙，核对板块与墙面、柱、洞口等部位的相对位置。

第八步

铺贴

用试铺时确认好的石材编号按顺序铺贴，铺完第一块后向其两侧按后退方向顺序进行铺贴，铺完一个纵行、横行之后便有了标准，可分段分区依次铺贴。一般宜先里后外进行，逐步退至门口，便于成品保护。

拼花大理石具有律动感，效果也更为奢华。需采用干铺法，但其厚度大，难度比湿铺法大，优点是不易空鼓，不易变形，所以虽成本相对较高，但很多人仍选择干铺法。

实景效果图▶

第九步

灌缝、擦缝

选择石材颜色相同或相近的矿物颜料和水泥（或白水泥）拌和均匀，调成1：1的稀水泥浆，用浆壶缓慢灌入板块的缝隙中，并用长把刮板把流出的水泥浆刮向缝隙，至基本灌满为止。灌浆1~2h后，用棉纱团蘸原稀水泥浆擦拭缝隙与板面，使其持平，同时将板面上残留的水泥浆擦净，保持石材面层的表面洁净、平整。

❷ 湿铺法石材地面

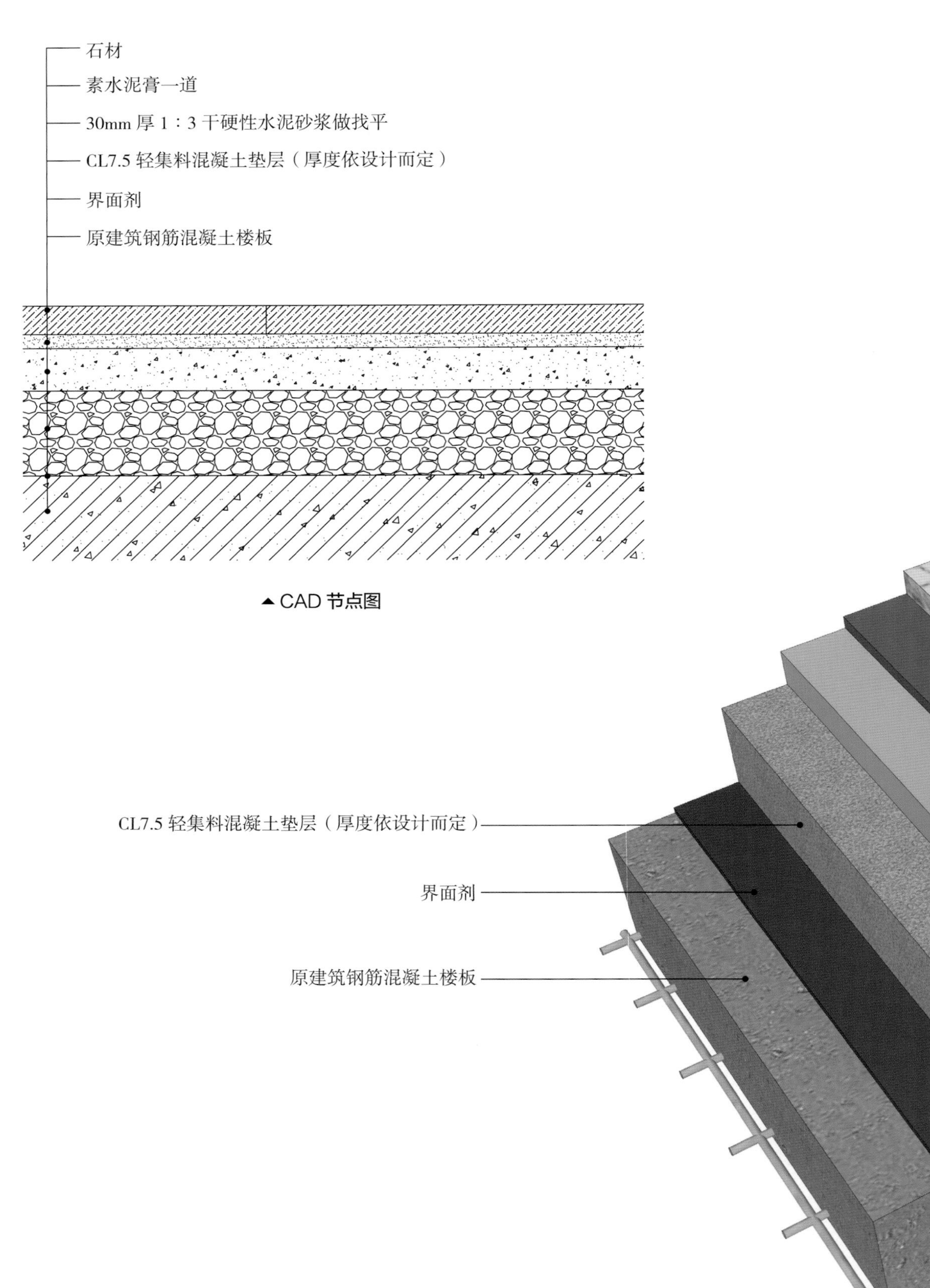

▲ CAD 节点图

小贴士

石材铺贴的无缝工艺

①勾缝处理

先根据石材的颜色勾兑填缝剂调制出相近的颜色，再加入硬化剂，以便后续施工使用。将填缝剂缓慢勾入缝隙，使用铲子等工具将填缝剂均匀地填入石材拼接处的缝隙中，溢出的部分及时用抹布擦拭干净，防止污染石材表面。

②研磨石材接缝处

先粗磨三遍，使用砂轮机对石材的缝隙处进行粗磨，此步骤需重复三遍才能将石材的亮面完全磨平。之后再细磨一遍，使用钻石研磨机对石材的缝隙处进行细磨，直至肉眼无法看出石材表面的缝隙。

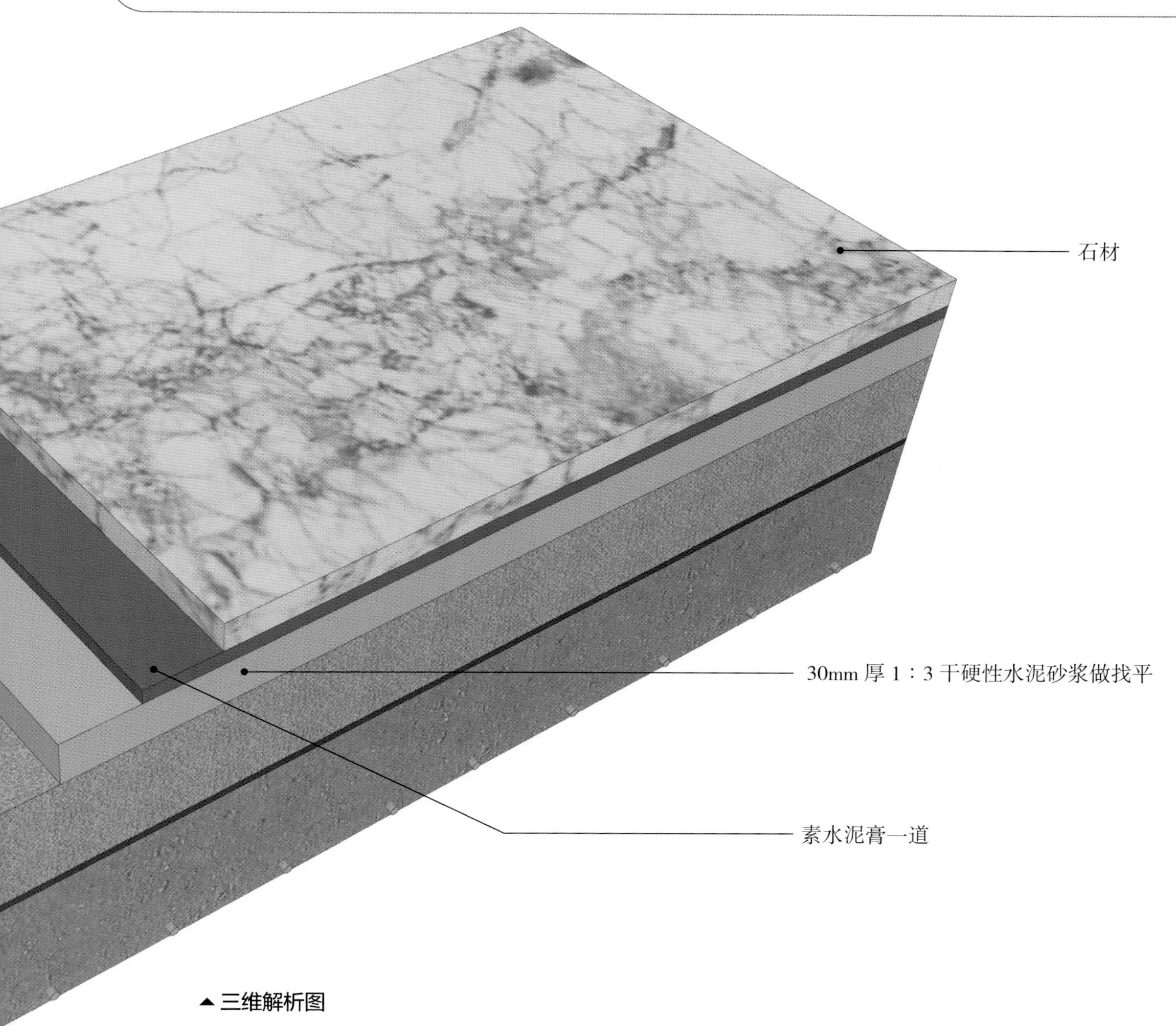

▲三维解析图

工艺解析

第一步

排版放线

根据施工图纸中标识的铺贴方向在地面上排版放线，合理规避地漏等位置，同时可以根据排版对待铺装石材进行编号。

第二步

刷界面剂

在原建筑钢筋混凝土楼板上刷一道界面剂，以增强轻集料混凝土垫层和楼板黏结的牢固性。

第三步

轻集料混凝土做垫层

使用CL7.5轻集料混凝土（即强度为7.5的结构保温轻骨料混凝土）做垫层。

第四步

水泥砂浆找平

按照水泥和砂1 ：3的比例制成水泥砂浆，用它做30mm厚的面层，做地面的找平。

第五步

涂素水泥膏

用10mm厚的素水泥膏做黏结剂，将其均匀地批涂在石材背面，从而将石材和找平层更好地黏结在一起。

第六步

试铺

将石材按照排版放线的位置进行试铺，确认每个位置石材的编号正确。

◀实景效果图

在客厅空间铺贴大理石时，地面略显单调，可以加入局部的块状地毯进行修饰。

第七步

铺贴

按照试铺时确认好的石材编号进行铺贴，铺贴时必须用橡皮锤轻轻敲击，具体手法是先从中间到四边敲击，再从四边敲击到中间，反复数次，使地砖与砂浆黏结紧密，注意随时调整平整度和缝隙位置。

❸ 做防水的石材地面

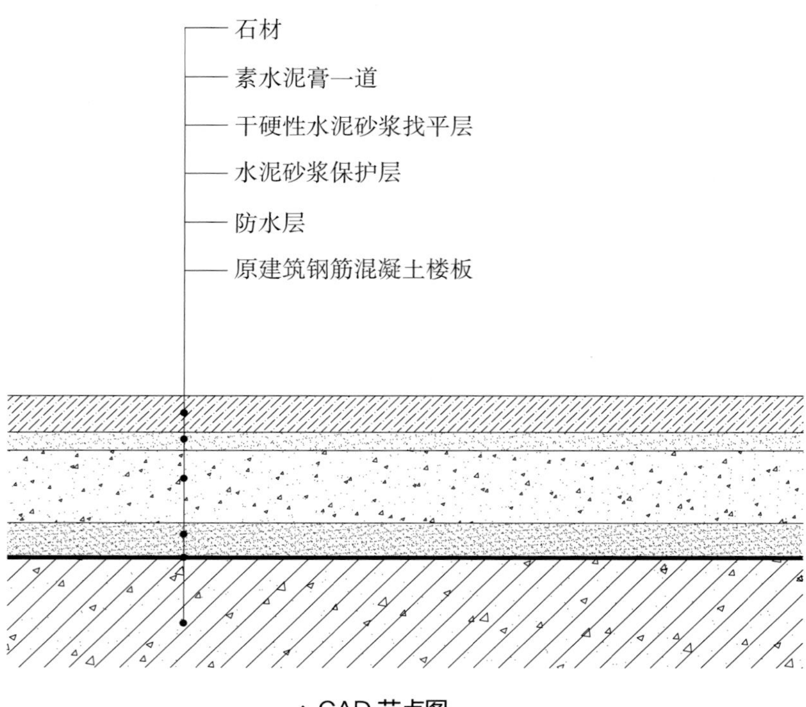

▲ CAD 节点图

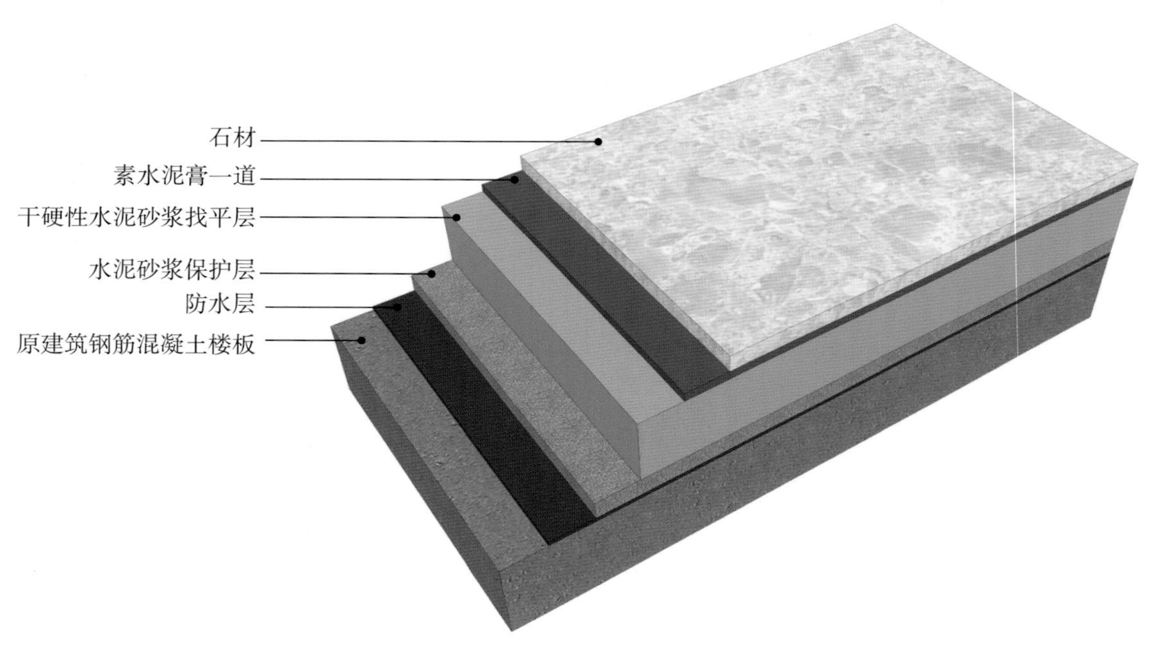

▲ 三维解析图

施工要点

1. 卫生间、厨房及阳台等空间使用大理石时，需要加入防水层。
2. 处理好基层后，就需要涂刷防水层。
3. 防水层需涂刷 2~3 遍，或者增设玻纤布，且每遍涂刷的固化物厚度不得低于 1mm，并应在其完全干燥后（5~8h）再进行下一项施工。
4. 涂刷防水层后做水泥砂浆保护层，防止施工人员在做其他工序的时候来回踩踏防水层，导致防水层被过度摩擦而产生穿洞。
5. 做好防水层和保护层后，按照正常的石材铺贴工艺施工即可。

▲实景效果图

浅色大理石不宜用在卫生间等空间，容易变色，此类空间中最好使用深色系大理石。

二、花岗石

氧化锰

影响花岗石的颜色

1. 材料特性

长石

主要成分，占 40%~60%

三氧化二铁

影响花岗石的颜色

氧化镁

影响花岗石的颜色

黑云母

材料分类　按加工方式分类　按色彩分类

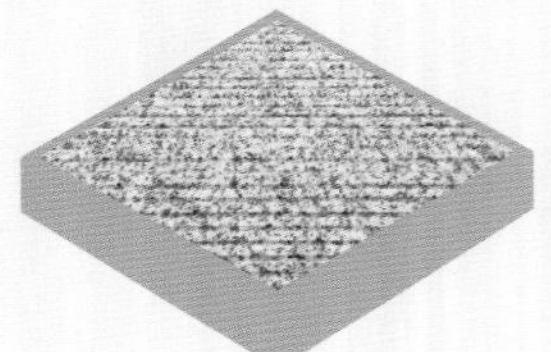

剁斧板材

石材表面经手工剁斧加工而成，质感粗糙，具有规则的条状斧纹。可用于防滑地面、台阶、基座等

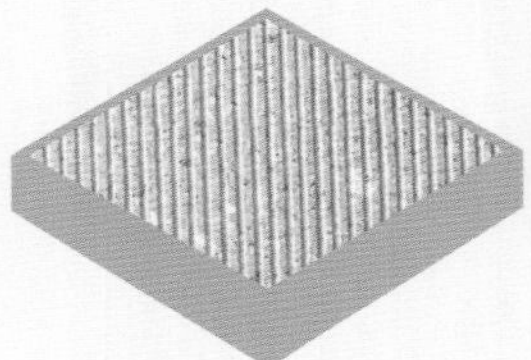

机刨板材

石材表面经机械刨平而成，表面相对平整，有相互平行的刨切纹，与剁斧板材用途类似，但表面质感更加细腻

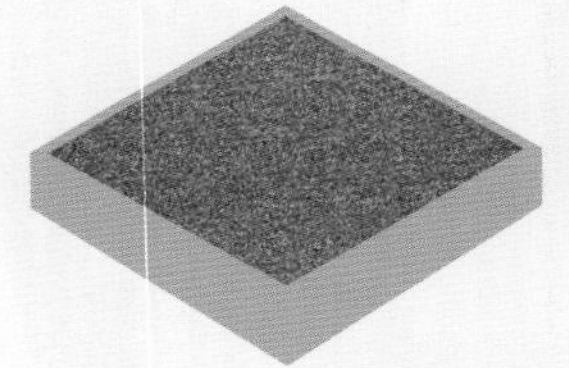

红色系

磨光板色彩较为浓烈，有强烈的华丽感，不建议大面积使用，颜色众多，包括四川红、石棉红、岑溪红、虎皮红、樱桃红等

粗磨板材

石材表面经粗磨加工而成，平滑无光泽，主要用于需要柔光效果的墙面、柱面、台阶、基座等

磨光板材

石材表面经过精磨和抛光加工而成，平整光亮，花岗岩晶体结构纹理清晰，颜色绚丽，用于需要高光泽、平滑表面效果的墙面、地面和柱面等

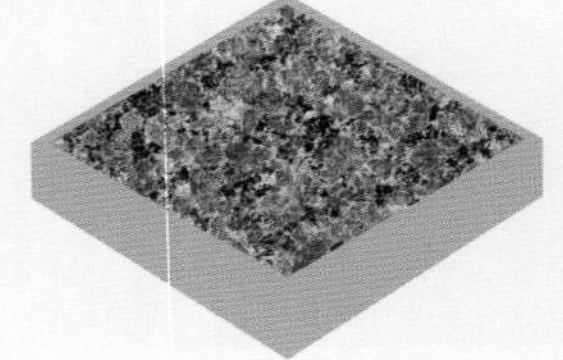

棕色系

属于比较中性的花岗石，非常百搭，但颜色种类较少，常用的有静雅棕、英国棕及咖啡钻等

- **物理特性：**

花岗石结构致密，硬度极高，抗压强度高，吸水率低，经久耐用，易于维护，但耐火性差。

- **优点：**

与大理石相比，花岗石的纹理较具有规律性，呈细粒、中粒、粗粒的粒状或似斑状结构，其色彩相对变化不大，适合用来塑造整体性的效果。

- **施工特点：**

花岗石荒料的加工与大理石相同，也分为平板和薄板两种类型，板材特点可参考大理石。从施工角度来说，花岗石的分层可分为面层和基层两部分。面层即花岗层，基层根据施工部位不同，又分为2~3个细分层次。

- **面层特点：**

面层有平板和薄板两类，平板的常见厚度为12mm、15mm、20mm和30mm；薄板的厚度为6mm左右。花岗石可用来装饰墙面、地面，厚度大的板材还可用作台面或窗台板等。

- **基层特点：**

不同施工部位的基层有所区别，如墙面和地面包括找平层和黏结层等，橱柜台面的基层为板材。基层使面层平整、安装效果更佳，或起到连接建筑基面和面层的作用。

石英

含量为20%~40%

花白色系

通常为白底，带有棕色、灰色或黑色纹理，包括白石花、黑白花、芝麻白、花白、岭南花白、四川花白等

黑色系

黑色系是色彩最暗的花岗石，小空间内不建议大面积使用，否则易产生沉闷、压抑之感，常见的有淡青黑、纯黑、芝麻黑、山西黑、黑金砂等

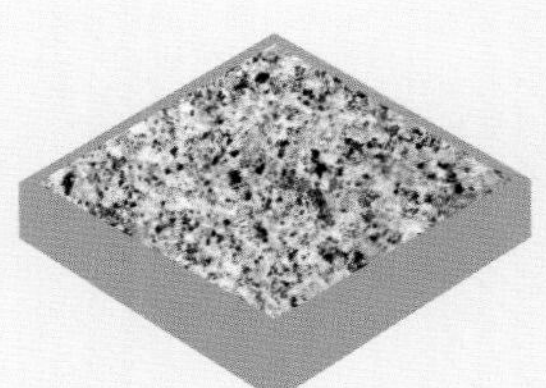

黄色系

装饰效果具有温馨感，纹理变化多样，常用的有锈石、虎皮黄、加里奥金、西西里金麻、黄金麻、路易斯金等

2. 节点与构造施工

花岗石常用作墙面、柱面、台面及地面材料，属于天然石材，其长度有限，若应用于大型的地面铺装，难免有接缝，不仅影响美观，还容易藏污纳垢。石材的施工工艺为通用做法，因此本部分将重点讲解石材墙面节点与构造施工。

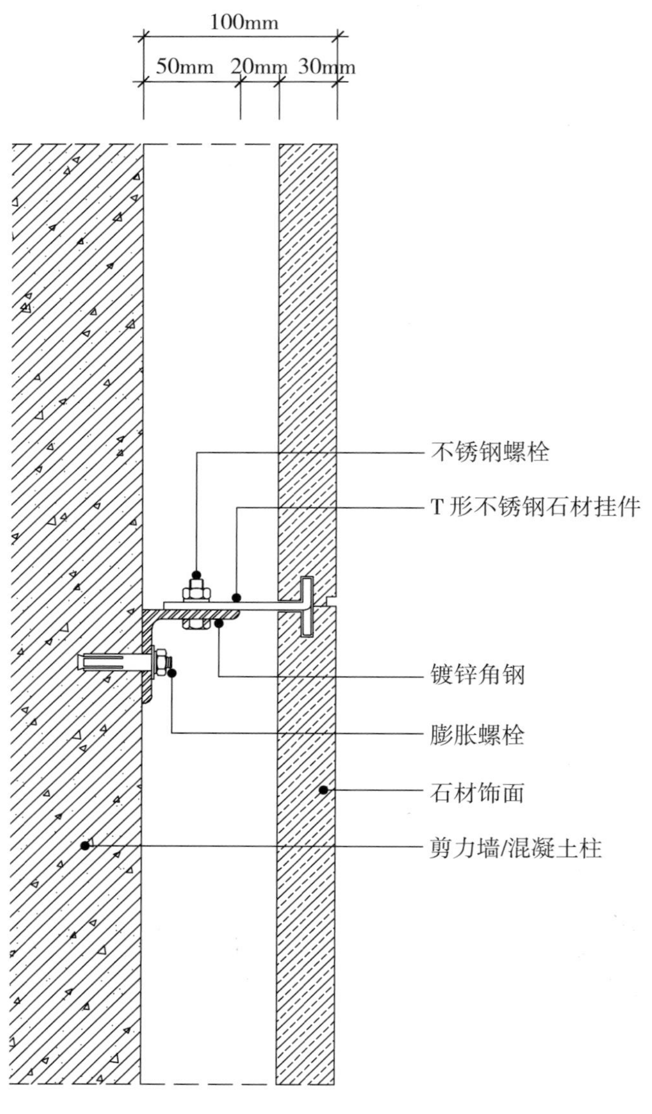

▲ CAD 节点图

❶ 干挂法（无龙骨）石材墙面

小贴士

隐蔽工程的检验标准

①电路质量

强电和弱电要分开布管穿线，线管内不应有接头和扭结的情况，如果有分线的需要，则必须使用分线盒。导线之间需牢固连接，保证接线不受拉力，并且应紧密包扎，不露线芯。

②水路质量

水路管道需确保横平竖直，紧贴墙面，沿顶面安装。管道应铺设牢固，不应有晃动的现象，最好每隔 800mm 安装一个吊杆。

③地面基层质量

铺设地板的地面应平整，在其上面走动时没有明显的声响。铺贴在地面上的花岗石等不应有明显的色差，板块间缝隙不应过大，灰缝应镶嵌饱满，高度差不超过 2mm。

④其他质量

关于隐蔽工程，除以上需要注意的要点外，还应检查护墙板的棱角是否平直，有无开裂现象；吊顶的尺寸是否一致；门窗是否可以灵活开合等。

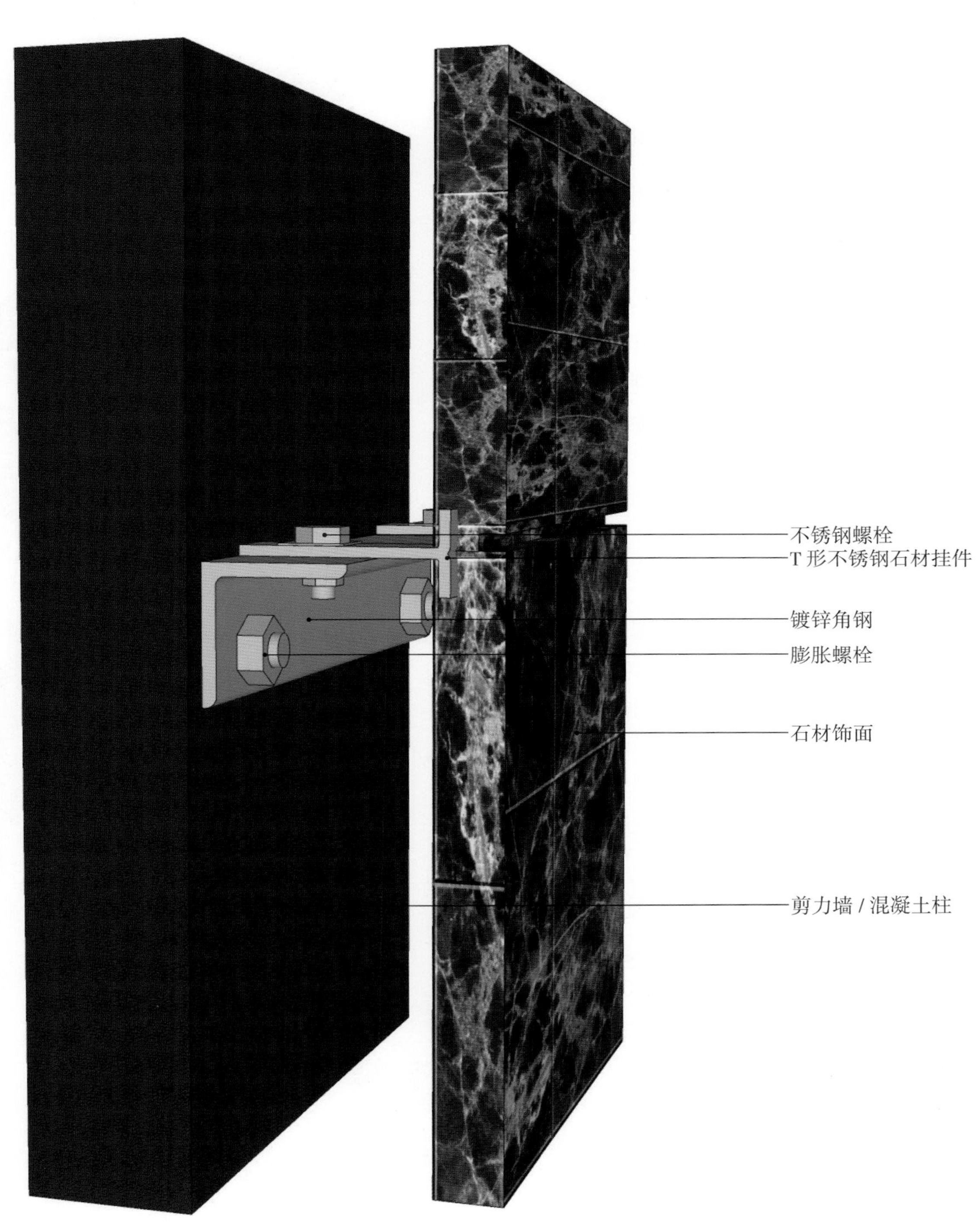

▲ 三维解析图

工艺解析

第一步

基层处理

采用经纬仪投测与垂直、水平挂线相结合的方法弹线。基层墙面应清理干净，不得有浮土、浮灰等，之后将其找平并涂好防水剂。

第二步

测量放线

施工前应按照设计标高在墙体上弹出水平控制线和每层石材标高线。根据石材分隔弹线的位置，来确定膨胀螺栓的安装位置。

第三步

安装镀锌角钢

用膨胀螺栓将镀锌角钢与墙面进行固定。注意只有钢筋混凝土结构才可直接采用膨胀螺栓固定角钢，如果是轻质砖墙等墙体，需要加一层龙骨，才能进行干挂。

第四步

固定干挂件

将 T 形不锈钢石材挂件用不锈钢螺丝与角钢固定。

第五步

隐蔽工程验收

对施工工序经过自检、互检和专检合格后，及时对墙体内的设备管线的安装以及水管等有特殊要求的隐蔽工程进行验收。

第六步

石材安装

将石材饰面与挂件嵌缝安装，并测试板面的稳定性。

◀实景效果图

作为一种较为高端的装饰材料，石材的材料价格和施工成本都比较高，因此要做石材墙面需有充足的资金预算。

第七步

板缝处理

石材安装完毕后，检查无误后，清扫拼接缝后即可嵌入橡胶条或泡沫条。随后打勾缝胶封闭，注意注胶均匀，胶缝饱满，也可稍凹于板面。最后按石材的颜色调成色浆嵌缝，边嵌边用抹布清除所有的石膏和余浆痕迹，使缝隙密实均匀、干净且颜色一致。

❷ 干挂法（有龙骨）石材墙面

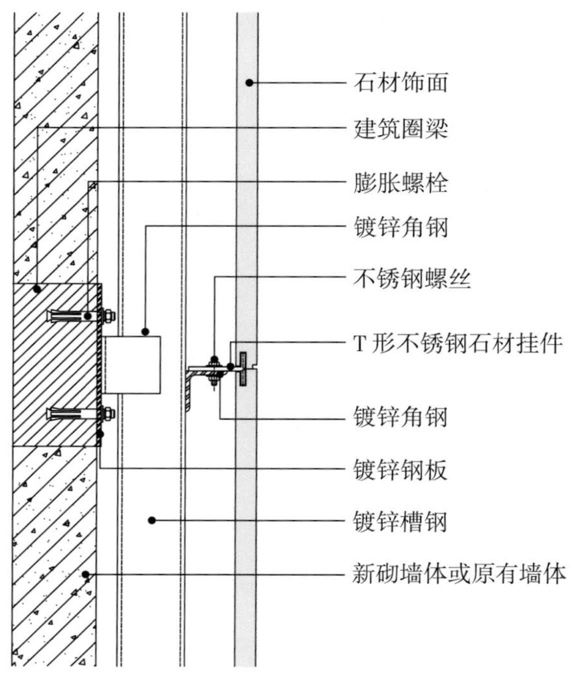

▲ CAD 节点图

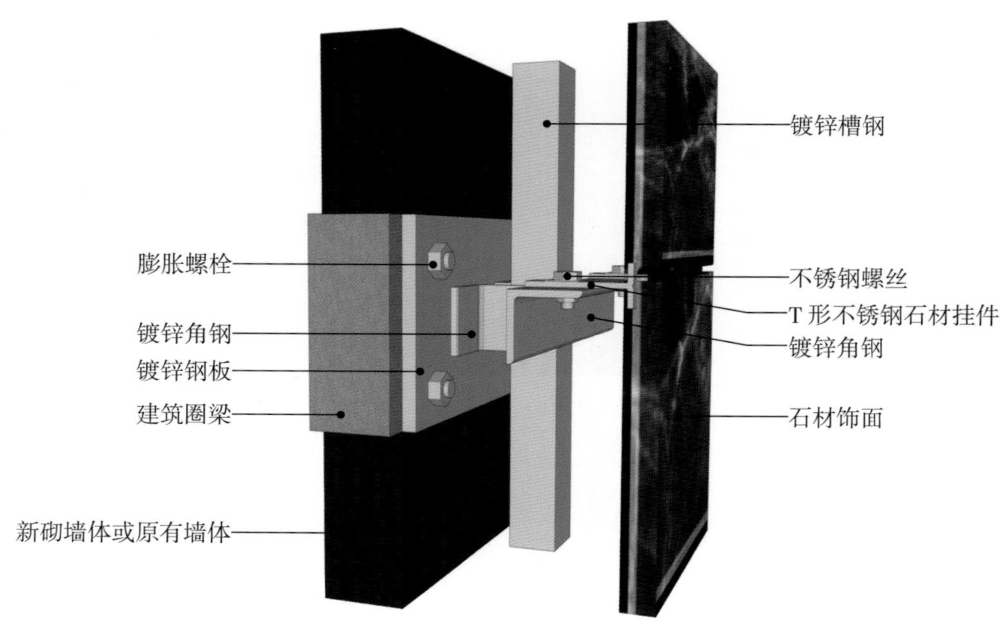

▲ 三维解析图

干挂法中无龙骨和有龙骨施工工艺的区别

特性	无龙骨	有龙骨
优点	工艺完成后墙体厚度较小。配件使用较少，建造成本低，施工方便，墙面和地面都可应用	主要用于建筑内外墙，龙骨的作用是把需挂石材的墙面、通过天地钢梁连接组成骨架独立受力，由于牢固性好，挂点连接紧密，稳固。是干挂石材选用最多的施工工艺
缺点	对安装墙体有特殊要求，轻质砖墙、龙骨墙体不能采用半挂施工工艺	对安装高度有要求，并且不能大面积施工
注意事项	只适用于石材干挂高度小于 5m 的情况	必须是钢架龙骨，不能用轻钢龙骨、木龙骨等不能承重又容易变形的材料

施工要点

1. 在无龙骨做法的基础上加一层龙骨。
2. 安装角钢前需要预埋钢板，将镀锌钢板用膨胀螺栓预埋在新砌墙体或原有墙体的建筑圈梁上。
3. 镀锌槽钢通过连接件与预埋的钢板焊接，角钢焊接在槽钢上，将 T 形不锈钢石材挂件用不锈钢螺丝与角钢固定。通过不同的连接件将这些都固定在一起。

实景效果图

石材表面光亮晶莹，且质地坚硬，用作客厅隔墙可以给房间增添几分典雅的气氛。

❸ 湿贴法石材墙面

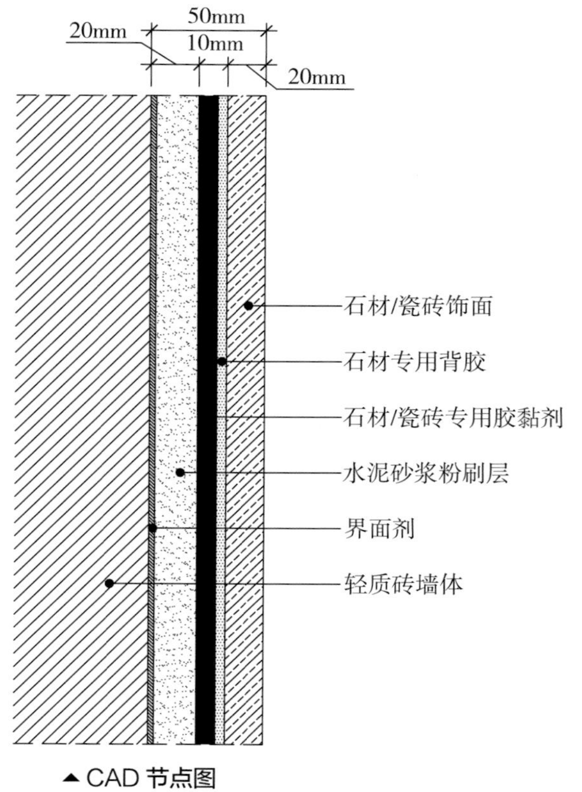

▲ CAD 节点图

施工要点

1. 在墙体上涂刷一道界面剂，增加原建筑墙体与下步施工的黏性。
2. 采用水泥砂浆粉刷，找平。
3. 墙面基层不同，石材胶黏剂的选择也不同。若为水泥砂浆基层，可采用胶泥作胶黏剂；若是木基层板或其他非水泥基层，则采用结构胶、AB 胶等胶黏剂进行粘贴。

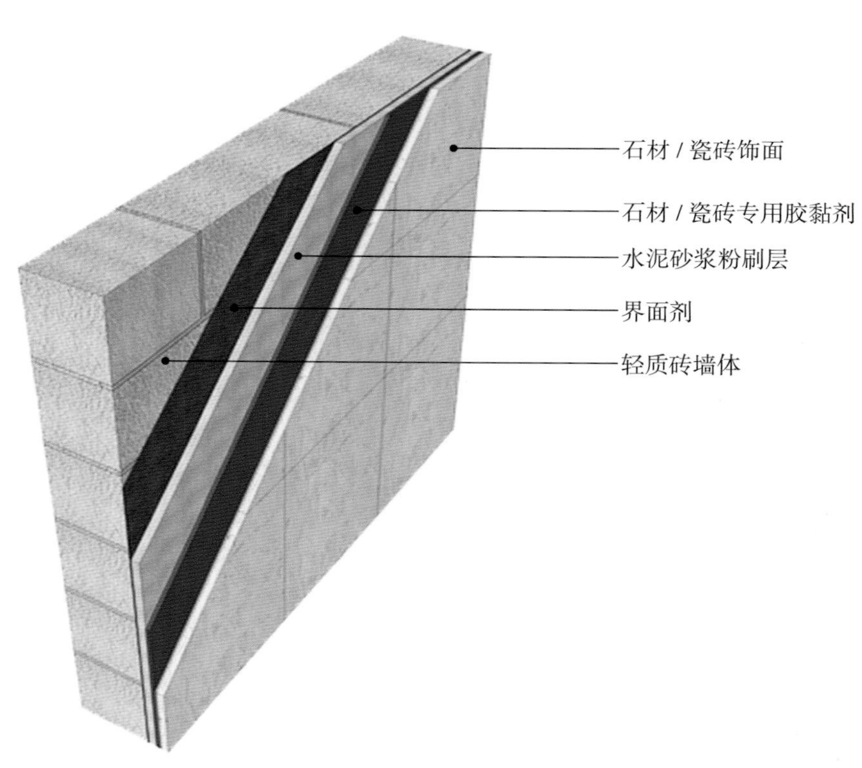

▲ 三维解析图

小贴士

预防花岗石返碱

①原因

砂浆中含有的氢氧化钙，随水分进入石材毛细管，浸入另一面后就会导致返碱。

②预防

铺装花岗石前需做六面防护，且保证防护液的质量过关；实施防护措施前要保持干净干燥；防护后注意抽样浇水检查。

湿挂法安装石材

除了干挂法和湿贴法，还可以用湿挂法来安装石材，湿挂法是指石材基层用水泥砂浆作为粘贴材料，先挂板、后灌砂浆的安装方法。因湿挂法费工费料，成本高，且适用范围有限，现在室内空间中很少采用。

▲实景效果图

运用板块较大的大理石设计背景墙时，需要特别注意石材的规格和纹路走向，可先利用石板的高清照片进行预排，以检查纹理的衔接是否符合设计效果。

❹ 锚栓干粘法石材墙面

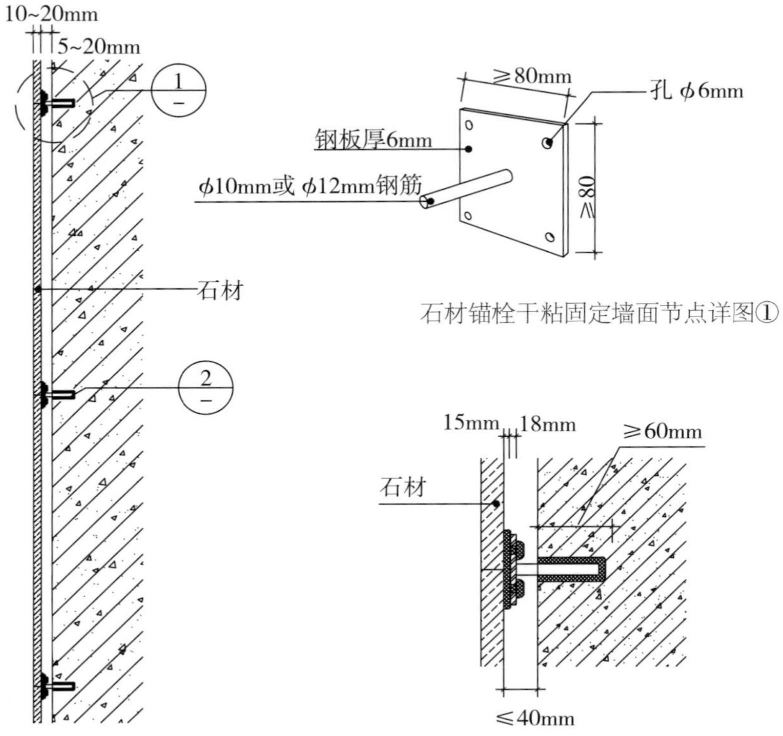

石材锚栓干粘固定墙面节点详图①

石材锚栓干粘固定墙面剖面图

石材锚栓干粘固定墙面节点详图②

▲ CAD 节点图

施工要点

1. 处理好墙面基层后，在墙面上弹线，以确定打孔的位置。
2. 在建筑墙面沿所弹墨线进行剔槽打孔，打孔深度应在 60mm 以上。
3. 选取厚度为 6mm 的钢板，在钢板四角打上直径为 6mm 的孔，中央打上直径 10mm 或 12mm 的孔，板材中央焊入 ϕ 10 或 ϕ 12 的钢筋。
4. 在石材连接处用处理好的钢板进行安装，四角开孔处用螺丝穿入，与石材固定，钢板与石材间的缝隙用胶填充。
5. 石材背面的钢板中央的钢筋应深入墙面孔洞中，确定石材安装正确后，在钢筋与墙面孔洞缝隙处注入胶使其固定。

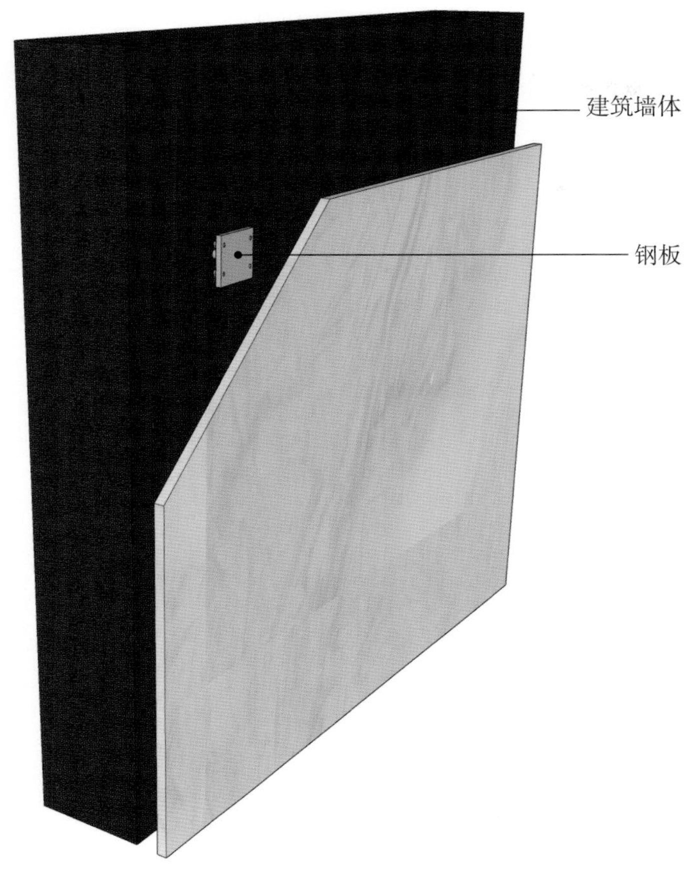

▲三维解析图

干粘法是一种比较新颖的施工方式，可用于挑高不超过 5m 的空间中，针对锚栓结构的设计，可用于混凝土、空心砖及砌块等墙体中。这种做法占用室内空间较少，所以比一般的石材干挂使用范围更广。

◀实景效果图

三、砂岩

1. 材料特性

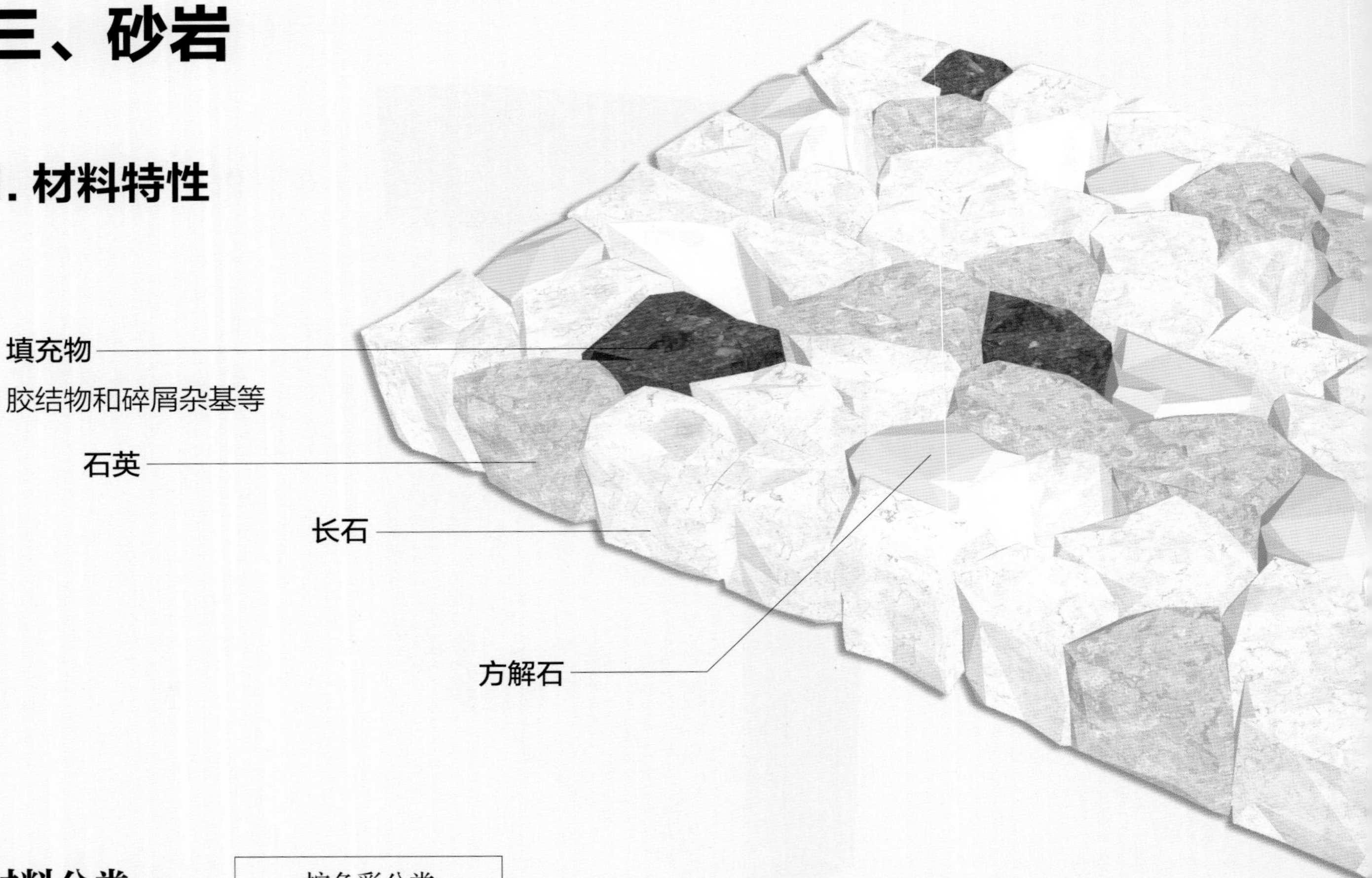

填充物
胶结物和碎屑杂基等

石英

长石

方解石

材料分类 —— 按色彩分类

红色砂岩

由于亚光的质感，红色砂岩很少呈现正红色，多为暗红色或朱红色等，多在室内空间小面积点缀使用或做浮雕

绿色砂岩

绿色砂岩的色彩相差不大，多为略带灰度的绿色，与红色砂岩一样，多在室内空间小面积点缀使用或做浮雕

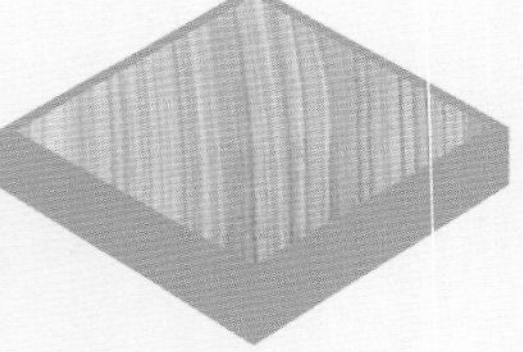

木纹砂岩

非常独特的品种，有类似木纹的纹理，以黄色居多，也有灰色、红色、褐色等，装饰墙面时可大面积使用

灰色砂岩

有浅灰、中灰、深灰等不同类型，是较为百搭的一种砂岩，使用面积可根据具体情况选择

黑色砂岩

有浓黑、浅黑等不同类型，有的带有隐约的白点，通常不会大面积使用

黄色砂岩

多呈现黄色或米黄色，是木纹砂岩外使用最多的一种砂岩，既可用于装饰墙面，也可用来制作大面积的浮雕

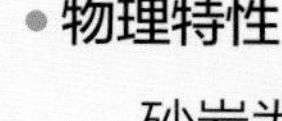

• 物理特性：

砂岩为亚光石材，不易造成光污染，且基本没有放射性，对人体无害。砂岩属于暖色调材料，能够塑造素雅、温馨又不失华贵、大气感的效果。砂岩不仅可作为饰面材料使用，还可进行雕刻，制作成浮雕或柱体等。

• 优点：

砂岩具有防潮、防滑、吸音、吸光、无异味、不易褪色、冬暖夏凉等优点，且其耐用性可比拟大理石和花岗石。

• 切割种类特点：

相比大理石和花岗石，砂岩的质地较软，因此开板的厚度相对厚一些，砂岩的荒料同样为块状，需要经过切割等工序进行加工后方可使用。装饰墙面时多使用板材，厚度有普通型和加厚型两种，切割时可等分，也可根据需要同时切割出普通板和加厚板。

• 普通板特点：

厚度为 20mm 左右的砂岩板即为普通板，其厚度适中，尺寸多为 600mm × 300mm 或 600mm × 100mm 等。安装时适合采用砂浆进行湿贴，或用石材胶进行干贴。

• 加厚板特点：

厚度为 30mm 及以上的砂岩板即为加厚板，其厚度相对较厚，尺寸多为 600mm × 300mm 或 600mm × 100mm 等。此类板材多为在干挂施工时使用，因为砂岩较软，所以只有增加厚度才能干挂。

按产地分类

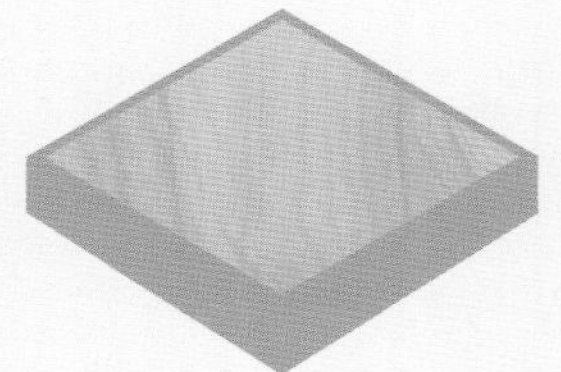

四川砂岩

属于泥砂岩，颗粒细腻，质地较软，其色彩是中国砂岩中最丰富的，但因质地较软且运输不便，所以多为条状板形

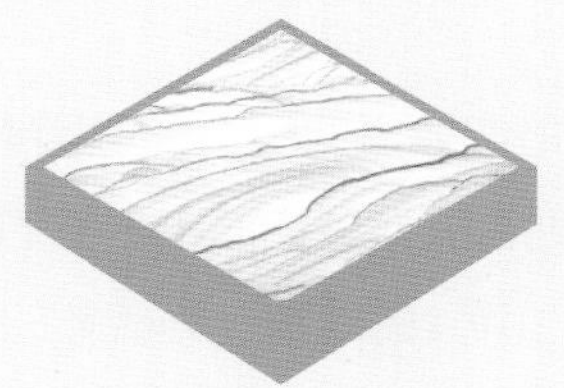

云南砂岩

与四川砂岩同属于泥砂岩，特性相同。颜色种类也很丰富，纹理比四川砂岩更漂亮，并且可制成 1m 以上的大板

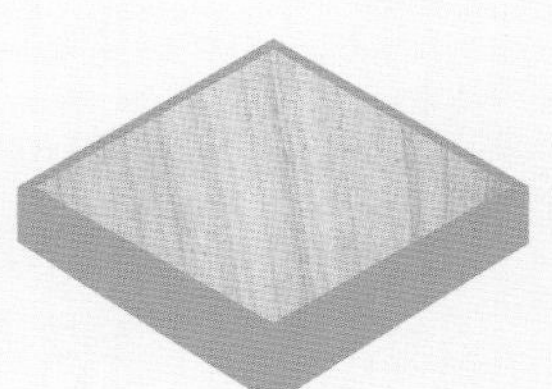

山东砂岩

属于海砂岩，颗粒粗、硬度高，但相对比较脆，色彩相对较少。因其硬度较高，所以基本都能切成 1.2m 以上的大板

2. 节点与构造施工

砂岩具有比较稳定的特性，但若使用环境和气候与产地存在差异，只有精心的保养才能保证使用效果。不可直接用水、酸性或碱性溶剂清洁砂岩，应选用中性清洁剂。砂岩常用作墙面和地面装饰材料，属于天然石材。石材的做法都较为通用，砂岩单独做墙面或地面材料的节点可参考前述内容，本部分将重点讲解砂岩与其他材料拼地面的节点与构造施工。

❶ 砂岩与瓷砖相接地面

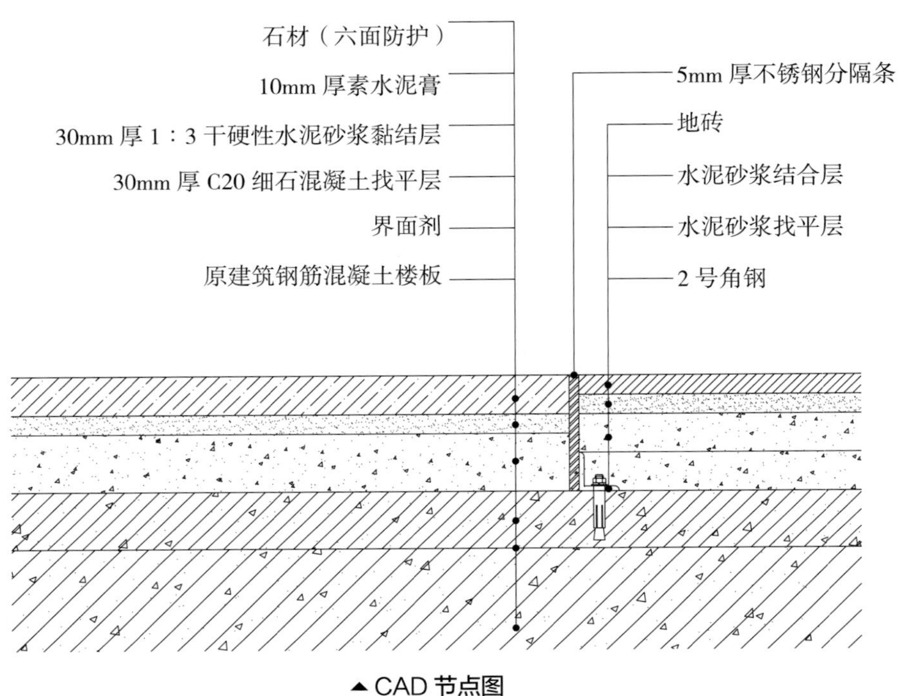

▲ CAD 节点图

施工要点

1. 砂岩与地砖具有不同的纹样，装饰效果不同，两者相接可以产生多种装饰效果。
2. 瓷砖的切边是影响最终效果的一个关键因素，只有切割平整，粘贴时才能够完全贴合，避免墙面不平整的状况。另外，每块砖之间宜留下至少 1mm 的缝隙，为砖体的热胀冷缩预留一定的余地，这样即使发生地震等突发情况砖体也不容易碎裂。
3. 砂岩与地砖相接一般用于地面拼花，通常被使用于客厅、走廊这类较为开放的空间中，商业空间中也经常使用这种形式。

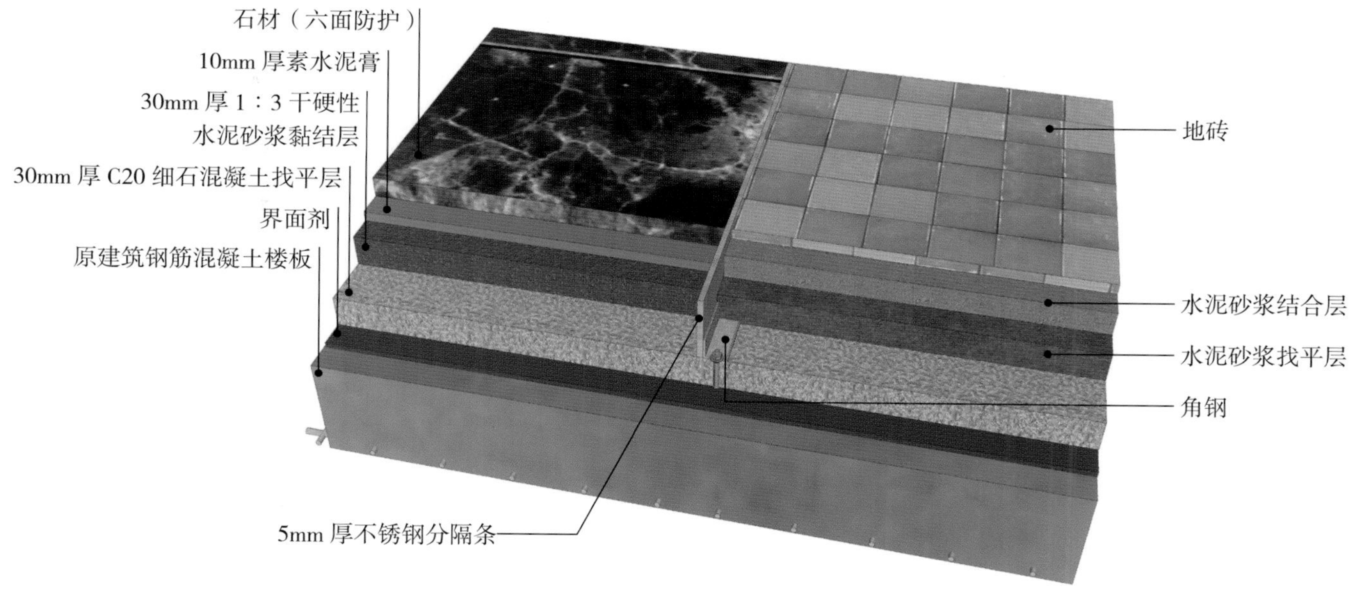

▲三维解析图

▲实景效果图

5cm × 5cm 白色瓷砖与砂岩材料的对比从地板延伸至墙面，两种材料的交汇处点缀蓝色金属元素。镜面和天花板上的金属框架则模糊了空间的边界感，让思维不再受限。

❷ 砂岩与环氧磨石相接地面

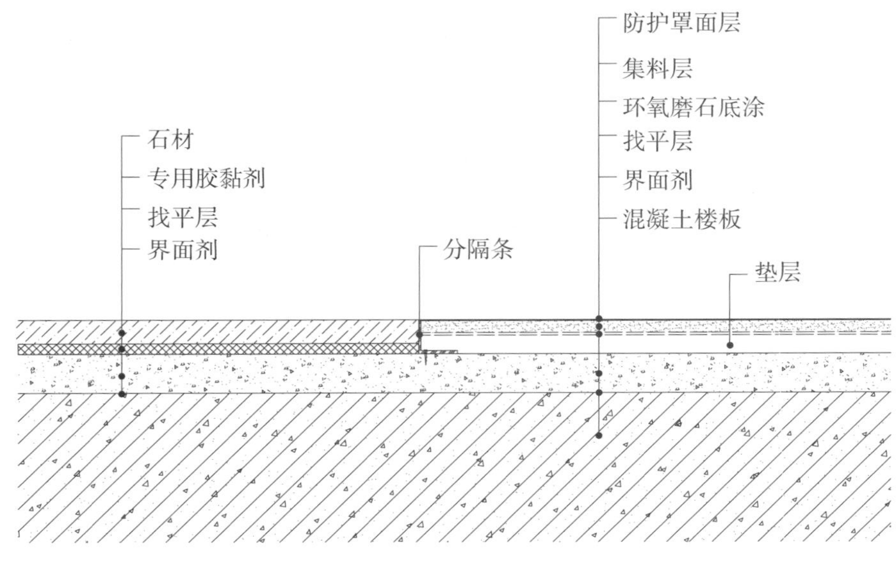

▲ CAD 节点图

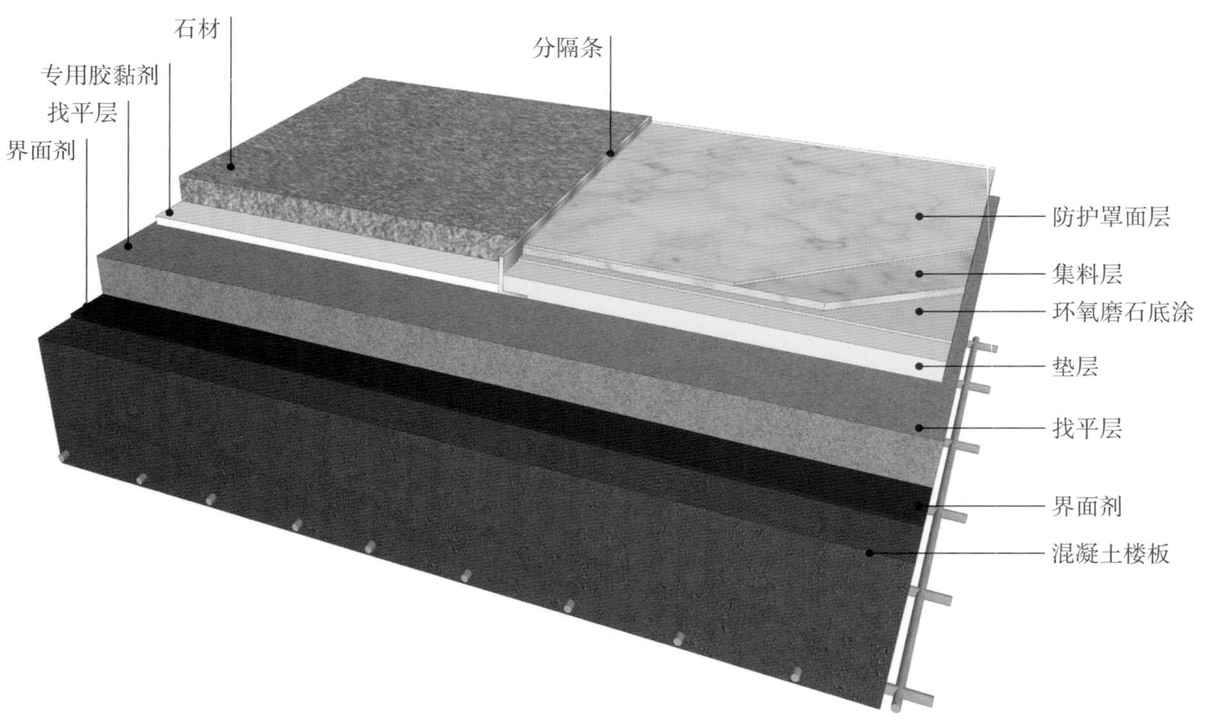

▲ 三维解析图

施工要点

1. 砂岩和环氧磨石表面的差别不大，两者衔接不会有较大的风格冲突，反而能够形成比较和谐但又略有差别的铺装效果。如果选择同色系的两种材料衔接，更能突显整体感。
2. 环氧磨石具有环氧树脂地板的所有优异性能，能设计成各种图案，同时做到墙地一体。
3. 砂岩与环氧磨石之间的分隔条通常为金属材质，能与其他装饰金属嵌条相融合，达到统一和谐的效果。
4. 除了安装分隔条外，还可以通过密封胶嵌缝来实现石材相接。

▲实景效果图

以上办公空间中，通道通铺了环氧磨石，而独立的办公房间中铺设了砂岩，两者相接处的金属条很细，不会影响到整体的装饰效果。大面积的环氧磨石与砂岩的相接更加适用于办公空间中走廊或大厅与办公区域的交界处等常有人员走动的区域。

四、板岩

1. 材料特性

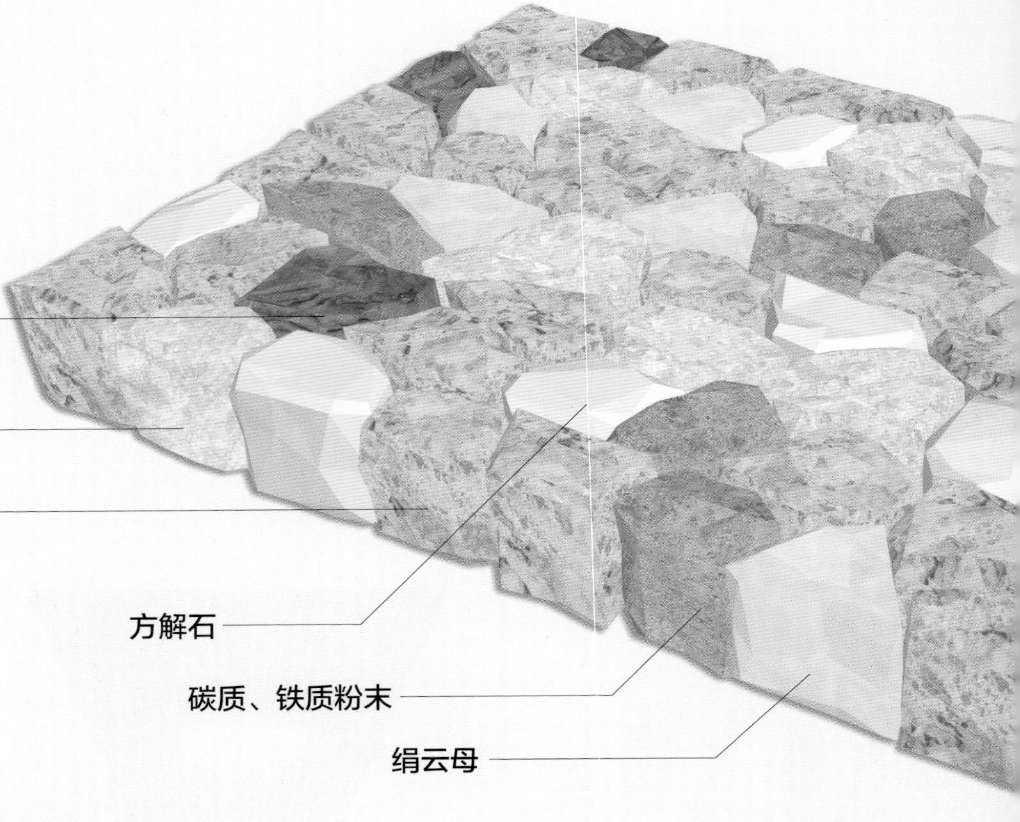

绿泥石

石英

黏土矿物

方解石

碳质、铁质粉末

绢云母

材料分类 按品种分类

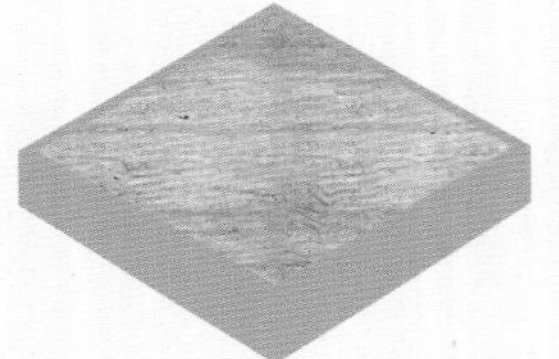

啡窿石

属于黄色系板岩，呈浅褐色，带有明显减层叠式的纹理，适合用于装饰室内地面

印度秋

底色为交替出现的黄色和灰色，色彩层次很丰富，具有仿锈感，可用于室内墙面、地面

绿板岩

属于绿色系板岩，底色为绿色，但没有太明显的纹理变化，可用于室内墙面、地面

挪威森林

属于黑色系板岩，底色为黑色，夹杂黑色条纹纹理，极具个性，可用于室内墙面、地面

加利福尼亚金

属于黄色系板岩，色彩仿古且层次比较丰富，可用于室内墙面、地面

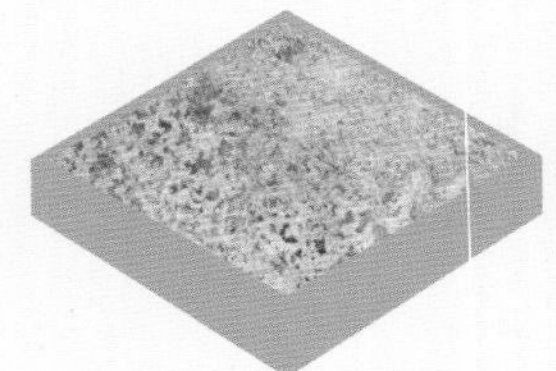

铁锈板岩

属于幻彩板岩，具有类似铁被锈蚀后的效果，非常有个性，可用于室内墙面、地面

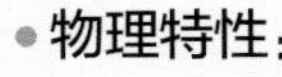

物理特性：

板岩也叫作板石，是一种浅变质岩，自然分层好，单层厚薄均匀，硬度适中。呈现亚光质感，避免了石材的冰冷感，且纹理特殊，色彩丰富，板面图案自然天成，适合用在多种室内环境中。

优点：

板岩具有防腐、耐酸碱、耐高低温、抗压、抗折、隔声，防滑性能出众、无须特别护理等优点。

切割种类特点：

板岩与所有天然石材一样，都是先开采荒料再进行加工的。室内使用板岩的常用厚度为 10mm、20mm 及 30mm，去除掉切割成整板的部分后，零散的石料还可切割为不规则形状的片材，可通过在后方加上网格拼接成一整片。

整材特点：

整材即为尺寸规整的板材，供室内使用的板岩常见的尺寸有 300mm×300mm、200mm×400mm、400mm×400mm 等。整材可装饰墙面，也可装饰地面，因其防滑性好，卫生间内也可使用。

碎材特点：

尺寸和形状均不规则的板材即为碎材，通过修整后可以用网格制作成整片，效果类似马赛克，具有自然美和个性感。碎材可用来装饰墙面，也可装饰地面，但实践中墙面应用较多，多用在背景墙部分。

按产地分类

河北板岩

河北为出产板岩的大省，种类和产品众多，主要有铁锈板岩、黑色板岩及灰色板岩、黄木纹的杂色板岩等

北京板岩

北京房山地区主要出产黄木纹板岩、海洋绿板岩、淡绿板岩及黑色板岩等

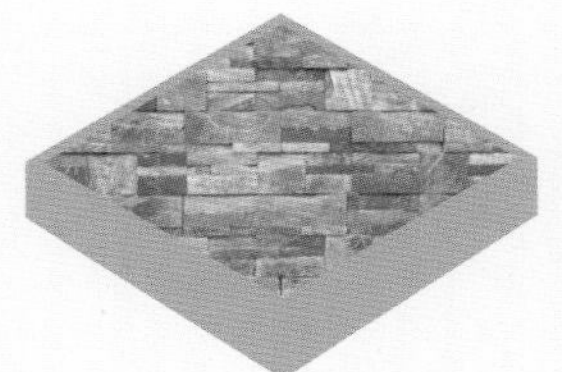

江西板岩

江西庐山市主要出产黑色及绿色板岩，但相对其他产地的板岩来说，价格比较高

2. 节点与构造施工

板岩带有细孔，吸水率高，怕潮湿，但挥发得也快，如果做浴室地面则特别容易积存污垢。水汽挥发得快，但油污却会存留下来，因此也不适合用于油烟大的空间。板岩单独装饰地面或墙面的做法可参考前述石材施工方法，本部分将重点讲解板岩与其他材料相接墙面的节点与构造施工。

❶ 板岩与木饰面相接墙面

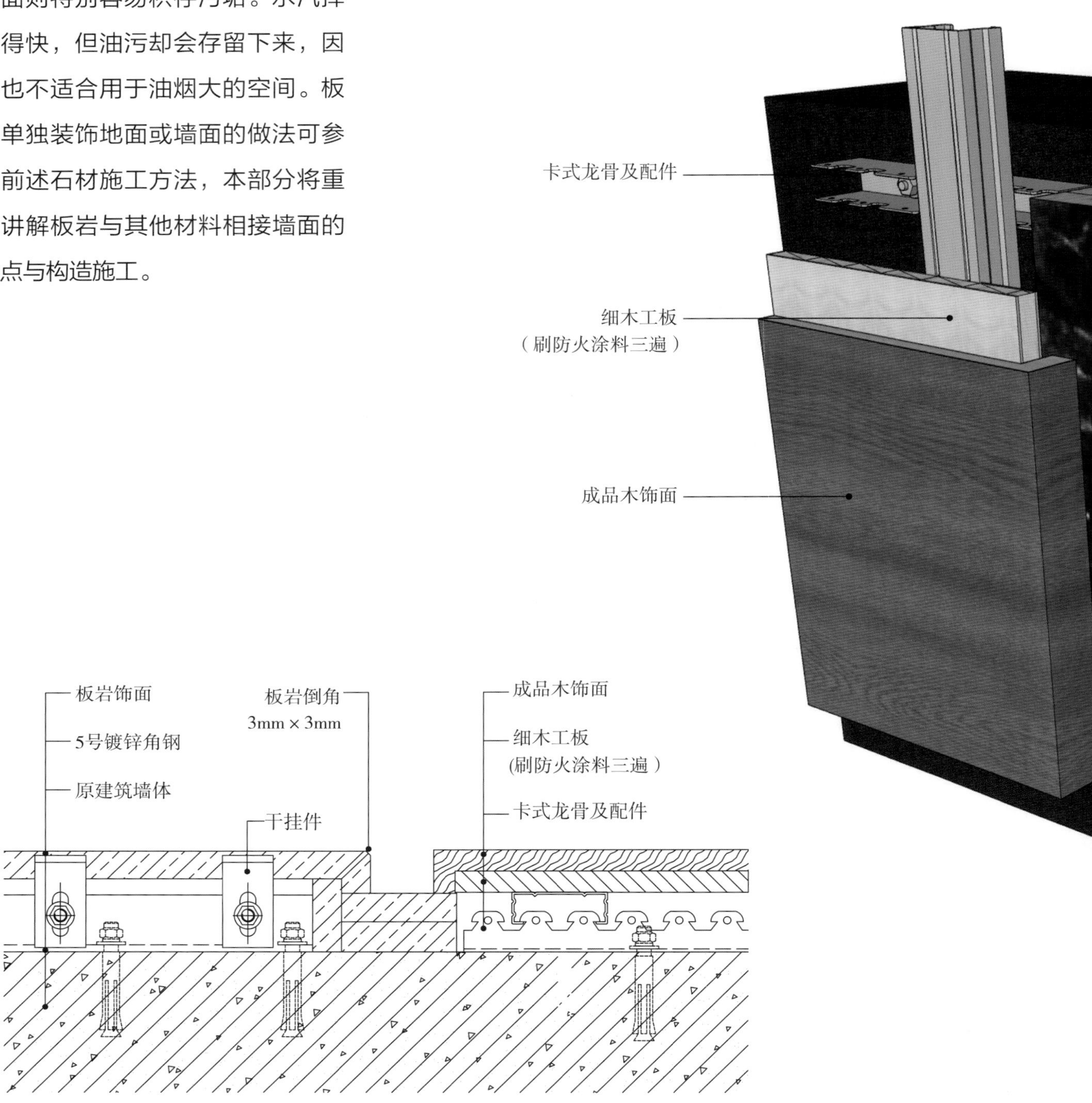

▲ CAD 节点图

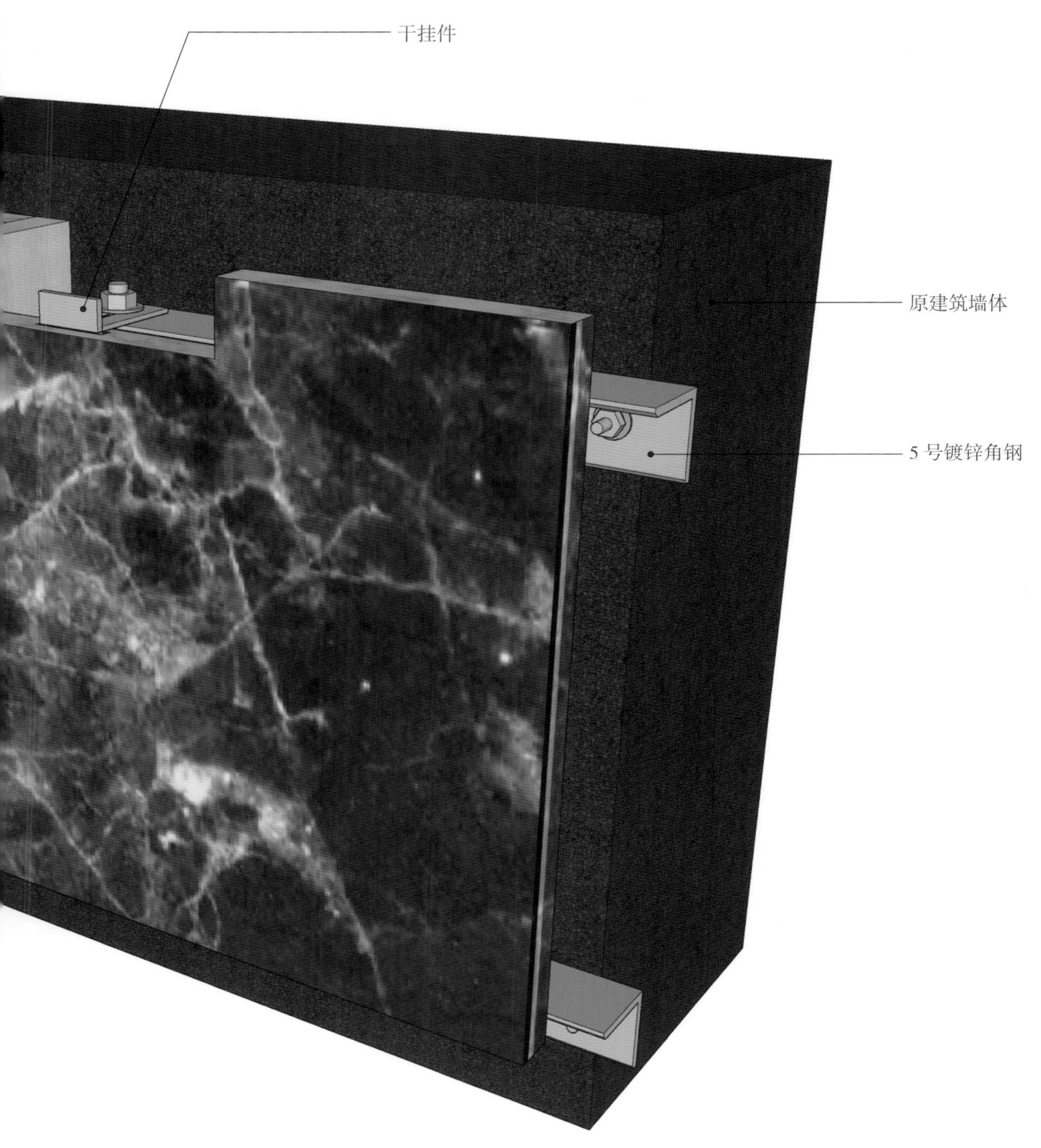

▲ 三维解析图

工艺解析

第一步

现场放线

放出镀锌角钢及卡式龙骨安装的位置线，并在墙面用水准仪放出水平和竖直的控制线。

第二步

准备材料

选用定制材料进行加工，例如 5 号镀锌角钢、成品木饰面、卡式龙骨及配件、刷防火涂料三遍的细木工板以及软硬包皮革等。

第三步

基层处理

对需要处理的基层进行加固，检查建筑墙体的平整度，如发现部分或合理范围内的凹凸不平，可先用铲子铲除凸起部分，再用配套腻子修补凹陷部分。

第四步

轻钢龙骨隔墙制作

将 5 号镀锌角钢用膨胀螺栓固定在建筑墙面，用螺钉将石材干挂件与角钢固定。

第五步

木基层基础固定

用穿墙螺钉固定横向卡式龙骨，竖向卡式龙骨与其卡接，将刷三遍防火涂料的细木工板安装在竖向龙骨上。

第六步

铺贴石材

将板岩通过干挂件挂在角钢上，在挂件与石材嵌合的缝隙处注胶填充，加以固定。

▲实景效果图

板岩的质感古朴又极具个性感，很适合在室内制作背景墙，通常多用在客厅、餐厅等空间中。图中为与门的材质相贴合，板岩的另一侧采用了同样的木饰面做呼应，同时达到了隐藏门的效果。

第七步

成品木饰面安装

木饰面基础做三防处理后，将成品木饰面与细木工板固定。

第八步

完成面处理

做好板岩六面防护，并用专用保护膜做好成品保护。

❷ 板岩墙面与暗藏灯带顶棚相接

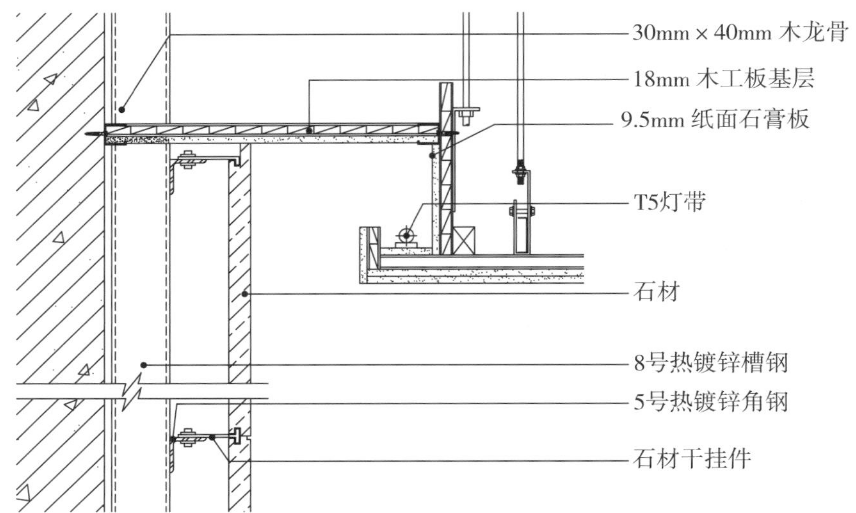

▲ CAD 节点图

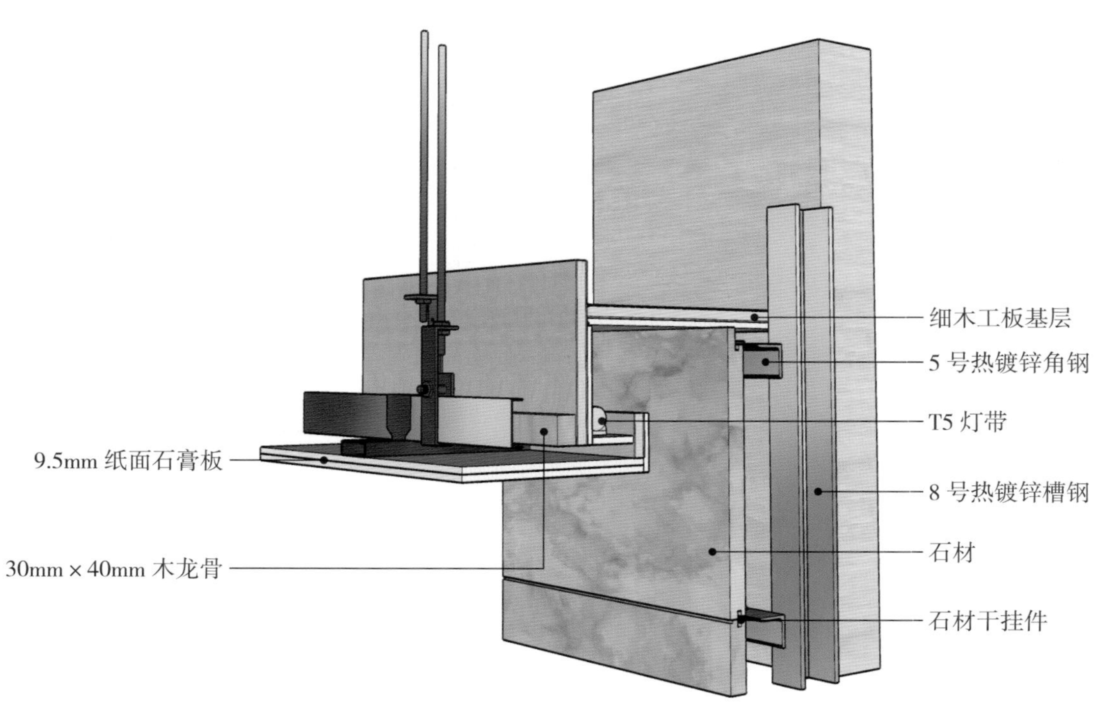

▲ 三维解析图

施工要点

1. 在顶面弹线时要注意弹出叠级的位置，以便确定板材、灯带等的位置。
2. 安装龙骨时，要按龙骨分档线对主次龙骨进行安装，并用 18mm 厚的细木工板与龙骨固定，同时留出灯带安装的凹槽。
3. 将石膏板切割好封板并安装 LED 灯带，目前灯带通常选用 LED 类型，不会发热。
4. 石材墙面干挂后，在石材与顶棚板材相接的位置进行注胶嵌缝处理，并做好石材墙面的成品保护，最后在顶棚上涂刷涂料等处理。

▲实景效果图

板岩表面除了可以处理成比较光滑的质感外，还可以加工成剁斧面、荔枝面、菠萝面等，提升质朴感，很适合乡村风格的室内空间。

五、人造石

1. 材料特性

颜料

分为天然颜料和人工颜料

黏合剂

大理石碎石

树脂

花岗石碎石

材料分类 按使用材料分类

纯亚克力人造石

亚克力（聚甲基丙烯酸甲酯）成分占石材的40%，其他成分为氢氧化铝、颜料等。具有不易老化、色彩亮丽、不变黄、不易裂、耐热、耐碰撞等优点，但价格高

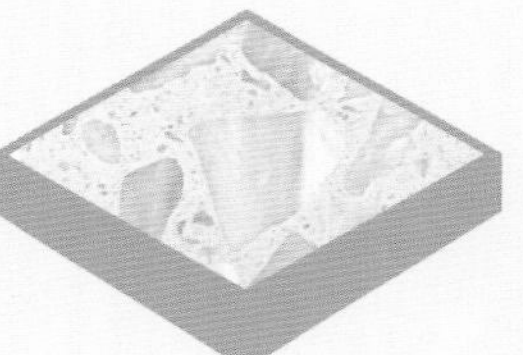

树脂板人造石

市场上最常见的人造石，分为标准树脂板和非标准树脂板两类，前者原料为不饱和聚酯树脂、氢氧化铝及颜料混合制成；后者原料为不饱和树脂、钙粉或其他石粉及颜料等

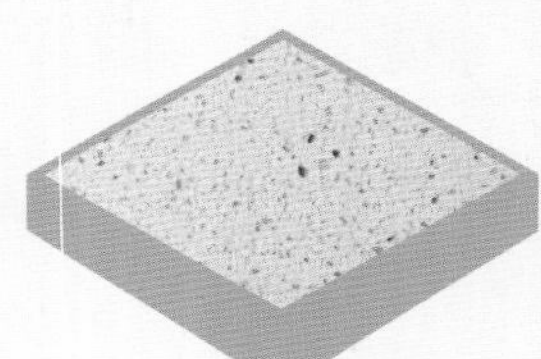

复合亚克力人造石

特性介于树脂板和亚克力之间，与树脂板人造石相比，光洁度更高，手感更好，并且价格适中

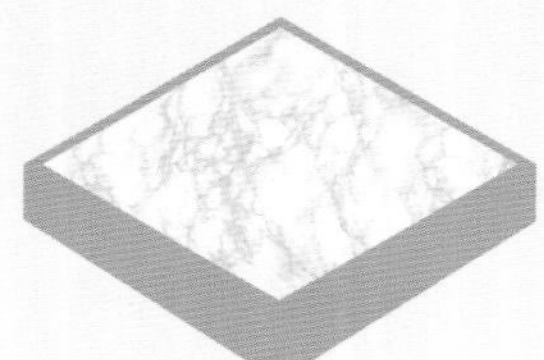

人造大理石

表面纹理和质感仿造天然大理石，分为聚酯型和非聚酯型两类。聚酯型的原料为不饱和聚酯树脂、石英砂、碎大理石和方解石等混合而成；非聚酯型指以水泥作为胶黏剂或采用其他方式制造的人造大理石

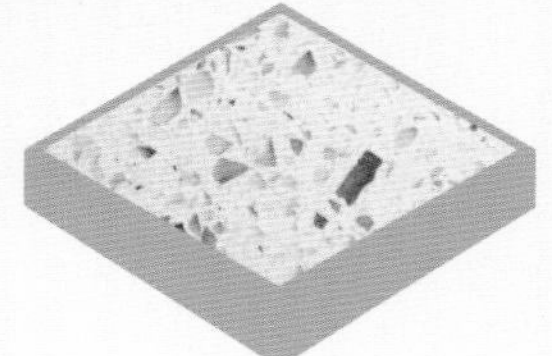

人造石英石

由天然石英石或花岗石混合高性能树脂和特质颜料制成的全新的人造石产品，表面如花岗石一般坚硬，纹理丰富，抗污性能极强，但价格较高

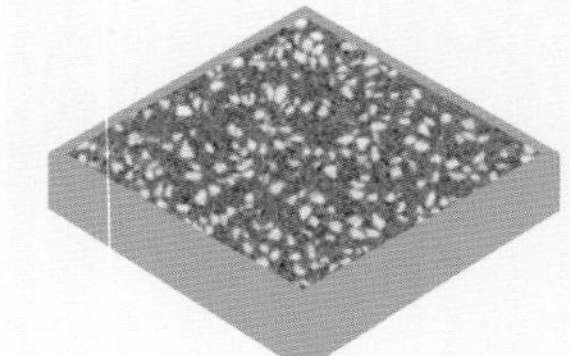

人造水磨石

将碎石、玻璃、石英石等骨料掺入水泥黏结料制成的混凝土制品，可选尺寸多样，具有现浇水磨石的效果和质感，但款式更多、施工更便捷，可用来装饰地面、墙面

- **物理特性：**

人造石又称合成石材，是一种环保型复合材料，种类多样、色彩丰富。其色彩和花纹均可根据设计意图制作，还可制成弧形、曲面等特殊形状，但在色泽和纹理上不及天然石材自然、柔和。

- **优点：**

人造石兼具大理石的天然质感和坚固的质地，同时还具有无毒性、无放射性，阻燃，不粘油、不渗污、抗菌防霉，耐磨、耐冲击，易保养，可无缝拼接、造型百变等优点。

- **施工分层特点：**

人造石是人工制造的一体式石材，不存在分层的问题。其种类较多，成分也不尽相同，但总体来说主要成分均为大理石、花岗石的碎石或树脂等。从施工角度来说，可将其分成面层和黏结层两个部分。

- **面层特点：**

人造石功能多样，具有陶瓷般的光洁、细腻感，易加工，且图案丰富，选择多，加工制作方便，可提供新的设计元素，可用于墙面、地面、台面、柱面和异形界面的装饰。

- **黏结层特点：**

不同类型的人造石，需使用不同的胶黏剂作为黏结层，有水泥砂浆、聚酯砂浆和有机胶黏剂等，主要用作连接基层和饰面层。

按纹理分类

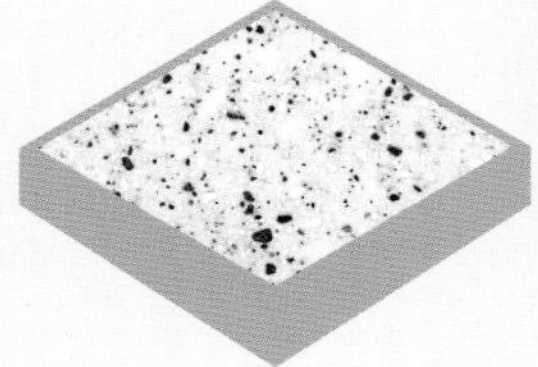

颗粒纹理

纹理以各种类型的颗粒状为主，包含极细颗粒、细颗粒、中等颗粒、大颗粒和天然颗粒等类型，使用率很高

仿大理石纹理

纹理仿照天然大理石制成，无辐射、质轻、施工简便，但纹理规律性较强，与天然石材相比较为呆板

素色

纯色系的人造石没有颗粒物质和纹理，其中，白色款使用较多，主要用于制作台面

2. 节点与构造施工

人造石吸水率低、热膨胀系数大，表面光滑，难以粘贴，不适合用于户外，因为雨水和阳光的照射会侵蚀石材表面，使其变色、强度降低。人造石经常被用于墙面、地面及台面装饰，部分将重点讲解人造石做台面材料的节点与构造施工。

❶ 平角人造石台面

▲ 大样图

▲ CAD 节点图

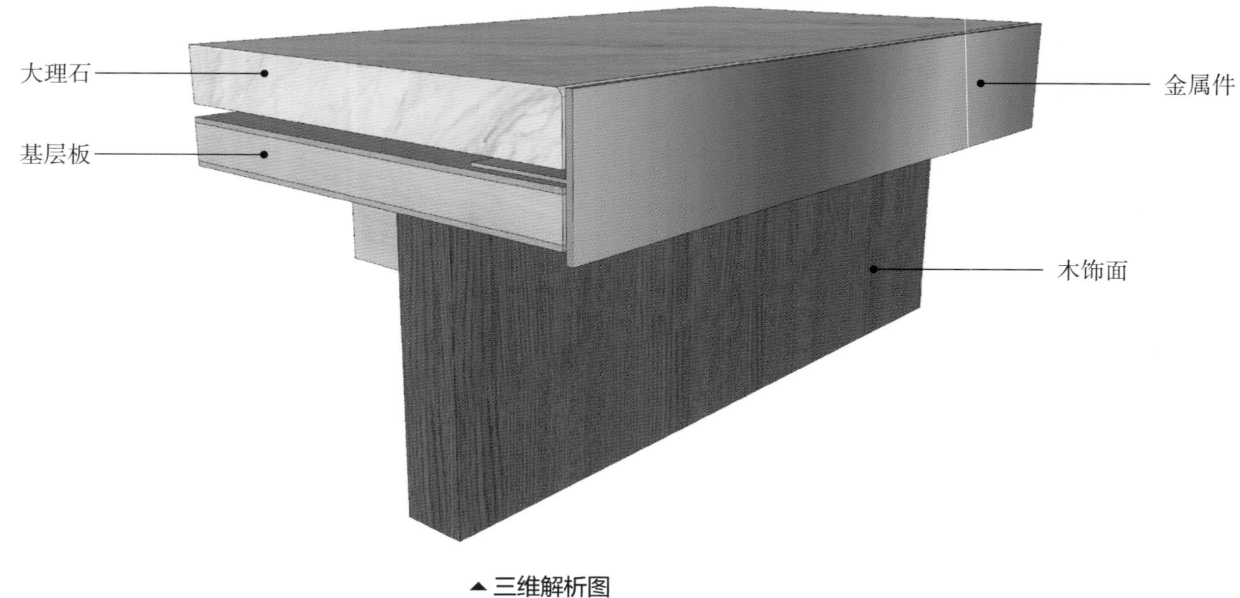

▲ 三维解析图

人造石材和天然石材的区别

区别	人造石材	天然石材
纹理特征	纹理相对单调、机械化，缺乏天然感	纹理非常自然、独特，很少出现重复
物理特性	更耐磨、耐酸、耐高温，抗冲、抗压、抗折、抗渗透等功能也很强。表面没有孔隙，油污、水渍不易渗入其中，抗污力强	质地坚硬，防刮伤性能好，耐磨性能好，但有孔隙，易积存油垢，且脆性大。虽然坚硬，但弹性不足，如遇重击会发生裂缝，很难修补
应用	广泛应用于台面、地面和异形空间	可以用于室内外墙面、地面

施工要点

1. 用木方来确定岛台的结构和尺寸。
2. 木方与木饰面的固定可以用自攻螺钉。

实景效果图▼

以原木色为主调的餐厅空间中，利用金属边框结合冷灰色的墙面，给人清冷克制的感觉，其余构件通过多样而微妙的质感，营造出精巧多变的感观体验。木质和金属的结合实现了感观平衡，营造出静谧的气氛。

❷ 斜角人造石台面

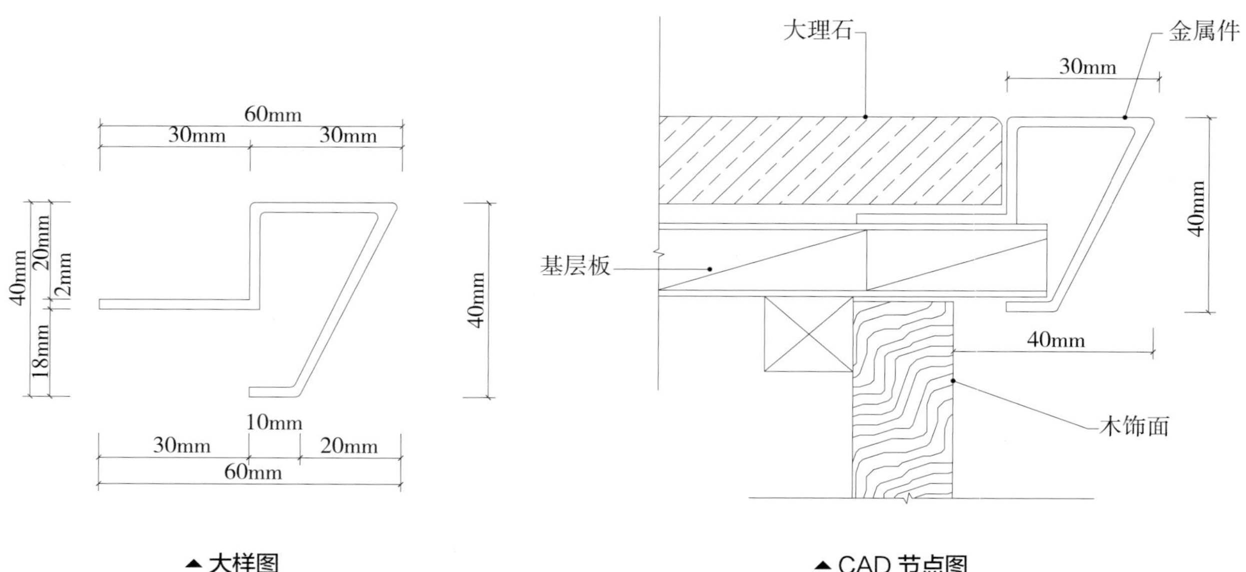

▲ 大样图　　▲ CAD 节点图

▲ 三维解析图

施工要点

若人造石台面出现裂缝，可以用云石胶涂抹在缝隙处，等待 3~5 分钟胶体不黏手时，用美工刀将板面外露的胶体铲除即可。2~3 小时不要触碰，之后可正常使用。

除了用金属处理收口的位置外，还可以用不锈钢做整个台面，有易于清洁的优势。空间内深浅不一的木色搭配很容易给人杂乱的感觉，但不锈钢台面有一个较为整体的色面，中和了拼色木饰面带来的杂乱感。

实景效果图▼

小贴士

用人造石做台面材料时，有向内斜角和向外斜收口的方式。对基层板进行斜切处理，只多了一个步骤，但是会让台面的四周更加精致，更好地体现空间的品质感。

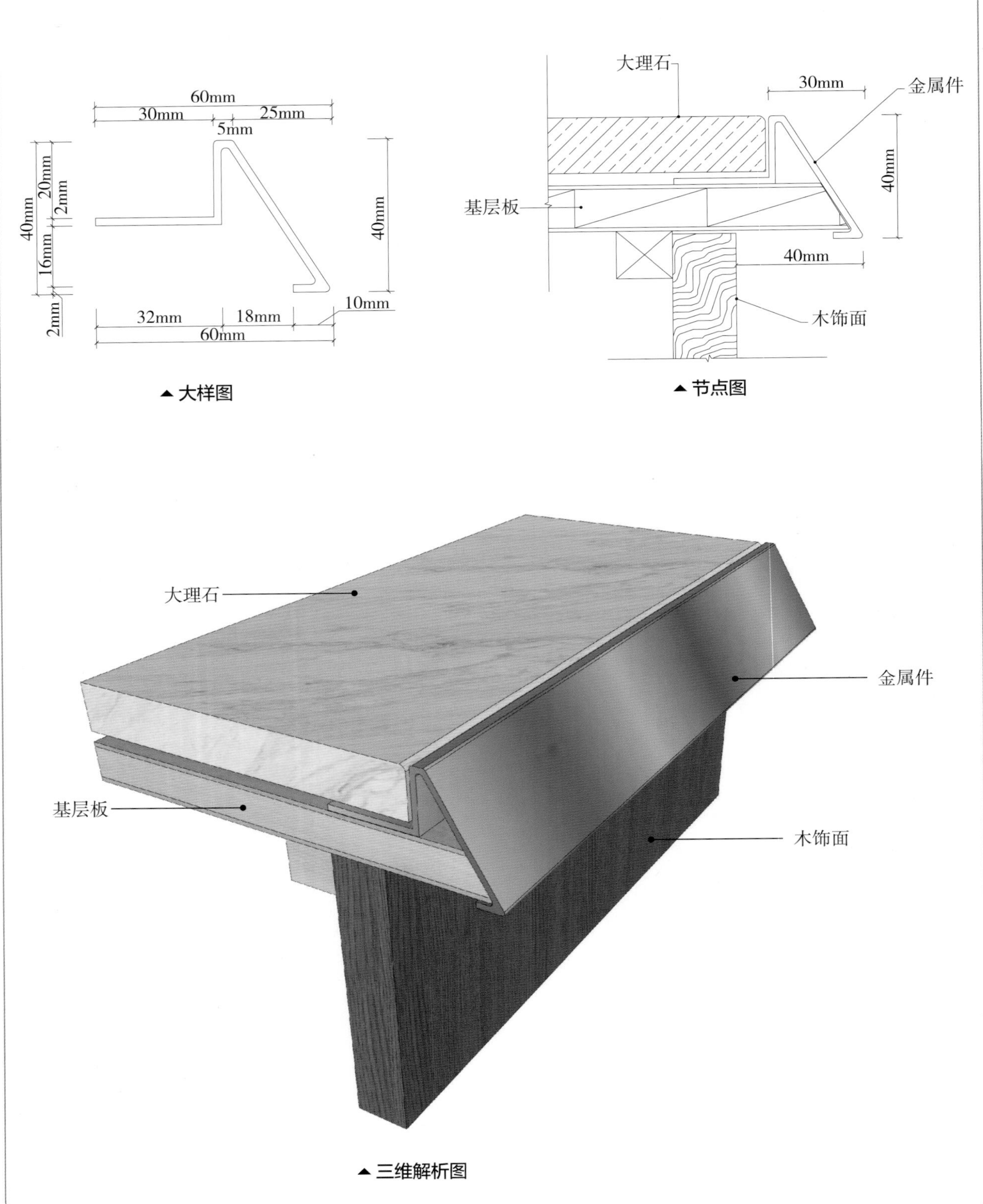

▲ 大样图

▲ 节点图

▲ 三维解析图

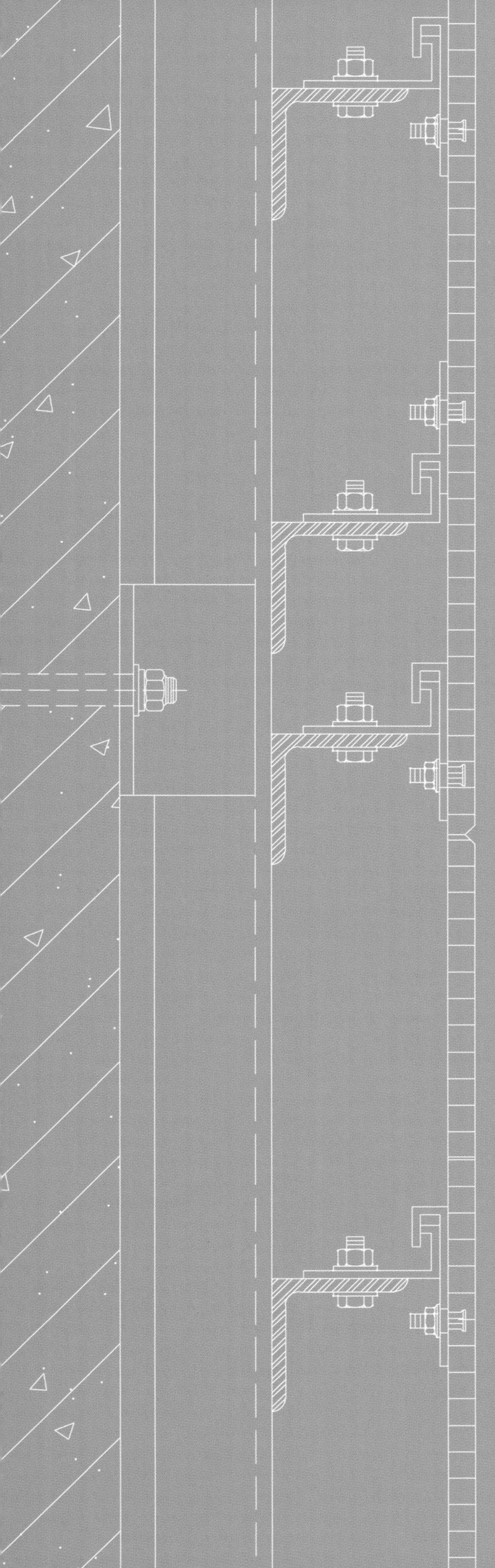

第四章

瓷砖

瓷砖是室内装饰中使用频率很高的一种耐酸碱的瓷质或石质装饰建材。随着科技的不断发展，瓷砖新品层出不穷，装饰市场中最常见的产品是墙地砖，但其亦可用在柱子、台面、垭口等部位，进行空间设计时，可以充分发挥想象力，为室内空间增添个性。

一、玻化砖

1. 材料特性

色料

包括氧化镁、氧化铁、氧化锰、氧化钠

坯料

含石英砂、金刚砂等主要功能性物质，还有少量黏土、石灰石、滑石粉等物质

材料分类 按纹理分类

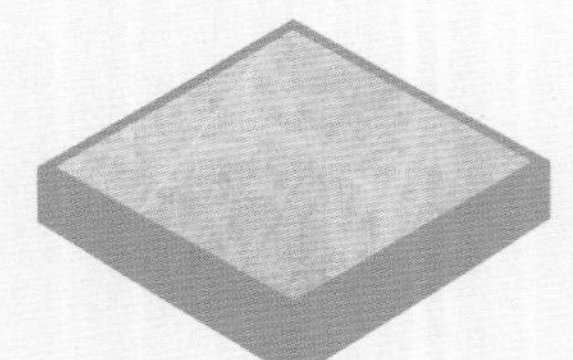

仿大理石纹理

纹理仿照天然大理石，具有一定的变化，但不如天然石材的纹理丰富，可代替大理石使用

仿玉石纹理

纹理仿照天然玉石，是玉石很好的代替品，但比玉石价格低很多，可用来装饰背景墙

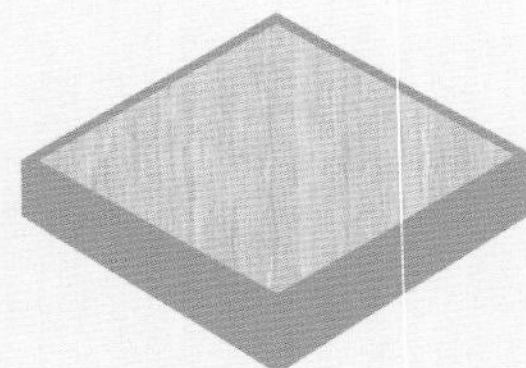

仿洞石纹理

纹理以横向为主，具有洞石的层叠感，但没有孔洞，极具文雅感

仿花岗石纹理

纹理仿照天然花岗石，以点状为主，但立体感比天然花岗石的弱

仿木纹纹理

仿照天然木材，效果类似实木饰面板，但表面具有较强的光泽感

纯色砖

面层没有任何纹理，属纯色玻化砖，有白色、米黄色等，适合小面积空间使用

• 物理特性：

吸水率低于 0.5% 的瓷质抛光砖即为玻化砖，其表面经过打磨抛光处理，如玻璃镜面一般光滑透亮，是硬度最高的一种瓷砖，被称为“地砖之王”。

• 优点：

因吸水率低的缘故，玻化砖的质地比抛光砖更硬、更耐磨，还具有色彩柔和、色差小，耐腐蚀，抗污性强，可随意切割，装饰效果好、豪华大气等优点。

• 结构分层特点：

早期的玻化砖属通体砖，上下为一层结构，现在市面上的玻化砖为上下两层结构。面层为石英等材料，坯体原料为黏土，质地为瓷质，经高温高压二次烧结成形。

• 面层特点：

主要成分为石英，经过高温烧制后形成类似玻璃的质感，无须抛光即有极强的光泽感，硬度也较一般的瓷砖高。面层可增加玻化砖的硬度和光泽感，同时具有装饰性。

• 坯体特点：

坯体是黏土制作而成的瓷质地，经过高强度压机的压制和烧结后，形成致密度很高的材料。高密度的坯体能够提高玻化砖的抗渗水性及其他物理性能。

按工艺分类

渗花砖

基础型的产品，工艺简单、性能普通，光泽度中等偏上。毛细孔大，不适合用于厨房等油烟大的地方

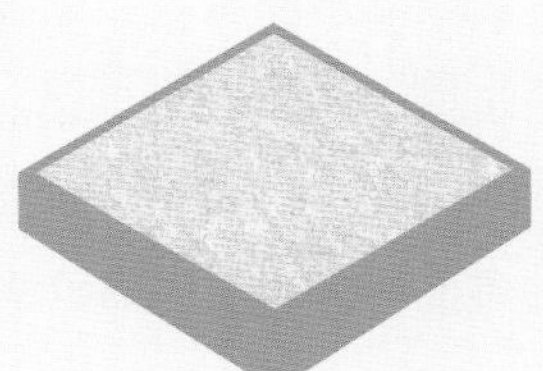

多管布料砖

生产工艺比较特殊，性能和光泽度均强于渗花砖。纹路自然，但同类砖之间纹路差别小，色差小

超微粉砖

纹理细腻，通透性和立体感强，花纹分布不规律。吸水率低，防渗透能力强，耐磨，耐划，性能稳定，质地坚硬，光泽感很强

2. 节点与构造施工

玻化砖常用于地面及墙面装饰，有时也会因其优越的纹理质感而做整面背景墙。玻化砖整体给人通透感、光泽感很好，其表面有细孔，因此抗污性较差，不适合用在厨房等油烟较大的位置。瓷砖的铺设方法通用，因此本部分重点讲解瓷砖单独做地面装饰的节点与构造施工。

❶ 干铺法瓷砖地面

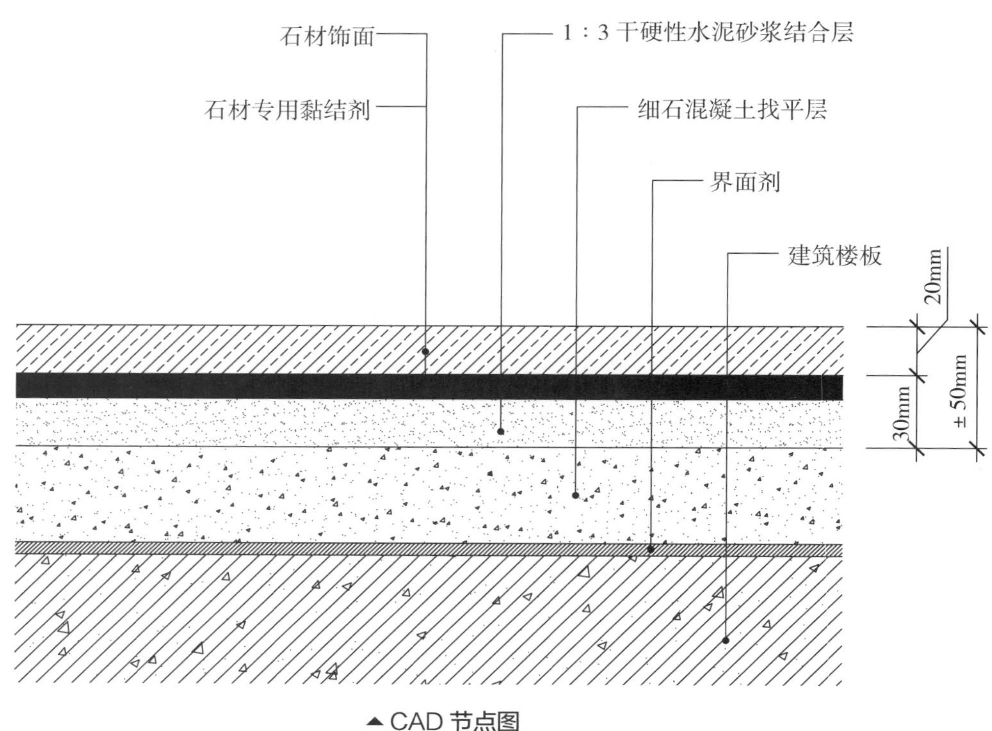

▲ CAD 节点图

施工要点

1. 瓷砖的铺贴方式与石材基本相同，多采用干铺法，需要注意的是，瓷砖不需要进行提前泡水。
2. 先把基层浇水润湿后，除去表面的浮尘、杂物。若发现基层有不平的位置则需做找平处理。
3. 然后涂抹结合层，一般使用 1：3 的干硬性水泥砂浆，按照水平线探铺平整，放上瓷砖后用橡皮锤振实。

1：3 干硬性水泥砂浆结合层
石材专用黏结剂
石材饰面
细石混凝土找平层
界面剂
建筑楼板

▲三维解析图

▲实景效果图

玻化砖具有极强的光泽感，一些采光不佳或面积较小的空间很适合使用玻化砖铺设地面。通过反射光线，玻化砖可以提升空间的整体亮度，使其显得更加开阔。

❷ 湿铺法瓷砖地面

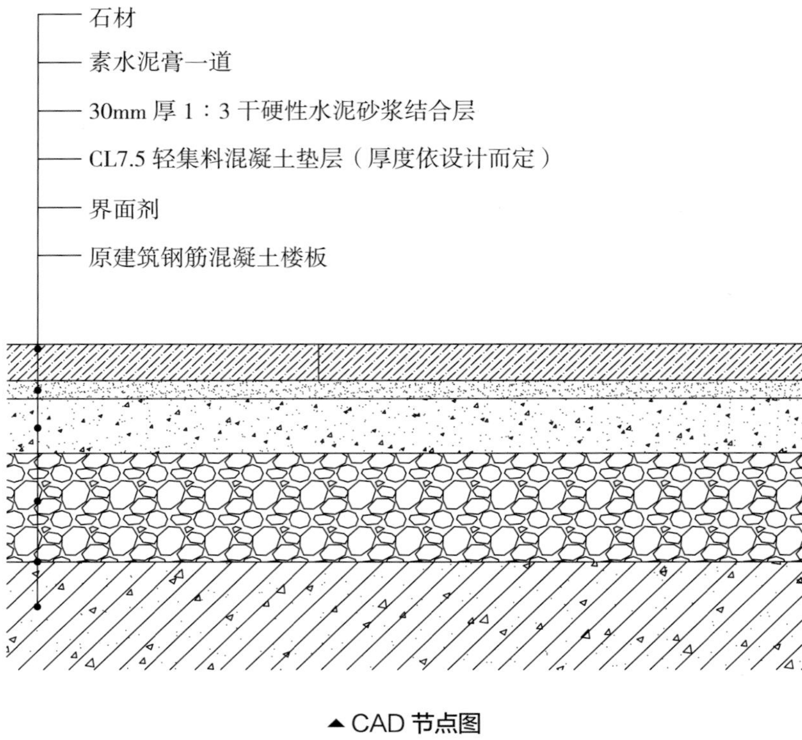

▲ CAD 节点图

施工要点

1. 采用湿铺法铺装时，一般选用吸水率较高的瓷砖，在铺贴前需要预先将瓷砖泡水。一般需要浸水两个小时以上，浸水后将表面水分晾干或擦干后才能进行铺贴。
2. 铺贴瓷砖前，应清理基层，并浇水潮湿基层，地面上无明显水迹后才能开始铺贴。
3. 若地面存在不平的情况，需要提前进行找平。
4. 铺贴瓷砖前要先进行放线及排砖工序，非整砖应排放在次要部位或阴角位置。
5. 铺贴时，应维持水平位置，用橡皮锤轻击，使其与水泥砂浆黏结紧密。

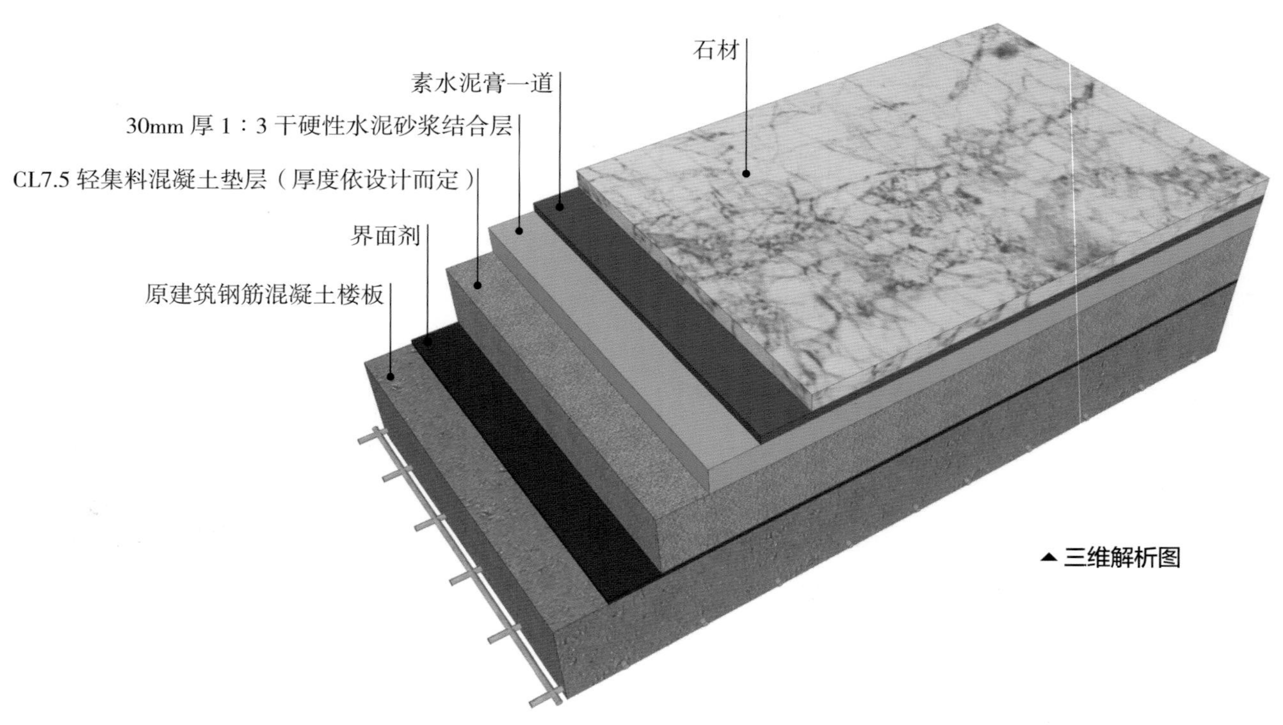

▲ 三维解析图

干铺法与湿铺法的区别

区别	干铺法	湿铺法
优点	有效避免空鼓现象	节约地面厚度，造价较低
缺点	比较费工，技术需求高；费用也较高	容易形成空鼓；平整度不好掌握
注意事项	该种做法比较适合尺寸较大的瓷砖，且仅适用于地面施工	该种做法比较适合铺小型砖，不仅适用于地面施工，也适用于墙上施工

▲实景效果图

想要追求更高级、更华丽的效果，可以将玻化砖进行拼花式铺贴，达到更贴近石材的装饰效果。可以选择小方块或长条形的石材插入到玻化砖中，也可以将玻化砖与地板等其他地材进行拼花。

二、仿古砖

1. 材料特性

釉面

含石英、长石、硼砂、黏土等物质

坯体

分为炻瓷质和炻质

材料分类

按品种分类

按表现手法分类

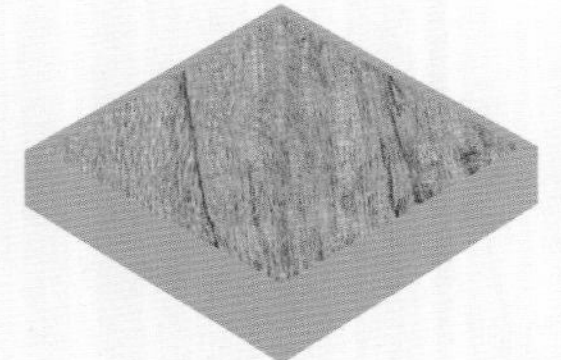

仿木纹

外形仿照城堡外墙形态和质感，有方形和不规则形两种类型，多为棕色、青灰色和黄色等

仿石材

仿照岩石片层层堆积的形态和质感，石片排列较规则，有灰色、棕色、米白色、米黄色等可供选择

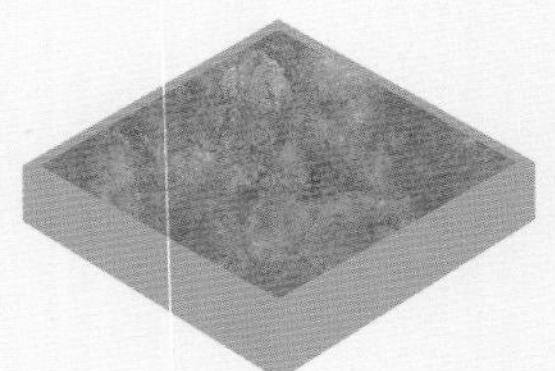

单色砖

砖面以单一颜色为主，单色砖主要用于大面积铺装，能很好地营造出简洁但不失风格特点的装饰效果

仿金属

仿照不规则形状石片的形态和质感，形状不规则，排列无规律，有棕色、灰色、土黄色等可选

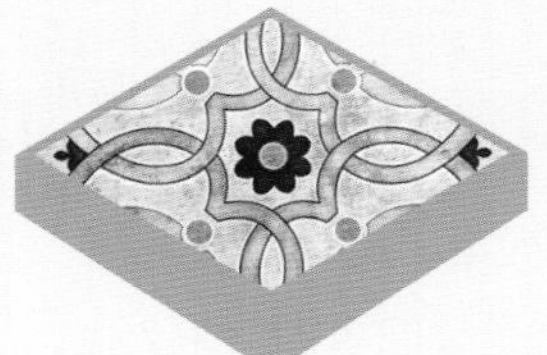

仿植物花草

仿照砖的形态和质感，有红砖、黄砖、灰砖、白砖等样式，排列规则，给人以秩序感

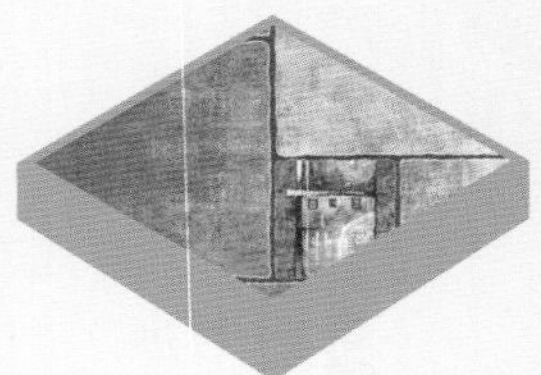

花砖

一般花砖上的图案都是手工彩绘，其表面为釉面，复古中带又有时尚之感。花砖多作为点缀用于局部装饰

- **物理特性：**

仿古砖是釉面瓷砖的一种，所谓“仿古”是指其装饰效果，并不是指施工工艺或制作方法，其本质是一种上釉的瓷质砖。利用不同样式、颜色、图案等的仿古砖，可以营造出怀旧的氛围，体现岁月的沧桑和历史的厚重。

- **优点：**

仿古砖具有效果怀旧、款式多、脚感舒适、耐用性好、防滑性好、易打理等优点。

- **结构分层特点：**

仿古砖由坯体和釉面两部分组成，其中坯体的主要成分为黏土，根据烧制温度的不同，又分为瓷质和炻质两种类型。釉面为石英、长石、硼砂及颜料等材料制作而成。

- **釉面特点：**

仿古砖系从彩釉砖演化而来，与普通釉面砖的差别主要表现在釉料的色彩上，特别调制出“古旧”的效果。具有防滑、防污等功能，同时表现出仿古砖素雅、沉稳、古朴的美感。

- **坯体特点：**

为由纯黏土经不同温度烧制而成的瓷质或炻质坯体，在各类瓷砖中属吸水率中等类型。密度较高的坯体能够为仿古砖提供较好的抗渗水性及其他物理性能。

按工艺分类

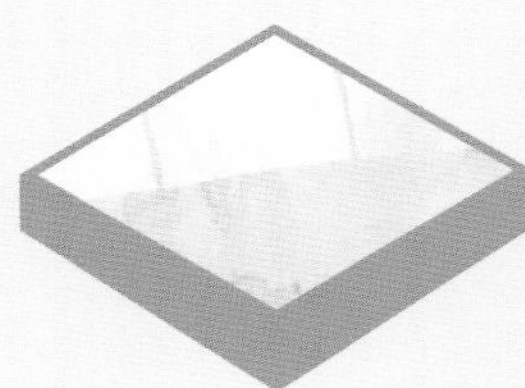

瓷质砖

吸水率≤0.5% 的一类仿古砖，是仿古砖中的主流产品，具有很强的抗水能力和防滑能力

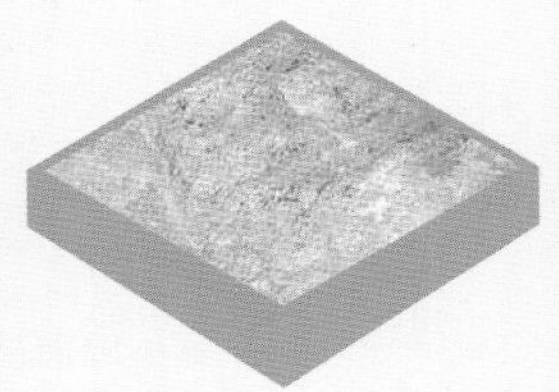

炻质砖

吸水率高于瓷质砖（0.5%~10%）的一类仿古砖，属仿古砖中的非主流产品

2. 节点与构造施工

仿古砖的耐磨性好，而且表面不易变黄且易于清洁，因此厨房中也可使用仿古砖作装饰。瓷砖的铺设方法通用，因此下面重点讲解瓷砖单独做墙面装饰的节点与构造施工。

❶ 干挂法瓷砖墙面

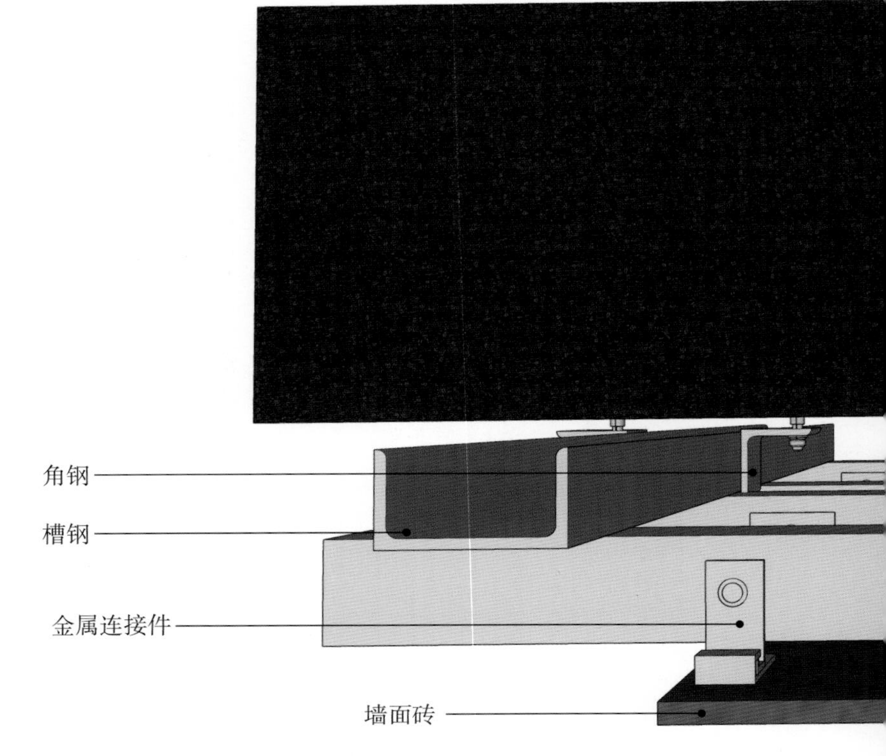

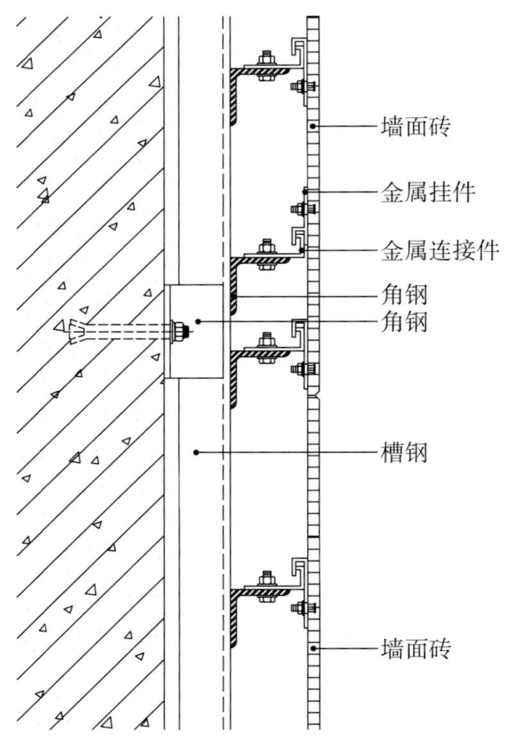

▲ CAD 节点图

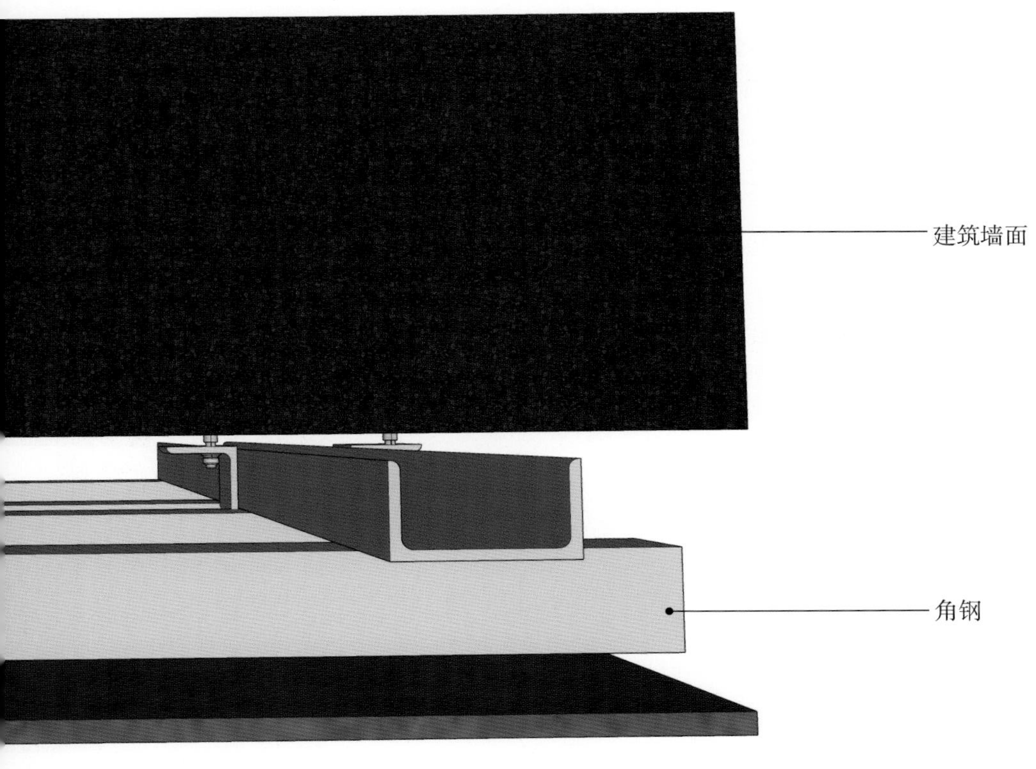

▲ 三维解析图

仿古砖与抛光砖的区别

区别	仿古砖	抛光砖
吸水率	0.5%~3%	高于 0.5%
表面硬度	≤ 6 级	7 级
耐脏程度	表面没有气孔，防污能力更强	表面有气孔，容易藏污纳垢
适用范围	所有空间都适用	卫生间、厨房以外的空间适用

注：抛光砖与仿古砖是室内装修中常用到的瓷砖材料，但两者风格完全不同，故在此进行对比。

工艺解析

第一步

基层处理

实测偏差时采取经纬仪投测与垂直、水平挂线相结合的方法；及时记录测量结果并绘制实测成果，提交技术负责人。基层墙面必须清理干净，不能有浮土、浮灰等，将其找平并涂好防潮层。

第二步

放线

瓷砖干挂施工前需按照设计标高在墙体上弹出 50cm 水平控制线和每层瓷砖标高线，并在墙上设置控制桩，找出房间及墙面的规矩和方正。根据瓷砖分隔图弹线后，还要确定膨胀螺栓的安装位置。

第三步

安装龙骨及挂件

连接件采用角钢与结构槽钢三面围焊的方式。焊接完成后按规定进行焊缝隐检，检查合格后刷防锈漆三遍。待连接件或次龙骨焊接完成后，用不锈钢螺丝将金属挂件连接牢固。

第四步

瓷砖钻孔及切槽

采用销钉式挂件或挂钩式挂件时，可用冲击钻在瓷砖上钻孔；采用插片式挂件时，可用角磨机在瓷砖上切槽。为保证所开孔、槽的准确度和减少瓷砖破损，应使用专门的机架，以固定板材和钻机等设备。

第五步

安装瓷砖

按照放线位置在墙面上打出略大于膨胀螺栓套管长度的孔位，在安装膨胀螺栓的同时将直角连接板固定好，然后安装锚固件连接板，在上层瓷砖底面的切槽和下层瓷砖上端的切槽内涂胶。瓷砖就位后，将插片插入上、下层瓷砖的槽内，调整位置后拧紧连接板螺丝。

实景效果图▶

瓷砖墙面方便清洁，只需清水和干布就可将瓷砖表面的污渍清除，所以经常用在卫生间、厨房等污渍集中地。

第六步

注胶

为保证拼缝两侧瓷砖不被污染，应提前在拼缝两侧的瓷砖上贴胶带纸保护，待打完胶后再撕掉。瓷砖安装完毕后，经检查无误，清扫拼接缝后即可嵌入橡胶条或泡沫条。最后打勾缝胶封闭，注意注胶要均匀，胶缝应平整饱满，亦可稍凹于板面。

第七步

擦缝及饰面清理

瓷砖安装完毕后，应清除所有石膏和余浆痕迹，用布擦洗干净。按瓷砖的出厂颜色调和色浆嵌缝，边嵌边擦干净，以保证缝隙密实均匀、干净、颜色一致。

❷ 干贴法瓷砖墙面

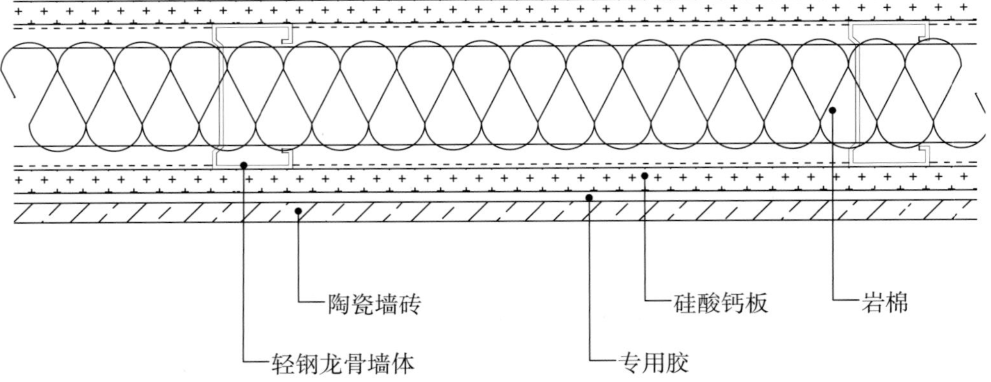

▲ CAD 节点图

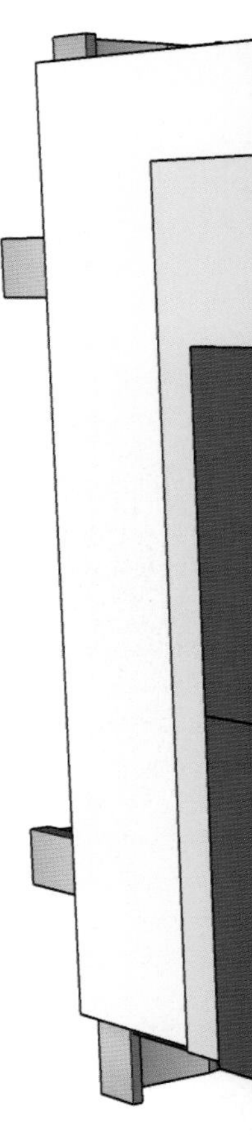

干挂法、干贴法与湿贴法的区别

区别	干挂法	干贴法	湿贴法
优点	安全可靠，可有效防止返碱，还有耐冻、抗震的优点	强度高，柔韧性好，对温湿度变化的适应性强，还可有效防止空鼓、脱落，防止返碱，耐水性也较好	能够节省空间，造价低，并且施工方便
缺点	占用空间大，要求瓷砖的厚度大于 20mm，采用的钢架将增加建筑荷载，而且抗冲击力差	对安装高度有要求，不能大面积干贴，而且抗震性差	牢固性低，温湿度变化适应性差，容易返碱吐白，抗震性差
注意事项	只适用在墙面上施工，其最小完成面厚度也在 80mm 以上	固定家具、特殊造型或非大面积铺贴的矮小空间适合采用干贴法	不仅墙面适用，地面施工时也可适用

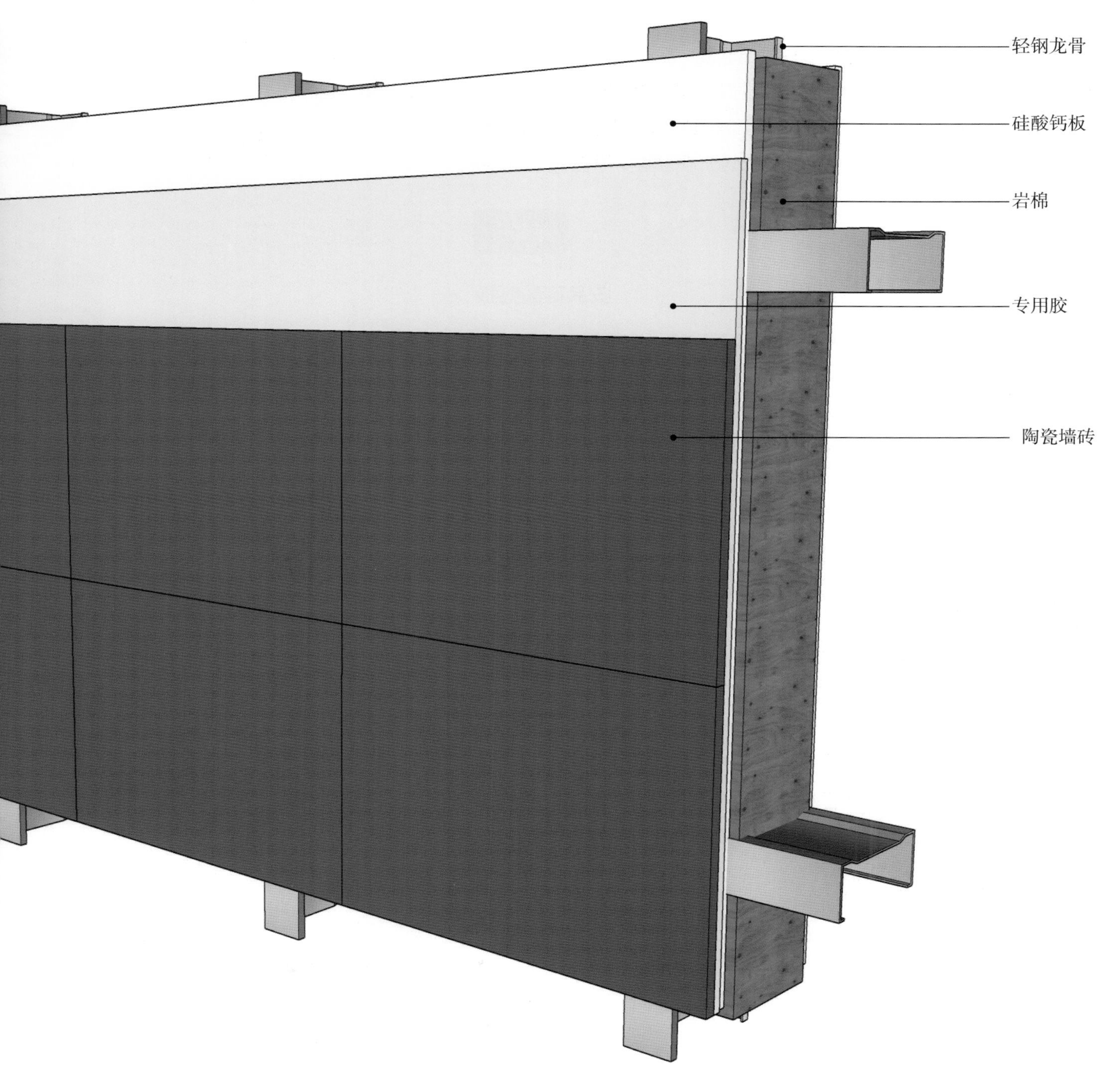

▲三维解析图

工艺解析

第一步

施工准备

对垂直度和平整度较差的原墙面，以及不正的阴、阳角，必须事先进行抹灰修正处理；对有空鼓、裂缝的原墙面应予以铲除并补灰；如果是石灰砂浆的原墙面，应全部铲除重新抹灰。用直角尺测量阴、阳角的方正误差，误差不应大于3mm。

第二步

安装硅酸钙板

将硅酸钙板用自攻螺丝固定在岩棉填充的轻钢龙骨墙体上，作为基层。

第三步

清理基层

贴砖前必须清除墙面的浮砂及油污等。如果墙面较光滑，则必须进行凿毛处理，并用素灰浆扫浆一遍。

第四步

预排

预排施工时要自上而下计算尺寸，排列中横向、竖向都不允许出现两行以上的非整砖。非整砖应排在次要位置或阴角处，排砖时可用调整接缝宽度的方法安排非整砖的位置。如无特殊设计规定，接缝宽度在1~1.5mm之间即可。

第五步

拉标准线

根据室内标准水平线找出地面标高，按贴砖的面积计算出纵横的皮数[1]，用水平尺找平并弹出墙面砖的水平和垂直控制线。横向不足整砖处，留在最下一皮与地面连接处。

第六步

铺贴

用专用胶涂抹硅酸钙板表面及陶瓷墙砖，待胶干至不黏手后铺贴于墙面，调整水平度与垂直度，在板面施加应力直至胶干透。

[1] 砖的皮数指的是砖的层数，一皮砖就是一层砖，标准砖的尺寸为240mm×115mm×53mm，建筑上一皮砖的厚度按60mm计（53mm标准砖厚度+8mm~+12mm灰缝厚度），两皮砖的厚度为120mm，以此类推。

▲实景效果图

在厨房、卫浴和阳台上用仿古砖装饰墙面时，常会做拼色组合，以塑造复古中带有活泼的感觉。在选择拼色砖的时候，需注意色彩搭配的协调性，色彩不宜过多、过杂，可以一种或两种色彩为主，其他少量加入，获得协调的效果。

第七步

完成面处理

墙砖铺贴完成后，需用填缝剂勾缝。先将墙面清理干净，再用扁铲清理砖缝，最后将填缝剂填入缝中，待其稍干后压实勾平即可。

❸ 湿贴法瓷砖墙面

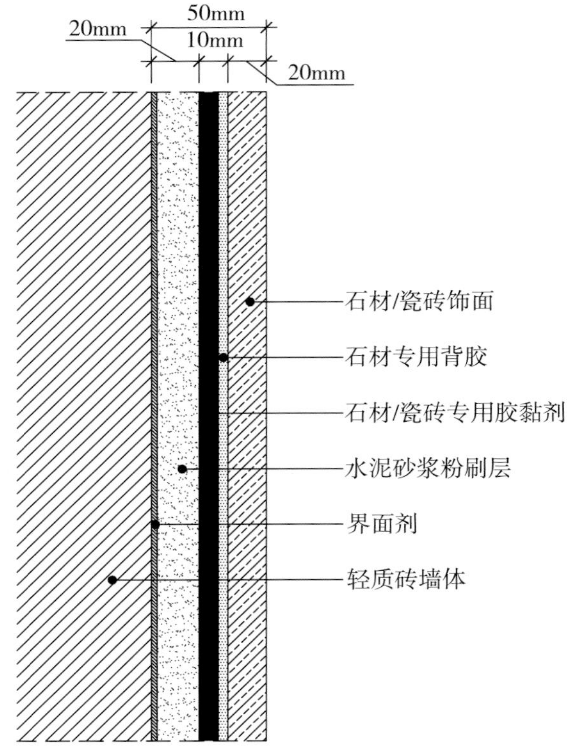

▲ CAD 节点图

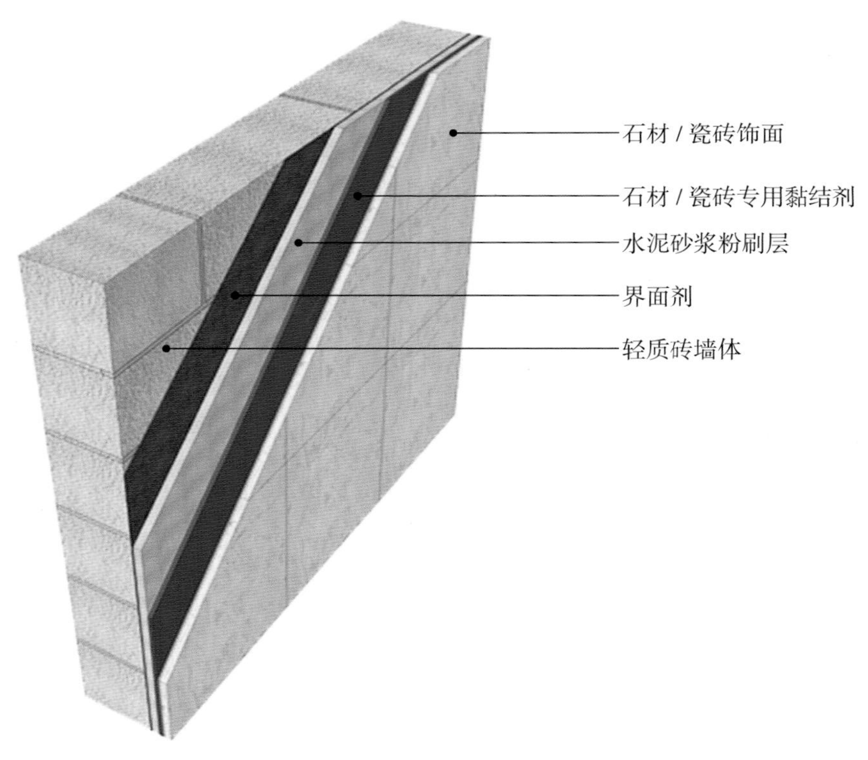

▲ 三维解析图

施工要点

1. 在墙体上涂刷界面剂，可增加原建筑墙体与下步施工的黏性。
2. 选用水泥砂浆粉刷，可起到找平的作用。
3. 墙面基层不同，石材胶黏剂的选择也不同。若为水泥砂浆基层，应采用胶泥作胶粘剂；若是木基层板或其他非水泥基层，则采用结构胶、AB 胶等胶粘剂进行粘贴。

在厨房或卫生间中，通常在墙面和地面使用仿古砖，以取得协调的效果。此时，墙面多通过不同的贴法来制造层次感，如上方菱形拼贴，下方正常贴，中间使用一些花砖，使两者的过渡更自然。

实景效果图▼

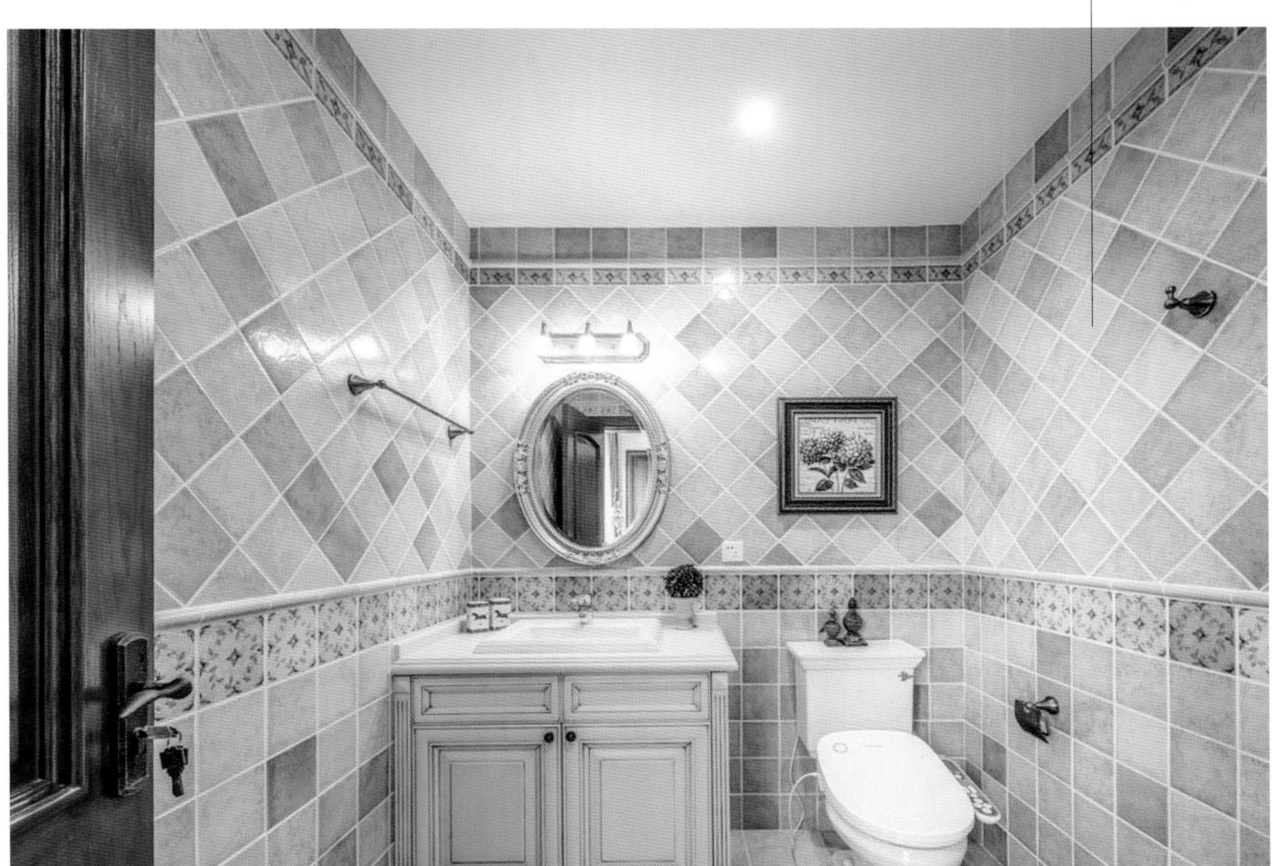

三、釉面砖

1. 材料特性

釉面

含石英、长石、硼砂、黏土等物质

坯体

分为陶土和瓷土两类

材料分类

按原料分类 — 按光泽度分类 — 按表面纹理分类

陶质釉面砖

由陶土烧制而成的一类釉面砖，其主要特征是背面为红色。一般吸水率较高，强度相对较低，但并非绝对，有些陶质釉面砖的吸水率和强度甚至比瓷质釉面砖好

亮光釉面砖

釉面光洁干净，光的反射性好，可营造干净、宽敞的效果，适合小空间或厨房使用

素色砖

没有任何花纹，纯色或彩色的一类釉面砖，可以单独一色铺贴，也可以混色铺贴，还可以与花砖组合铺贴

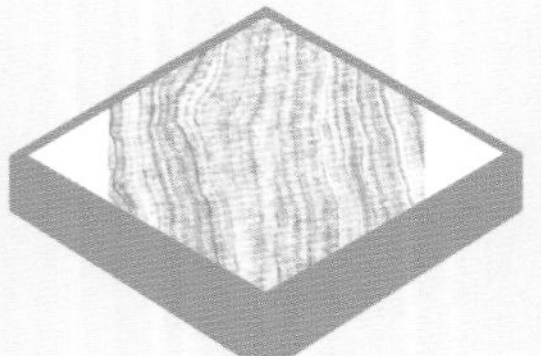

瓷质釉面砖

由瓷土烧制而成的一类釉面砖，其主要特征是背面为白色。相对来说吸水率较低，强度较高

亚光釉面砖

釉面光洁度较差，对光的反射效果差，但不易有光污染的问题，给人以柔和、舒适的感觉，适合营造时尚的效果

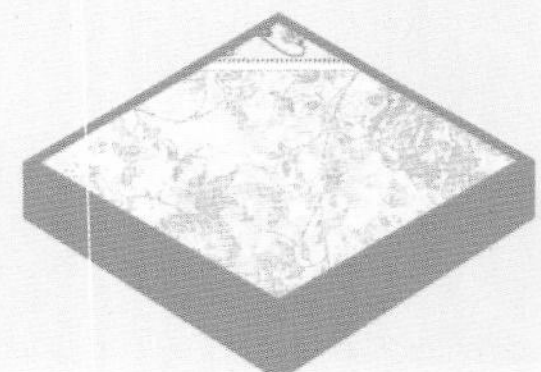

花砖

纹理非常多样，丰富性超过抛光砖，选择范围广，小面积时可单独使用，但若大面积施工则更建议与素色砖组合

- **物理特性：**

釉面砖是砖的表面经过施釉、高温高压烧制处理的一种瓷砖，其表面有各种图案和花纹，比抛光砖色彩和图案更丰富，且规格更多，近年来流行的抛釉砖、超平釉、金刚釉等均属于釉面砖。

- **优点：**

釉面砖具有强度高、防渗透、可无缝拼接、耐急冷急热等优点，但耐磨性不如抛光砖。尤其适合厨房、卫生间等空间，可用于墙面和地面的装饰。

- **结构分层特点：**

釉面砖由坯体和釉面两部分组成，其中坯体的主要成分为黏土，根据烧制温度的不同，又分为瓷质和陶质两种类型。釉面的为石英、长石、硼砂及颜料等材料制作而成。

- **釉面特点：**

釉面砖面层的釉有生坯施釉一次烧成法和坯体素烧后施釉、入窑釉烧的二次烧制法，以前者烧制的质量更好。釉面砖的色彩、图案以及防滑性能、防渗性能等均有赖于釉面。

- **坯体特点：**

由纯黏土经不同温度烧制而成的瓷质或陶质坯体，在瓷砖中属吸水率较高的类型。坯体可为面层提供承托力，并提高一些物理性能。

按形状分类

正方形

较常见的尺寸有100mm×100mm、152mm×152mm、200mm×200mm、300mm×300mm等类型

长方形

较常见的尺寸有152mm×200mm、200mm×300mm、250mm×330mm、300mm×450mm、300mm×600mm等类型

异形砖

非规整尺寸的一类釉面砖，如六角形砖、不规则形状的配件砖等

2. 节点与构造施工

釉面砖具有防渗透、耐脏的特性，因而很适合用在厨房、卫生间等空间中，由于瓷砖的铺设方法通用，本部分重点讲解瓷砖与其他材料相接做地面装饰的节点与构造施工，尤其强调门槛石的位置。门槛石主要存在于卫生间与走廊、厨房与走廊等需要做防水的空间与其他普通空间相接的位置。

❶ 釉面砖与木地板相接地面

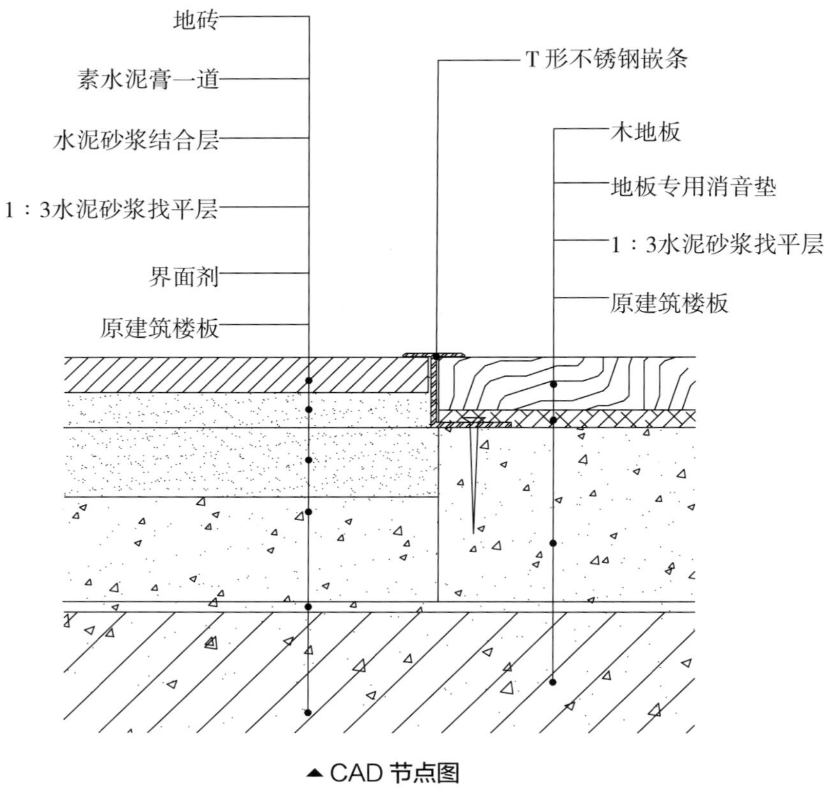

▲ CAD 节点图

陶制釉面砖与瓷制釉面砖的区别

区别	陶制釉面砖	瓷制釉面砖
吸水率	较高	较低
强度	相对较低	相对较高
主要特征	背面为红色	背面是灰白色

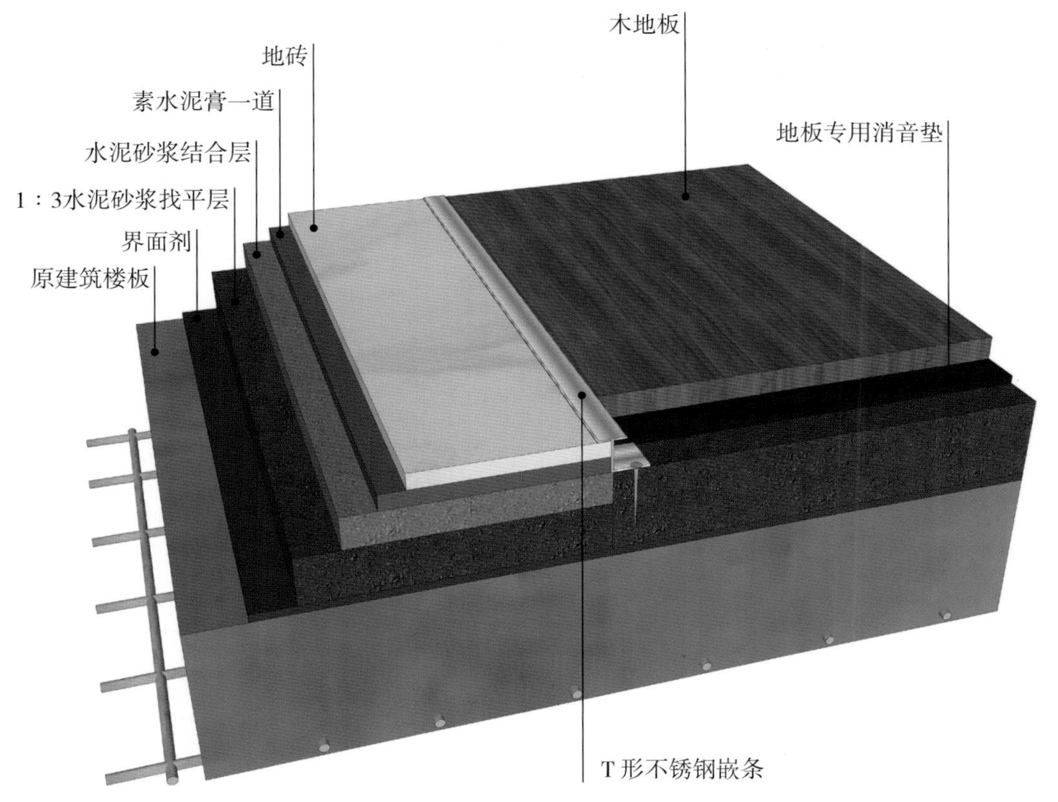

▲ 三维解析图

施工要点

1. 如果地面不平，需要对其基层进行找平，木地板找平的厚度要根据瓷砖完成面的高度来确定。
2. 不锈钢嵌条可作为砖材与其他材质交接处的过渡带。
3. 嵌缝条的安装应在规定的位置配置，其高度比磨平施工面高出 2~3mm。

三维解析图 ▶

地砖和木地板从视觉上分割空间，明确区块的不同功能。

❷ 釉面砖与门槛石相接地面

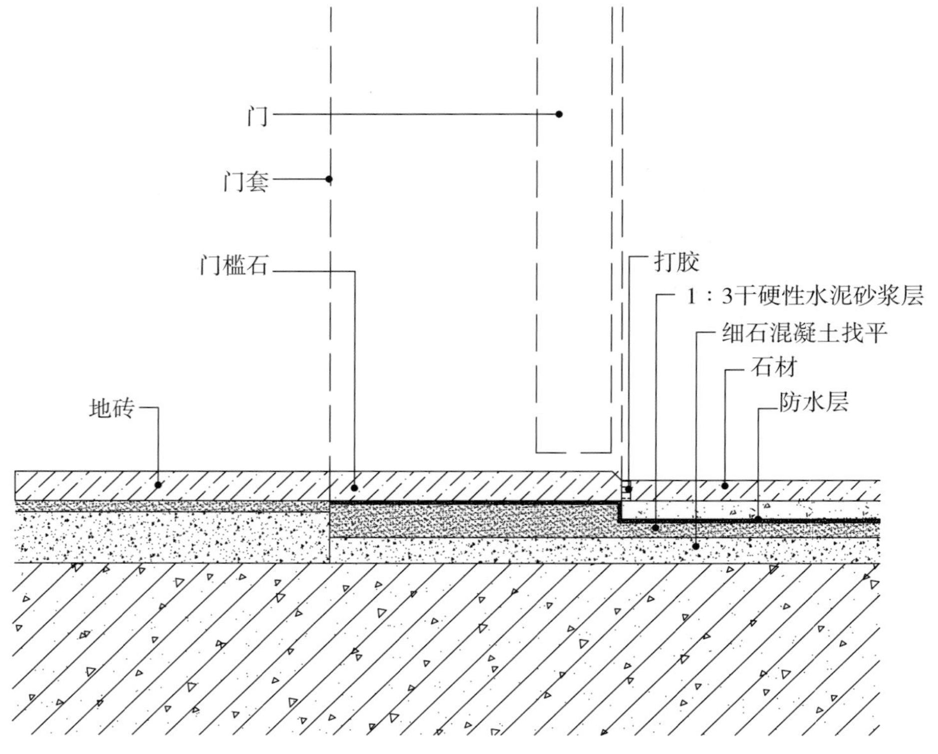

▲ CAD 节点图

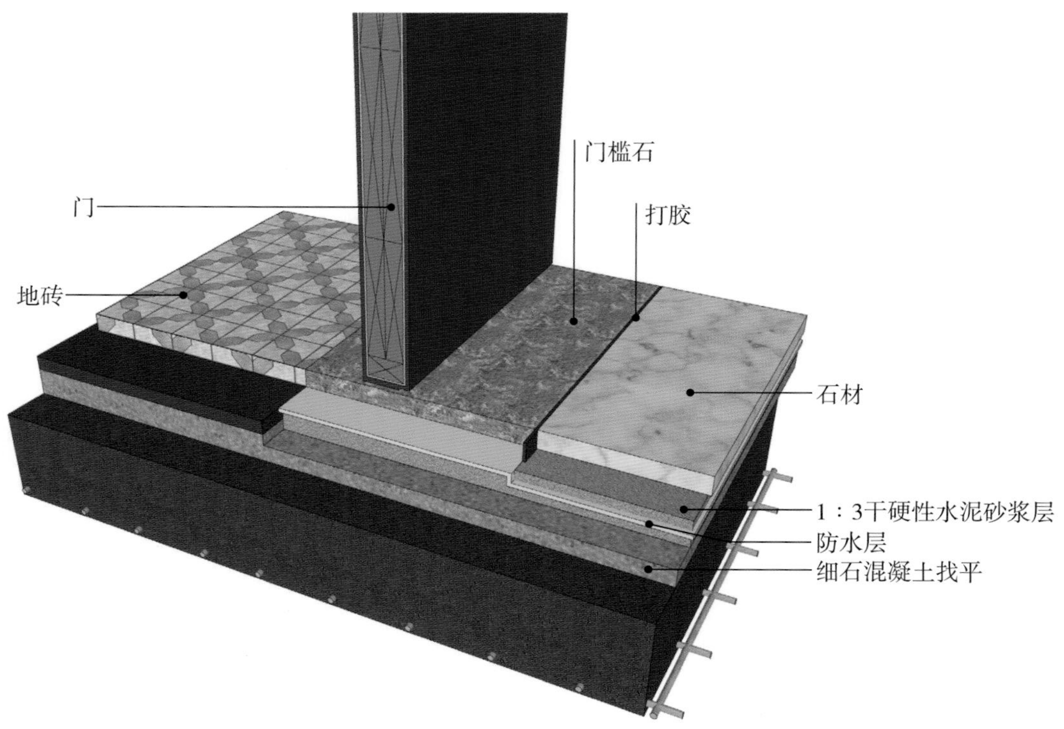

▲ 三维解析图

实景效果图▼

像镜面一样的釉面砖，提升了餐厅的亮度，并丰富了光影变化。

施工要点

❶ 若是有地漏的房间倒坡，必须找标高，弹线时找好坡度，抹灰饼和标筋时抹出泛水。

❷ 在两个空间的地面都做找平，其高差会较小。

❸ 根据设计图纸确定门两侧地面的高差以及石材图案的拼接方式后，再进行试铺，试铺时可对石材进行编号，正式铺贴时按照编号进行铺贴即可。

四、微晶石

1. 材料特性

微晶玻璃板

含二氧化钠、氧化钙、
三氧化二铁等物质

玻化砖

含高铝砂、钾长石、钠长石、黑泥
等物质

材料分类

按表面纹理分类

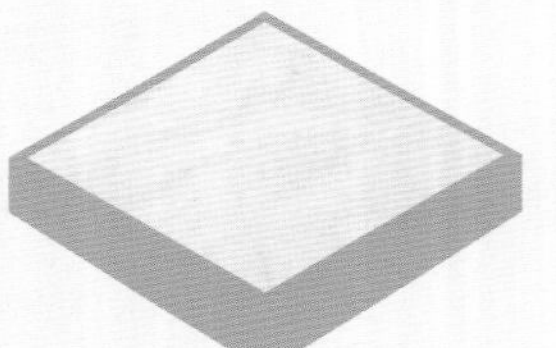

纯色微晶石

即无孔微晶石，也叫“人造汉白玉”。单层结构，为单一纯白色，表面没有任何纹理，目前家居装修中较少使用，多用在公共场所中

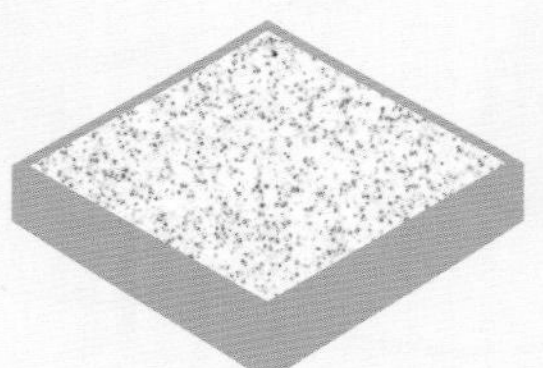

斑点纹理微晶石

纹理以斑点状为主，类似花岗石，多为通体微晶石，其纹理具有若隐若现的感觉

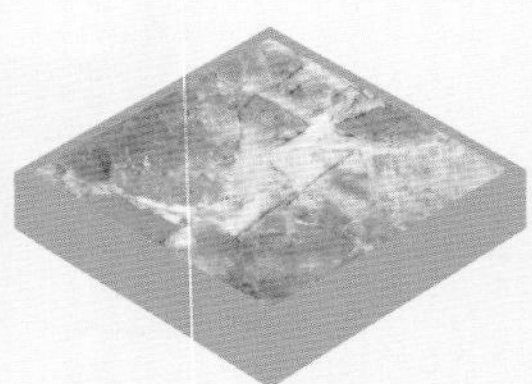

仿石材纹理微晶石

属于复合微晶石，为仿照石材制作的一类产品，如大理石、拼合的片岩、天然岩石等多种天然石材

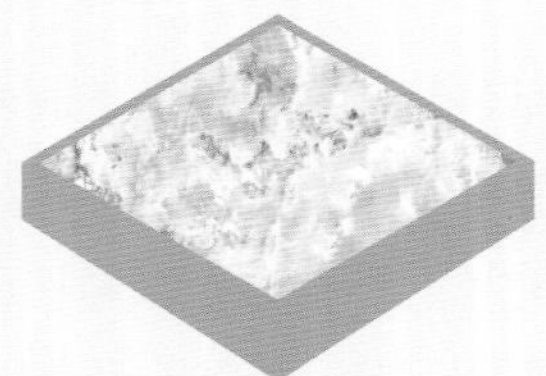

仿玉石纹理微晶石

属于复合微晶石，纹理仿照天然玉石、大理石，既有玉石的纹理和玻璃的光泽感，又比玉石价格低

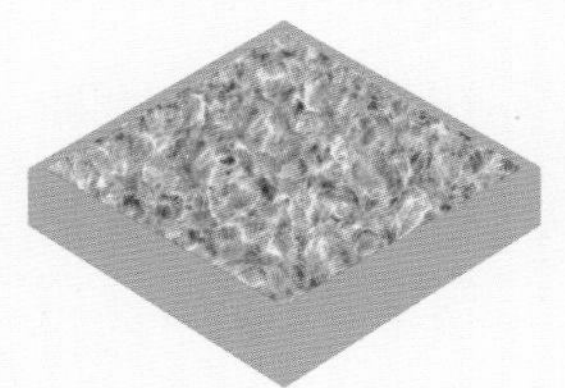

其他纹理微晶石

属于复合微晶石，纹理范围较广，属于较为独特的一类产品，包括仿水波纹理、宝石纹理、木纹理等

- **物理特性：**

微晶石的表面特征和光泽感与天然玉石极其类似，质感晶莹剔透，但纹理更多样，与其他类型的瓷砖相比，有更奢华、大气的装饰效果。微晶石可用来装饰地面和墙面，并可用于圆柱及洗手盆等不规则台面的制作。

- **优点：**

质地均匀、密度大、硬度高，抗压、抗弯折、耐冲击等性能优于天然石材。但同时也具有硬度低于抛光砖、划痕明显，有脏东西时很容易显现等缺点。

- **结构分层特点：**

不同类型的微晶石，其结构是不同的，有单层结构也有复合结构，以复合微晶石为例，它是由坯体（陶瓷）和面层（微晶玻璃）两部分组成的。

- **面层特点：**

复合微晶石的面层为微晶玻璃，主要成分为二氧化硅、氧化钙、三氧化二铁等，经高温处理与坯体烧结在一起。为复合微晶石提供可高于 95% 的反射率，具有极强的光泽感，可营造华丽的装饰效果。

- **坯体特点：**

由石英、长石、黏土等物质烧制而成的陶瓷坯体，实际上是常规玻化砖的一种，如果直接进行抛光，则可制成抛光玻化砖。高密度的坯体能够提高微晶石的抗渗水性及其他物理性能。

按原料及制作工艺分类

无孔微晶石

通体无气孔、无杂斑点，光泽度高，不吸水，易于打磨翻新。适用于墙面、地面、圆柱、洗手盆、台面等

通体微晶石

亦称微晶玻璃，不吸水、耐腐蚀、不易氧化褪色、强度高，无色差、光泽度高，但无法翻新打磨

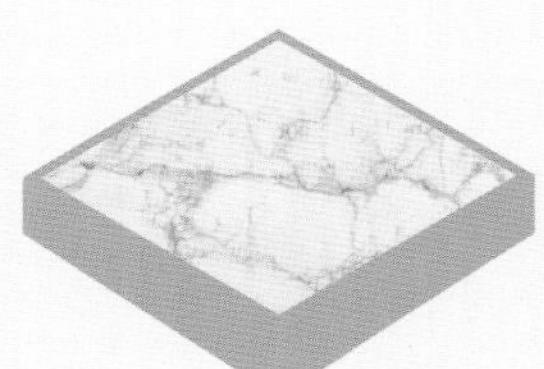

复合微晶石

结合了玻化砖和微晶玻璃板材的优点，色泽自然、晶莹通透、不易褪色，但表面如有破损，无法翻新打磨

2. 节点与构造施工

微晶石与天然石材的纹理类似，其表面为釉料，耐磨性不如抛光砖，且怕酸、怕水、怕污渍，因此在家居空间使用时常被用于背景墙的位置。由于瓷砖的铺设方法通用，本部分重点讲解瓷砖与其他材料相接做墙面装饰的节点与构造施工。

❶ 釉面砖与不锈钢相接墙面

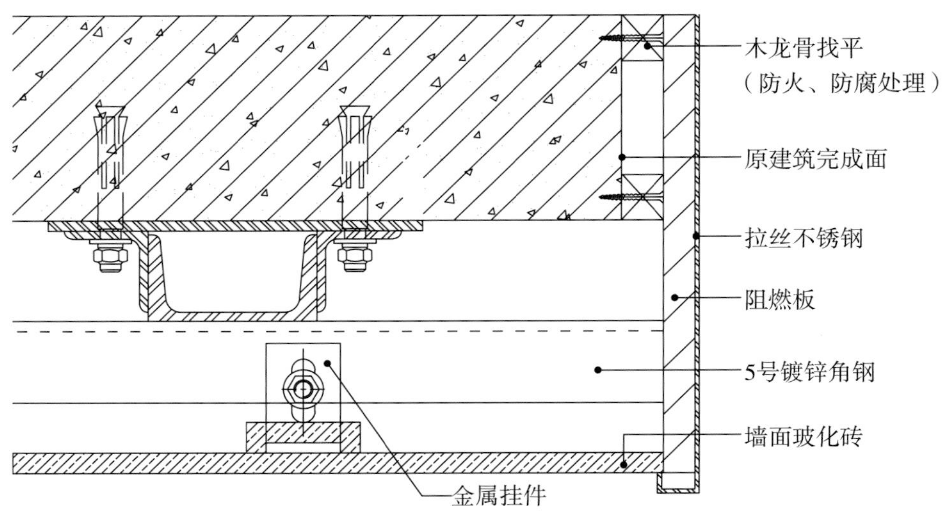

▲ CAD 节点图

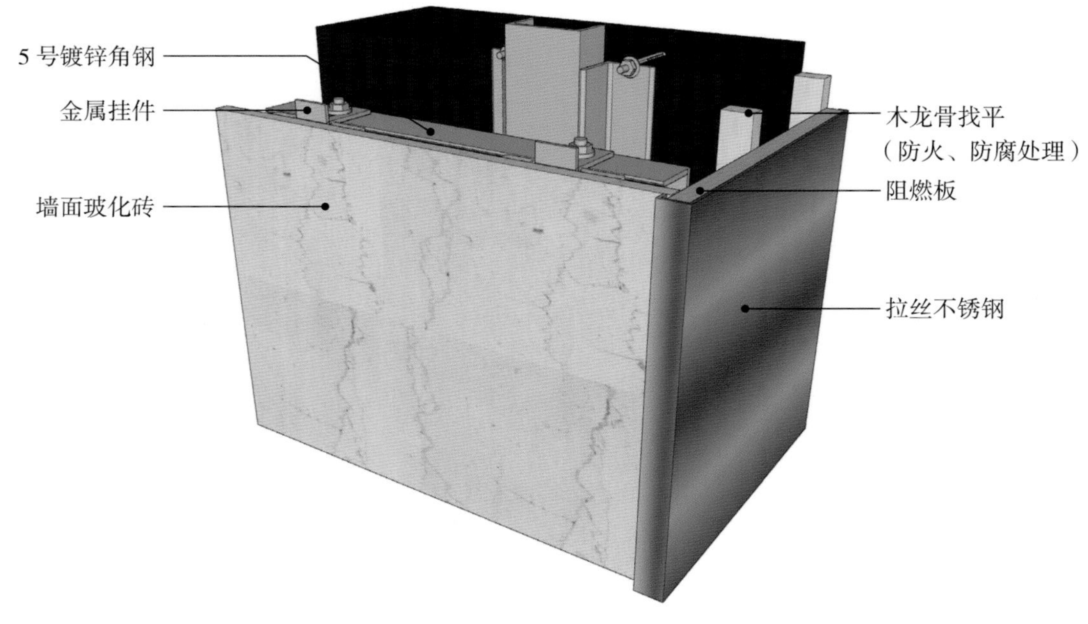

▲ 三维解析图

施工要点

1. 清洁墙面表面污渍，如果墙面有缺损处，用 1∶3 的水泥砂浆进行填充，保证墙面的平整，之后再抹灰并刮腻子。
2. 将竖向角钢紧贴 8 号槽钢，用膨胀螺栓固定在墙面上，调整横向 5 号角钢与竖向角钢、8 号槽钢的间隙，用点焊方式固定。用设计规定的不锈钢螺丝固定角钢和不锈钢挂件。调整挂件位置，使其 T 形挂钩与墙砖的粘贴挂槽对正后固定挂件。
3. 干挂瓷砖，调整挂件，并将面板固定。
4. 将拉丝不锈钢按阻燃板预留出的缝隙安装，用专用胶填充固定后，用玻璃胶对不锈钢与墙砖接触处进行收口。

微晶石与天然石材的区别

区别	微晶石	天然石材
结构组成	玻璃相和结晶相	碳酸盐岩类
表面效果	表面有针状结晶花纹，呈现出光亮的效果	表面纹理都是天然形成，独一无二，但光泽度不如微晶石
色差	没有	有
环保	没有辐射	可能存在辐射问题

实景效果图

微晶石边缘与不锈钢相接，不锈钢耐高温、低温的特性可以保护瓷砖，使墙面耐久性增强，玄关、客厅常使用此种交接方式。

❷ 微晶石与木饰面相接墙面

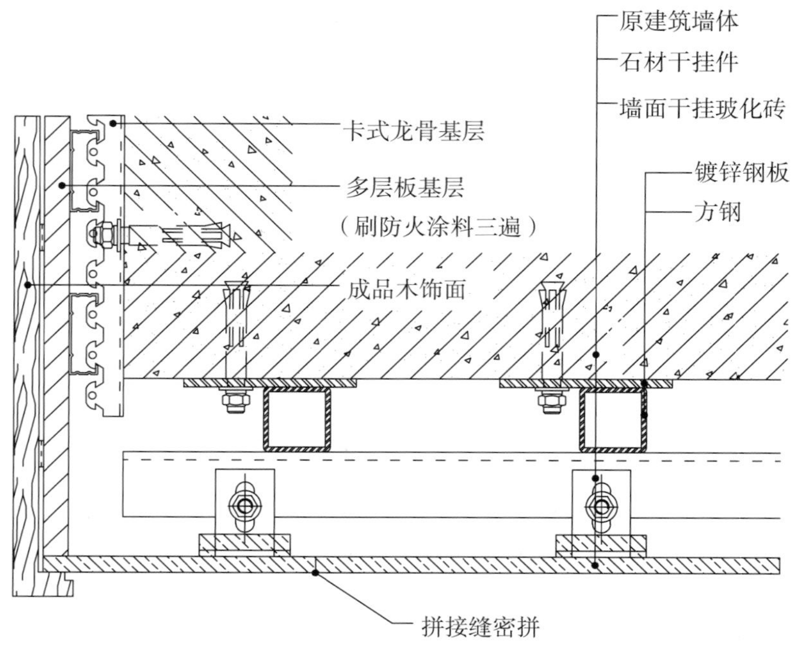

▲ CAD 节点图

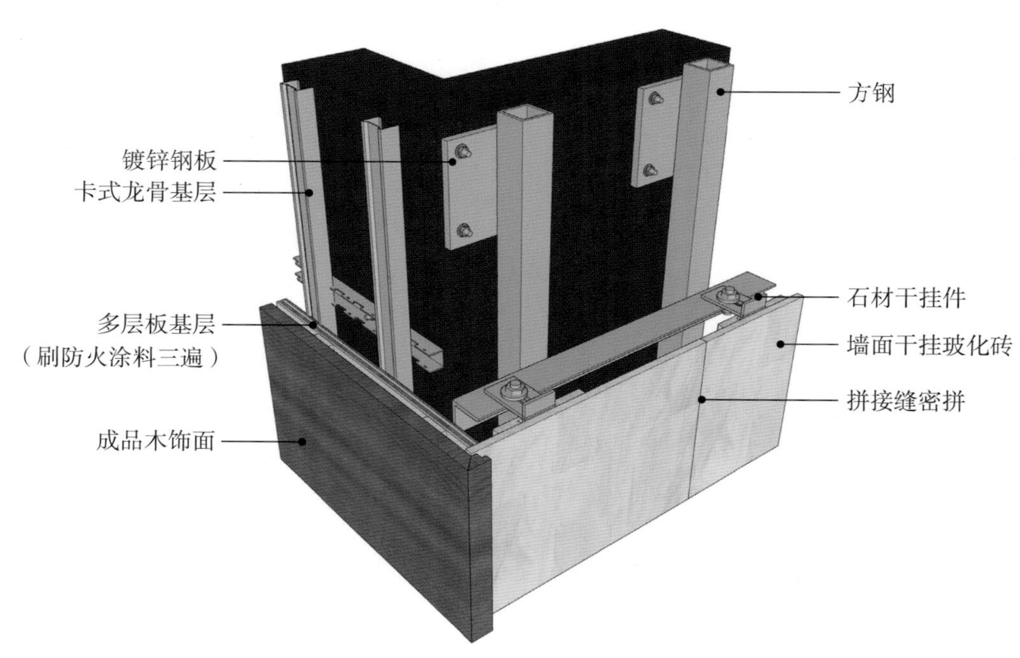

▲ 三维解析图

实景效果图

用微晶石做背景墙可以呈现高档石材的光泽和装饰效果，是石材很好的代替品。其纹理极具特点，但大面积的墙面中单独使用容易显得平庸，室内设计时可以将其放在中间，两侧搭配护墙板、木纹板等其他材料，以突出其主体地位。

施工要点

1. 按要求将木饰面进行加工，并将多层板裁剪成施工图纸中要求的尺寸，注意多层板需刷三遍防火涂料。
2. 将多层板安装在卡式龙骨基层上，并在多层板上方按一定间距垫上木条。
3. 安装瓷砖后，将处理好的成品木饰面卡入多层板外部，利用实木线条对木饰面与墙砖的接口处进行收口。
4. 保证墙砖与木饰面拼接缝完整，墙砖做擦缝处理，并用专用保护膜做成品保护。

五、马赛克

1. 材料特性

陶瓷

含石英、长石、硼砂、黏土等物质

网格布

玻璃纤维制成

材料分类 按制作材料分类

陶瓷马赛克

经久耐用，光线柔和，品种多样、颜色丰富，防水防潮性能优越，易清洗，墙面、地面装饰中均可使用

玻璃马赛克

色彩最丰富的马赛克种类，质感晶莹剔透，现代感强，纯度高，给人以轻松愉悦之感，但不适合用以装饰地面

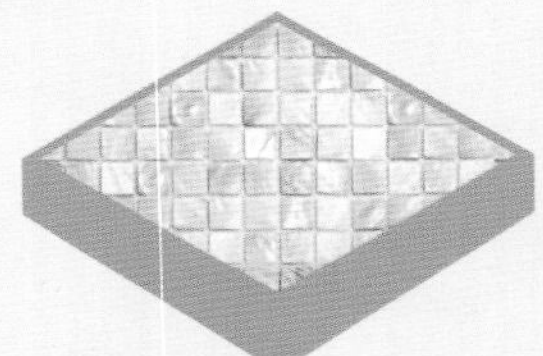

贝壳马赛克

色彩绚丽，富有光泽，每片尺寸较小，且吸水率低，抗压性能不强，施工后表面需磨平处理，不适合用来装饰地面

金属马赛克

色彩较为低调且相对种类较少，装饰效果现代、时尚，材料环保、防火、耐磨，但地面不建议大面积使用

夜光马赛克

此类马赛克吸收光源能量后，夜晚会散发光芒，可定制图案，装饰效果个性、独特，很适合小面积用于装饰墙面

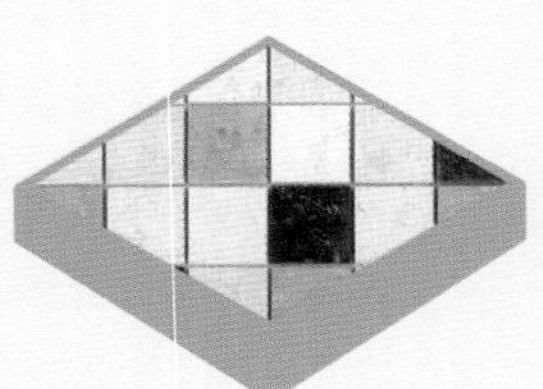

石材马赛克

以天然石材为原料制成的马赛克，效果天然、纹理多样，但防水性较差，抗酸碱腐蚀性能较弱

- **物理特性：**

马赛克瓷砖的专业术语为锦砖，它是一种特殊的砖，一般由数十块小块的砖组成一块相对大的砖。

- **优点：**

马赛克体积小巧，可以通过拼接制作出各种图案，装饰效果突出。同时具有吸水率低、防滑性佳、耐磨、耐酸碱、抗腐蚀、色彩丰富等优点。

- **结构分层特点：**

不同品种的马赛克，其组成物质也不同，如大理石马赛克的结构同大理石，而贝壳马赛克为单层天然物质，这里仅以最经典的陶瓷马赛克为例进行介绍。它的主体部分为陶瓷锦砖，背部为网格布。

- **主体特点：**

由石英、长石、黏土等烧制而成的小尺寸瓷质砖，属于瓷质砖，瓷化好，吸水率极低，抗污性强。是陶瓷马赛克的装饰主体，决定马赛克的物理性能，同时又具有装饰性。

- **背部特点：**

马赛克背面的网格布原料以中碱或无碱玻纤维纱织造而成，经耐碱高分子乳液涂覆的玻璃纤维具有结实、耐用的优点。在马赛克背面贴网格布，可使马赛克成片，更便于施工。

实木马赛克

以实木或古船木等木质材料制成的马赛克，具有自然、古朴的装饰效果，多为条形或方形，不适合用来装饰地面

拼合马赛克

由两种或两种以上材料拼接而成的马赛克，最常见的类型是玻璃＋金属，或石材＋玻璃，质感丰富

2. 节点与构造施工

马赛克有很长的使用寿命，其抗打击能力较其他材料强，因此适用于任何空间当中。由于瓷砖的铺设方法通用，本部分重点讲解瓷砖在地面上的特殊构造区的节点与构造施工。

❶ 马赛克与挡水坎相接

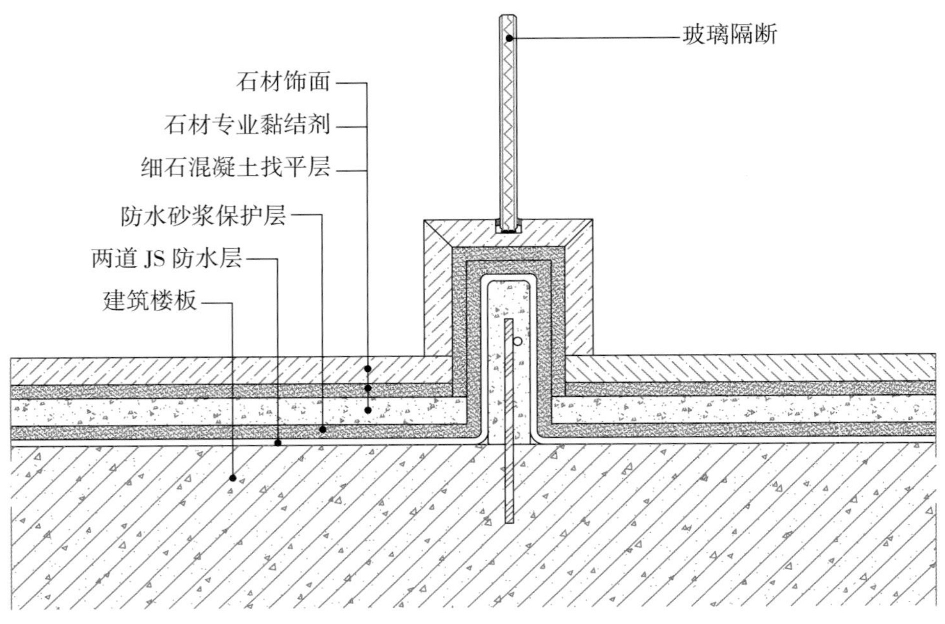

▲ CAD 节点图

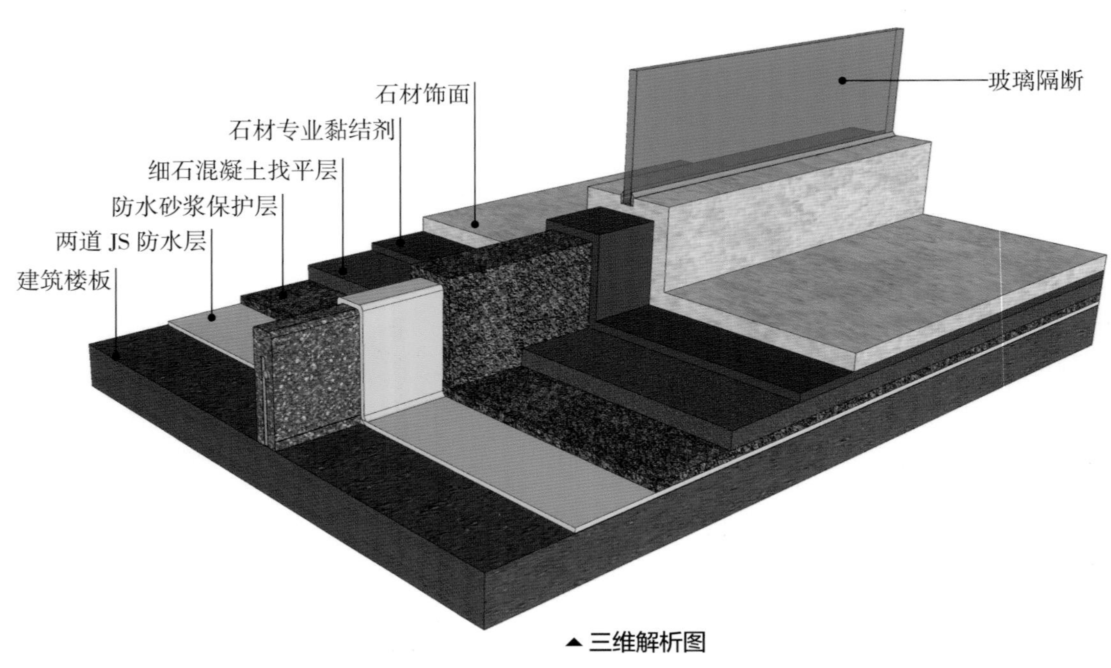

▲ 三维解析图

施工要点

1. 在建筑楼板中预埋直径为 6mm 的一级钢筋，并用细石混凝土做挡水坎基层。
2. 做好基层后先做防水处理，然后再用细石混凝土在地面进行找平，挡水坎基层不做找平处理。
3. 铺贴马赛克地面，地面瓷砖及挡水坎的瓷砖饰面应用瓷砖专业黏结剂进行铺贴，铺贴过程中挡水坎的瓷砖饰面需注意倒角的拼接，挡水坎顶面的瓷砖饰面可预留出安装玻璃隔断所需的凹槽。

◀实景效果图

淋浴间的挡水坎可以有效拦截淋浴水漫出，便于清洁地面，同时还能保持室内其余空间的干燥。

❷ 马赛克楼梯

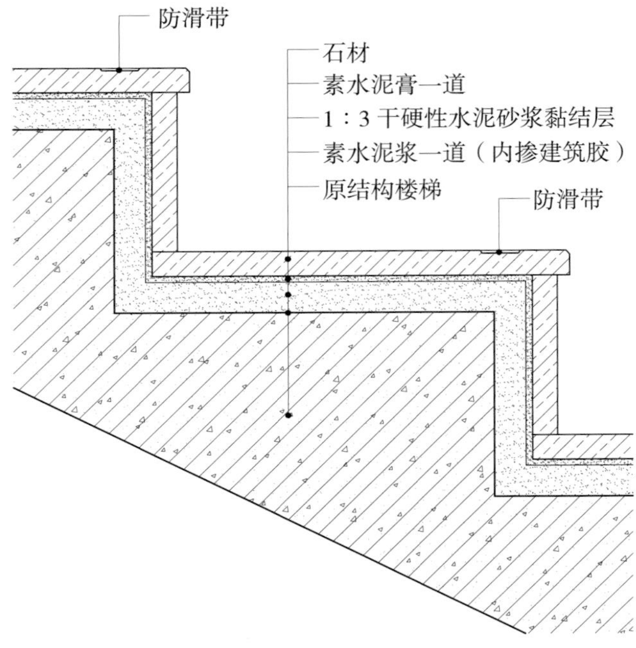

▲ CAD 节点图

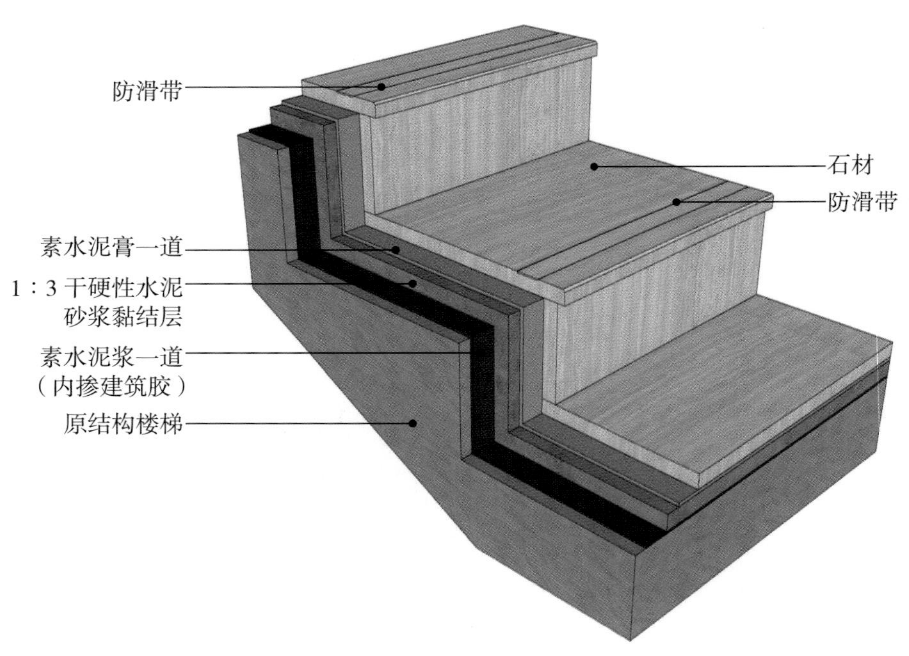

▲ 三维解析图

实景效果图▼

在地中海风格、乡村风格等类型的室内空间中，可使用马赛克装饰垭口、踢脚和楼梯踏步立面等位置，以强化风格淳朴、随意的特点。

工艺解析

第一步

踏步基层安装

经现场支模、配筋，安装踏步阳角角钢及踏步模板，将踏步基层一次性浇筑成型。也可以直接将已制作完成的混凝土踏步基层板固定在墙上作为踏步的基层。

第二步

基层处理

对混凝土表面进行检查清理，使用水泥砂浆进行找平处理，测出各梯段踏步的踏面和踢面尺寸，按实际测量出的尺寸加工石材。加工石材时，除尺寸应准确外，还需厚度一致，踏面石材外露部分端头要磨光。

第三步

放线

在楼层和休息平台面层标高，从楼梯侧墙弹出一条斜线，在休息平台的楼梯起跑处的侧墙上也要弹出条垂直线，两面层标高差除以梯段踏步数，精确到毫米的斜线与垂直线相交，从交点分别向下、向内弹出水平和垂直的各踏步的面层位置控制线。

第四步

踏步面层安装

在水泥砂浆找平层上方刮内掺建筑胶的素水泥膏一道，深色石材背面刮普通硅酸盐水泥砂浆，浅色石材背面刮白水泥砂浆，之后铺设石材。

第五步

防滑带设置

为防止行走时跌滑，应在楼梯踏步表面采取防滑措施。一般是在踏步口设防滑条或留2~3道凹槽。防滑条长度一般按踏步长度每边减去150mm。常用的防滑材料有金刚砂、水泥铁屑、橡胶条、塑料条、金属条、马赛克、缸砖、铸铁和折角铁等。

第六步

完成面处理

对石材拼缝处进行灌缝、擦缝处理，最后对石材进行晶面处理。

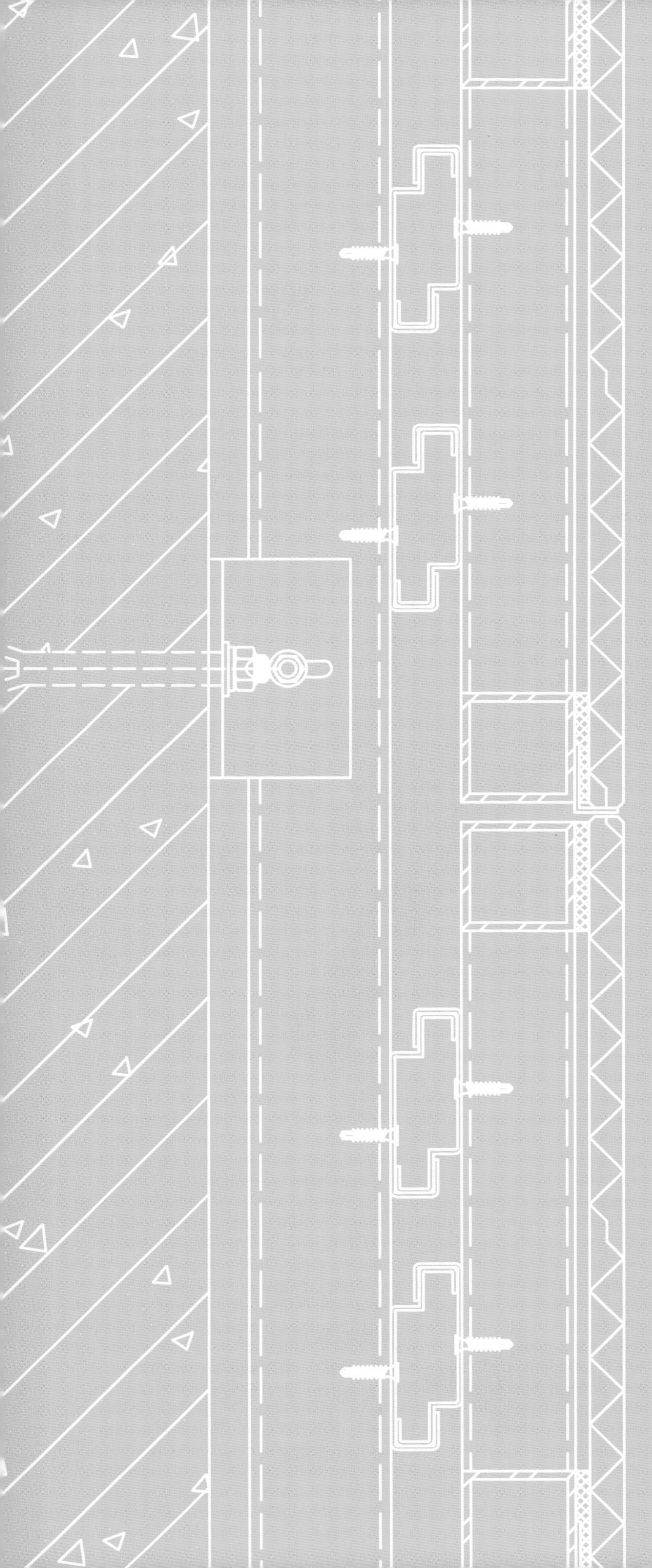

第五章

透光材料

透光材料泛指具有透光效果的材料，包括玻璃、玻璃砖以及透光软膜，其中玻璃又分为镜面玻璃、烤漆玻璃、艺术玻璃及钢化玻璃。它们在室内空间中出现频率较高，可以作为墙面、地面、顶棚的饰面材料，还可以作为隔断，既不阻隔光线，又让空间更加具有通透感，更加开阔。

一、镜面玻璃

1. 材料特性

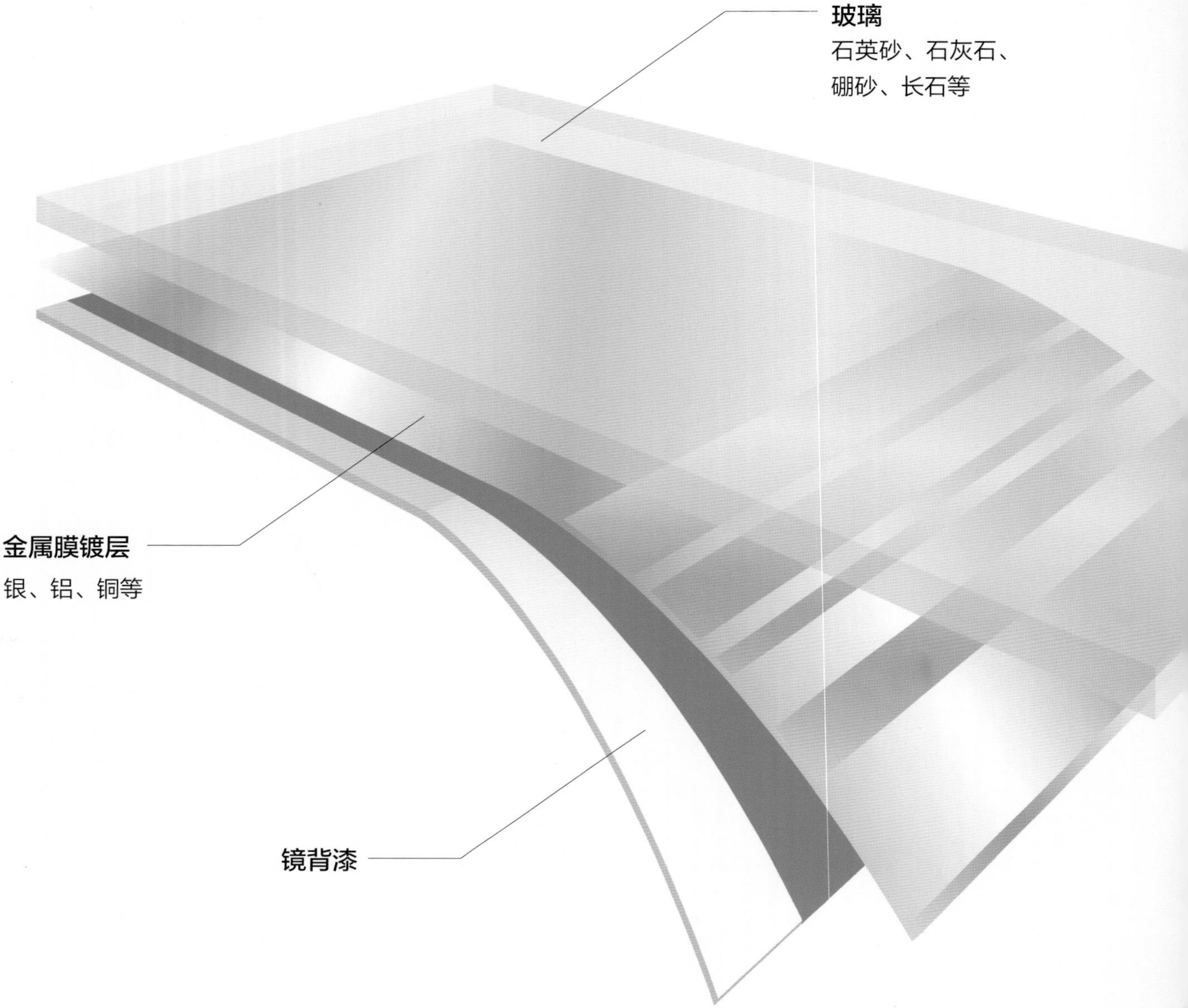

玻璃

石英砂、石灰石、
硼砂、长石等

金属膜镀层

银、铝、铜等

镜背漆

材料分类 按造型分类

平面镜

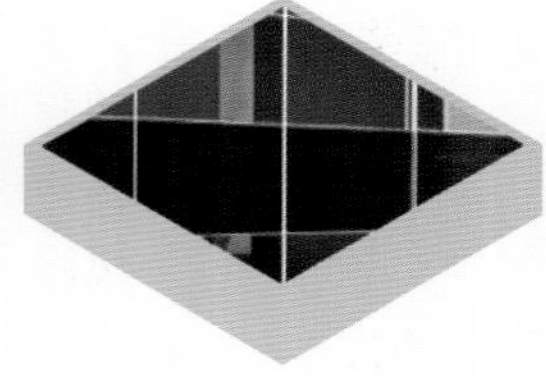

平板形状、未经过任何造型加工和拼接设计的一类镜面玻璃，是室内装饰工程中使用频率较高的玻璃种类，适用于各种部位

车边镜

镜面玻璃的边经加工成 45° 斜边，多为菱形，也有其他形状，可定制加工，适合小面积应用于背景墙等部位

- **物理特性：**

镜面玻璃是室内装修工程中使用频率非常高的一种装饰玻璃，当空间面积有限，让人感觉较拥挤时，运用各种颜色的镜面玻璃，不仅可以隐藏梁柱、延伸空间，还可以增强华丽的装饰效果。

- **优点：**

镜面玻璃具有表面平整、光滑，光泽感超强，华丽而不夸张等特点。且加工方式非常便捷，可随意裁切、拼贴，施工简单、工期短。

- **分层特点：**

镜面玻璃除了较为常见的白镜外，还有其他色泽的类型，可搭配不同建材用于各种风格的室内空间中。但无论何种颜色的产品，总体来说均是由玻璃、金属镀膜层和镜背漆三部分组成的。

- **玻璃特点：**

玻璃一般是以多种无机矿物（硅砂、碱灰、硼酸、石灰石、硼砂、长石等）为主要原料，加入少量辅助原料制成的。玻璃层具有很高的强度、硬度，不仅具有装饰性，还能保护被装饰的界面。

- **金属镀膜层特点：**

由银、铝、铜等金属制成特殊镀膜层，烧制在玻璃的背面，制成完整的镜面玻璃。金属镀膜层具有上色和增强玻璃反射及亮度的作用，有放大空间的效果。

按颜色分类

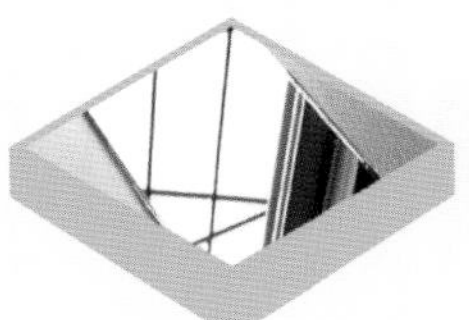

超白镜

银白色，反射效果最强的一种镜面玻璃，可大面积使用，能够渲染出华丽感，适用于多种风格的室内空间

黑镜

黑色，非常具有个性，色泽神秘、冷冽，适合局部使用，适用于现代、简约风格的室内空间

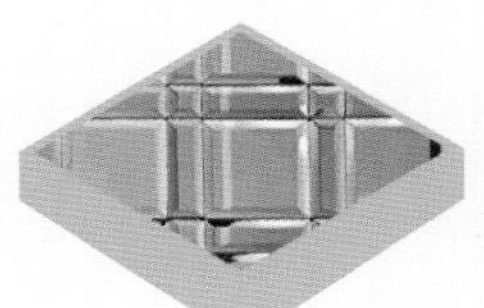

灰镜

灰色，特别适合搭配金属使用，即使大面积使用也不会显得过于沉闷，适用于现代、简约风格的室内空间

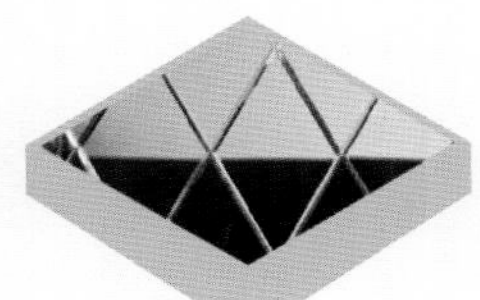

茶镜

茶色，给人温暖的感觉，适合搭配木纹饰面板使用，可用于多种风格的室内空间

色镜

此类镜面玻璃包含的色彩较多，反射效果较弱，适合局部使用，适用于多种风格的室内空间

2. 节点与构造施工

镜面玻璃能够扩大空间、弥补空间缺陷，但其使用面积并不是越大越好，做点缀使用或者大面积使用时加一些造型，效果更好。玻璃的墙面安装方法分为框架固定法、胶粘固定法、点挂固定法、干挂固定法，其中，最适合镜面玻璃小面积施工的方法为胶粘固定法。镜面玻璃在墙面和顶棚均可使用。

❶ 胶粘固定法玻璃墙面

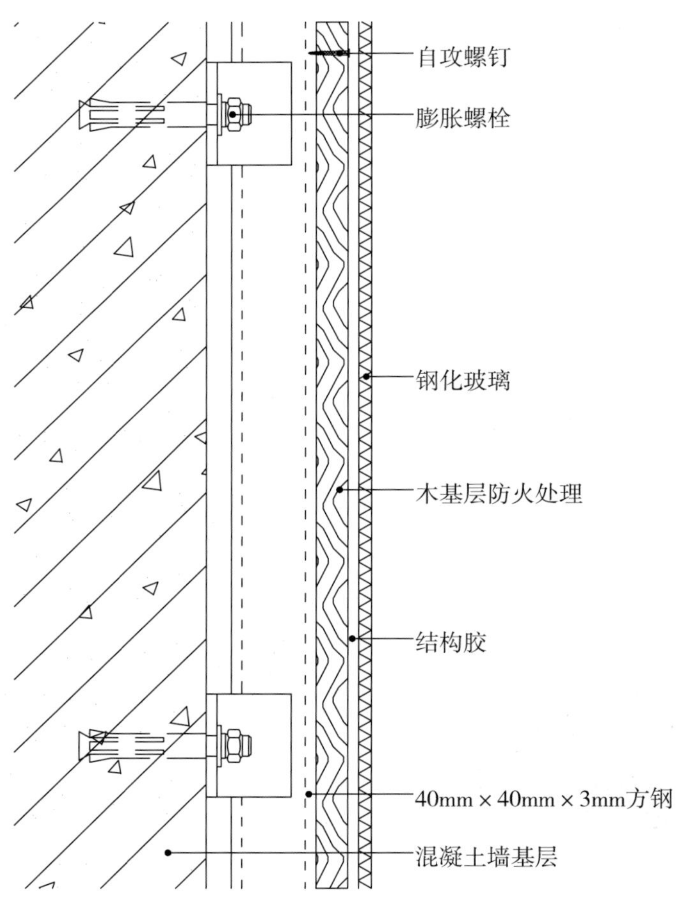

▲ CAD 节点图

小贴士

镜面玻璃爆边的原因

镜面玻璃密拼施工完成后，周边出现自裂及破损的现象，原因如下：使用多层板作基层但未进行断筋处理，热胀冷缩后起拱；完全密拼，未预留缝隙，一定时期内基层板发生热胀冷缩，导致镜面爆边；使用酸性玻璃胶进行黏结，造成基层板腐蚀霉变，使面层镜面玻璃变形。

镜面玻璃密拼时留 0.5mm 缝隙，预留材料热胀冷缩的空间，并将基层板涂刷成与拼镜颜色接近的颜色；尽量避免使用多层板做基层，若必须使用，多层板面需作开槽处理；粘贴镜面玻璃时，应采用中性透明胶。

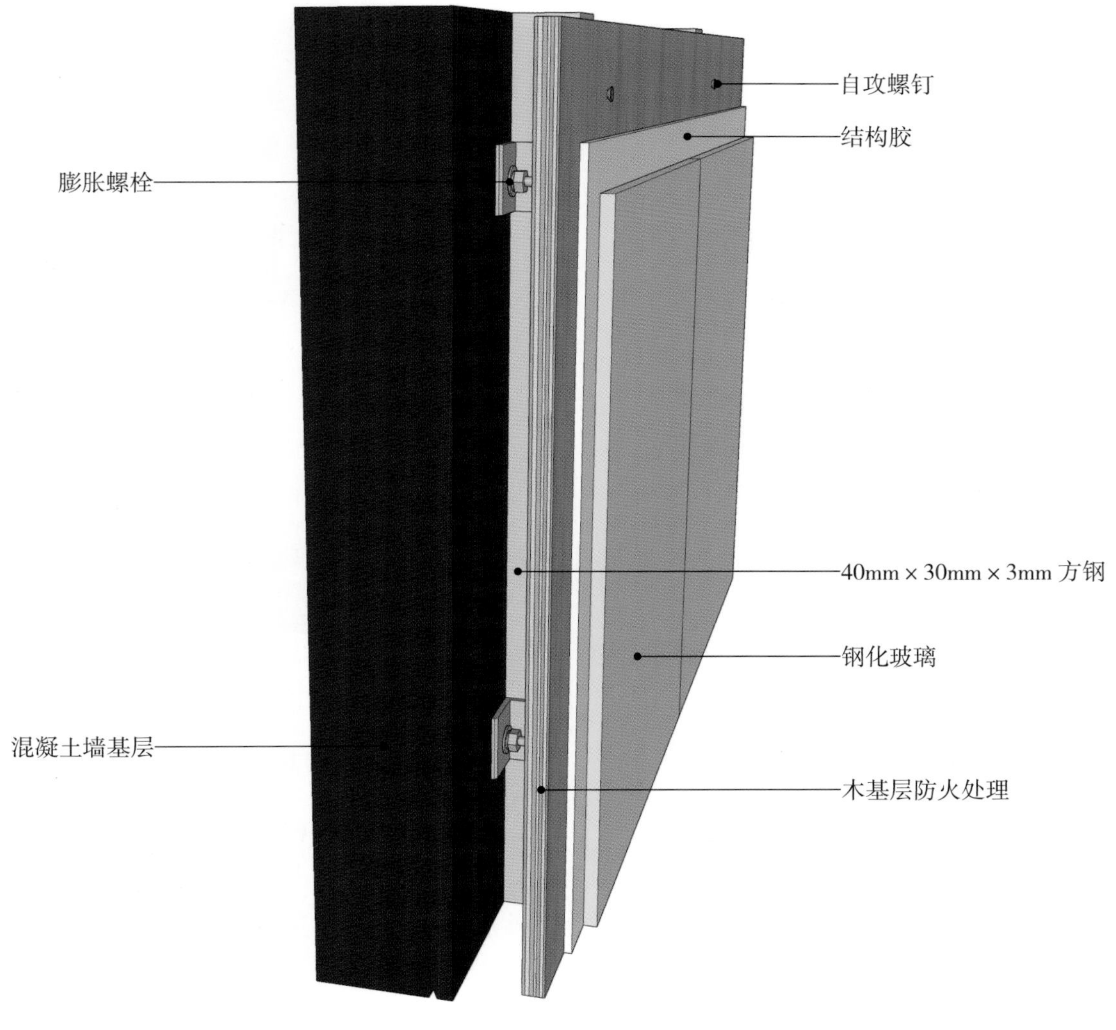

▲ 三维节点图

实景效果图 ▸

在沙发背景墙的两侧使用超白镜，可以增加视觉的纵深，使空间显得明亮、宽敞且时尚。

工艺解析

第一步

墙面定位弹线

根据设计图纸，在墙面上弹出垂直线、水平线，以及横竖龙骨、隔墙玻璃的位置线。

第二步

钻孔安装角钢固定件

将 40mm×40mm×3mm 的方钢通过角钢固定在混凝土基层墙面，角钢一面用膨胀螺栓固定在基层墙面上，另一面与方钢焊接在一起。

固定竖向龙骨

按分档位置安装竖向龙骨，上下两端插入天、地龙骨，调整竖向龙骨的位置，确定其定位准确后用抽芯铆钉进行固定。

第三步

固定横向龙骨

按设计要求，当墙面高度大于 3m 时，应加装横向龙骨。横向龙骨用抽芯铆钉或螺钉进行固定。

安装基层板

先将木板进行防火、防腐处理，然后将木板作为基层，用自攻螺钉固定在 40mm × 40mm × 3mm 的方钢上，金属挂件按自攻螺钉的间距在木基层上固定。

粘贴钢化玻璃

先将结构胶按一定的间距以条状粘贴在木基层上，然后用挂件将钢化玻璃安装好，调整好玻璃的水平及垂直度后，粘贴固定。

第四步　第五步　第六步

❷ 胶粘固定法玻璃顶棚（有高差）

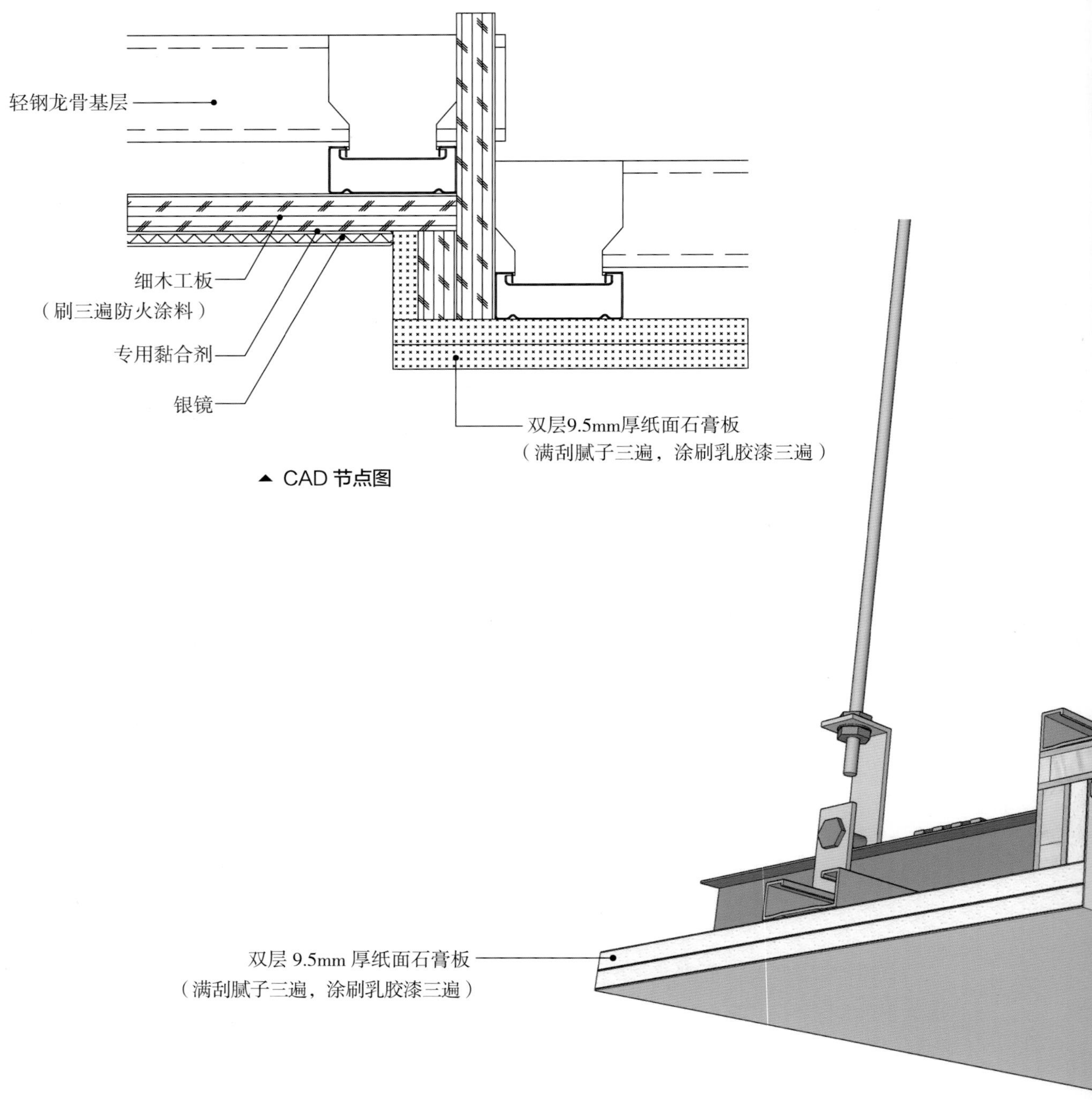

▲ CAD 节点图

小贴士

拼缝不严露底如何处理

施工前未对镜面玻璃进行预排或试装，施工过程中不够细致，都会导致拼缝不严而露底。出现此问题时，可在两块玻璃接缝的基层上刷白，或用玻璃胶将缝隙填实。

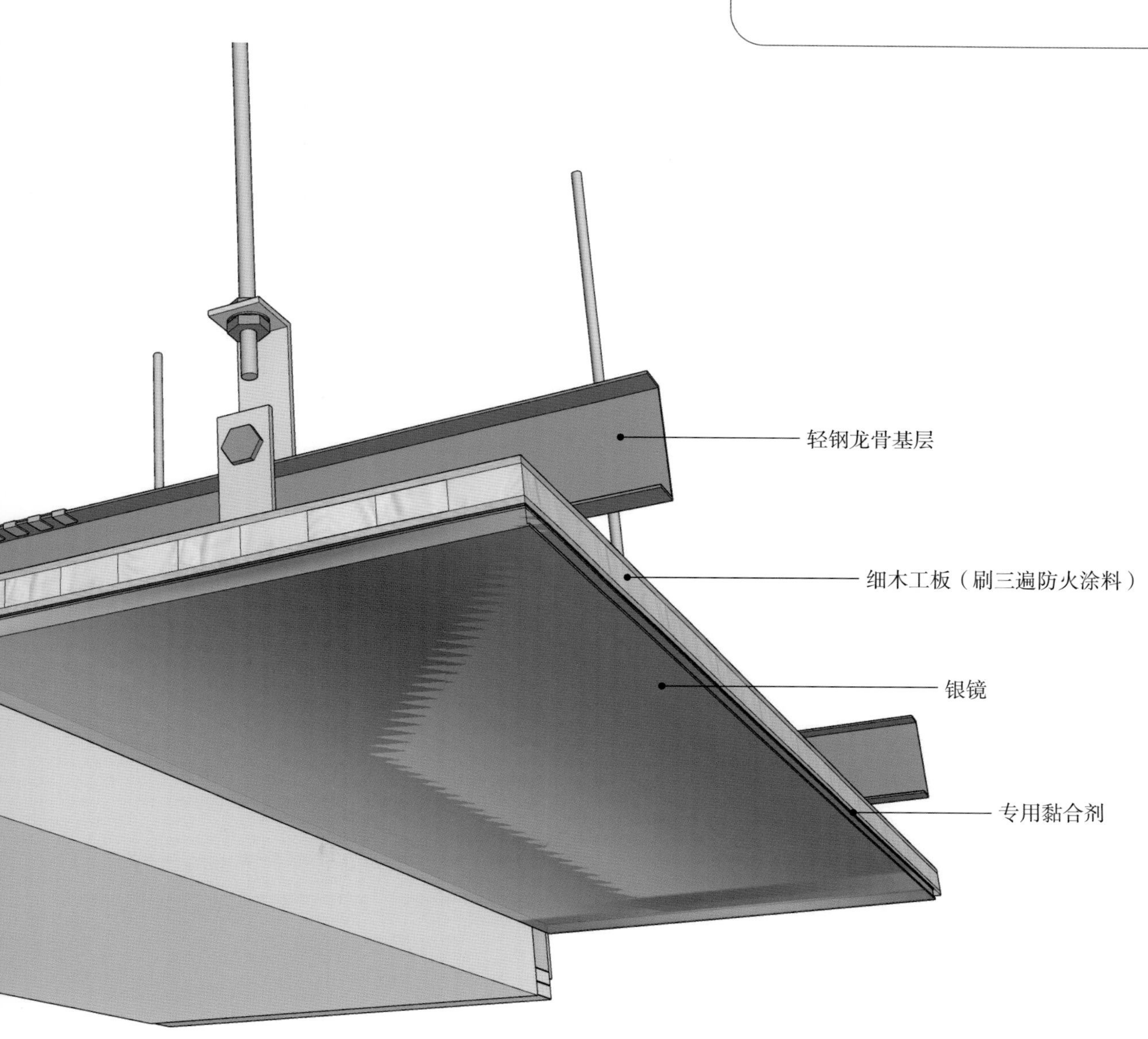

▲ 三维节点图

工艺解析

第一步

定高度、弹线

在顶棚和四周墙面进行弹线，要求弹线清晰、准确，误差应不大于 2mm。同时也要弹出石膏板与镜面玻璃分割线的位置，以此来确定镜面玻璃的范围。

第二步

固定吊杆

吊杆间距为 300mm，必须使用 1mm × 8mm 膨胀螺栓固定，用量约为 1m^2 一个。钢膨胀应尽量打在预制板板缝内，膨胀螺栓螺母应与木龙骨压紧。

第三步

安装轻钢龙骨

主龙骨与主龙骨之间的间距为 800mm，主龙骨两端距墙面悬空均不超过 300mm。边龙骨采用专用边角龙骨，不可用次龙骨代替。安装边龙骨前应先在墙面弹线，确定位置，准确固定。次龙骨之间的间距为 400mm。次龙骨、边龙骨之间连接均用拉铆钉固定。顶棚长度大于通长龙骨长度时，龙骨间应采用龙骨连接件对接固定。全面校对主、次龙骨的位置与水平，要求主、次龙骨卡槽无虚卡现象，卡合紧密。

实景效果图 ▶

不规则形状的银镜造型为规则的空间增添了造型感。

第四步

固定细木工板

细木工板要预先涂刷三遍防火涂料，晾干后再安装在顶棚上，做镜面玻璃的基层。

安装石膏板

将石膏板弹线分块，使用专用螺丝固定，沉入石膏板 0.5~1mm，钉距为 15~17mm。固定石膏板时应从板中间向四边固定，不得多点同时作业。板缝交接处必须有龙骨。

固定镜面玻璃

使用玻璃专用黏合剂将镜面玻璃与涂刷三遍防火涂料的细木工板相固定，且与纸面石膏板间留 1mm 宽的距离。

满刮三遍腻子，涂刷三遍乳胶漆

先用腻子找平，再涂刷三遍乳胶漆。

第五步　第六步　第七步

❸ 胶粘固定法玻璃顶棚（有压条）

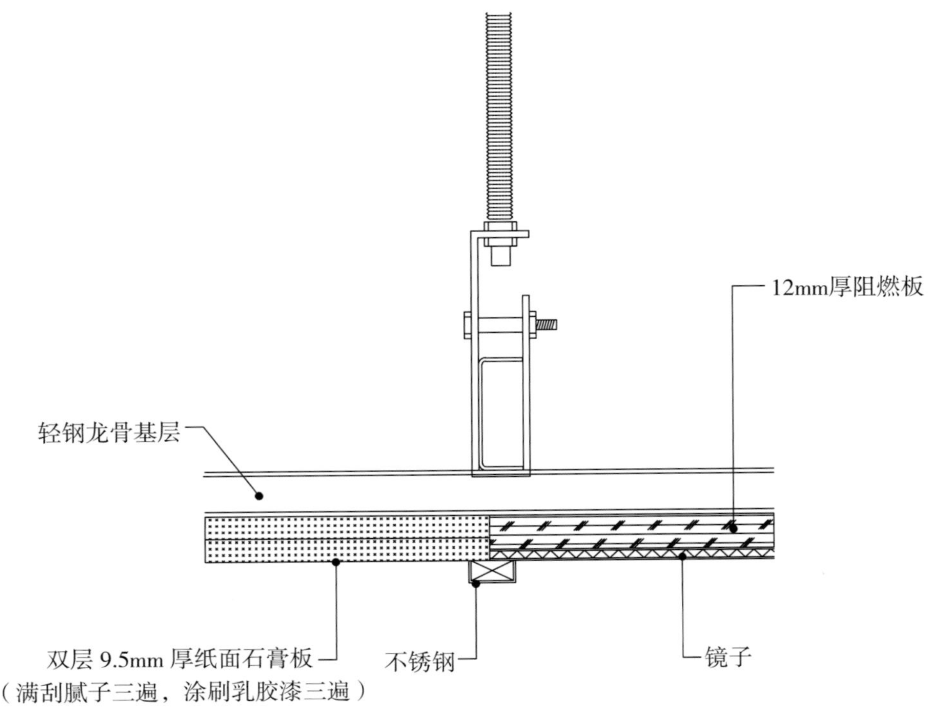

▲ CAD 节点图

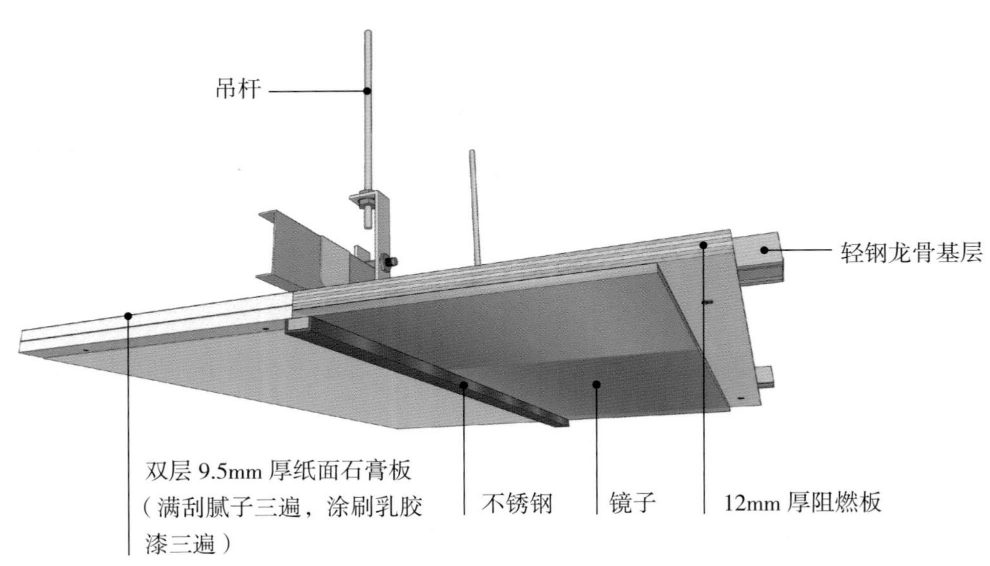

▲ 三维解析图

施工要点

1 镜面玻璃比镜子轻便，易于大规模生产，成本较低，不管是公装还是家装都适合使用。若安装多块镜面玻璃，记得在玻璃与玻璃之间预留 1~2mm 的缝隙，确保板块之间伸缩变形不受影响。

2 镜面玻璃完成面与纸面石膏板相平，没有高差，用细木工板做木基层来挂镜面玻璃。凸起的不锈钢条既可以做装饰，又能起到稳固纸面石膏板和镜面玻璃的作用。

实景效果图

镜子反射地面上的瓷砖，让原本高度较低的餐厅在视觉上有拉伸层高的感觉，同时金色不锈钢条破开了整面镜子，与整体轻奢风格相匹配，还能起到加固的作用。

二、烤漆玻璃

1. 材料特性

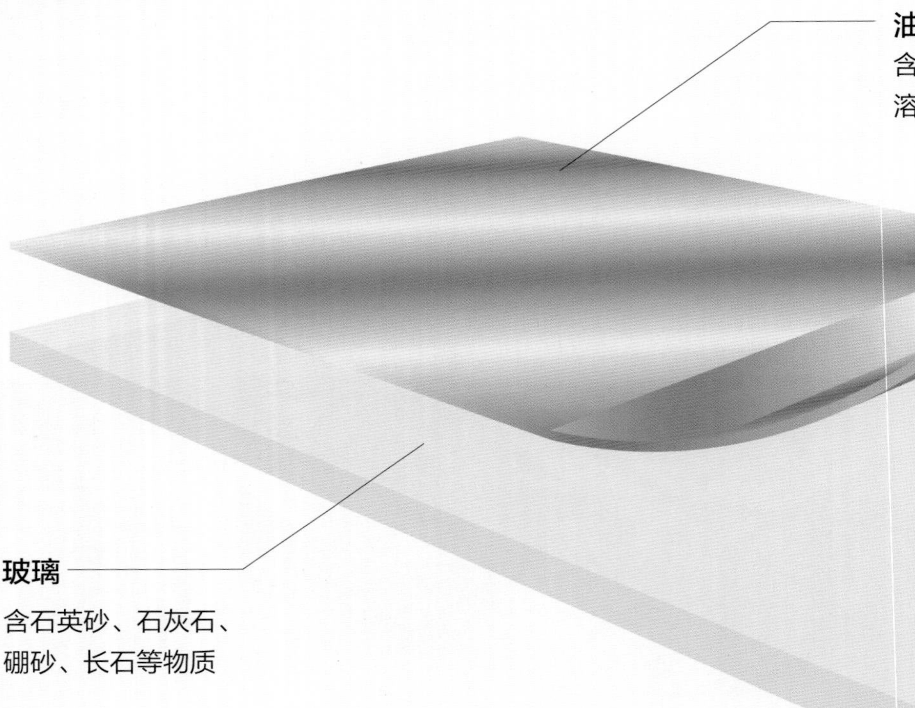

材料分类 —— 按颜色分类

实色系列

色彩最为丰富的一个系列，玻璃的颜色可根据潘通色卡或劳尔色卡任意进行调配

金属系列

带有金属般的质感，有金色、银色、古铜色以及其他金属色

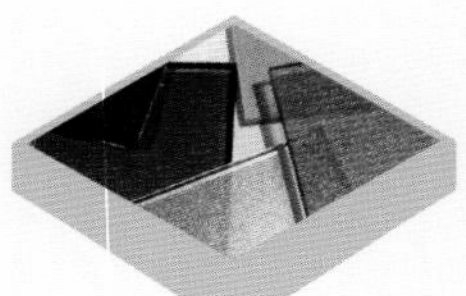

半透明系列

可呈现半透明、模糊效果，适合用来制作玻璃门或隔断

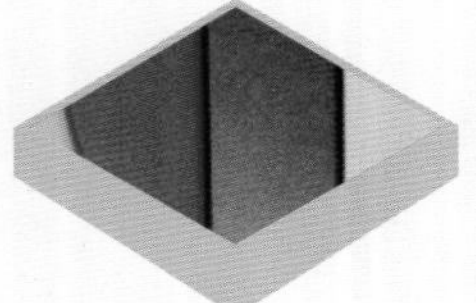

珠光系列

制作过程中加入珠光材质，能呈现高贵而柔和的效果

聚晶系列

制作玻璃时加入聚光晶片，给人以浓郁的华丽感

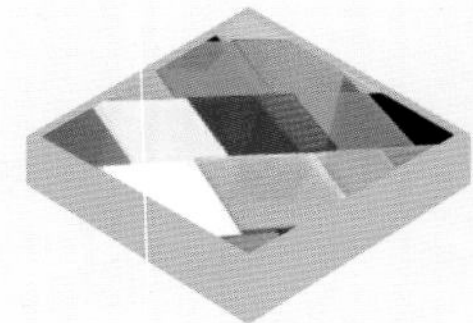

套色系列

玻璃的类型和色彩可根据需要进行定制，可配合以上所有系列的产品来呈现效果

- **物理特性：**

烤漆玻璃，在业内也叫背漆玻璃，是对玻璃背面作喷漆处理后，放入烤箱内烤制，然后自然晾干制成的。烤漆玻璃使用范围广泛，可用于台面、墙面、背景墙、围栏、柱面等部位的装饰。

- **优点：**

烤漆玻璃具有耐水性强、耐酸碱性强、耐候性强，抗紫外线、抗老性强，附着力极强，不易脱落等优点。

- **分层特点：**

烤漆玻璃是在玻璃的背面通过喷涂、滚涂、丝网印刷或者淋涂等方式施以油漆或彩釉后，在 30~45℃的烤箱中烤 8~12h 制成的。其可分为玻璃层和装饰层两部分。

- **玻璃层的特点：**

玻璃一般是用以多种无机矿物（硅砂、碱灰、硼酸、石灰石、硼砂、长石等）为主要原料，加入少量辅助原料制成的。玻璃层具有很高的强度、硬度，装饰的界面不仅美观，而且极易打理。

- **装饰层的特点：**

由高品质的油漆或釉面经过各种工艺涂抹后通过烤制与玻璃结合，色彩可选择性多样，有的还带有珠光效果。装饰层主要起到美化和装饰性作用，主导烤漆玻璃的色彩和款式。

按制作方法分类

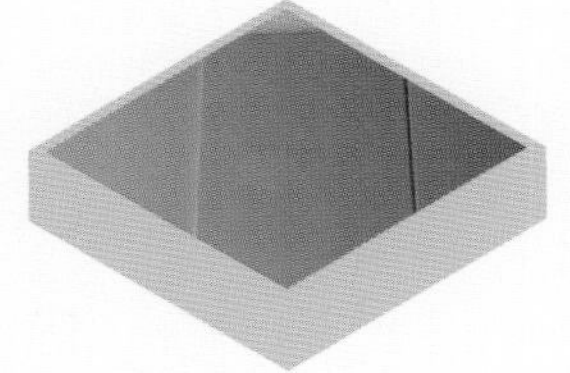

油漆喷涂玻璃

平板形状、未经过任何造型加工和拼接设计的一类镜面玻璃，是室内装饰工程中使用频率较高的一类，适用于各种部位

彩色釉面玻璃

经过改进后的烤漆玻璃，克服了油漆喷涂玻璃的一些缺点，可分为低温彩色釉面玻璃和高温彩色釉面玻璃两种

2. 节点与构造施工

烤漆玻璃自然晾干的漆面附着力小，在潮湿环境下容易脱落，而且，烤漆玻璃通常会大面积安装在墙面上，因此更加适合用干挂固定法进行安装。若是玻璃厚度较大、同时面积也较大，则可以采用框架固定法进行安装。干挂固定法也分为明框干挂法和暗框干挂法。

❶ 明框干挂法玻璃墙面

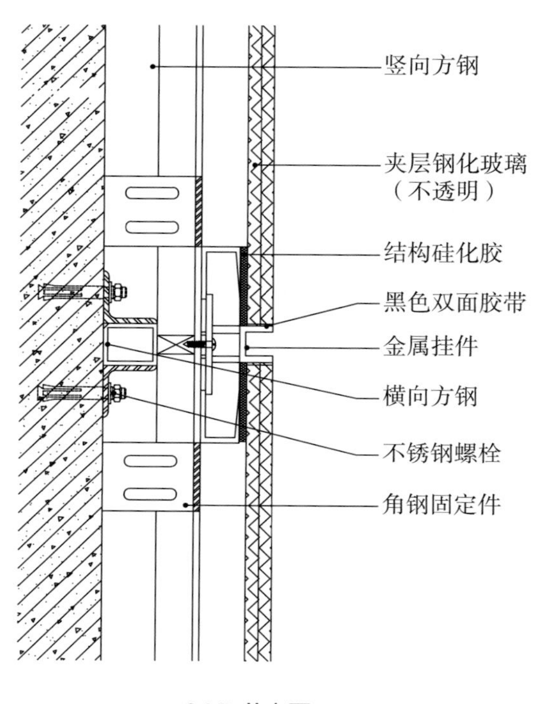

▲ CAD 节点图

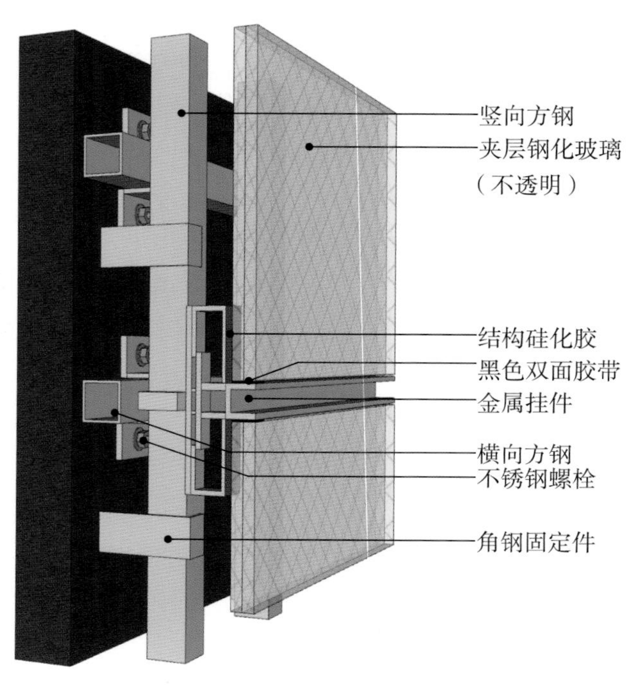

▲ 三维解析图

工艺解析

第一步

基层处理

第二步

弹线

根据图纸中玻璃的位置，在原始墙面上进行弹线，并根据玻璃的尺寸，在墙面上弹出分档线。

第三步

固定方钢

用膨胀螺栓分别在横向和竖向上固定方钢，用来做玻璃的干挂基层。

实景效果图 ▶

半开放卫浴空间的设计，在视觉上放大了室内的空间，蓝色的运用增添了低调与优雅的气质，纯粹而有内涵。拱形门洞用烤漆玻璃装饰，带有光泽感的表面给人以简洁、明亮的感觉。

第四步

安装角钢固定件

用角钢固定件来加固方钢。

第五步

安装成品金属挂件

将成品金属挂件与方钢进行固定，挂件的中心线就是分档线的位置。

第六步

安装玻璃

用结构硅化胶将玻璃与金属挂件接触面较长的两边进行固定，同时在金属挂件裸露部分与玻璃相接的位置使用黑色双面胶带进行固定。

❷ 暗框干挂法玻璃墙面

工艺解析

第一步

基层处理

第二步

弹线

在墙面上弹出角钢的固定位置。

第三步

固定铝方通

用膨胀螺栓将角钢与铝方通进行固定。

第四步

固定铝合金挂件

通过自攻螺钉将铝合金挂件与铝方通进行固定。

第五步

固定横向、竖向铝方通

从横向、竖向两个方向进行固定，横向一般在贴近玻璃的边缘位置上进行安装，以防止玻璃固定不稳。

第六步

安装玻璃

在两块玻璃的相接处安装金属托件，以增强稳定性。

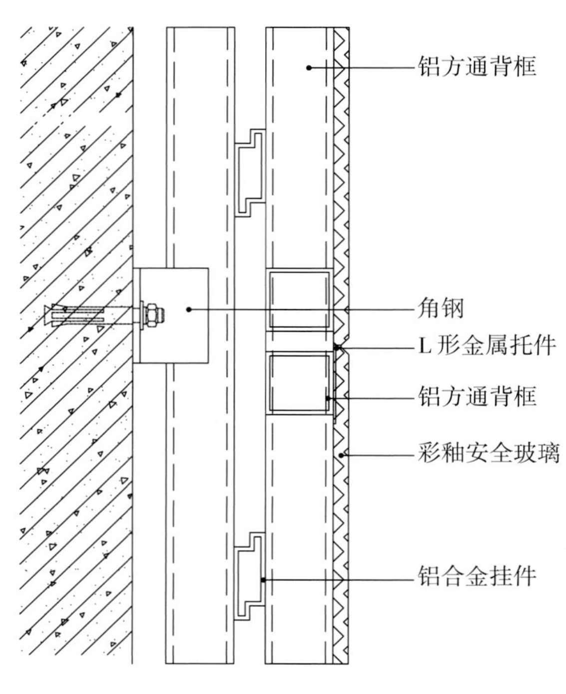

▲ CAD 节点图

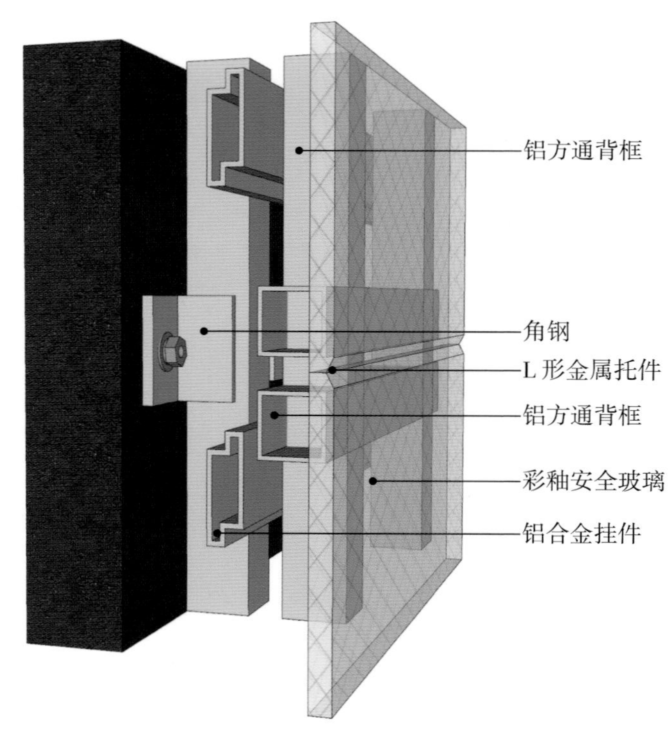

▲ 三维解析图

烤漆玻璃与彩釉玻璃的区别

区别	烤漆玻璃	彩釉玻璃
工艺	将油墨通过喷涂、滚涂丝网印刷或者淋涂表现在玻璃表面，然后烤制	将无机釉料（又称油墨），印刷到玻璃表面，经加工处理后将釉料永久烧结于玻璃表面
制作温度	30~45℃	620~720℃
釉料成分	与玻璃自身几乎一样，完成后与玻璃融为一体	与玻璃底子不同，只是以物理方式附着于玻璃外表

注：*烤漆玻璃和彩釉玻璃的外观非常相似，故在此作对比。*

黑色烤漆玻璃具有一定的反射作用，有扩大空间的效果。而且金色的金属边框使空间更显高端气质。

▼实景效果图

❸ 框架固定法玻璃墙面

工艺解析

第一步

测量放线

用水平仪在墙体安装玻璃的位置放出垂直线及水平控线，并按长宽分档，来确定龙骨位置，同时弹出墙面的中心线及边线。

第二步

安装方通

用膨胀螺栓与 L 形角钢将镀锌方通竖向固定在建筑墙面、顶面，同时按一定的间距将横向方通用螺钉固定在竖向方通上方，经拉拔试验合格后，进行下一步操作。

第三步

安装挂件材料

将铝合金挂件两边分别用螺钉固定在方管和铝方通背框上，金属挂件安装的数量根据装饰玻璃的面积大小确定。

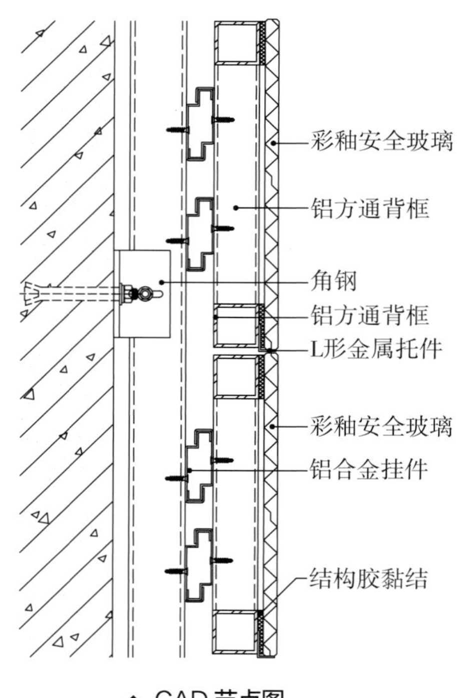

▲ CAD 节点图

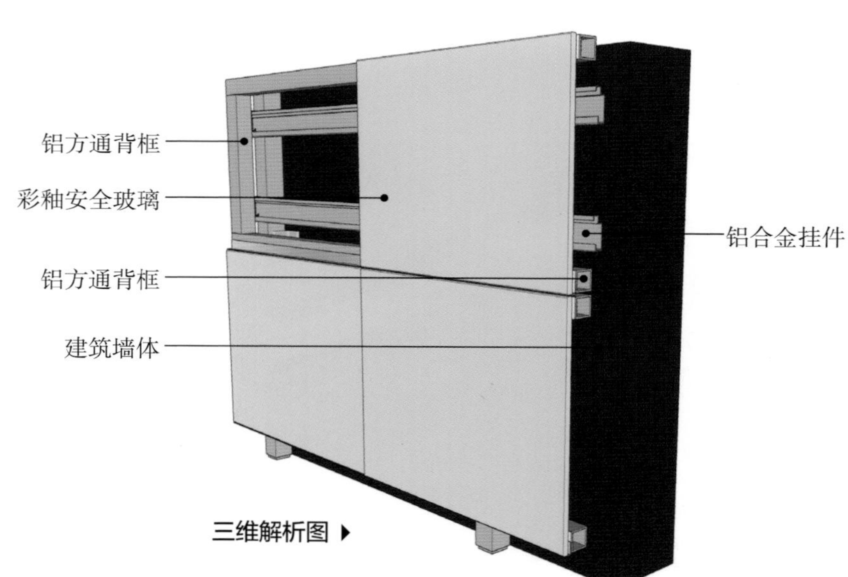

三维解析图 ▶

第四步

安装玻璃

将彩釉安全玻璃通过铝方通背框伸出的 L 形金属托件自下而上，采用分段的方式，用结构胶进行贴装，玻璃贴装完成后需对板块进行调整，保证玻璃横平竖直，调整完成后再进行固定。彩釉安全玻璃可与成品金属踢脚线相接。

第五步

清理保护

将玻璃表面及墙面的胶渍、灰尘等清理干净后，对安装好的彩釉安全玻璃做好成品保护，以免其受到外界污染。

▲实景效果图

烤漆玻璃的适用范围比较广，不仅适用于简约、现代、时尚等现代风格空间，新中式、简欧风格等空间也同样适用。若想强化其现代感和时尚感，可选用金属材质与其组合设计。黑色烤漆玻璃叠加中式造型的金属条，将现代和古典完美地实现融合。

小贴士

烤漆玻璃的施工常见问题

①玻璃漆面脱落的预防方法

当墙面含水量大的情况下，基层未做防水层，就容易出现漆面脱落的情况。在施工时，基层或背板应按照要求，进行防水处理。

②烤漆玻璃预防固定不牢的方法

烤漆玻璃墙上的玻璃时有晃动感，主要是由于背板与基层连接不牢固。安装较重的玻璃时，应确保背板与基层连接的牢固度。

③防止玻璃对接错位的方法

需拼花的玻璃对接错位，是由于画线不规范或玻璃移位。在衬板上画线时应确保横平竖直；重的玻璃安装时应采用辅助法固定，以免发生移位。

④玻璃拼缝不严的处理方法

两块玻璃之间的缝隙不严密，主要是施工手法不当所致。可以在两块玻璃缝隙处打胶，或更改设计方案，在缝隙处增加不锈钢卡条来掩盖缝隙。

三、艺术玻璃

1. 材料特性

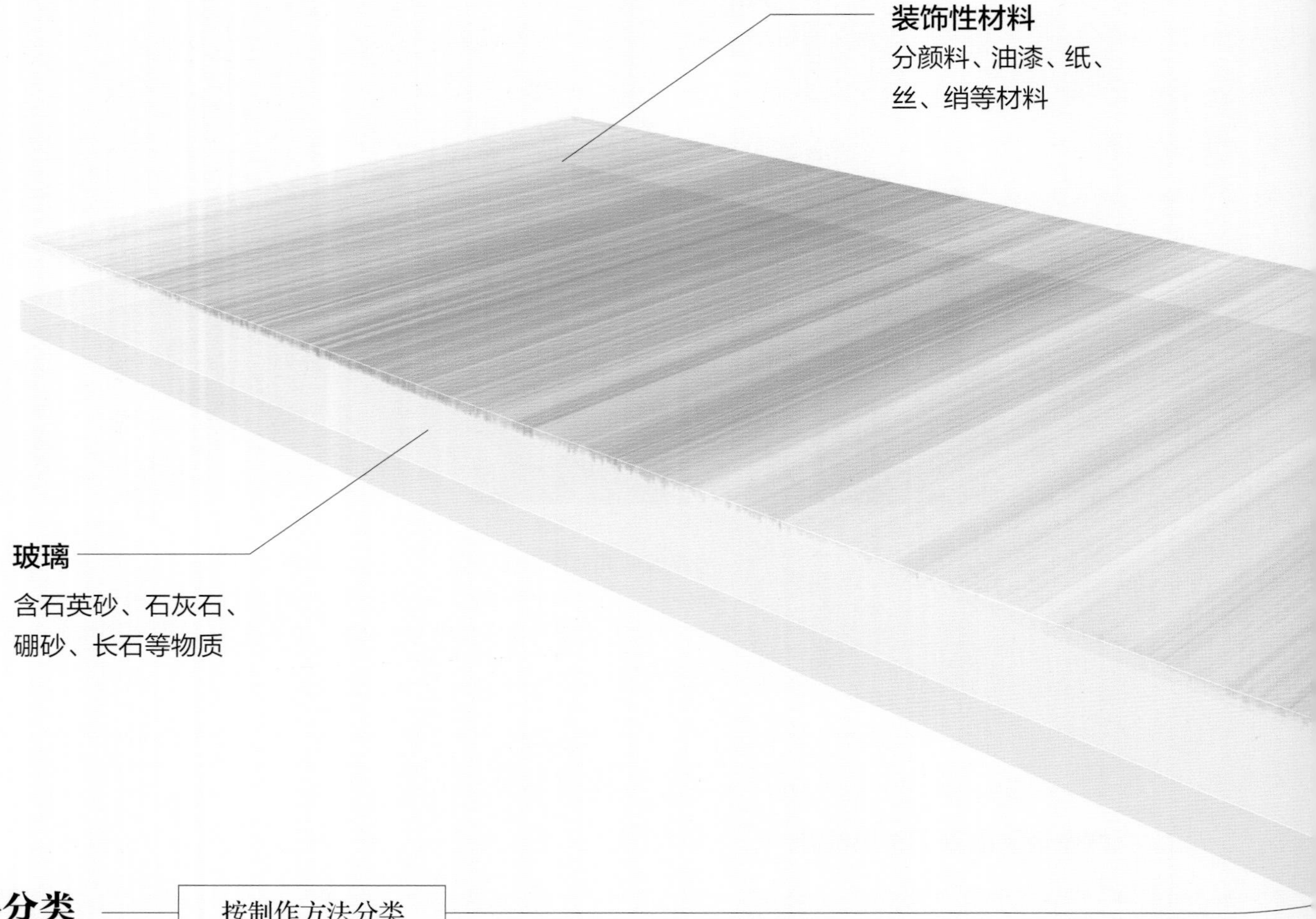

装饰性材料

分颜料、油漆、纸、丝、绡等材料

玻璃

含石英砂、石灰石、硼砂、长石等物质

材料分类 按制作方法分类

印刷玻璃

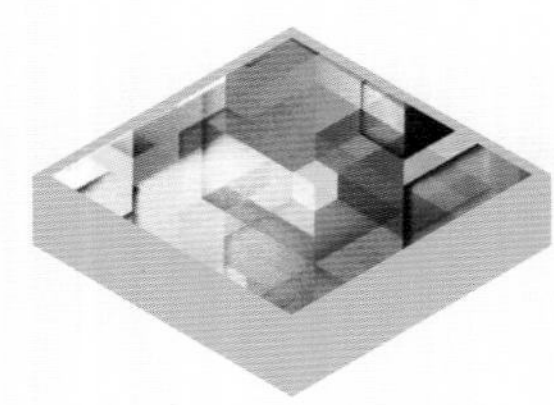
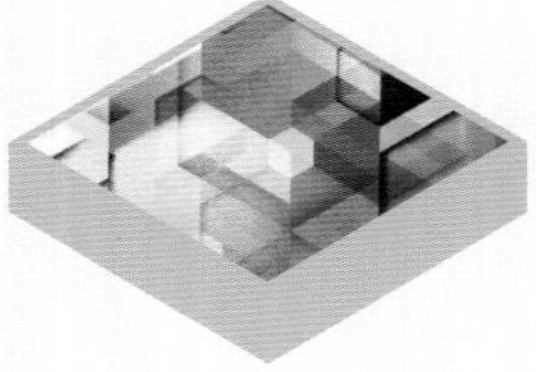

采用数码打印设备和技术，可将计算机上的图案印刷在玻璃上，图案半透明，既能透光又能使图案融入环境

彩绘玻璃

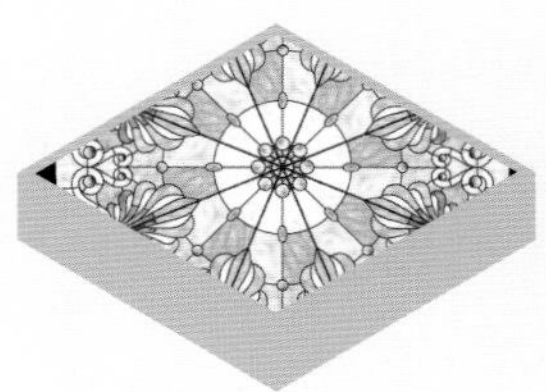

用特殊颜料直接着墨于玻璃上，或者在玻璃上喷雕成各种图案再加上色彩制成，可对原画进行逼真的复制

夹层玻璃

在两片或多片玻璃原片之间，加入中间膜或纸、布、丝、绢等制成的一种复合玻璃，其透明度由夹层决定

镶嵌玻璃

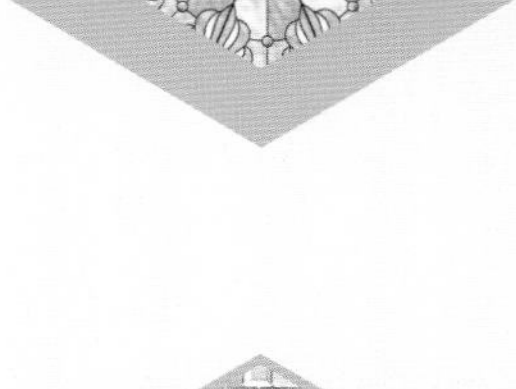

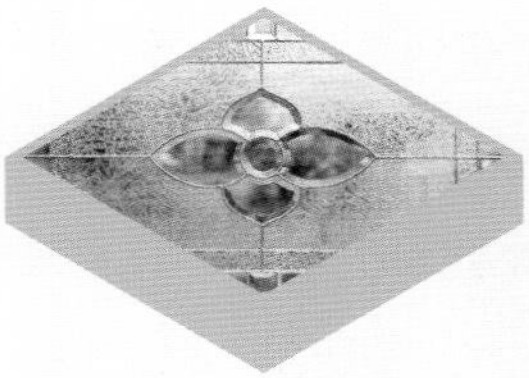

可以将彩色玻璃、雾面玻璃等各种玻璃任意组合，再用金属条加以分隔，合理地搭配创意，呈现不同的美感

- **物理特性：**

艺术玻璃是以玻璃为载体，采用一些工艺美术手法，再结合想象力实现审美主体和审美客体的相互对象化的一种装饰性建材。

- **优点：**

艺术玻璃将玻璃的特有质感和艺术手法相结合，款式千变万化、多种多样，且图案可定制，具有浓郁的艺术感和其他玻璃材料没有的多变性。

- **分层特点：**

艺术玻璃的种类较多，结构无法统一而论，大多数品种可分为玻璃层和装饰层两部分。

- **玻璃层的特点：**

玻璃一般是以多种无机矿物（硅砂、碱灰、硼酸、石灰石、硼砂、长石等）为主要原料，加入少量辅助原料制成的。玻璃层具有很高的强度、硬度，装饰的界面不仅美观，而且极易打理。

- **装饰层的特点：**

不同类型的艺术玻璃装饰手法是不同的，有的使用颜料，有的使用油漆，有的还会在两层玻璃中间夹装饰物。丰富的装饰手法，为艺术玻璃提供了多样的装饰效果和艺术感。

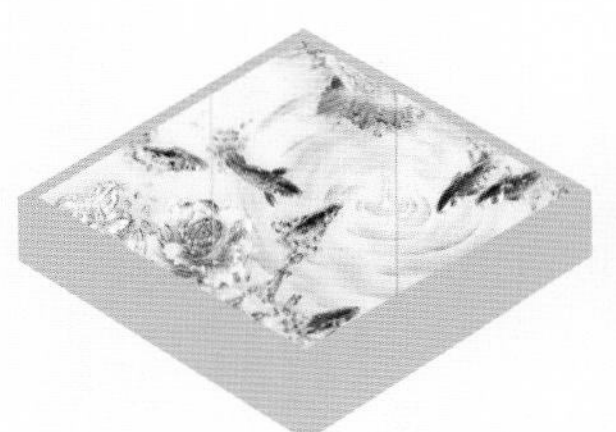

雕刻玻璃

可在玻璃上雕刻各种图案和文字，雕刻图案的立体感较强，分为透明和不透明两种

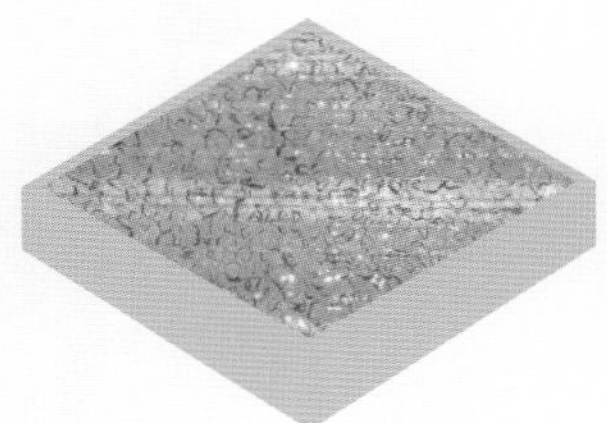

琉璃玻璃

琉璃玻璃装饰效果极强，具有丰富亮丽的图案和灵活变化的纹路，块面都比较小，价格较高

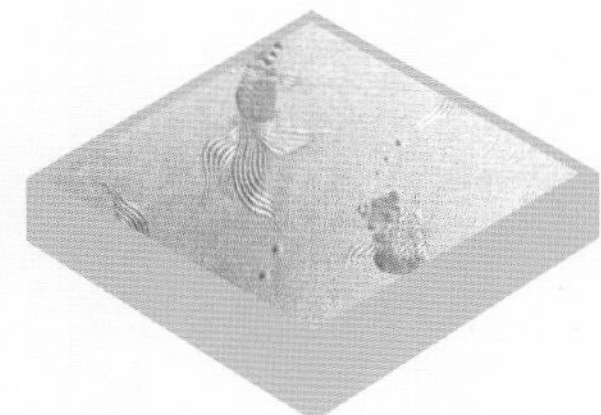

压花玻璃

表面压制成各类花纹，具有透光不透明的特点，其透视性因距离、花纹的不同而各异

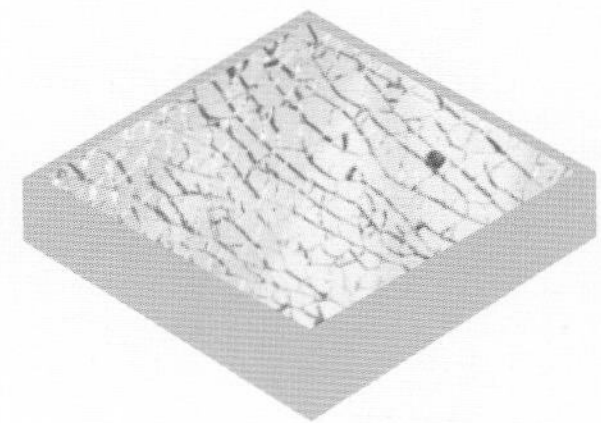

冰裂玻璃

纹理为不规则的裂纹，广义上讲，属于夹层玻璃的一种，中间为裂纹玻璃，两侧为完好的玻璃，呈现出的纹理很独特

2. 节点与构造施工

艺术玻璃使用范围很广，既可以做表层装饰材料，也可以做窗户，一般用于墙面和顶棚。在墙面使用时，很适合采用胶粘固定法和干挂固定法，具体节点工艺可参考第 136 页、第 146 和 148 页。本书将重点讲解艺术玻璃与其他材料相接处的节点与构造施工。

❶ 不锈钢收边玻璃墙面

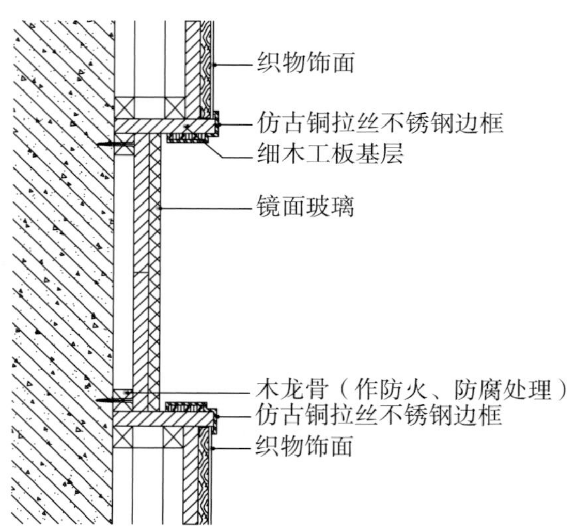

▲ CAD 节点图

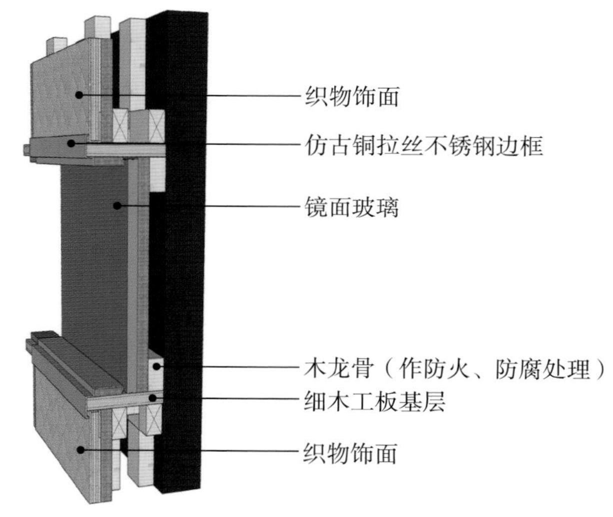

▲ 三维解析图

工艺解析

第一步

准备工作

根据图纸要求，选取镜面玻璃、细木工板、仿古铜拉丝不锈钢等施工材料，并确定所有材料强度达到了设计要求后，再进行下一步工序。

第二步

现场放线

按要求弹出木龙骨安装的定位墨线，并用经纬仪弹出水平及竖向的控制线。

第三步

材料加工

将木龙骨、织物饰面、细木工板等材料按设计要求裁成所需尺寸，并对木龙骨进行防火、防腐处理，细木工板需涂刷三遍防火涂料。

第四步

基层处理

清洁墙壁表面污渍，将墙面缺损处用 1 : 3 的水泥砂浆进行填充，确保墙面平整后，抹灰并刮腻子。

第五步

木龙骨基层调平

将经过防火、防腐处理的横向木龙骨用胶钉固定在原建筑完成面上方，并根据垂吊线对木龙骨基层进行调平。

实景效果图

每一片玻璃的纹样都经过特殊的技术处理，真实地还原了摄影师拍摄的石材石块样式，这使得建筑表皮几乎和石材一模一样。完全光滑的半透明表皮仿佛不经意地打破了室内外的界限，并柔和地过滤光线，使得图书馆在白天有充足的光线，夜幕降临时便照亮院子。

第六步

细木工板基层

将裁好尺寸的细木工板用木钉固定在木龙骨上作为框架。

第七步

安装玻璃、不锈钢

将镜面玻璃用专用胶粘贴在细木工板上方，将仿古铜拉丝不锈钢作为边框固定在玻璃上下，并与织物饰面相接。

第八步

完成面处理

将玻璃与不锈钢相接处用专用填缝剂填缝并清理干净后，用专用保护膜做好相接节点处的成品保护，以防成品被污染。

❷ 玻璃窗与墙体相接

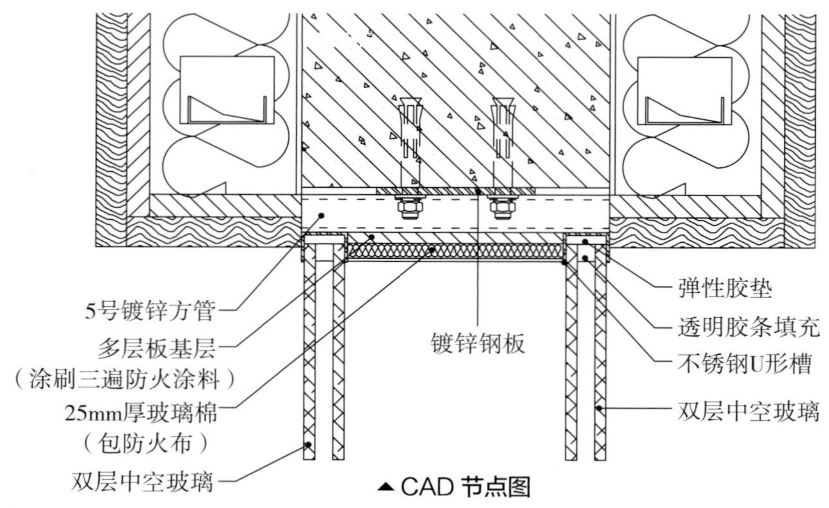

▲ CAD 节点图

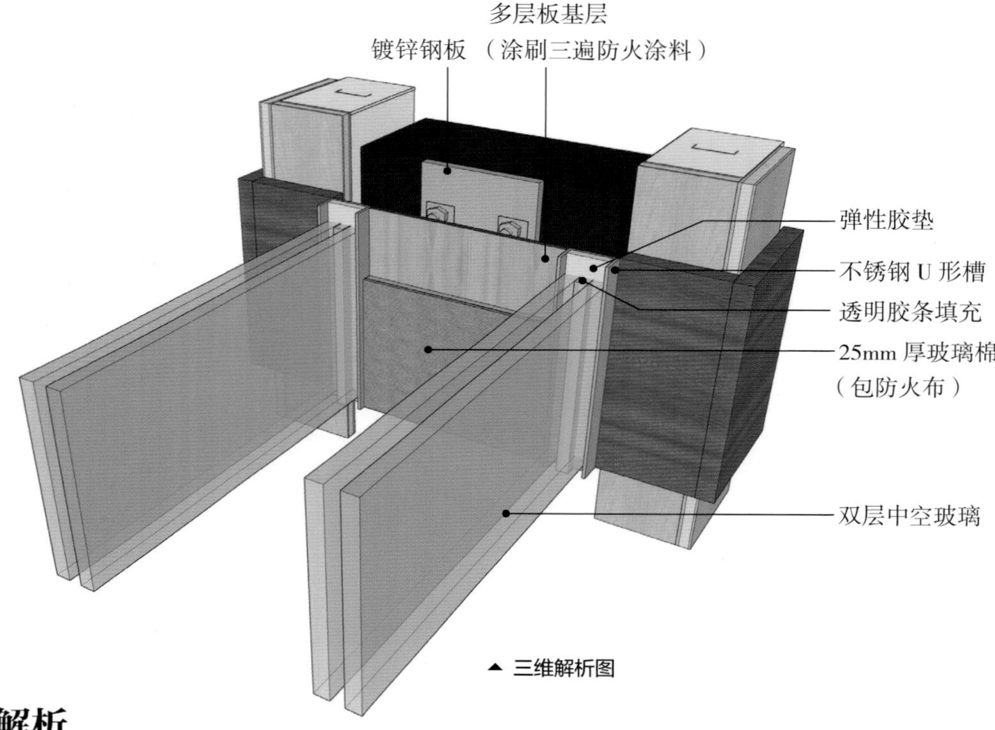

▲ 三维解析图

工艺解析

选取材料

选取双层中空、无划痕损伤的玻璃物料，5 号镀锌方管，不锈钢 U 形槽及弹性胶垫等材料，做好施工准备。

第一步

基层处理

预埋钢架基层后，将 5 号镀锌方管用膨胀螺栓固定在混凝土墙面上，然后将 18mm 厚的多层板涂刷三遍防火涂料后铺贴于镀锌方管上方，再用 25mm 厚玻璃棉（包防火布）完成墙面的处理。

第二步

实景效果图 ▶

带有传统铁艺栏杆的阳台、微妙变化的灰色和简约美观的灌木丛共同提升了场地的原始气质。海军蓝、清爽的白色和小巧的金色装饰搭配完美，悬挂的照明装置作为对维多利亚时代建筑的高耸天花板的回应。谨慎挑选的色彩与克制的装饰风格使房屋中的结构性元素得以展现，包括经过修复后变得愈加优美的彩色玻璃窗。

安装槽钢

将槽钢焊接安装在5号镀锌方管上，与墙体饰面连接处用透明胶条进行填充。

第三步

安装玻璃

双层中空玻璃固定于槽钢内，中空间距安装弹性胶垫，以确保稳定，用透明胶条填充槽钢与胶垫的相接之处。

第四步

清理保护

将玻璃表面及墙面的胶渍、灰尘等清理干净后，对安装好的玻璃窗与墙面相接处做好成品保护。

第五步

四、钢化玻璃

1. 材料特性

装饰层

玻璃

含二氧化硅、氧化钙等物质

- **物理特性：**

钢化玻璃属于安全玻璃，它是一种预应力玻璃，为提高玻璃的强度，通常采用化学或物理方法，在玻璃表面形成压应力，使玻璃承受外力而抵消表层应力，从而提高了承载能力，增强了玻璃自身的抗风压性、寒暑性、冲击性等。

材料分类 — 按形状分类 — 按工艺分类

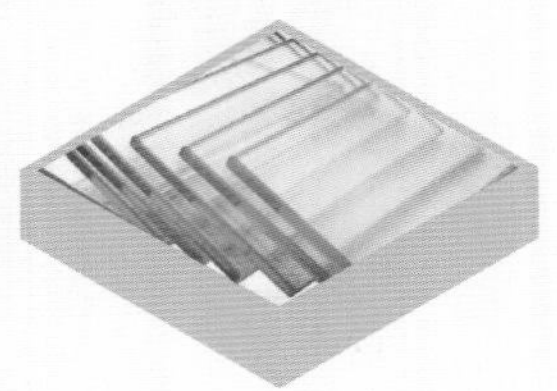

平面钢化玻璃

平面钢化玻璃泛指形状为平面的钢化玻璃。常见的厚度有 11mm、12mm、15mm、19mm 等 12 种

曲面钢化玻璃

曲面钢化玻璃泛指形状为曲面的钢化玻璃，常见的厚度有 11mm、15mm、19mm 等 8 种

物理钢化玻璃

物理钢化玻璃又称淬火钢化玻璃。这种玻璃处于内部受拉、外部受压的应力状态，一旦局部发生破损，便会发生应力释放，破碎成无数小块。这些小的碎片没有尖锐的棱角，不易伤人

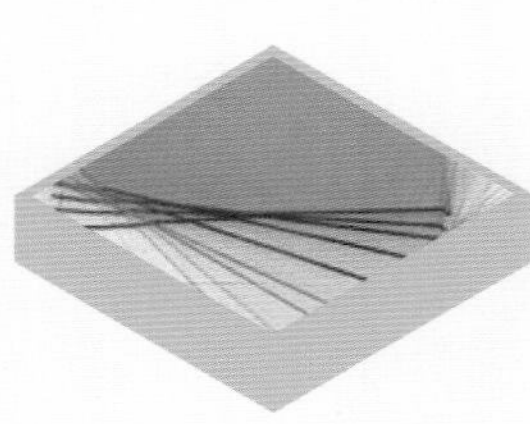

化学钢化玻璃

化学钢化玻璃是通过改变玻璃表面的化学组成来提高玻璃的强度，一般应用离子交换法进行钢化

- **优点：**

钢化玻璃具有强度高、抗冲击强度高、抗热度高、热稳定性好的优点。

- **分层特点：**

钢化玻璃的种类较多，结构无法统一而论，大多数品种可分为玻璃层和装饰层两部分，或者是玻璃层和夹层两部分。装饰层是指磨砂膜等的装饰面层。夹层则是指液晶膜等夹层。

- **玻璃层的特点：**

玻璃一般是以多种无机矿物（硅砂、碱灰、硼酸、石灰石、硼砂、长石等）为主要原料，加入少量辅助原料制成的。玻璃层具有很高的强度、硬度，装饰的界面不仅美观，而且极易打理。

- **装饰层的特点：**

可以在普通钢化玻璃上贴膜，形成磨砂或者其他图案，丰富钢化玻璃的样式，作为装饰层存在。

- **夹层的特点：**

可以在两层玻璃中加液晶膜，达到调光的效果，也可以加不同的图案或者感应器，调整图案或者功能，样式丰富。

按钢化度分类

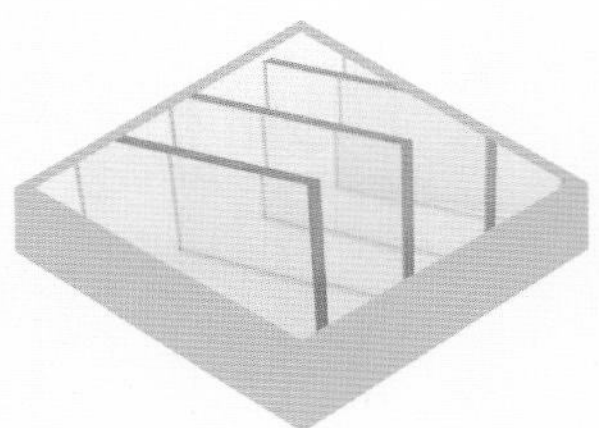

钢化玻璃

钢化度 =2~4N/cm，玻璃幕墙钢化玻璃表面应力 $\alpha \geqslant 95$MPa

半钢化玻璃

钢化度 =2N/cm，玻璃幕墙半钢化玻璃表面应力 24MPa $\leqslant \alpha \leqslant$ 69MPa。钢化玻璃的特殊工艺导致其表面存在一定曲率，用手触摸有不平滑的感觉，而半钢化玻璃则很好地规避了平整度较差的问题

超强钢化玻璃

钢化度 > 4N/cm

2. 节点与构造施工

钢化玻璃使用范围很广，可以做墙面、隔断、地面、门、栏杆扶手以及幕墙等等。在做外墙、栏杆扶手或大面积安装时，可以采用点挂固定法。做地面时则可以采用框支撑法或点支撑法。最常见的玻璃门就是地弹簧门，其造价相对较低。

❶ 点挂固定法玻璃墙面

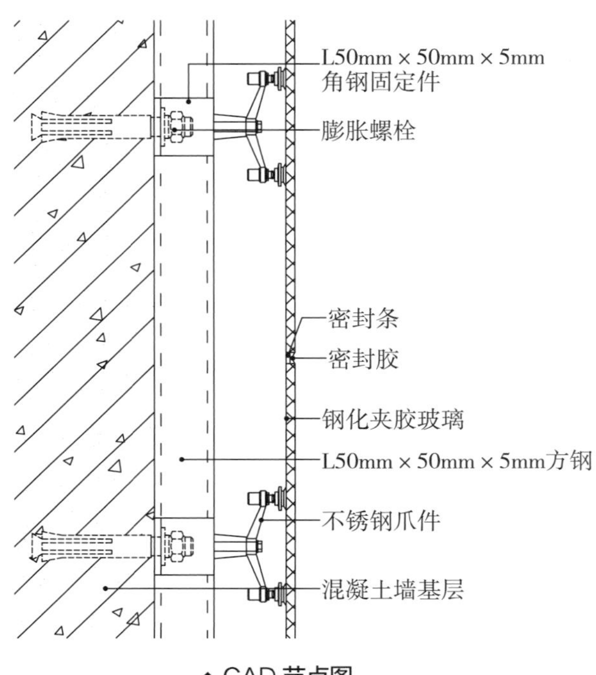

▲ CAD 节点图

▶ 实景效果图

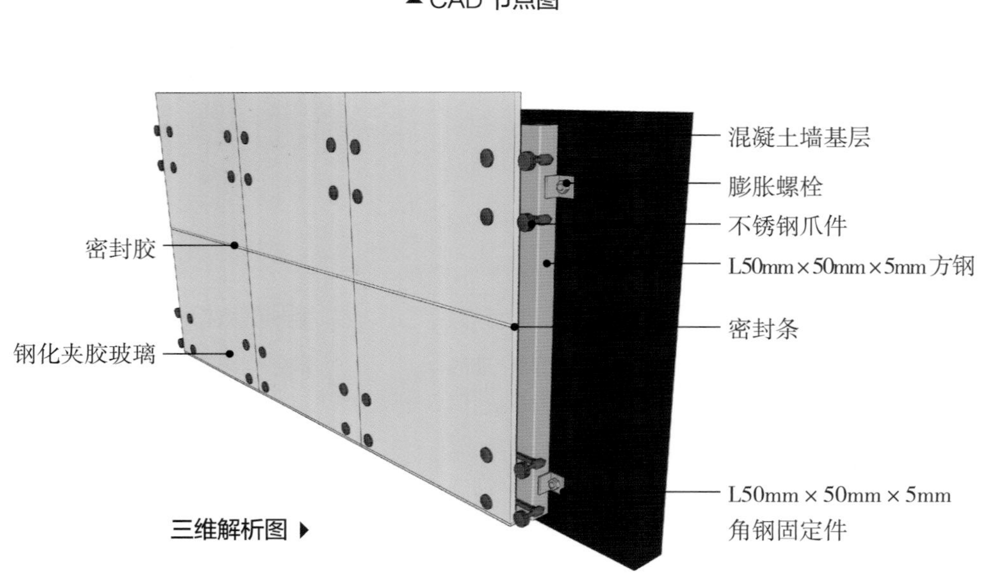

三维解析图 ▶

工艺解析

测量放线

在墙体上安装钢化夹胶玻璃的位置放出水平线与垂直线，按长宽进行分档，确定方钢位置，并弹出墙面的中心线及边线。

第一步

点挂式玻璃墙面可以在相同的地基条件下提高建筑物的高度，且玻璃的价格较低，用在公共场所内，一定程度上可解决建筑的工程成本的控制问题。

安装方钢管

用膨胀螺栓将角钢固定件固定在混凝土基层上，并与定好位置的方钢进行焊接。

第二步

安装挂件材料

将不锈钢爪件用膨胀螺栓与方钢固定，爪件两端用螺栓固定，确定爪件安装符合要求。

第三步

安装玻璃

将钢化夹胶玻璃通过不锈钢爪件固定，自下而上分块安装，各钢化夹胶玻璃接缝处用密封条及密封胶进行密封。

第四步

清理保护

将玻璃表面的灰尘与胶渍清理干净后进行成品保护，防止外界的污染。

第五步

❷ 框支撑法玻璃地面

工艺解析

第一步

基层处理

将基层清理干净，确保无杂物，且地面平整无明显的高低不平，表面灰尘清理干净，并涂刷防尘涂料。

第二步

定位弹线

根据设计图纸弹出玻璃地坪的位置，并根据分格进行弹线，同时把标高线弹在四周墙壁上，便于施工时进行操作。

第三步

安装金属龙骨

按照设计要求确定高度，在四周墙面上弹出的标高控制线和基层的分格线处安装金属龙骨。金属龙骨用镀锌角钢和膨胀螺栓进行固定。

第四步

固定柔性垫层

用胶水将垫层与金属龙骨相固定。

第五步

铺设钢化夹胶玻璃

在铺设钢化夹胶玻璃时需要调整水平高度，保证四个角的接口处接触顺畅并且连接紧密，在接口处使用硅酮密封胶，防止水泄露到玻璃地面的下方。

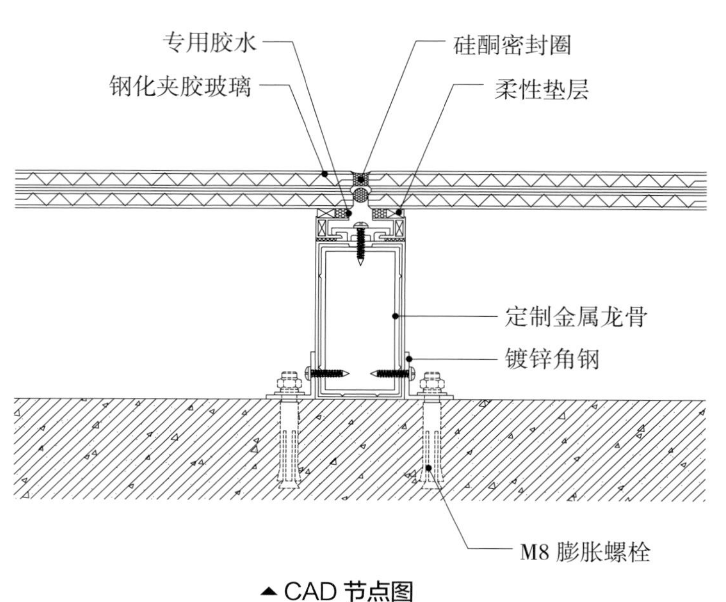

▲ CAD 节点图

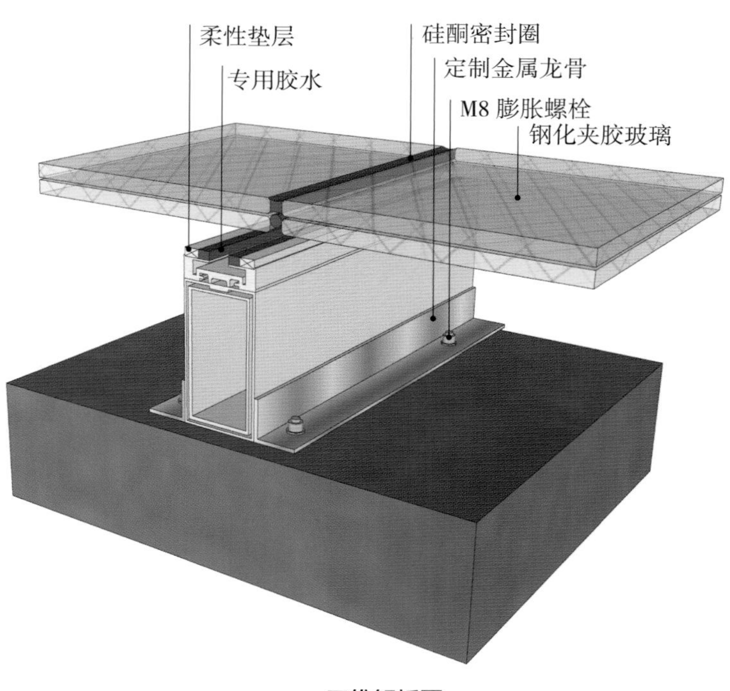

▲ 三维解析图

▶实景效果图

若玻璃面积较小，可使用整块玻璃，无接缝处，装饰效果更好，空间更具通透感。

❸ 点支撑法玻璃地面

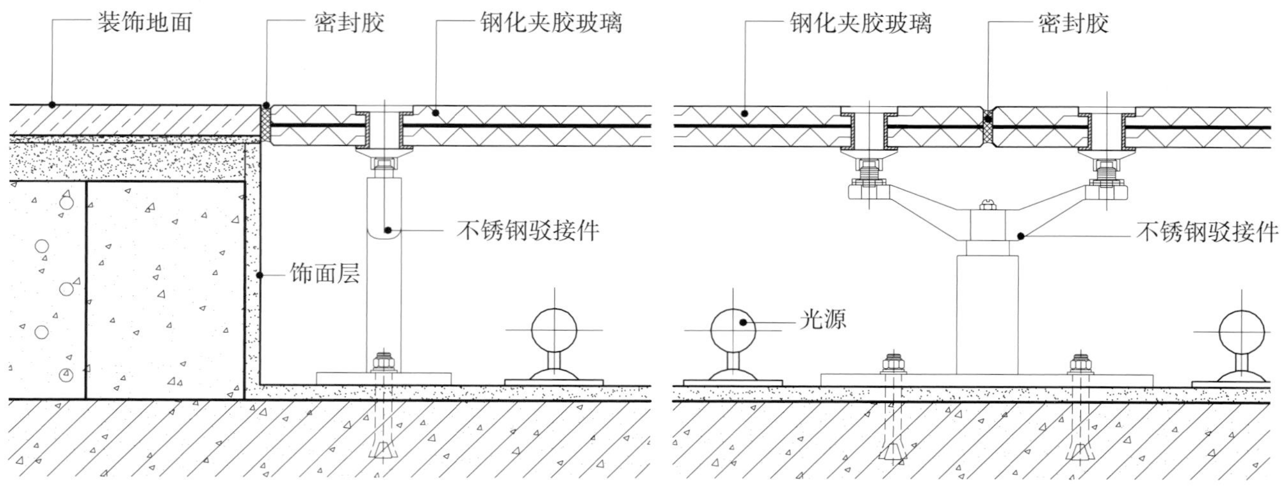

▲ CAD 节点图

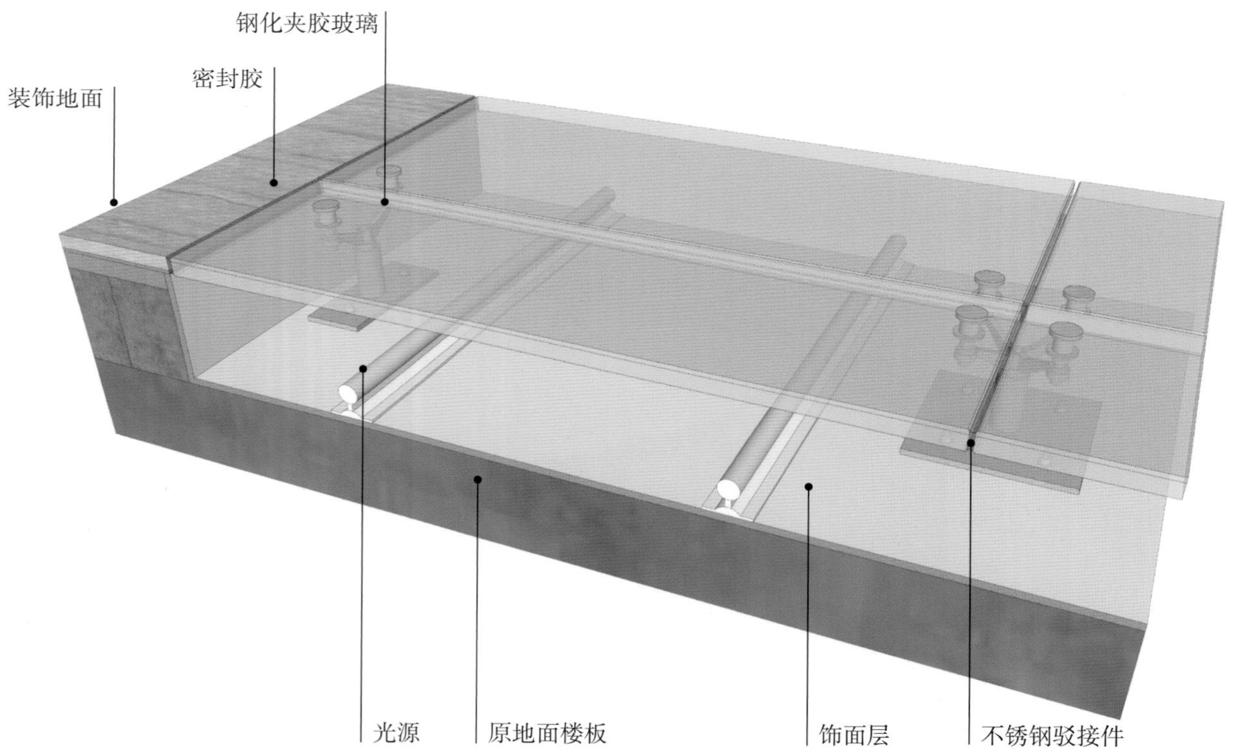

▲ 三维解析图

施工要点

1. 在地面弹线后，根据弹线的位置确定支架的安装位置。安装好后支架，再架上横梁，支架的每个螺帽在调平后均须拧紧，形成连接。

2. 安装玻璃，若是多片玻璃，注意要在玻璃的缝隙中打胶，加强固定，防止缝隙造成裂缝等危险。

实景效果图 ▶

地面除了整面发光的形式外，还可以通过置入粗糙、有质感的工艺品，再用筒灯或射灯进行照射的方式，来营造一种艺术效果。

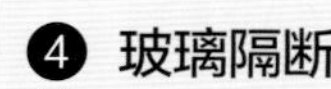

❹ 玻璃隔断

工艺解析

第一步

测量放线

根据设计图纸尺寸测量放线，测出基层面的标高，玻璃墙中心轴线及上、下部位，收口不锈钢槽的位置线。落地无框玻璃隔墙应留出地面饰面厚度及顶部限位高度的部分。

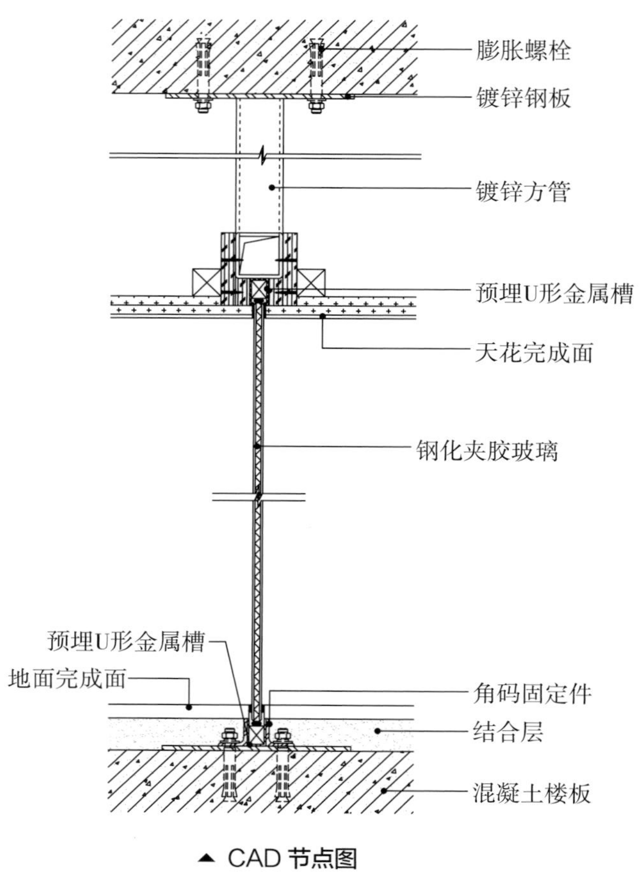

▲ CAD 节点图

第二步

处理预埋铁件

将镀锌钢板用膨胀螺栓固定在顶面，将镀锌方管与天花完成面预埋的 U 形槽以及镀锌钢板进行焊接。地面完成层的预埋 U 形金属槽则用角码固定件进行固定。

第三步

涂刷防腐、防锈涂料

型钢材料在安装前应刷防腐涂料，焊好后在焊接处应补刷防锈漆。

第四步

制作吊挂玻璃支撑架

当较大面积的玻璃隔墙采用吊挂式安装时，应先在建筑结构或板下做出吊挂玻璃的支撑架并安装好吊挂玻璃的夹具及上框。

第五步

安装玻璃

先将边框内的槽口清理干净并垫好防震橡胶垫块。用 2~3 个玻璃吸器把厚玻璃吸牢，调整玻璃位置，先将玻璃推到墙边，使其插入贴墙的边框槽口内，然后安装中间部位的玻璃。两块玻璃之间应留 2~3mm 的缝隙，为打胶做准备，并在玻璃下料时计算留缝宽度尺寸。

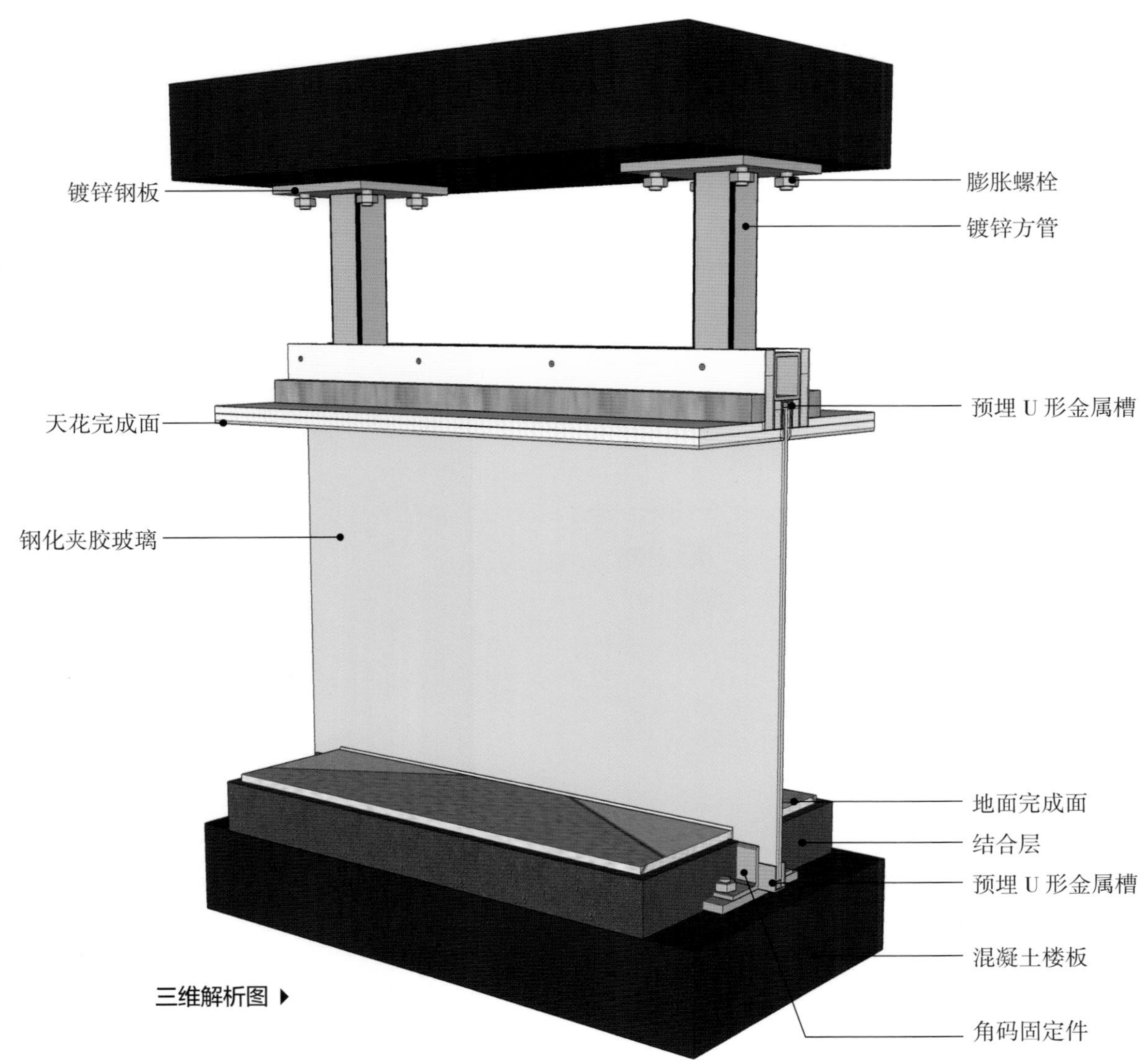

第六步

嵌缝打胶

玻璃就位后校正平整度、垂直度，同时将聚苯乙烯泡沫嵌条嵌入槽口内，平伏、紧密地接合玻璃与金属槽，然后打硅酮结构胶。将结构胶均匀注入缝隙中，注满后用塑料片在厚玻璃的两面刮平玻璃胶，清洁玻璃表面的胶渍。

第七步

装饰边框

精细加工玻璃边框作为墙面或地面的饰面层时，应用 9mm 胶合板做衬板，用不锈钢等金属饰面材料做成所需的形状，然后用胶粘贴于衬板上，从而得到表面整齐、光洁的边框。

第八步

清洁及成品保护

玻璃隔墙安装好后，先用棉纱和清洁剂清洁玻璃表面的胶渍和污痕，然后用粘贴不干胶条、磨砂胶条等办法做出醒目的标志，以防发生碰撞玻璃的意外。

小贴士

公共场所中玻璃厚度的要求

人群集中的公共场所和运动场所中装配的室内玻璃隔断应符合下列规定：有框玻璃应使用符合下表中规定的公称厚度不小于 6.38mm 的夹层玻璃，无框玻璃应使用符合下表中规定的公称厚度不小于 10mm 的钢化玻璃。

安全玻璃最大使用面积

玻璃种类	公称厚度（mm）	最大使用面积（m^2）
钢化玻璃	4	2.0
	5	3.0
	6	4.0
	8	6.0
	10	8.0
	12	9.0
夹层玻璃	6.38、6.76、7.52	3.0
	8.38、8.76、9.52	5.0
	10.38、10.76、11.52	7.0
	12.38、12.76、13.52	8.0

▲ 实景效果图

玻璃具有悬挂结构、浮动节点和良好的层间变位适应性，作为室内隔断时可以提高建筑物的抗震性能。

❺ 地弹簧玻璃门

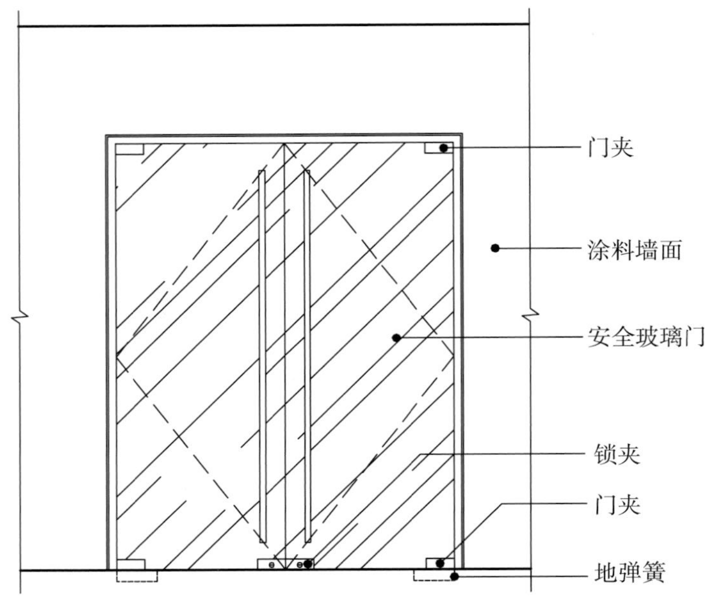

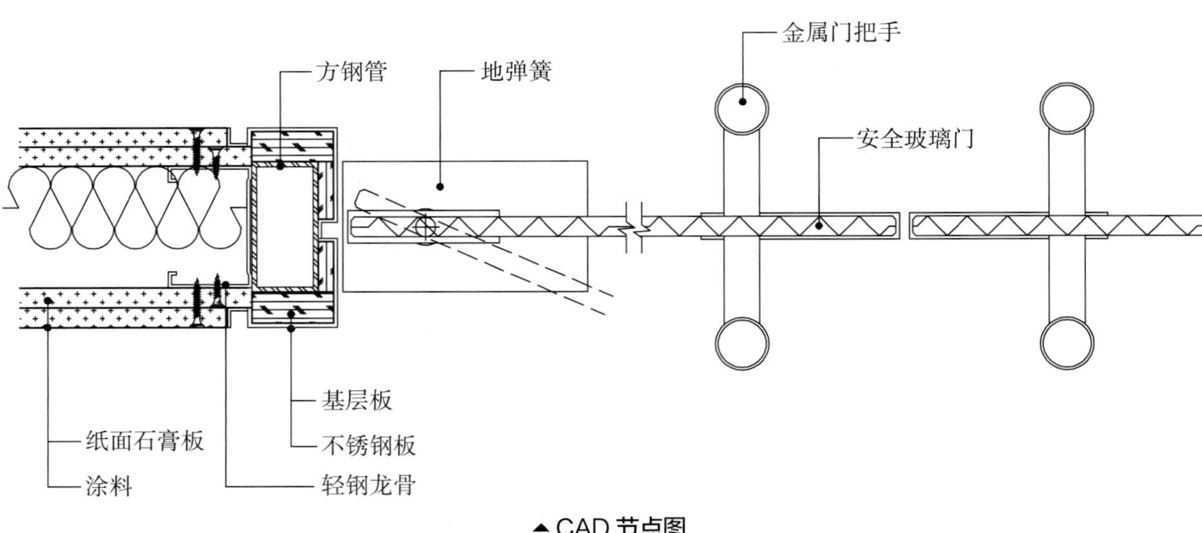

▲ CAD 节点图

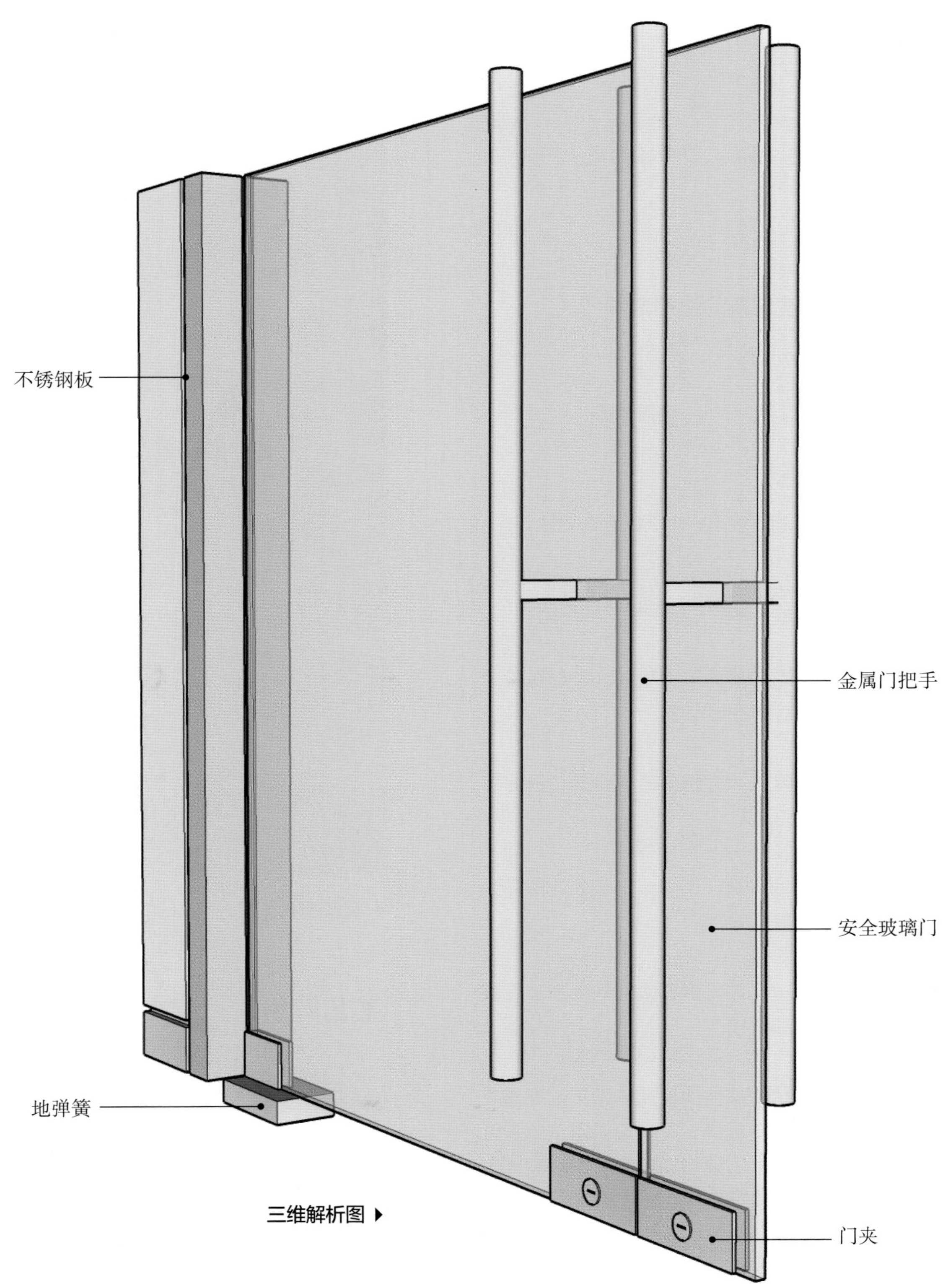

三维解析图 ▶

宽敞空间中一个可容纳 20 人的“长玻璃盒子”，玻璃盒子给人通透、干净的感觉。通常，这种大会议室，会在长边的两侧各设一个门，方便进出。

▲ 实景效果图

不同厚度玻璃的适用范围

玻璃类型	厚度（mm）	适用范围
普通玻璃	3	画框表面、小面积装饰物件
钢化玻璃	5~6	外墙窗户、门扇等小面积透光
	8	室内屏风等面积较大但又有框架保护的造型中
	10	室内大面积隔断、带框栏杆等装修项目
	12	地弹簧玻璃门和一些人流量较大处的隔断
	15	一些人流量较大处的隔断、纯玻璃栏杆
	20	这种规格的玻璃多为夹胶玻璃或中空玻璃，夹胶玻璃用于有安全要求的装修项目中，中空玻璃大多用于门窗和幕墙等领域
	25 至更高	防弹玻璃和特种玻璃需要在厂家的建议下使用

注：以上内容为常见项目的个人经验，数值仅供参考。

工艺解析

施工准备

准备好符合设计要求的门套、门扇及门五金，并在施工前检查以确保材料无窜角、翘扭、弯曲、劈裂、崩缺等问题。

第一步

定位弹线

在墙地面弹出门部件的安装线，并画线做好标记，使玻璃门与门夹转轴重合。

第二步

安装地弹簧

地面挖孔安装地弹簧，在门框边挖一个与地弹簧水泥盒大小一致的孔，用水泥将地弹簧藏入地下。地弹簧必须水平于地面且紧贴门框，地弹簧的轴心必须与门夹的轴心垂直。

第三步

安装门板

用玻璃吸盘将装好门夹的门扇吸紧抬起，将地弹簧转轴插入玻璃门转轴孔内。调节地弹簧三个方向的螺丝，保持门扇垂直及上下转动轴心重合。最后调节好关门速度后，盖上地弹簧装饰盖。

第四步

安装门锁和把手

在门上钻大小合适的孔洞，通过零部件将门锁和把手安装好，孔洞的位置可涂上一些玻璃胶，防止松动。

第五步

五、玻璃砖

1. 材料特性

玻璃

含高级玻璃砂、纯碱、石英粉等物质

夹层

密封空腔

- **物理特性：**

玻璃砖是用透明或颜色玻璃料压制成形的、盒状的玻璃制品，其色彩、款式多样。在室内装修中，玻璃砖通常用来装饰墙体、隔断、屏风等，一般用于装修比较高档的场所，以营造富丽堂皇的效果。

材料分类 —— 按制作工艺分类 —— 按色彩分类

空心玻璃砖

由两层玻璃熔接或交接制成的一类空心盒装玻璃制品，是室内装饰工程所用玻璃砖的主流产品

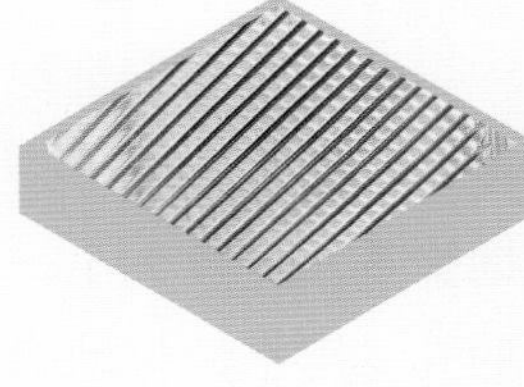

原色玻璃砖

使用的玻璃为玻璃本色，透明或绿玻璃本色透光性最强，有光面、磨砂、压花等类型

实心玻璃砖

由两块中间圆形凹陷的玻璃体黏接而成，比空心玻璃砖重，一般只能粘贴在墙面上或依附于其他加强的框架结构

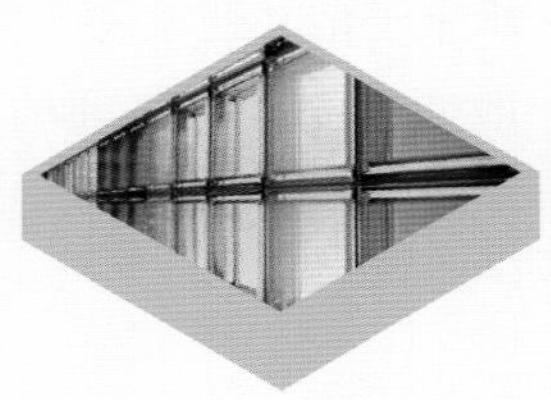

彩色玻璃砖

使用各种颜色的彩色玻璃，透光性比原色玻璃砖弱，有光面、磨砂、压花等类型

- **优点：**

玻璃砖的色彩、款式多样，具有透光不透视、隔热、保温、隔音、防潮、防雾化、易于清洗、抗压抗击、防火等诸多优点，且具有集建筑主体和装饰性于一体的特点。

- **分层特点：**

玻璃砖有空心和实心两大类，实心玻璃砖为一体式结构；空心玻璃砖是用两片玻璃制成的空心盒装玻璃制品，主要由面层和夹层两部分组成。

- **面层的特点：**

面层由高级硅砂等材料烧制而成，有透明、磨砂、压花等类型，色彩有无色和彩色两类。面层是空心玻璃砖的构成主体，具有透光等性能，是玻璃砖装饰性的主要特征。

- **夹层的特点：**

空心玻璃砖是两块半坯在高温下熔接而成的，中间是密封空腔并且存在一定的微负压。夹层具有隔热、保温、隔声、防潮、抗压等作用。

按表面效果分类

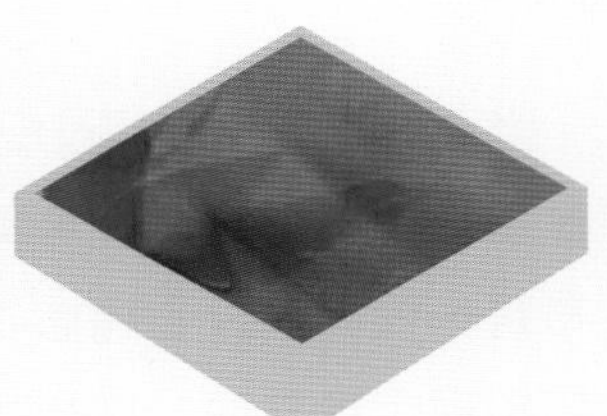

光面玻璃砖

空心玻璃砖的一种，采用完全透明的光面玻璃制作，适用于隐私性不强的区域

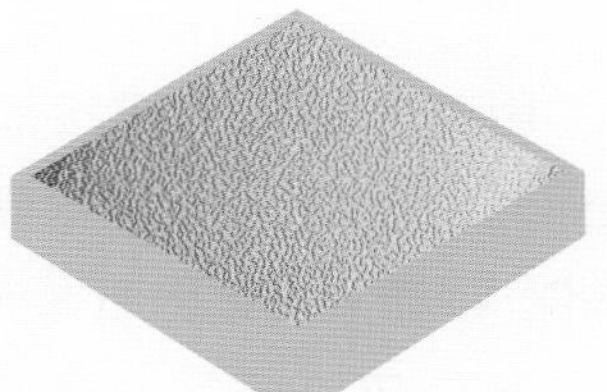

雾面玻璃砖

采用磨砂或喷砂玻璃制作，大多为双雾面，也有单雾面的款式，透光不透视，可保证隐私性

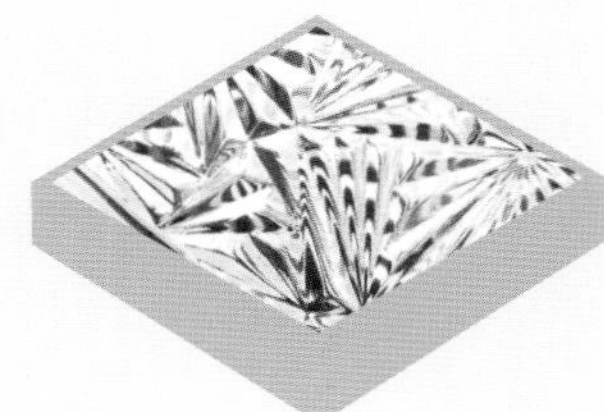

压花玻璃砖

采用压花玻璃制作，装饰性较强，较适用于隐私性不强的区域

2. 节点与构造施工

空心玻璃砖隔音隔热，性能良好，而且可以堆砌出曲面墙，也可做不连续墙，造型丰富。分为有框和无框两种施工方式，但目前大多采用无框的方式。

无框玻璃砖墙面

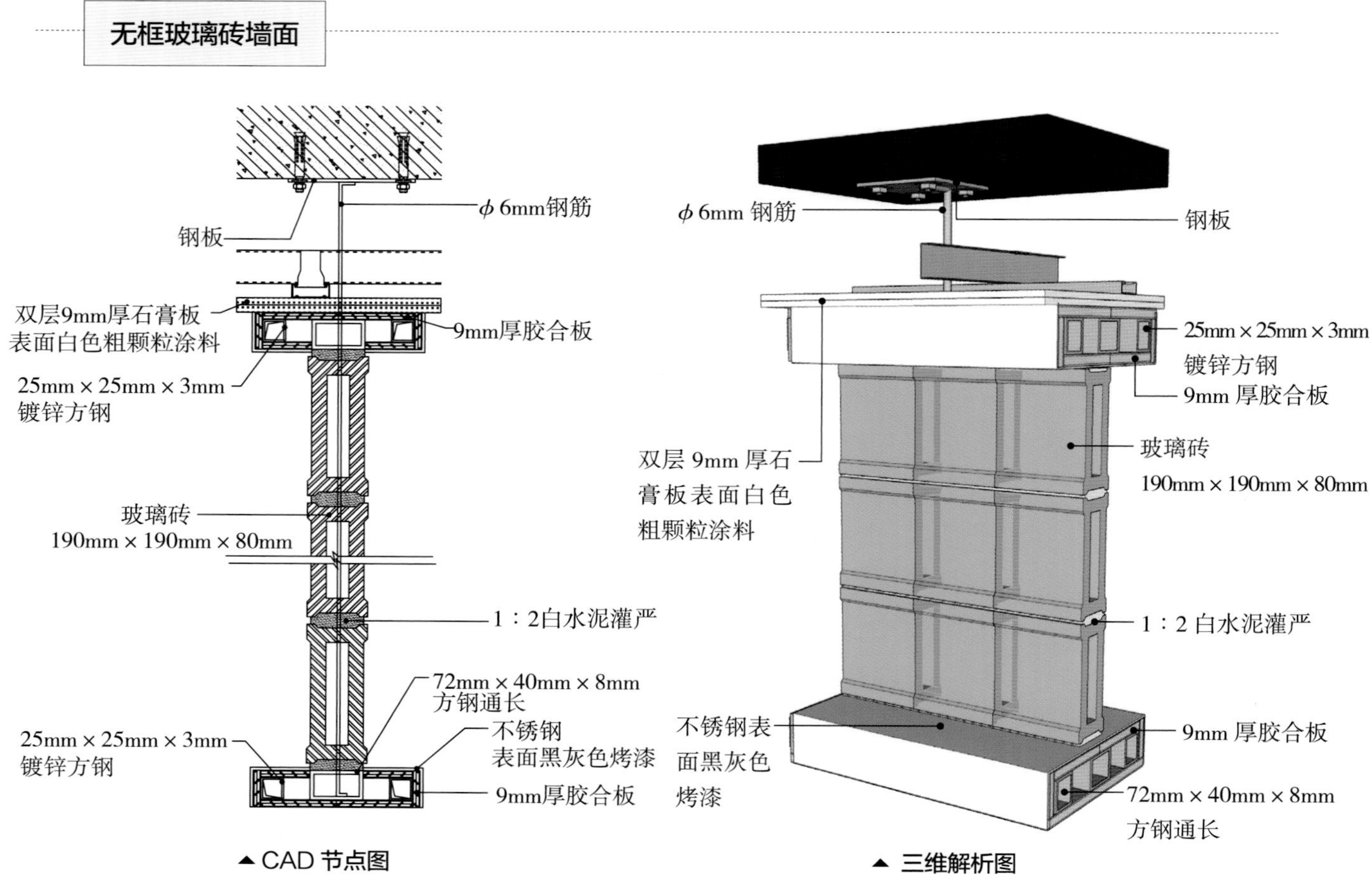

▲ CAD 节点图　　▲ 三维解析图

工艺解析

放线

按照图纸在地面弹线，以玻璃砖的厚度为轴心，弹出中心线。

第一步

固定周边框架

用膨胀螺栓将钢板固定于楼板，直径为 6mm 的钢筋与之焊牢。顶棚双层纸面石膏板和地面都与外包不锈钢的方形中空胶合板固定，不锈钢表面有黑灰色烤漆，胶合板厚 9mm，且中间有通长为 72mm×40mm×8mm 的方钢，两边方钢尺寸为 25mm×25mm×3mm。

第二步

扎筋

当隔墙高度尺寸超过规定时，应在垂直方向上每 2 层玻璃砖水平布置一根钢筋；当隔墙长度尺寸超出规定尺寸时，应在水平方向每 3 个缝垂直布置一根钢筋。钢筋每端伸入金属型材框的长度不得小于 35mm，用钢筋增强的室内隔墙高度不得超过 4m。

第三步

实景效果图▼

设计师不想让外部景观穿透旧玻璃墙面，因此在预算有限的情况下，利用当地生产的玻璃砖，既遮挡了外部视线，又将阳光引入室内，营造出整个空间的氛围感。在照明方面，设计师换了一种思路进行设计，将便宜、耐用且形式多样的 LED 霓虹灯打造成无限延展的波浪形，既醒目又时尚。

制作白水泥浆

水泥砂浆用来砌筑玻璃砖隔墙，采用水泥:细沙为 1 ：2 的比例制作白水泥浆，然后兑入生态环保胶水。白水泥浆要有一定的稠度，以不流淌为好。

第四步

砌筑玻璃砖隔墙

自上而下排砖砌筑，砌筑前在玻璃砖凹槽内放置十字定位架，砌筑时将上层玻璃砖压在下层玻璃砖上，同时使玻璃砖中间槽卡在定位架上，两层玻璃砖的间距为 5mm~10mm，每砌一层用湿布将玻璃砖面上沾着的水泥浆擦去。顶部玻璃砖采用木楔固定。

第五步

勾缝

砌筑完成后，顺着横竖缝隙勾缝，先勾水平缝再勾竖缝，缝要平滑且深度一致。勾缝后，用湿布或棉纱将表面擦洗干净，待勾缝砂浆达到强度后用硅树脂胶涂敷。

第六步

边饰处理

对玻璃砖外框进行装饰处理，采用木饰边装饰。当采用金属型材时，其与建筑墙体和屋顶的接合部，以及空心砖玻璃砌体与金属型材框翼端的接合部应用弹性密封剂密封。

第七步

六、透光软膜

1. 材料特性

玻璃纤维无纺布

特殊氟树脂

材料分类 —— 按材质分类

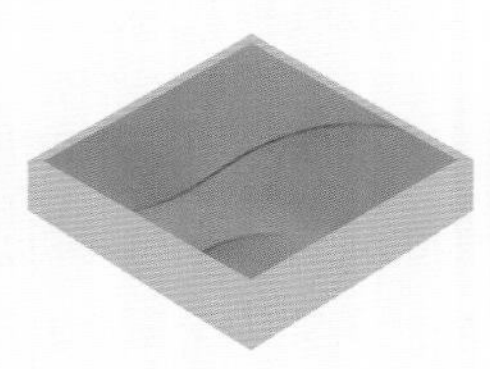

亚光膜

软膜光感仅次于光面，但强于基本膜。整体效果较纯净、高档。

光面膜

光面膜有很强的光感，能产生类似镜面的反射效果。

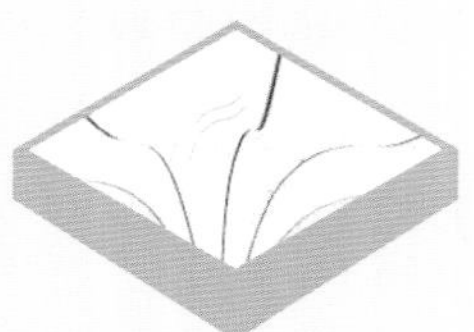

透光膜

最常见的照明型透光膜呈乳白色，半透明。在封闭的空间内透光率为 75%，能产生完美、独特的灯光装饰效果。

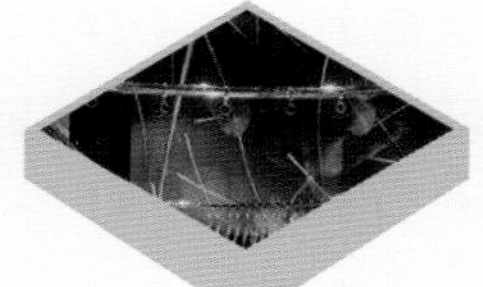

金属面软膜

具有强烈的金属质感，并能产生类似于金属的光感，具有很强的观赏效果。

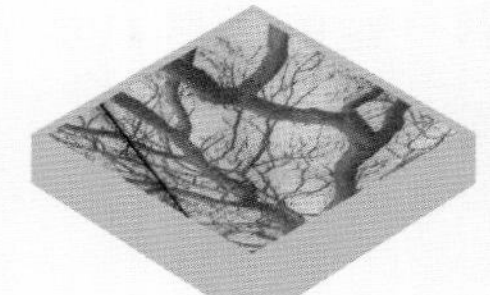

精印膜

可以根据客户的需求定制图案花纹和颜色，以彰显个性。

- **物理特性：**

透光软膜又称软膜天花，可以配合各种灯光来营造不同的光影氛围。它摒弃了玻璃或亚克力的笨重，让顶棚更加轻盈。透光软膜的延展性相对较差，不宜贴于变形过大的曲面或球面，在拼接或搭接时，由于其稳定性相对较差，故需重叠 4mm 才能保证热胀冷缩时不会裂开。

- **优点：**

透光软膜可大面积且无缝连接，形成整体的装饰效果。透光软膜不添加化学杀菌剂，透光率达 60%，部分产品在封闭的空间内透光率可超过 75%。而且透光软膜能够将色温值降低 100K，具有阻隔紫外线、红外线，安装方便的优点。

- **分层特点：**

A 级透光软膜分为两层，一层是经过特殊处理的玻璃纤维无纺布，另一层是基础的特殊氟树脂，两者合并起来方能达到 A 级防火等级。而 B 级透光软膜则仅包含聚氯乙烯这个成分，不分层。

- **玻璃纤维无纺布的特点：**

经过特殊处理的玻璃纤维无纺布，具有较好的防火性能。同时其本身还具有良好的耐水性，化学性质稳定。

- **特殊氟树脂的特点：**

特殊氟树脂具有优异的耐高低温性能、耐候性、不燃性、不黏性以及低的摩擦系数等特性。

按防火等级分类

A 级

A 级透光软膜的规格一般为 1.5~3.5m 宽，具体尺寸可定制，但需要注意的是，透光软膜的宽度越大，其品质也会相应地下降。其厚度一般为 0.2~0.25mm，适用于任何场所，尤其是大型公共空间

B 级

B 级透光软膜一般为 1.5~4m 的卷材，其厚度为 0.18~0.25mm，因为防火级别低，受防火规范的限制，只能小面积用于一般场所

2. 节点与构造施工

透光软膜目前常被用于顶棚中，配合灯带，达到均匀散光的效果。

透光软膜扩散了灯带的光线，在视觉上模糊了光源，即使人面对灯带也不会产生炫光的感觉。

工艺解析

第一步

定高度、弹线

确定标高及透光软膜的位置。

第二步

安装吊杆

用膨胀螺栓将吊杆与楼板固定在一起。

第三步

安装阻燃板

第四步

安装灯带

将所需灯带长度提前测量好，整段截取，然后将其均匀地用自攻螺钉固定在阻燃板上，灯带之间的距离应小于等于灯带与软膜的距离，以保证亮度。灯带的电线应与变压器相连。

第五步

安装变压器

在透光软膜的附近（10m的位置）设置方便检修的检修口，变压器和控制器就置于其中。

❶ 透光软膜顶棚

实景效果图 ▲

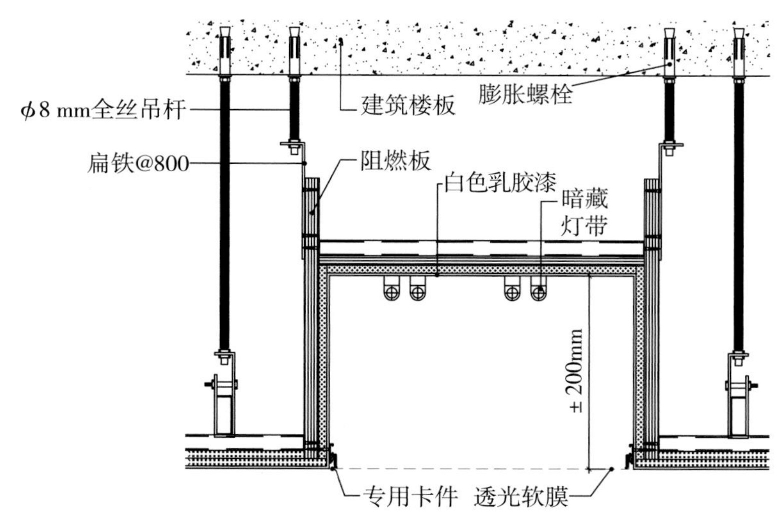

▲ CAD 节点图

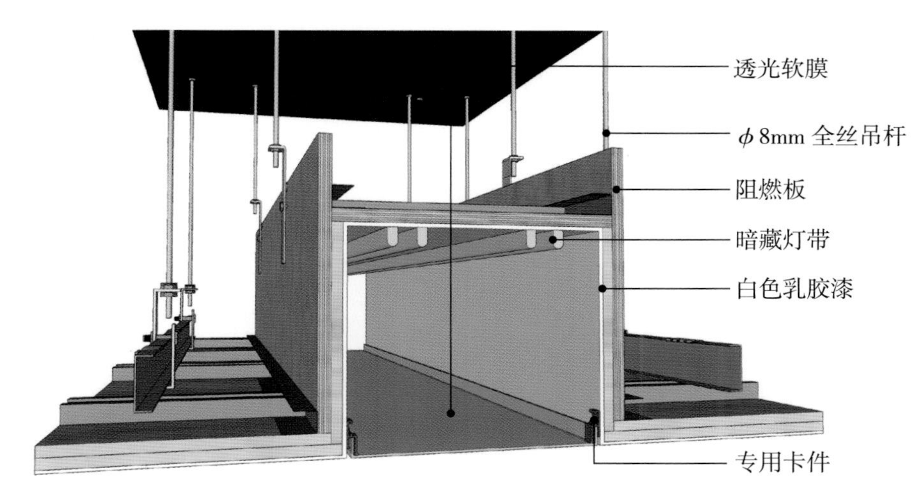

▲ 三维解析图

第六步

安装铝合金龙骨

在弹好的透光软膜边缘位置固定铝合金龙骨。

第七步

安装软膜

先将软膜打开，用专用的加热风炮充分均匀地加热，然后用专用插刀把软膜紧插到铝合金龙骨上，最后把周围多出来的软膜修剪完整即可。

第八步

清理软膜

安装后，用干净毛巾把软膜清理干净。在与纸面石膏板相接处用不锈钢或其他相似的材质进行收口。

❷ 透光软膜与木饰面相接顶棚

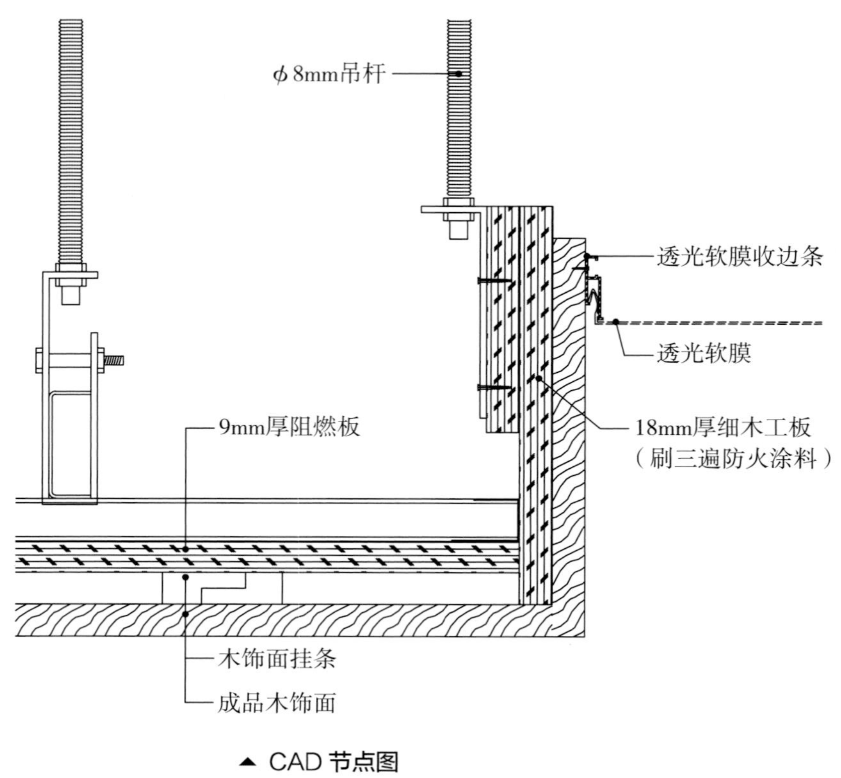

▲ CAD 节点图

施工要点

1. 木饰面安装采用干挂法，能够更好地调整顶棚的平整度。
2. 根据木饰面的自身情况选择相应的挂条，挂条要经过三防处理，若龙骨的间距为300mm，那么挂条的距离就是300mm，挂条用自攻螺丝固定在阻燃板基层上，在木饰面的背面打胶，与挂条用胶和自攻螺钉相固定。
3. 安装透光软膜时注意一定要拉紧，将软膜安装平整，灯具与软膜的距离为25~30cm，所有的消防、筒灯等的位置处需要预先开好孔。

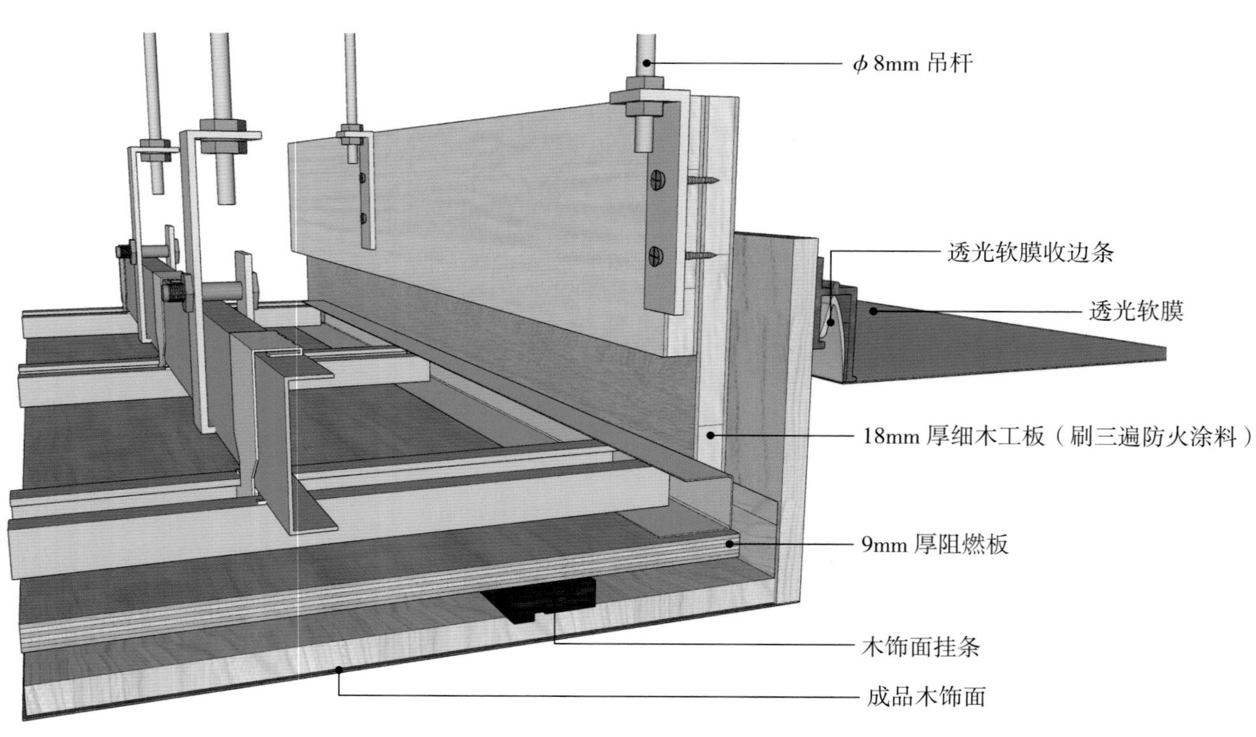

▲ 三维解析图

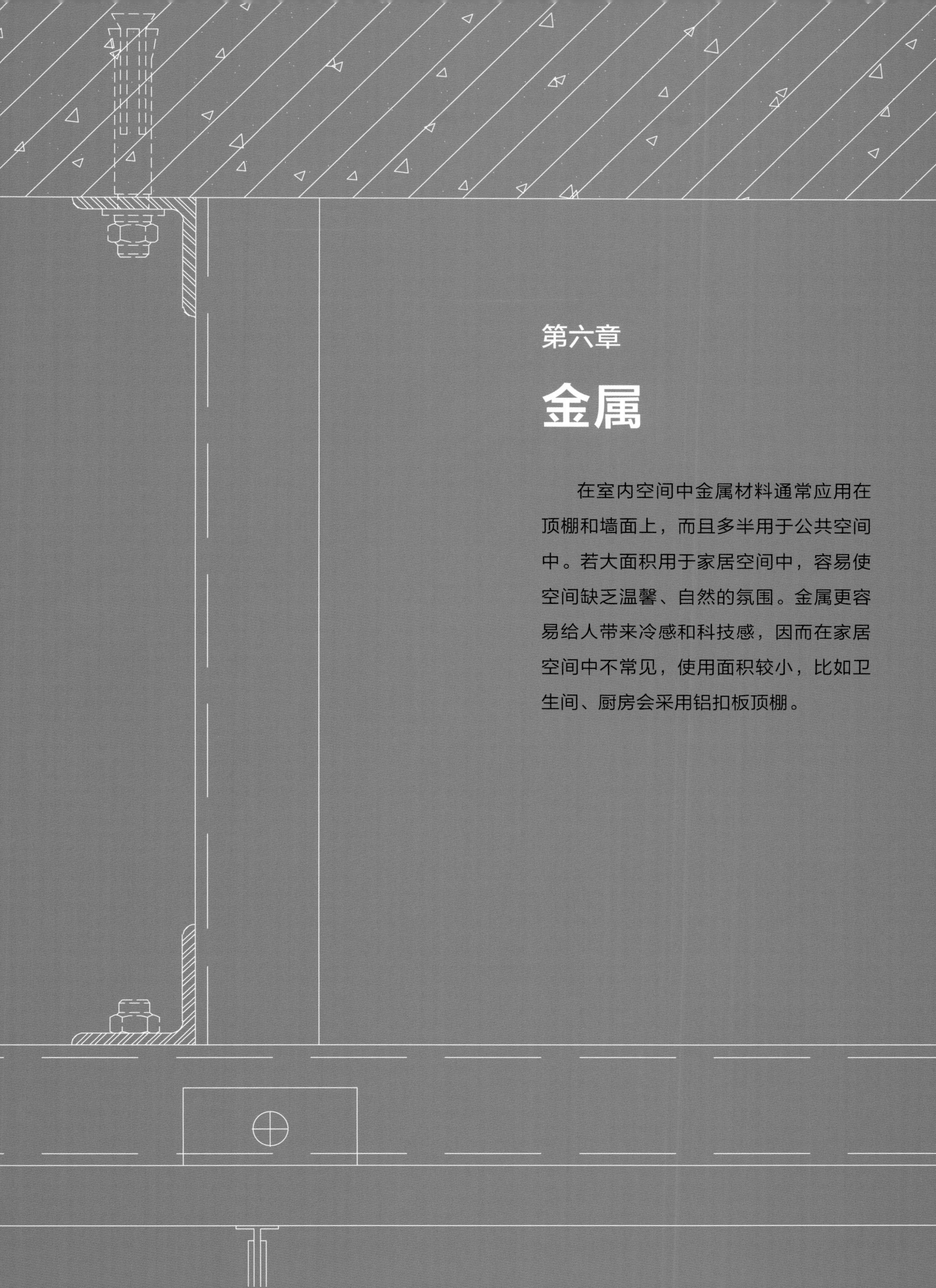

第六章

金属

在室内空间中金属材料通常应用在顶棚和墙面上，而且多半用于公共空间中。若大面积用于家居空间中，容易使空间缺乏温馨、自然的氛围。金属更容易给人带来冷感和科技感，因而在家居空间中不常见，使用面积较小，比如卫生间、厨房会采用铝扣板顶棚。

一、铝单板

1. 材料特性

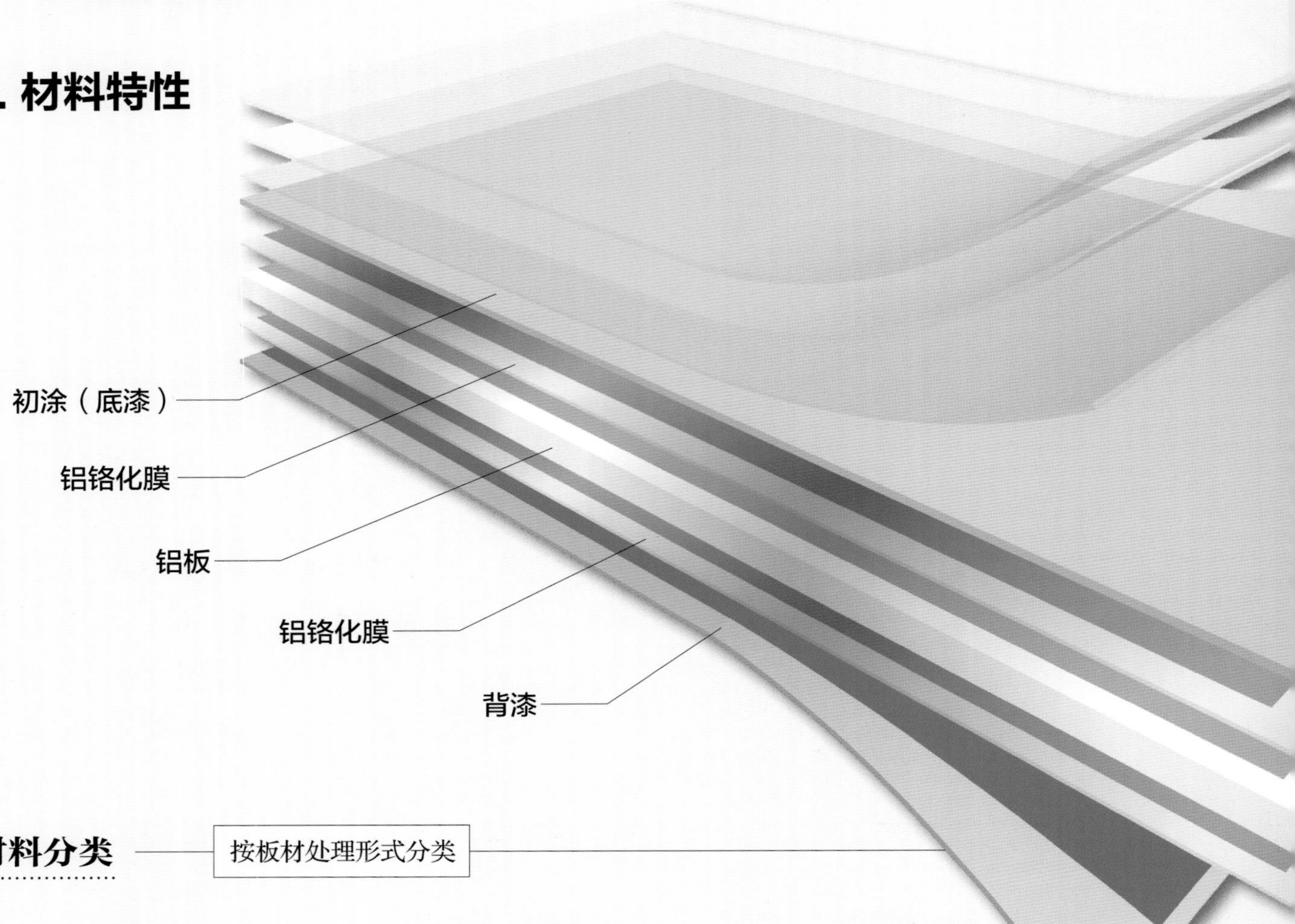

初涂（底漆）
铝铬化膜
铝板
铝铬化膜
背漆

材料分类 按板材处理形式分类

喷涂

喷涂处理即在铝单板外表喷涂各种颜色的涂料，然后烘干，可分二涂、三涂等。好的喷涂板色彩散布均匀，差的喷涂板从侧面会看到涂层呈波纹状散布。

辊涂

铝单板的外表进行脱脂和化学处置后，辊涂优质涂料，烘干固化。辊涂铝单板外表漆膜的平整度高于喷涂铝单板。辊涂板最大的特点是色彩的仿真度极高，可实现各种仿石、仿木纹等效果。

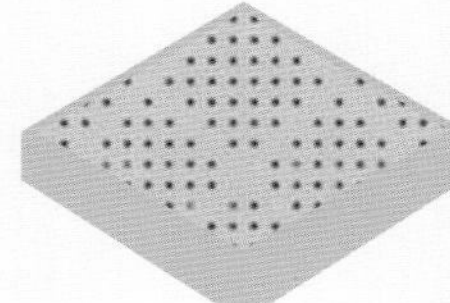

覆膜

选用高光膜或幻彩膜，板面涂覆专业黏合剂后复合。覆膜铝单板光泽鲜艳，可选择的花色品种多，防水、防火，且具有很强的耐久性和抗污能力，防紫外线性能优越。

拉丝

在表面拉纹后进行多项化学处理，处理后的铝单板外表色泽光亮、均匀，时尚感强，能给人以强烈的视觉冲击。

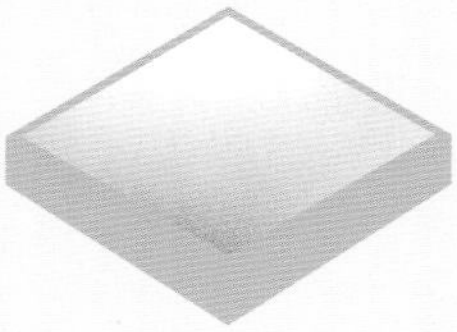

阳极氧化

可以使铝单板具有更高的硬度，并能提高耐磨性、附着性、抗蚀性、电绝缘性、热绝缘性、抗氧化性。

冲孔

冲孔铝板是经过穿孔表面处理的铝单板，既可做空间装饰，又可以做吸声材料。

保护膜

保护层

清漆

底漆或花纹

- **物理特性：**

铝单板通常是指以铝合金板材为基材，经过铬化等处理后，再经过数控折弯等技术成型，采用氟碳漆或粉末喷涂技术加工形成的一种新型建筑装饰材料。

- **优点：**

铝单板具有重量轻、强度高、耐候性好、耐腐蚀性好、易加工、色彩多样、不易沾污、清洁方便、施工安装方便等优点。

- **材料分层特点：**

铝合金板是由铝和其他金属合成的，从结构上来讲分为铝合金板和面层两个部分。

- **铝合金板的特点：**

铝合金板为底板，其主要由面板、加强筋和角码构成。角码可直接由面板折弯、冲压成型，也可在面板的折边上安装角码。加强筋与板面后的电焊螺钉连接，使之成为一个牢固的整体，极大地增强了铝合金板的强度与刚性。

- **面层特点：**

面层主要包含底漆、背漆以及保护膜等，主要起装饰作用，可以让铝合金板表面颜色丰富，也可雕刻出多种图案，让其造型更具多样性。

按板材饰面效果

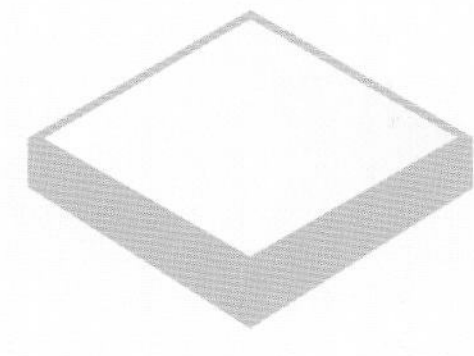

单色

单色铝板的效果较为单一，但更适合大面积使用，给人沉稳、大气的感觉，而且多个不同色彩的铝板共同做装饰，也能达到丰富的装饰效果。

仿石材

能够达到和真石材一样的装饰效果，可以仿照真的石材颜色，进行调色和纹理的设置，经过电脑自动喷枪三喷两烤的工艺，将不同颜色的油漆、花纹，经过高温烘烤固化后，附着在铝板面上。比真的石材质轻，施工也更加简便。

木纹

木纹图案纹理逼真、色泽鲜亮，图纹牢固耐磨，不含甲醛等有害气体，有利于环保。

幻彩

能够达到渐变色彩的效果，颜色丰富，且具有变化，能够更好地装饰空间。

镜面

可以达到反射的效果，能代替重量较大的镜面，安装也更加简便。

2. 节点与构造施工

铝单板常用于顶棚空间中，而且铝单板可以进一步加工成铝扣板、铝垂片、铝方通以及铝格栅，让顶棚造型更加丰富多变。其中铝单板、铝扣板和铝垂片相对比较薄，立体感不强，在本书中可统称为片状铝板；而铝方通及铝格栅的立体感强一些，在本书中可称为块状铝板。

（1）片状铝板节点构造

相较于其他材料，铝单板可塑性较高，可以做成弧形、球面等多种几何形状，满足复杂的造型要求，但过多使用会造成空间过冷的效果，因此要适量使用。铝扣板的颜色多、装饰性强、耐候性好，被广泛用于室外幕墙、家居空间及广告等方面。铝垂片给人的透气感更强，能够减轻压抑感，适用于层高较低的空间。

❶ 铝单板顶棚

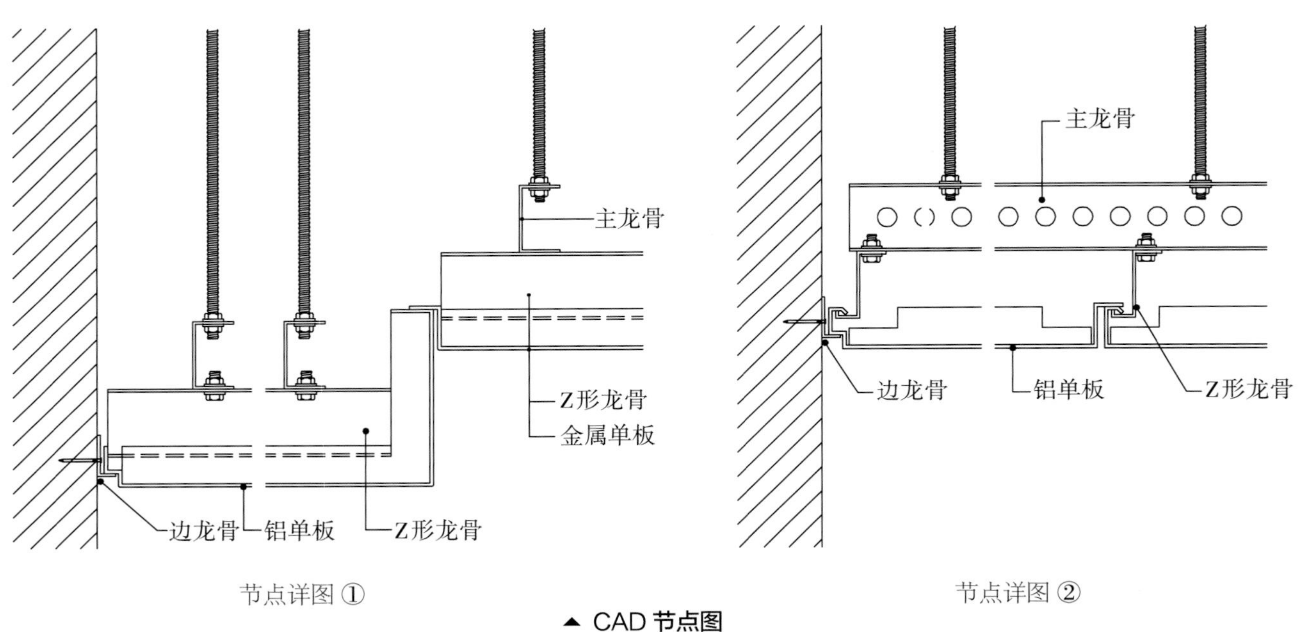

▲ CAD 节点图

小贴士

铝单板与不锈钢板的区别

铝单板和不锈钢板的区别主要在材料属性上，不锈钢板的表面直接通过电镀、水镀等方式在纯不锈钢板上进行拉丝、喷砂或蚀刻处理，而铝单板则需要先作铬化处理，再进行喷漆、覆膜等其他处理。铝单板可采用氟碳漆涂层，而氟碳漆涂层具有卓越的耐腐蚀性和耐候性，能抗酸雨、盐雾和各种空气污染物，耐冷热性能极好，能抵御强烈紫外线的照射，长期不褪色、不粉化，使用寿命长，这些特点也是建筑采用铝单板做外幕墙而不用不锈钢板的原因。

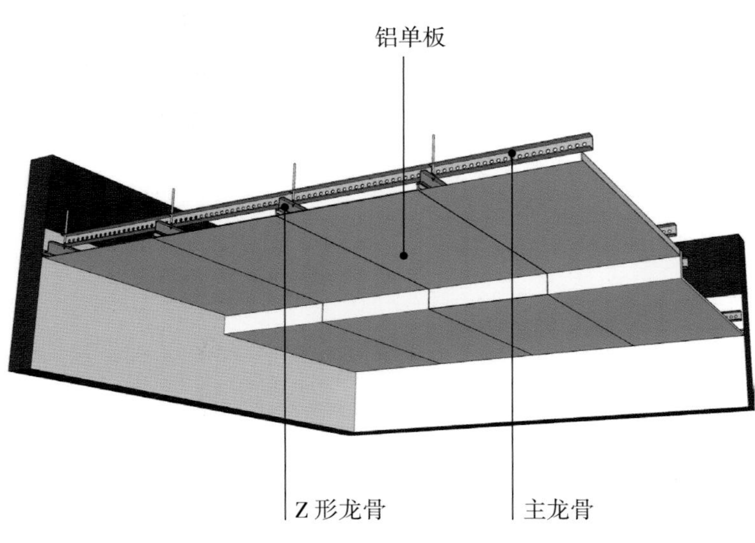

▲ 三维解析图

▼实景效果图

不同大小的铝单板错缝拼接，形成了良好的装饰效果。

工艺解析

第一步

定高度、弹线

根据设计图纸在墙面上弹出顶棚的高度，其偏差不大于 ±3mm，同时弹出吊杆的位置，即吊点。

第二步

安装吊杆

根据弹线的位置以及吊杆下的标高来安装吊杆，按主龙骨位置及吊挂间距，将吊杆无螺栓的一端用膨胀螺栓固定在楼板下，吊杆选用 ϕ6mm 的钢筋。

第三步

安装主龙骨

根据吊杆的位置，将预先安好吊挂件的主龙骨与吊杆相连接，拧好螺母，装连接件，拉线调整标高和平直，安装洞口附加主龙骨，设置连接卡固定。

第四步

安装边龙骨

选用 L 形镀锌轻钢条做边龙骨，用自攻螺钉与墙面相固定。

第五步

安装 Z 形龙骨

Z 形龙骨又名钩挂龙骨或勾搭龙骨，用自攻螺钉将 Z 形龙骨和主龙骨相接。

第六步

安装铝单板

铝单板的边缘带有钩挂，能够直接与 Z 形龙骨勾在一起，达到稳固的效果。

❷ 铝扣板顶棚

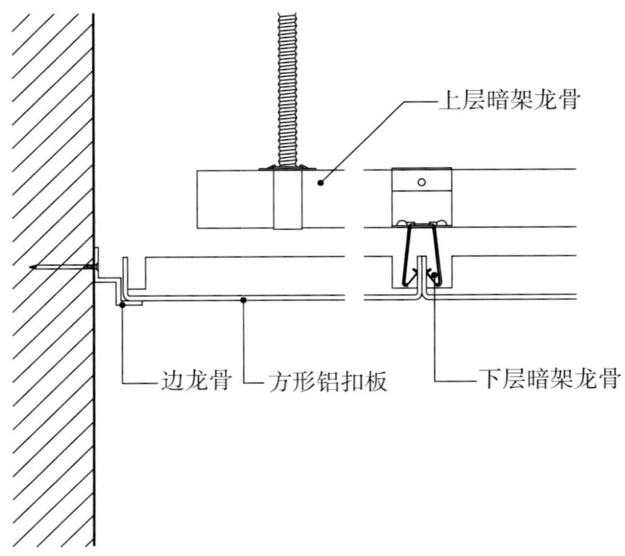

节点详图 ①

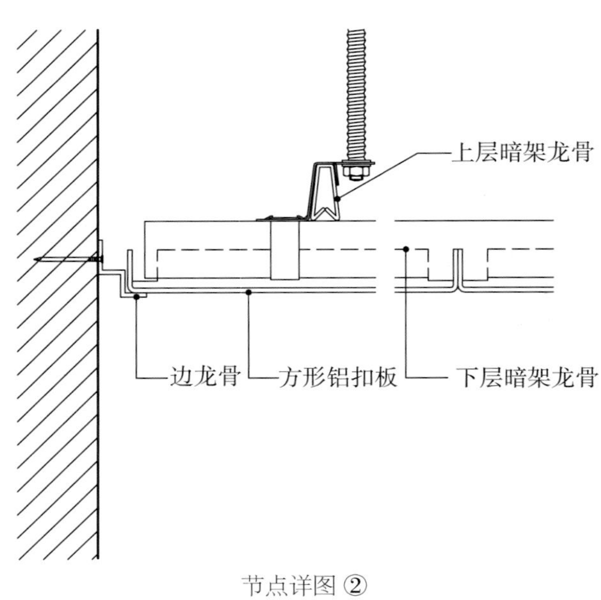

节点详图 ②

▲ CAD 节点图

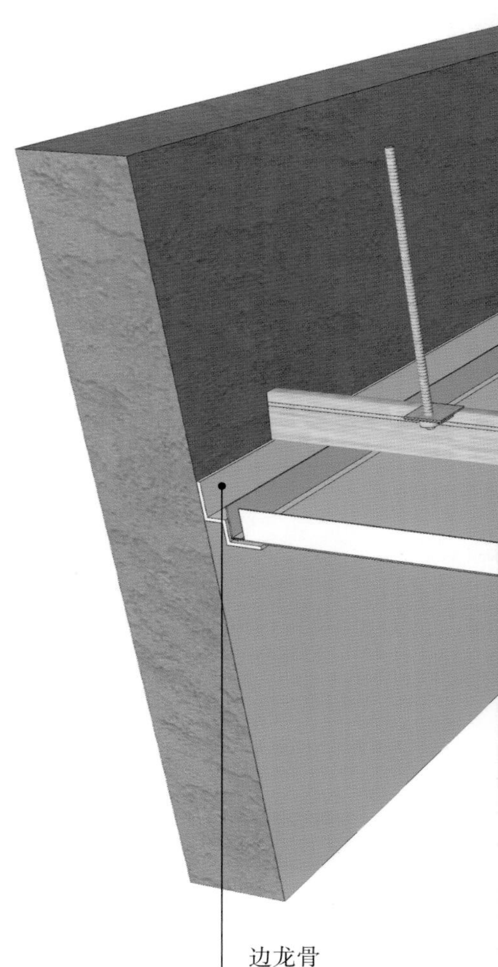

小贴士

铝单板与铝扣板的区别

①用途

铝单板适用于各种建筑内外墙、门面、天桥、电梯包边、广告牌、室内顶棚等处，还可以做不同建筑的外墙材料。而铝扣板因其颜色多、装饰性强、耐候性好而被广泛用于室外幕墙和室内装饰及广告等方面。

②加工工艺

铝单板是经过铬化处理后，再采用氟碳喷涂技术，然后加工成型。而铝扣板则是以铝合金板材为基底，通过开料、剪角、模压成型得到的，表面可进行不同的涂层加工。

▲ 三维解析图

工艺解析

第一步

定高度、弹线

顶棚的高度与灯具厚度、空调安装形式以及梁柱大小有关，在计算高度时应预留设备安装和维修的空间。再根据顶棚的预留高度，围绕墙体一圈弹基准线。

第二步

固定吊杆

吊杆应为不低于 3cm × 5cm 的龙骨，间距为 300mm，必须使用 1mm × 8mm 膨胀螺栓固定，用量约为 $1m^2$ 一个。钢膨胀应尽量打在预制板板缝内，膨胀螺栓螺母应与木龙骨压紧。

第三步

固定龙骨

主龙骨与主龙骨的间距为 800mm，主龙骨两端距墙面悬空均不超过 300mm。边龙骨采用专用边角龙骨，不可用次龙骨代替。安装边龙骨前应先在墙面弹线，确定位置，准确固定。次龙骨之间间距为 400mm。次龙骨、边龙骨之间均采用拉铆钉固定。顶棚长度大于通长龙骨长度时，龙骨应采用龙骨连接件对接固定。全面校对主、次龙骨的位置与水平，保证主、次龙骨卡槽无虚卡现象，卡合紧密。

第四步

安装铝扣板

轻钢龙骨固定好后，直接把铝扣板压在轻钢龙骨上即可。

实景效果图

白色的方形铝扣板不会压缩层高，顶棚设计得十分干净、自然。

小贴士

弧面铝扣板顶棚做法

采用铝扣板做二维曲面顶棚其实并不复杂，只需要根据需求对面板或者龙骨进行弯曲处理，即可实现弧面、斜面等造型效果。

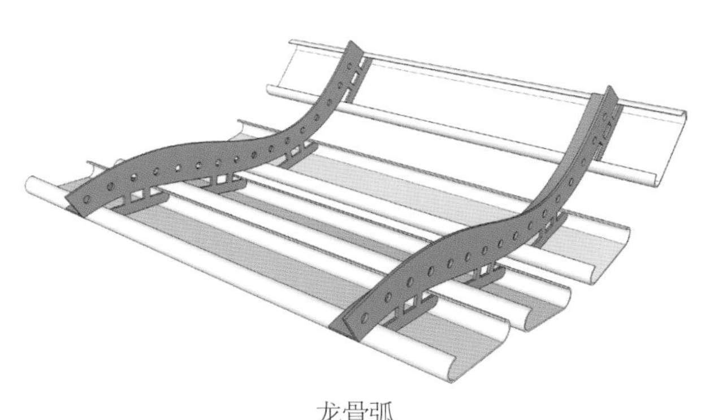

龙骨弧

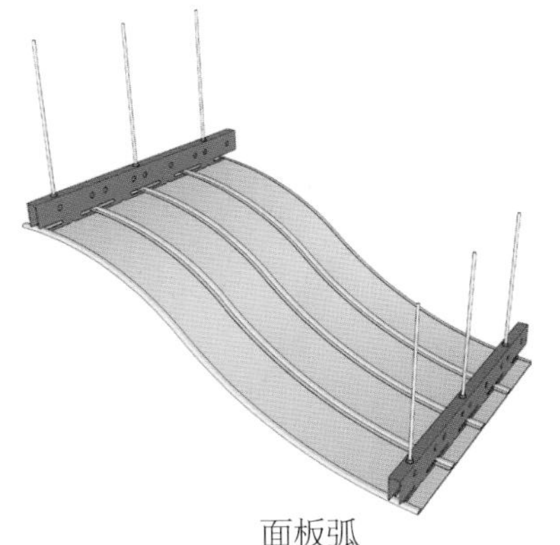

面板弧

❸ 铝垂片顶棚

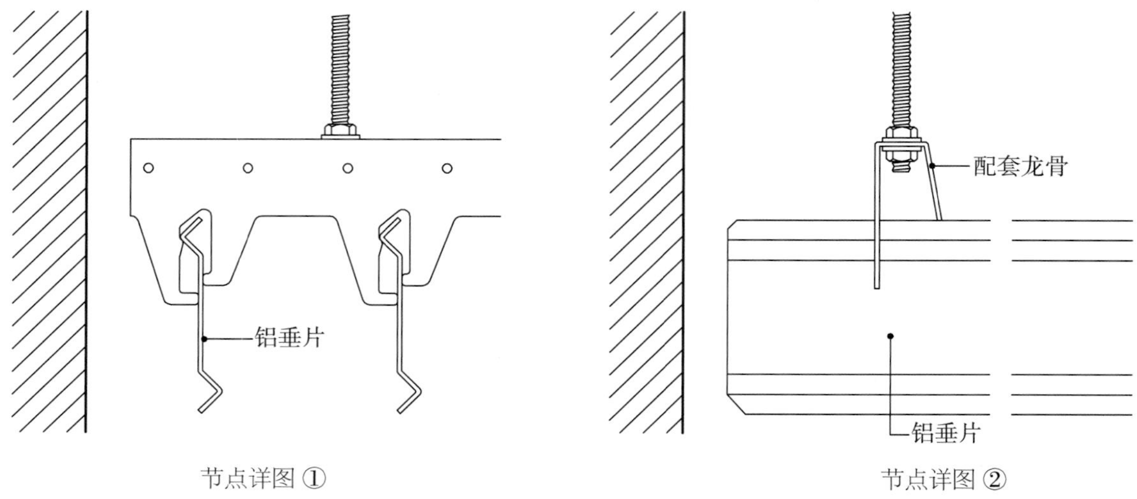

▲ CAD 节点图

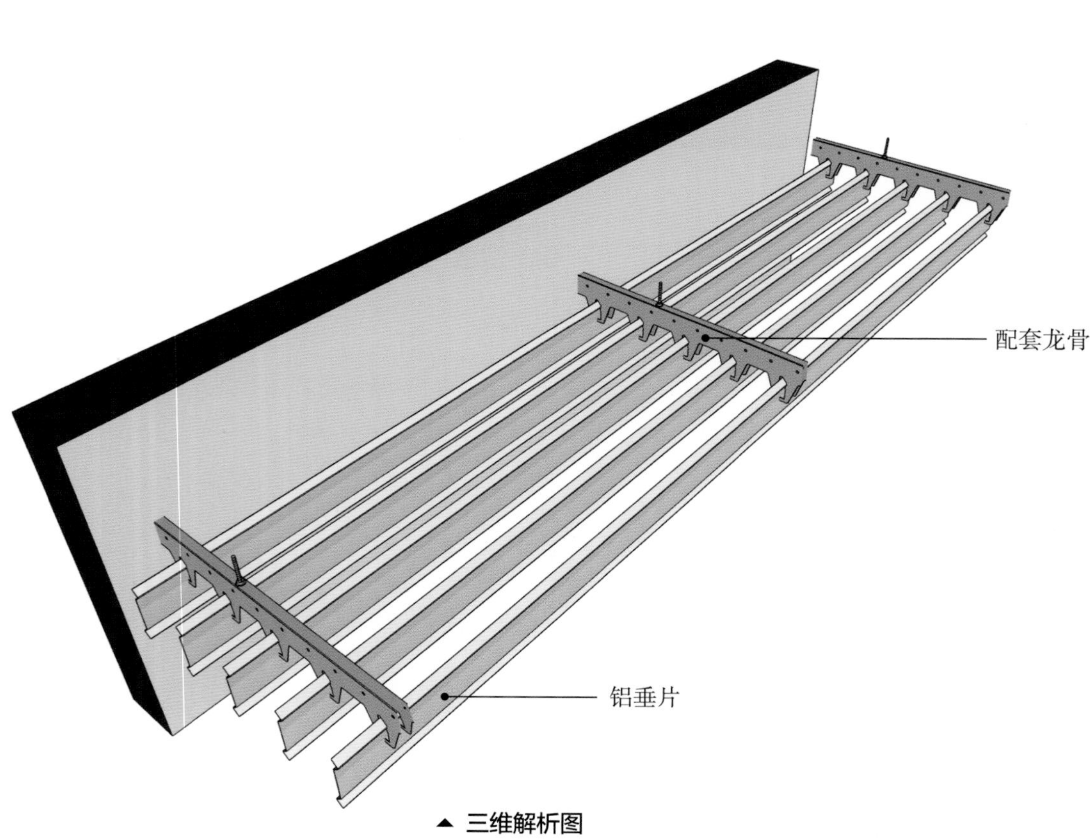

▲ 三维解析图

铝垂片薄且质轻，线性灯穿插在其中，层次分明，使顶棚富有动感。

实景效果图 ▲

施工要点

1. 顶棚的高度与灯具厚度、空调安装形式以及梁柱大小有关，在计算高度时应预留设备安装和维修的空间。再根据顶棚的预留高度，围绕墙体一圈弹基准线。
2. 龙骨之间的间距根据铝垂片的间隔进行设置。
3. 轻钢龙骨固定好后，直接把铝垂片插在轻钢龙骨中即可，装卸十分方便。同时，这样的安装方式便于楼顶的其他设施，如电线、水管、灯具、消防等的维修。

（2）块状铝板节点构造

铝方通的形式也很多样，包括 U 形、梭形、圆形、圆头形等等，但其安装方式都是通用且简单的，只需要配套的龙骨即可轻松安装。总的来说，铝方通的安装方式可分为卡接式和螺接式两种。而铝格栅的每件格栅都可以重复拆卸，维修十分方便，一般分为吊扣式和龙骨式两种施工方式。

❶ 卡接式铝方通顶棚

施工要点

1. 在墙面和顶棚上弹出高度线以及吊杆的点位。
2. 吊杆可以用膨胀螺栓固定在建筑顶棚上，然后再安装配套的龙骨。
3. 配套龙骨固定好后，直接把铝方通压在卡槽里即可。

◀实景效果图

铝方通中间加入线性灯，不规律地分布让顶棚的设计更加灵动。

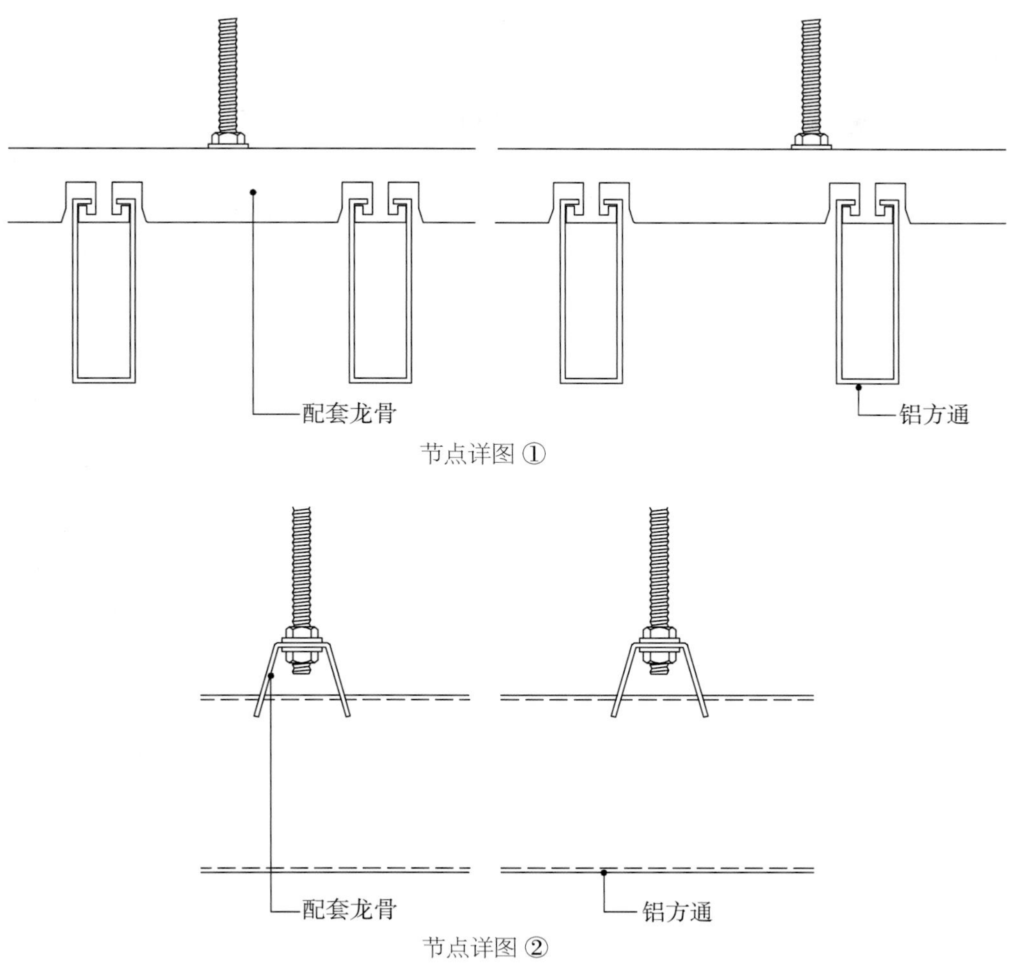

▲ CAD 节点图

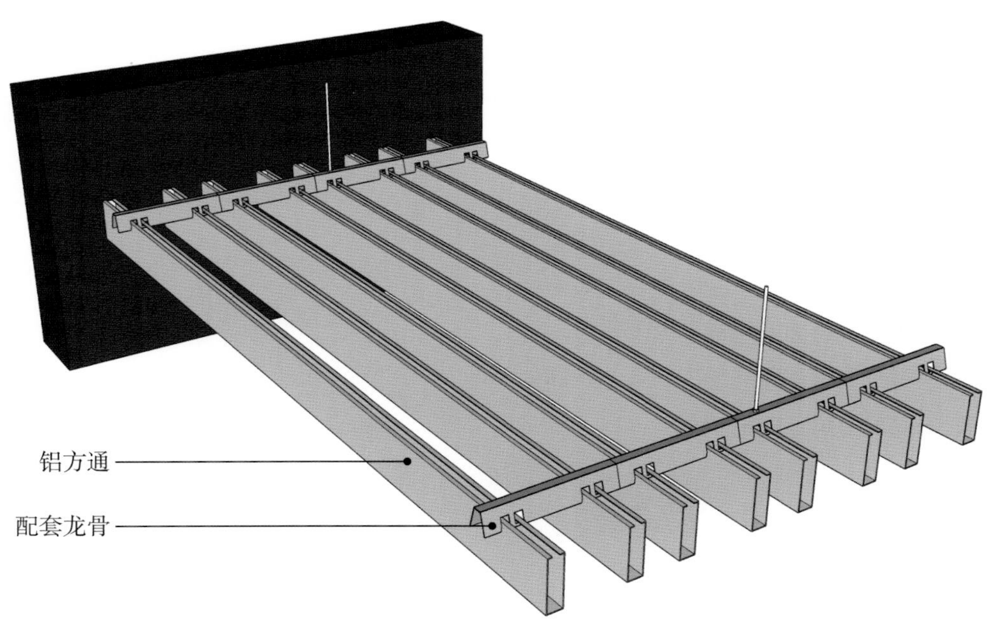

▲ 三维解析图

❷ 螺接式铝方通顶棚

工艺解析

第一步

定高度、弹线

根据设计图纸的标注，在其高度上弹线，弹线时要注意预留出风口、灯具以及其他明露孔的位置。

第二步

固定吊件

龙骨的吸顶吊件用膨胀螺栓与钢筋混凝土板固定。

第三步

固定主龙骨

用螺栓将吊件与D50或D60轻钢龙骨主龙骨相固定，主龙骨之间的间距不得>1200mm。

第四步

固定专用龙骨

用6mm螺栓将专用龙骨与主龙骨相固定，且专用龙骨与主龙骨的方向须垂直。

第五步

固定铝方通

用6mm螺栓将铝方通与专用龙骨固定在一起，铝方通根据设计图纸进行安装，铝方通的安装方向与主龙骨方向一致。

第六步

安装盖板

在铝方通的端头位置安装盖板，遮盖住铝方通内部的螺栓等结构。

根据铝方通间距的大小差异及色彩差异营造出与众不同的装饰效果。

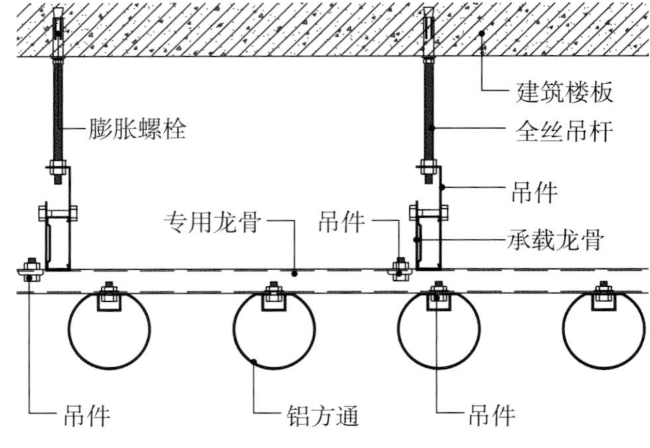

▲ CAD节点图

实景效果图 ▲

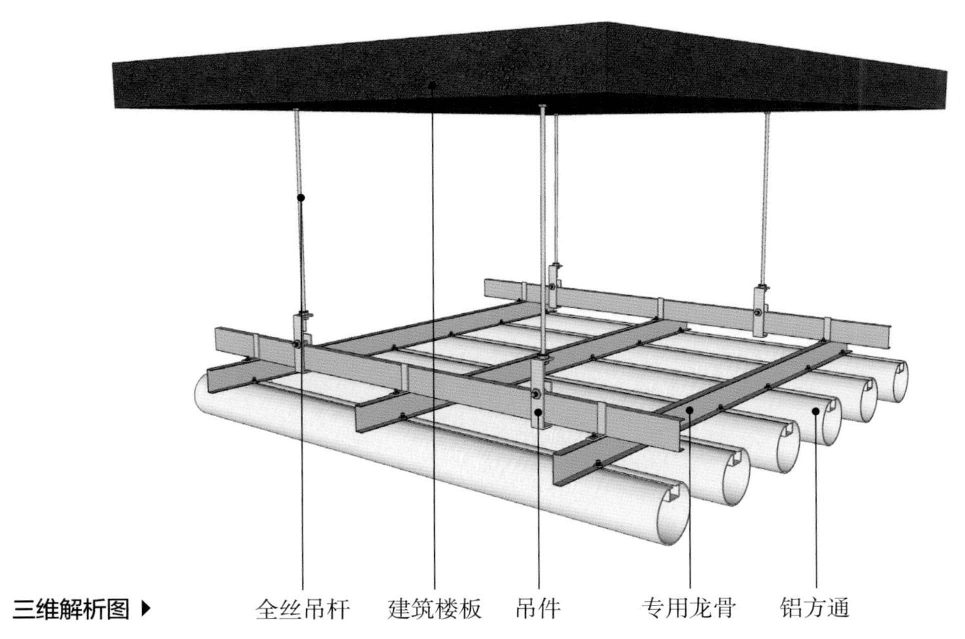

三维解析图 ▶

❸ 吊扣式铝格栅顶棚

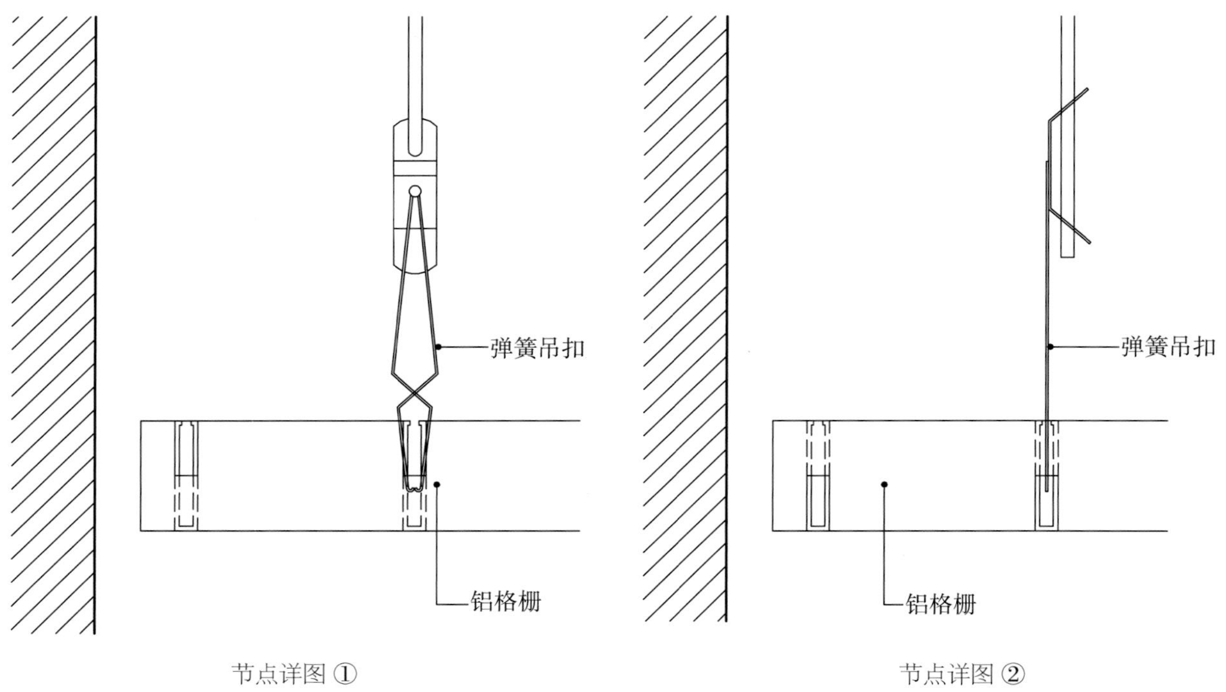

▲ CAD 节点图

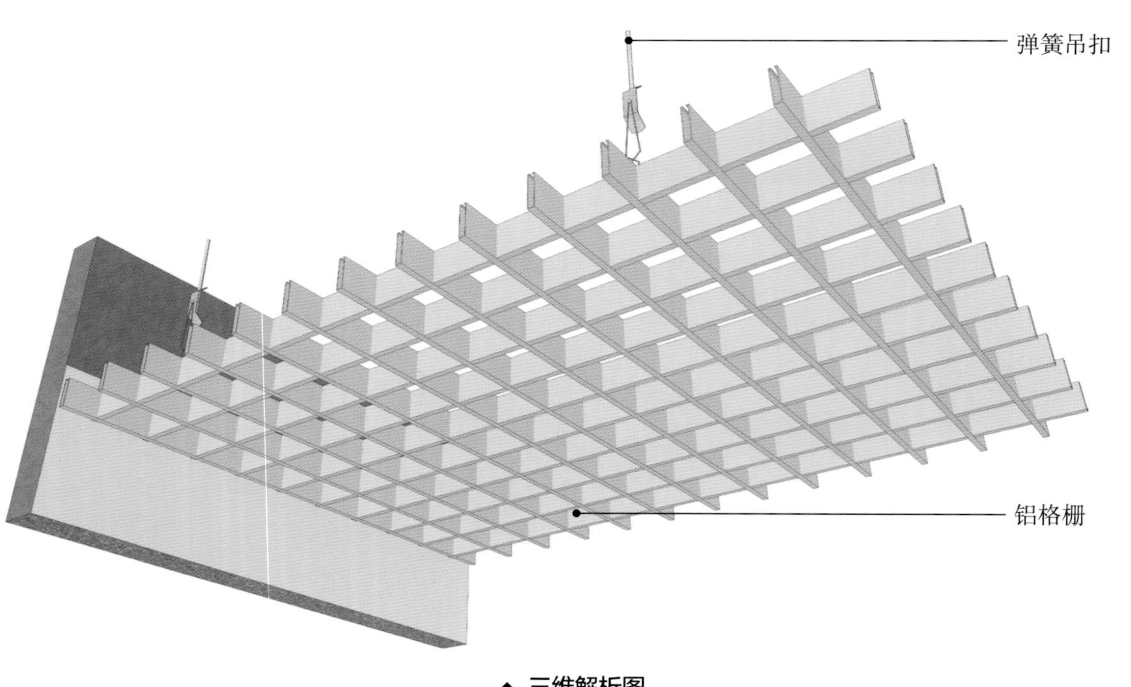

▲ 三维解析图

实景效果图 ▶

大面积的铝格栅顶棚丰富了空旷又宽阔的空间，楼梯处的白色顶棚成为楼梯的标识，让人从远处即可知道楼梯的位置。

施工要点

1. 一般应尽可能在地面将铝格栅拼装完成，然后再将其悬挂。
2. 用弹簧吊扣穿在主龙骨孔内，将整个格栅连接后，调整至水平即可。

❹ 龙骨式铝格栅顶棚

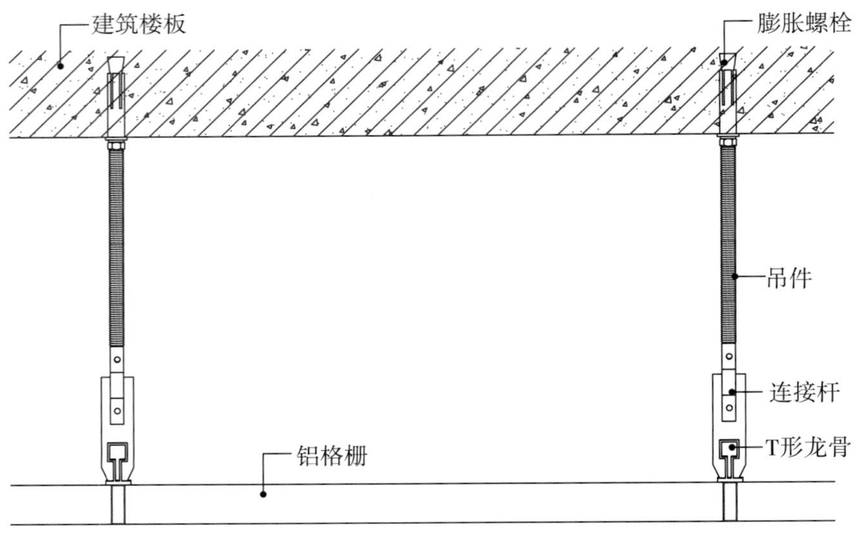

▲ CAD 节点图

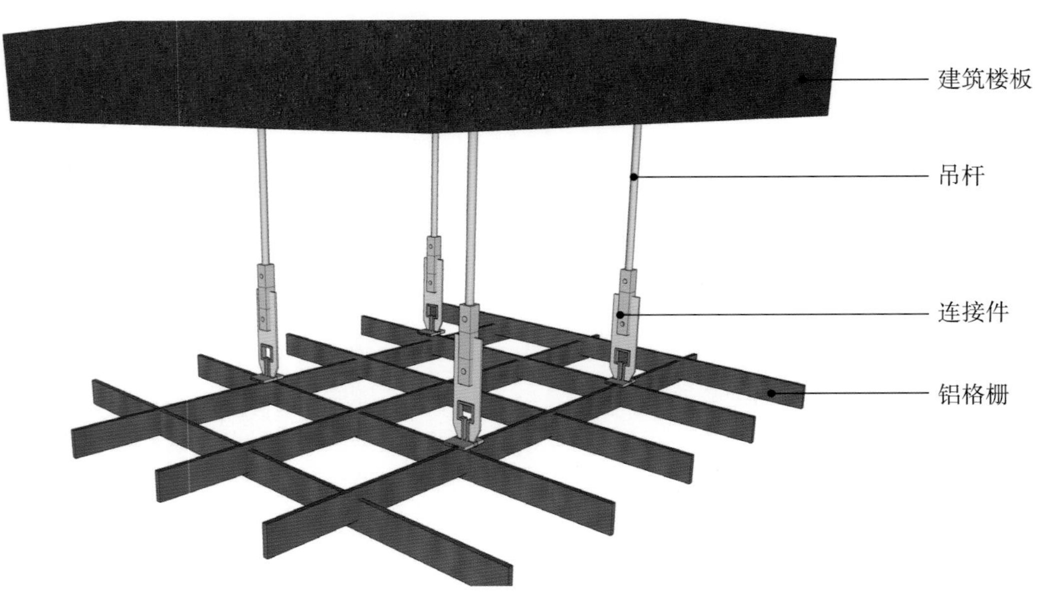

▲ 三维解析图

施工要点

1. 弹线时，要先预留出风口及各种明露孔口的位置，方便铝格栅做开口或者其他处理。

2. 通过 T 形龙骨将铝格栅和连接件相接，将其固定好。

铝格栅在视觉上让空间的宽度和深度都有了一定的延伸，有放大空间的视觉效果。

▶实景效果图

二、不锈钢板

1. 材料特性

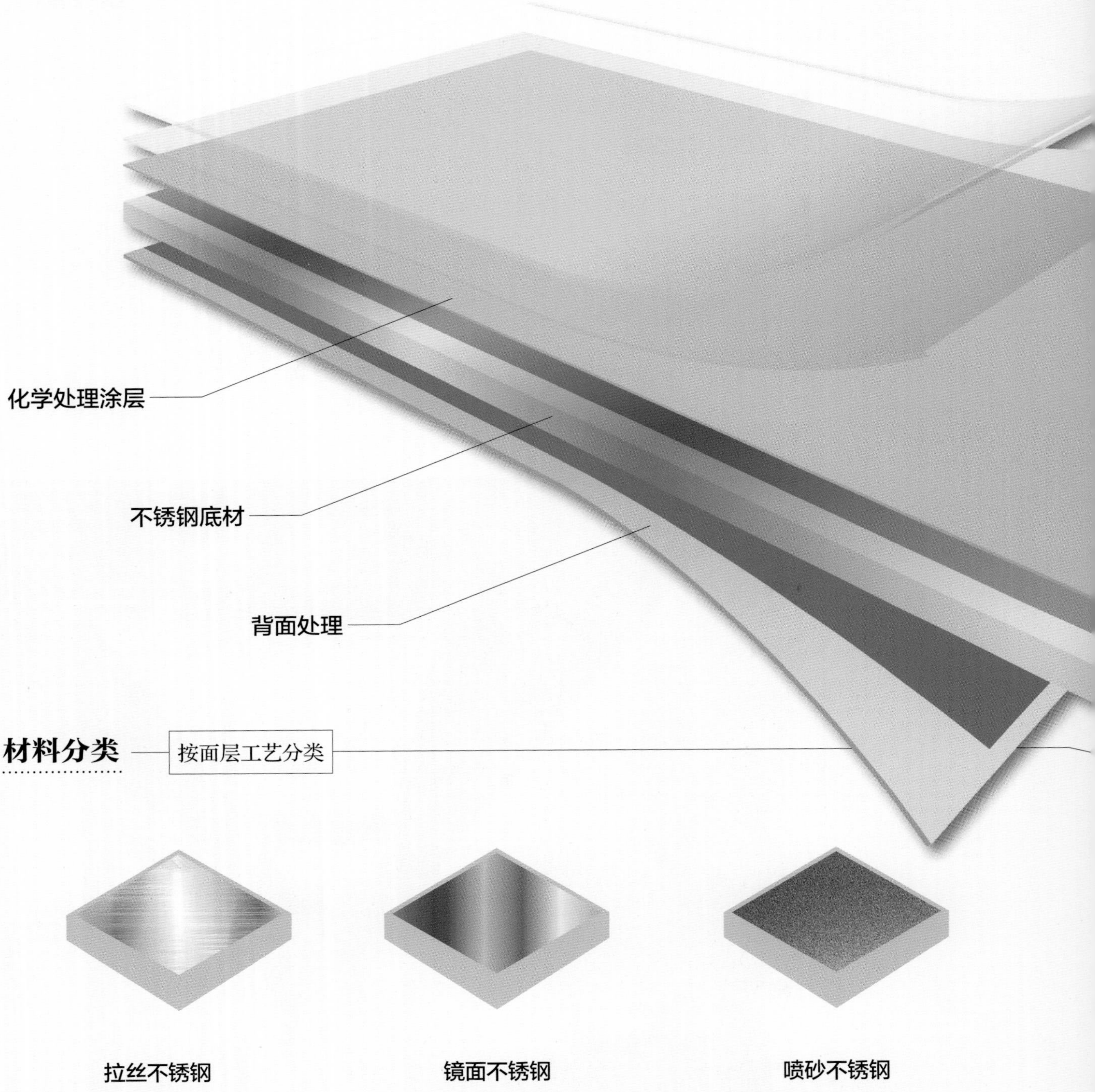

化学处理涂层

不锈钢底材

背面处理

材料分类 按面层工艺分类

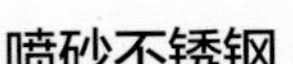

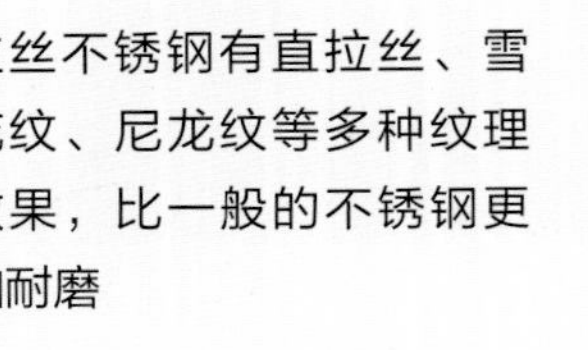

拉丝不锈钢

拉丝不锈钢有直拉丝、雪花纹、尼龙纹等多种纹理效果，比一般的不锈钢更加耐磨

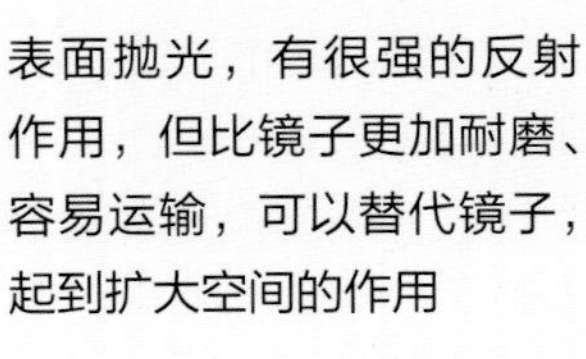

镜面不锈钢

表面抛光，有很强的反射作用，但比镜子更加耐磨、容易运输，可以替代镜子，起到扩大空间的作用

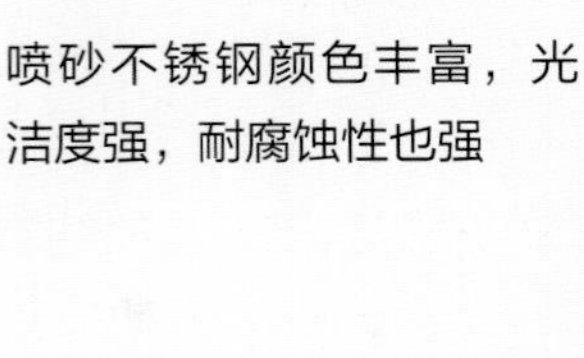

喷砂不锈钢

喷砂不锈钢颜色丰富，光洁度强，耐腐蚀性也强

保护膜

抗指纹树脂

• **物理特性：**

不锈钢板根据构成不锈钢的化学元素含量不同可分为不同系列，常见的不锈钢型号根据耐腐蚀性排列如下：316 > 304 > 202 > 201 > 430 > 420，其中，最常用的为 201、202、304、316。

• **优点：**

不锈钢板具有较高的塑性、韧性和机械强度，且耐酸、碱性气体，耐溶液和其他介质的腐蚀。

• **材料分层特点：**

不锈钢板按照材料的结构可分成底材和面层两部分。底材一般为不锈钢板，面层则可根据表面处理方式分为涂层、喷漆等工艺。

• **底材的特点：**

以不锈钢板为底材，作为底板，没有装饰性，装饰性通常都体现在面层上。

• **面层的特点：**

面层主要有电镀工艺、水镀工艺、氟碳漆工艺以及喷漆工艺所形成的镀膜及漆膜。主要起装饰作用，可以让不锈钢板表面颜色丰富，也可形成多种图案，让其造型更具多样性。

蚀刻不锈钢

通过化学反应在不锈钢表面腐蚀出各种花纹图案，图案明暗相间、色彩绚丽

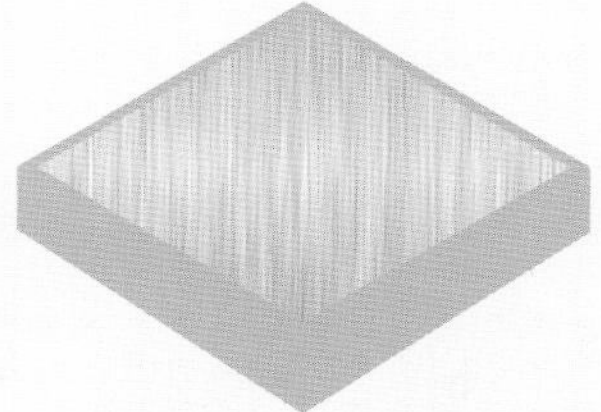

抗指纹不锈钢

一般用在电梯、防盗门、灯饰、家具等上，表面有一层透明坚硬的固态保护膜，增强了不锈钢的耐候性、美观性和抗污染性

水波纹不锈钢

通过冲压的方式，把花纹冲压在不锈钢板上。水波纹的形态让不锈钢更有动态感

2. 节点与构造施工

不锈钢的反射性能极佳，能够营造出低调、奢华的室内氛围，是许多高格调的空间中装修、陈设、点缀、收口的必备材料。不锈钢板可以做顶棚也可以做墙面，若大面积使用，经常采用折边的形式，其折边的最小临界值以 5mm 为宜。

❶ 不锈钢顶棚

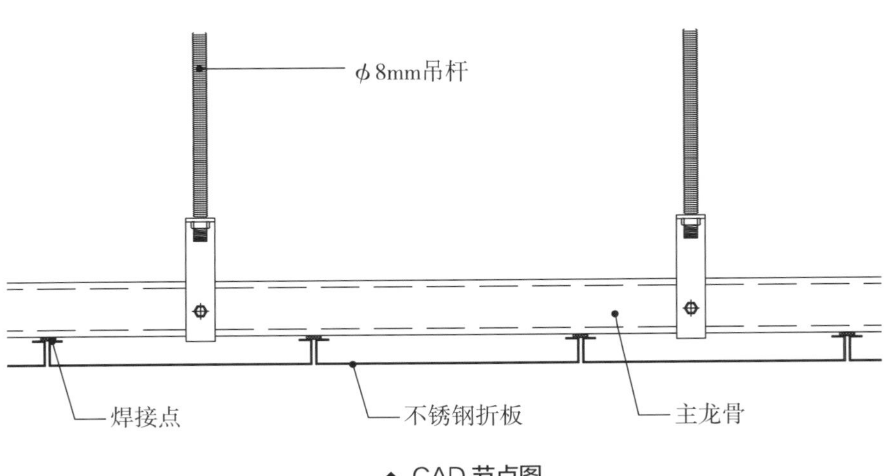

▲ CAD 节点图

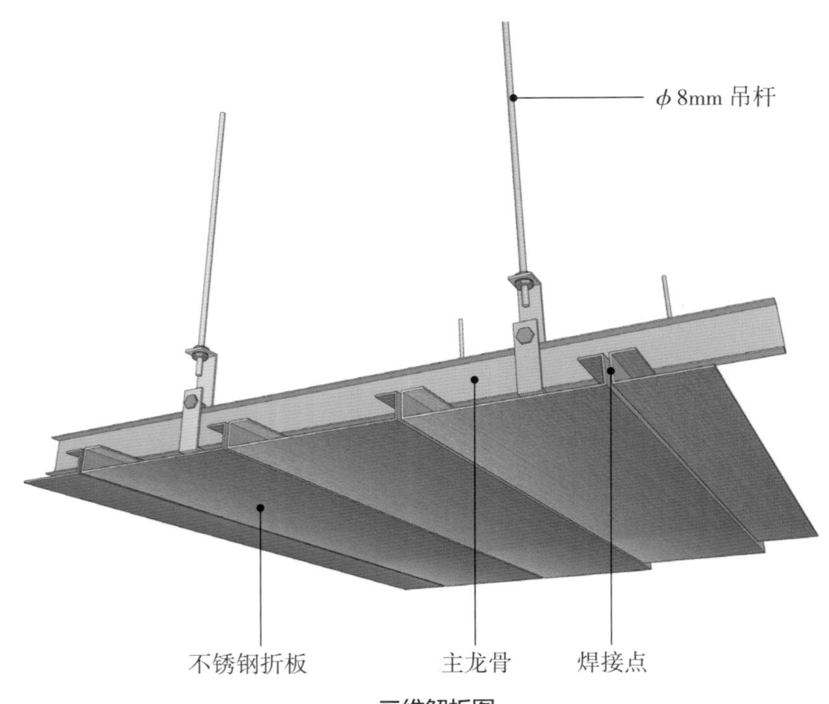

▲ 三维解析图

镜面不锈钢能够反射地面上绝大部分物体，可在视觉上扩大空间的层高。

实景效果图 ▲

施工要点

❶ 逐步干挂安装不锈钢，点焊时需考虑隙缝。

❷ 点焊比直接用焊条更加快捷，而且也不会因为焊条和金属材料的不兼容造成金属生锈开裂。

❷ 打钉法不锈钢墙面

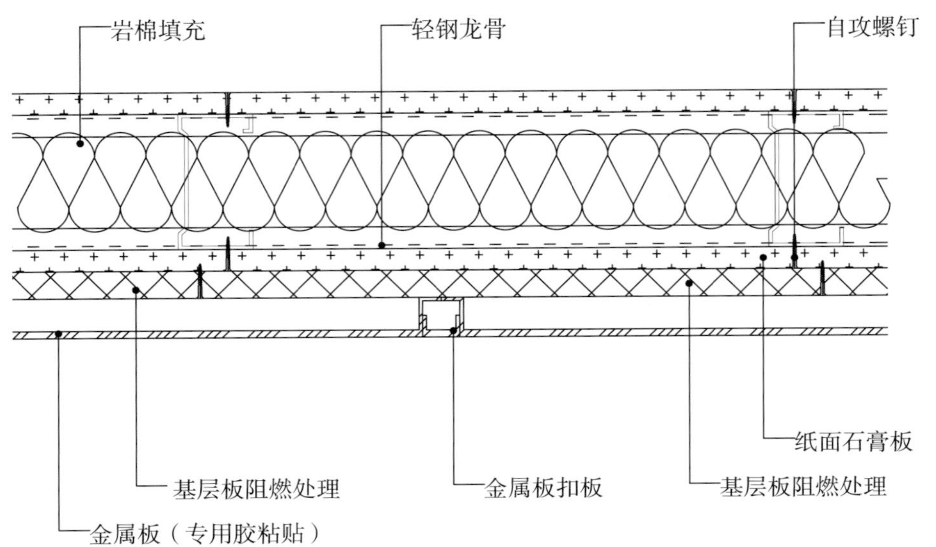

▲ CAD 节点图

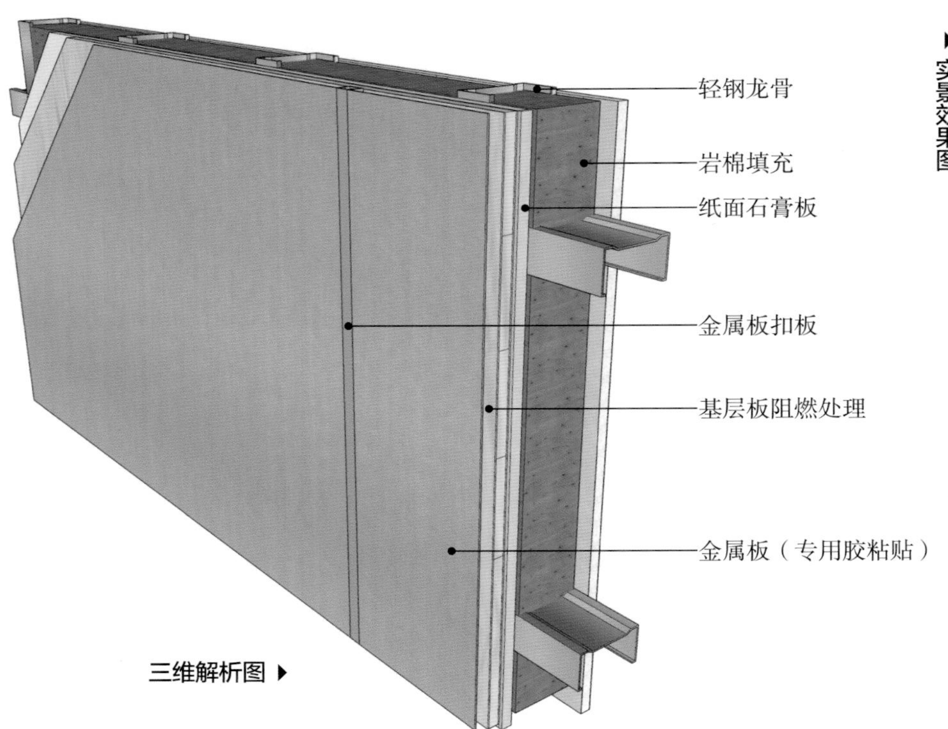

三维解析图 ▶

▶ 实景效果图

工艺解析

基层处理

将基层浮灰清理干净，对不够平整、垂直度达不到要求的墙面进行修补。

第一步

因金属挂板墙面会对家用电器、手机等信号造成影响，通常用在商业建筑中，如酒店、宾馆的大堂、电梯间及走廊等地。

第二步

定位弹线

按设计图纸在清理干净的基层上先弹好龙骨安装的位置线，而后再弹出饰面金属板的分格线，并弹出垂直及水平控制线。

第三步

安装龙骨

用抽芯铆钉或射钉沿所弹出的龙骨安装线对竖向龙骨进行安装固定，墙内其余空间用岩棉进行填充。

第四步

基层板安装

厚石膏板用自攻螺钉与墙面龙骨固定，检查安装正确后，将经阻燃处理的基层板用木钉固定在厚石膏板表面。

第五步

金属板安装

按弹出的分格线，在基层板上用专用胶将金属饰面挂板粘贴在基层板上，确认安装无误后，安装金属板扣板，并压紧、固定。

❸ 粘贴法不锈钢墙面

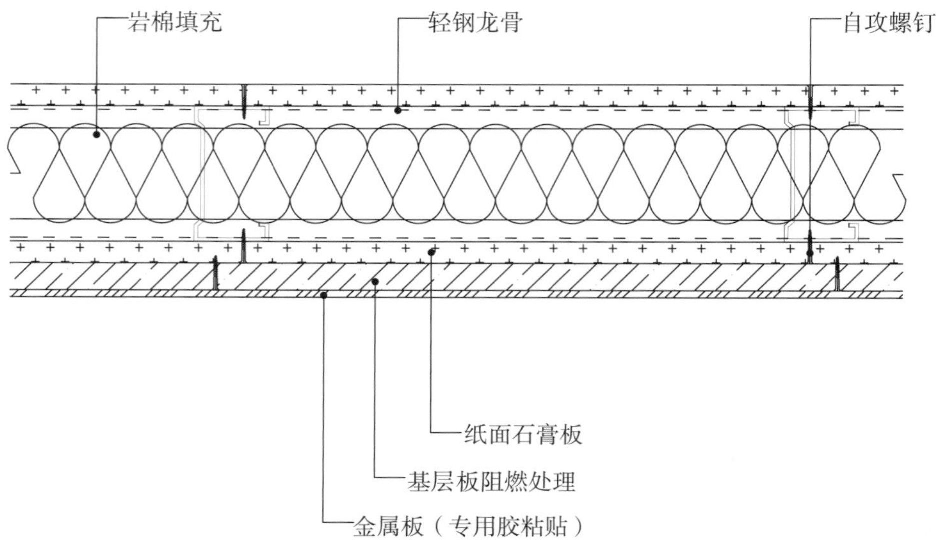

▲ CAD 节点图

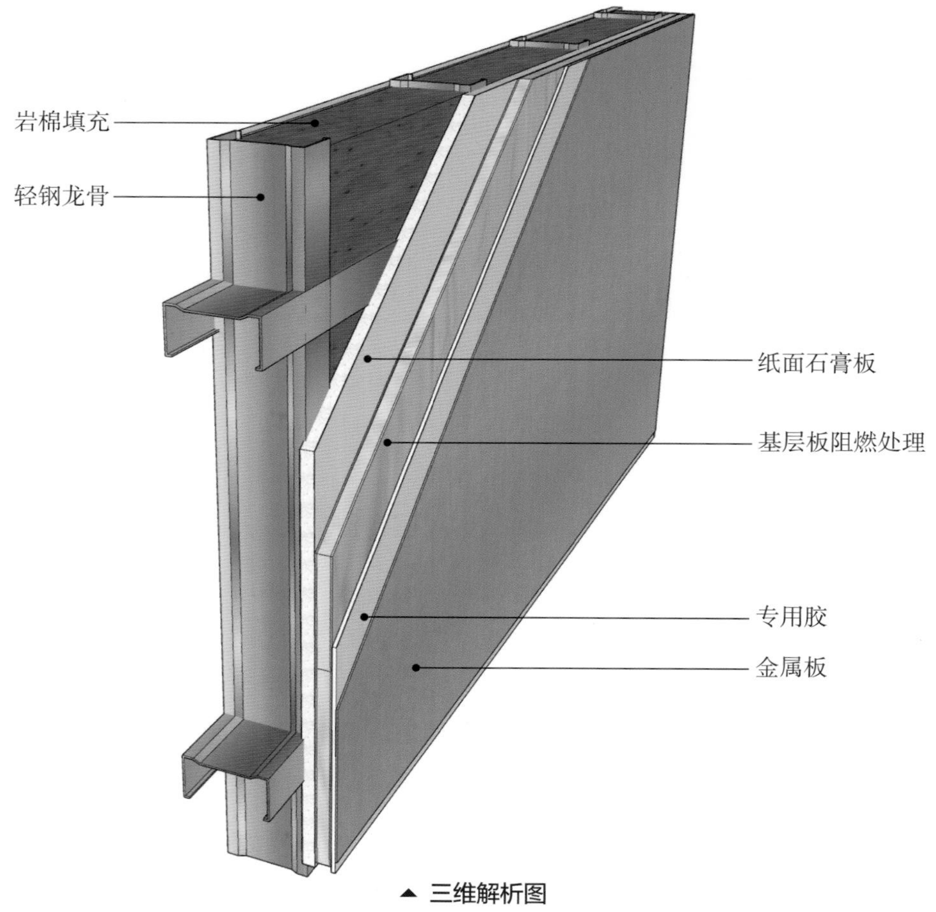

▲ 三维解析图

施工要点

1. 做好基层处理，保证墙面无杂物和凹凸后，再进行弹线。
2. 根据弹线位置来安装龙骨，再用螺钉将阻燃基层板固定在竖龙骨上。
3. 沿所弹位置线将整块金属板用专用胶粘贴在基层板上。

实景效果图 ▶

金属板的成本较高，故常用于商业建筑的墙面，如酒店大堂等空间。

三、金属网格

1. 材料特性

面材

高分子涂料、锌等

基材

铝、铝合金、钢板、不锈钢、铜

材料分类 按形态分类

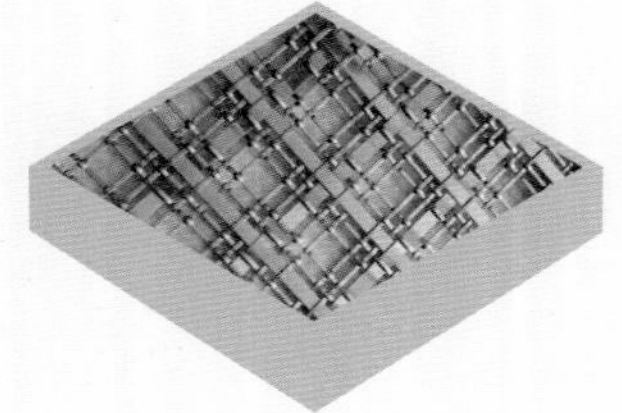

金属编织网

金属编织网是用金属棒或金属绳制成的，根据织物的编织形式，垂直金属绳和水平金属棒相互穿插，形成各种图案。一般，金属编织网的原材料是不锈钢和高强度耐腐蚀铬钢等金属，其具有广泛的应用范围和良好的装饰效果

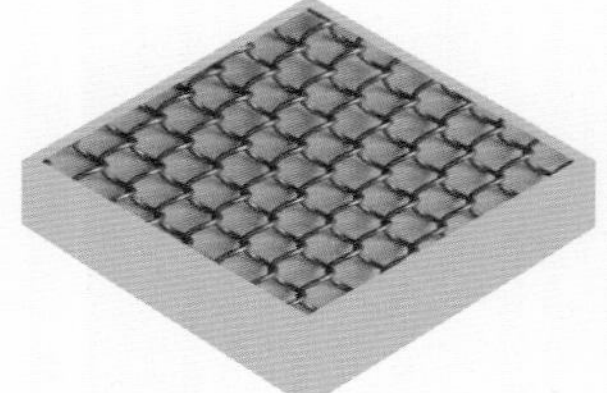

金属网帘

金属网帘是用金属丝以螺旋编织的形式制成的，网帘的表面除了金属的原始颜色外，还可以加工成青铜色、金色或其他金属颜色。其由于成本较高，一般被用于中高端空间中做屏风或其他装饰，和灯光搭配更能突出自身的优点

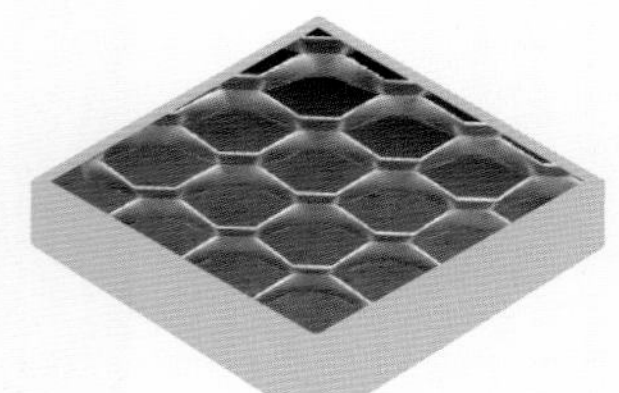

金属拉伸网

金属拉伸网是由金属板切割后拉伸而成的。其表面可以做粉末喷涂、氟碳烤漆等处理，以达到防腐的效果。其通常被用于酒店、购物中心、高档办公区等空间做顶棚装饰或屏风隔断

- **物理特性：**

金属网格的制作工艺是采用铝及铝合金基材、钢板基材、不锈钢基材、铜基材等金属材料经过机械加工成型，然后对其表面进行保护性和装饰性的处理。其品种繁多、变化丰富，被广泛应用于公共空间、家居空间等场所中。

- **优点：**

金属网格网眼均匀，抗腐蚀性好，结实耐用，具有耐酸、耐碱、耐磨等性能。其表面光洁度高，施工后的维护方便简单。同时，金属网格的连接点紧密、无缝隙、无焊合点，这使其表面装饰效果比较好。

- **材料分层特点：**

金属网格可以分为基材和面材两大部分，金属网格的基材基本都是用不同金属的合金制成的，再根据其防腐需求或者其他装饰需求进行镀锌、喷漆、喷塑等处理，做成面材。

- **基材的特点：**

基材可以选择不同金属的合金，比如铝、铝合金、钢板、不锈钢、铜等。

- **面材的特点：**

面材则多为高分子涂料或者镀层，能够形成多样的装饰效果，以丰富空间。

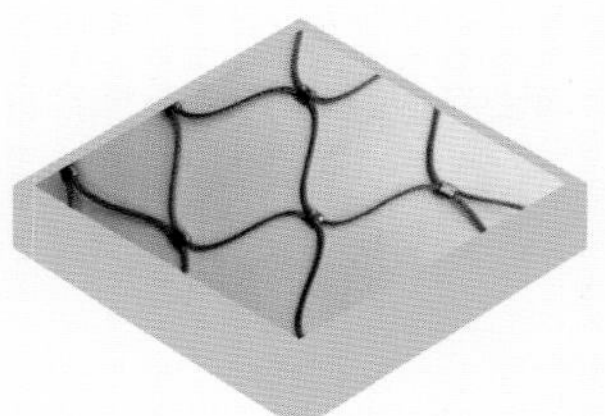

金属绳网

金属绳网一般分为用金属丝和钢丝绳经纬交叉编织而成的钢丝绳网和用卡扣与钢丝绳固定编织而成的钢丝绳网

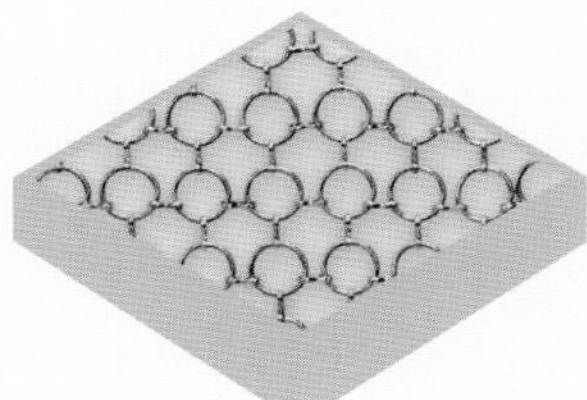

金属环网

金属环网是用铝合金、铜、碳钢等材料制作，再用金属扣或环环相扣的方式连接成片状结构。金属环网的颜色各异，多以垂直悬挂的方式被作为隔断

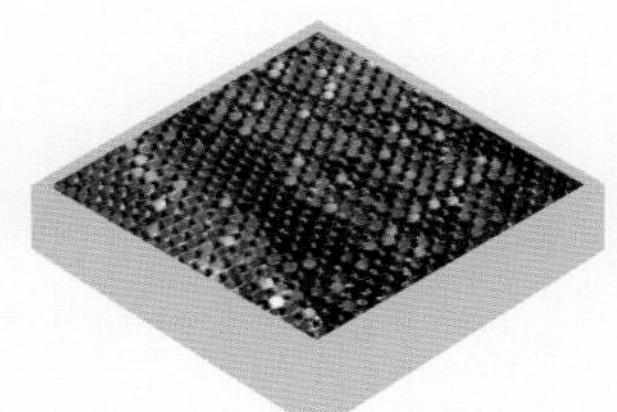

金属布

金属布由多个单独铝片咬合卡扣组成，铺平后如竹席般平整，通过电镀工艺可以呈现不同的颜色，在光线和角度的变化下有鱼鳞般的效果，多用在酒店、舞厅等娱乐场所，是一种时尚的装饰材料

2. 节点与构造施工

金属网格的形式很多，但应用于顶棚上的，通常为金属拉伸网和金属编织网。金属拉伸网对材料的利用效率更高，算是近几年来大热的一种装饰材料。金属网格的材料特性使其很难应用在家居空间当中，常用于公共空间、商业空间甚至办公空间当中。

工艺解析

第一步

定高度、弹线

第二步

固定竖向角钢

用膨胀螺栓和角钢固定件固定角钢。

第三步

固定横向角钢

用螺栓和角钢固定件将竖向角钢与横向角钢相固定。

第四步

固定铝合金型材框架

使用螺栓将铝合金型材框架与角钢相固定。

第五步

安装金属扩张网

预先将金属网焊接或者扩张好后，再用螺栓将其与框架进行安装。

❶ 粘贴法不锈钢墙面

▲ 实景效果图

金属网格隐隐透出顶棚内部的风管、线路等设备，给予了整个空间透气感，使顶棚不会因大面积的纯色而显得沉闷。

施工要点

1. 用膨胀螺栓和角钢固定件固定角钢。
2. 用螺栓和角钢固定件将竖向角钢与横向角钢相固定。
3. 使用螺栓将铝合金型材框架与角钢相固定。
4. 预先将金属网焊接或者扩张好后，再用螺栓将其与框架进行安装。

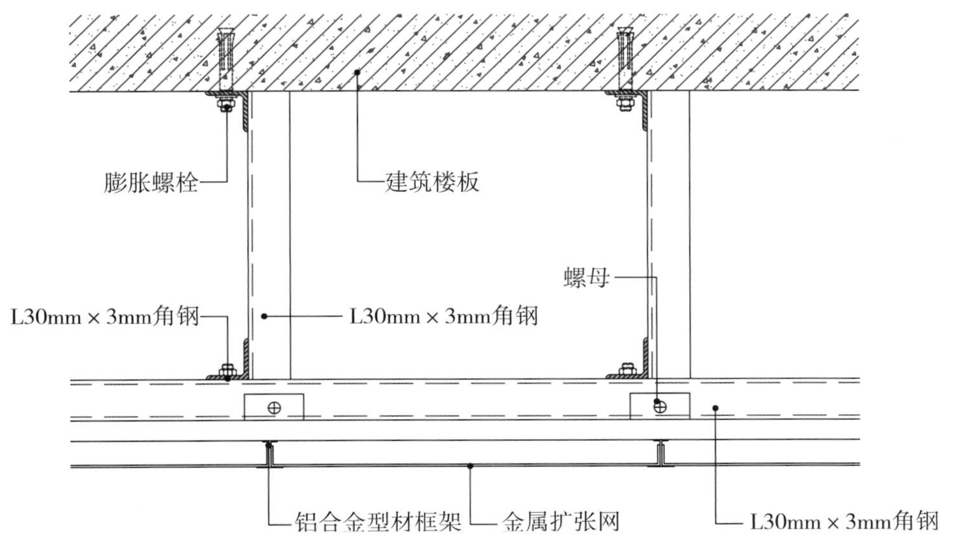

▲ CAD 节点图

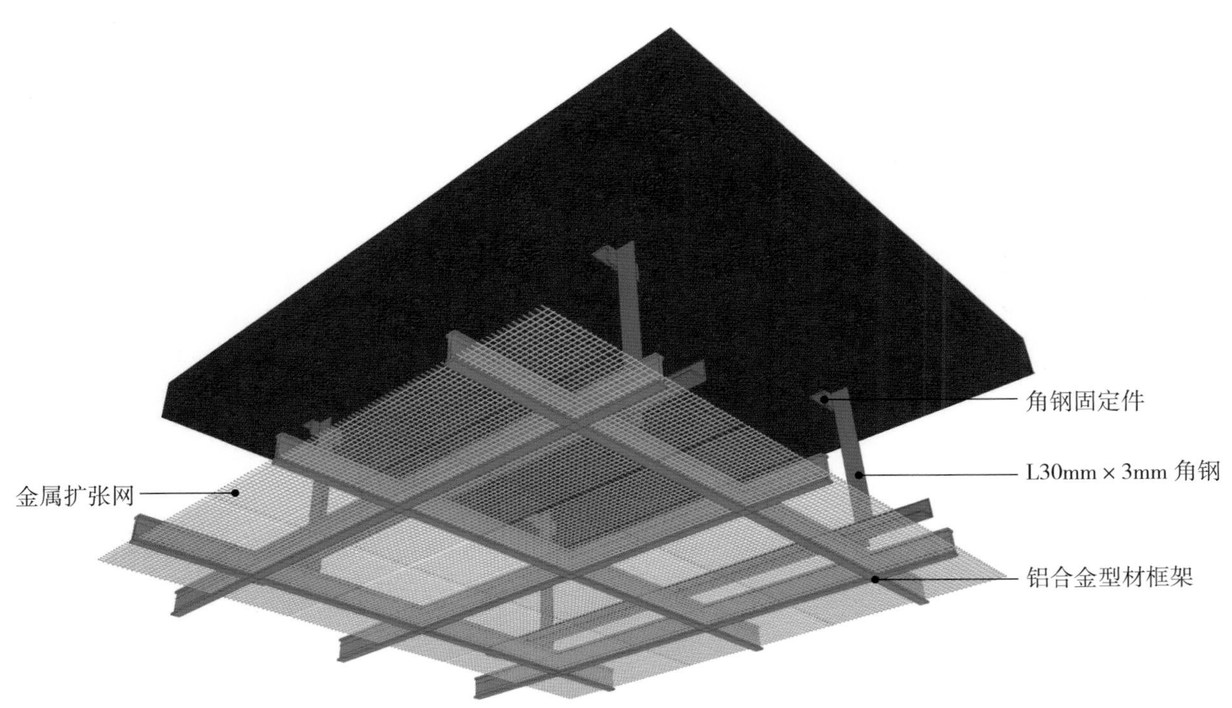

▲ 三维解析图

❷ 暗龙骨金属网格顶棚

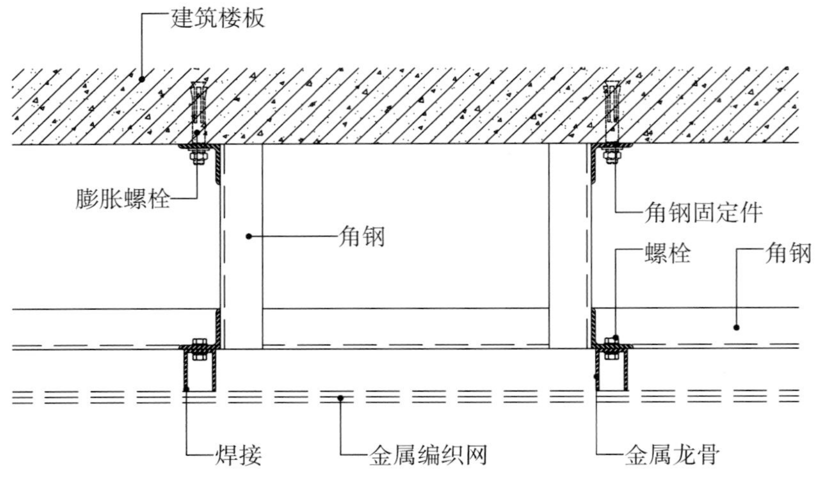

▲ CAD 节点图

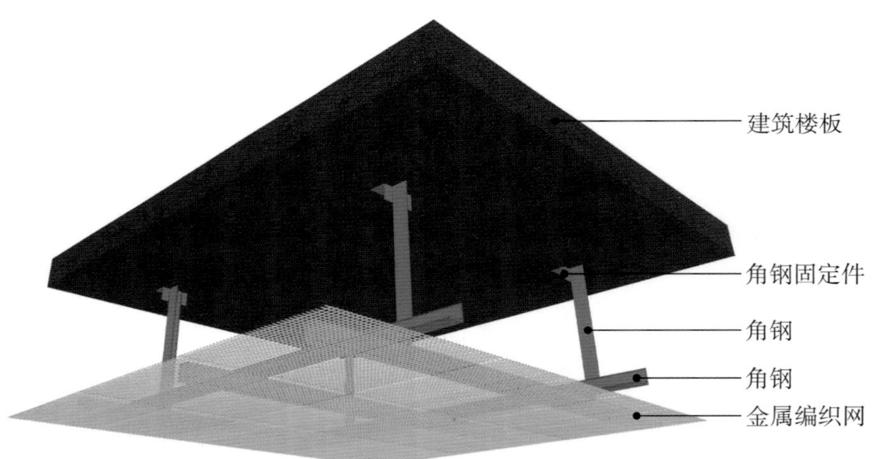

▲ 三维解析图

▲ 实景效果图

施工要点

1. 使用螺栓将 C 形龙骨固定在角钢上。
2. 预先将金属网焊接好后，再用螺栓将其与 C 形龙骨进行安装。

暗龙骨的金属网格只是隐隐地能看到龙骨的存在，其网格的形式增强了顶棚的通透性，同时产生的光影效果让顶棚更具特色。

小贴士

除了铝单板、不锈钢板以及金属网格外，室内空间中还经常使用铝蜂窝板做装饰。铝蜂窝板采用蜂窝式夹层结构，是以高强度合金铝板作为面，地板与铝蜂窝芯经高温、高压复合制造而成的复合板材。它具有重量轻、强度高、刚度好、耐蚀性强、性能稳定等特点。由于面、地板之间的空气层被蜂窝分隔成众多封闭孔，热量和声波的传播受到了极大的限制，所以与其他幕墙装饰材料相比，铝蜂窝板具有良好的保温、隔热性能，被众多地标建筑用作外幕墙。

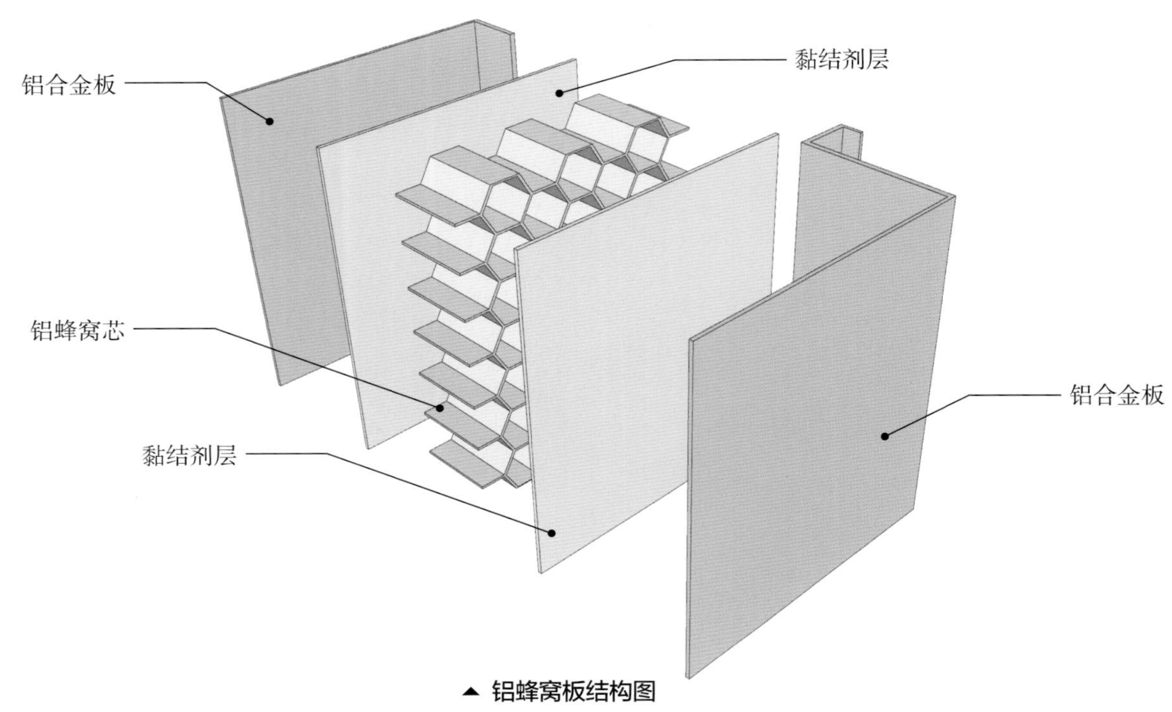

▲ 铝蜂窝板结构图

铝蜂窝板通常用于顶棚和墙面，用于顶棚时，需要在安装好吊杆、主龙骨后，用 U 形螺栓十字件将次龙骨和 Z 形挂件相固定，次龙骨和主龙骨将 Z 形挂件夹在中间，使安装更加稳固。再将铝蜂窝复合板直接搭在边龙骨以及 Z 形挂件上。这种安装方式简单，加工方便，吊装后还可以供人站在其上进行维修，适用于任何造型的顶棚。

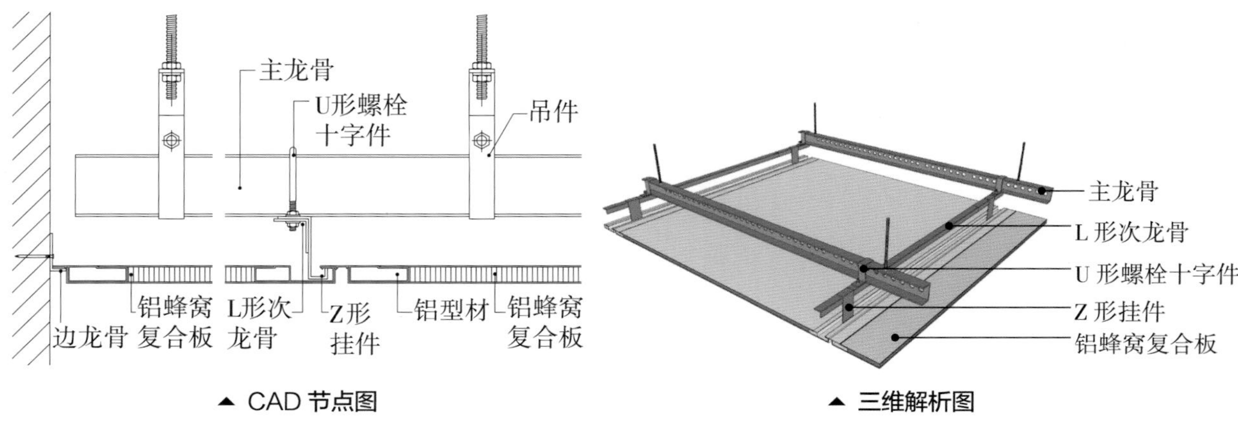

▲ CAD 节点图　　▲ 三维解析图

第七章

布料、皮革

布料和皮革均属于软性饰面材料，早期仅用于制作家具。近年来，随着人们审美水平的提高和对舒适性的要求不断提高，布料和皮革开始大量用于室内装饰工程中作为饰面材料。皮革布艺在室内空间中通常会以软包、硬包的形式存在，由于无论软包还是硬包都属于固定装饰，不像软装一般可随时更换，因此选择的布料纹理不宜过于花哨，通常以素色或暗纹的款式为主。

一、布料

1. 材料特性

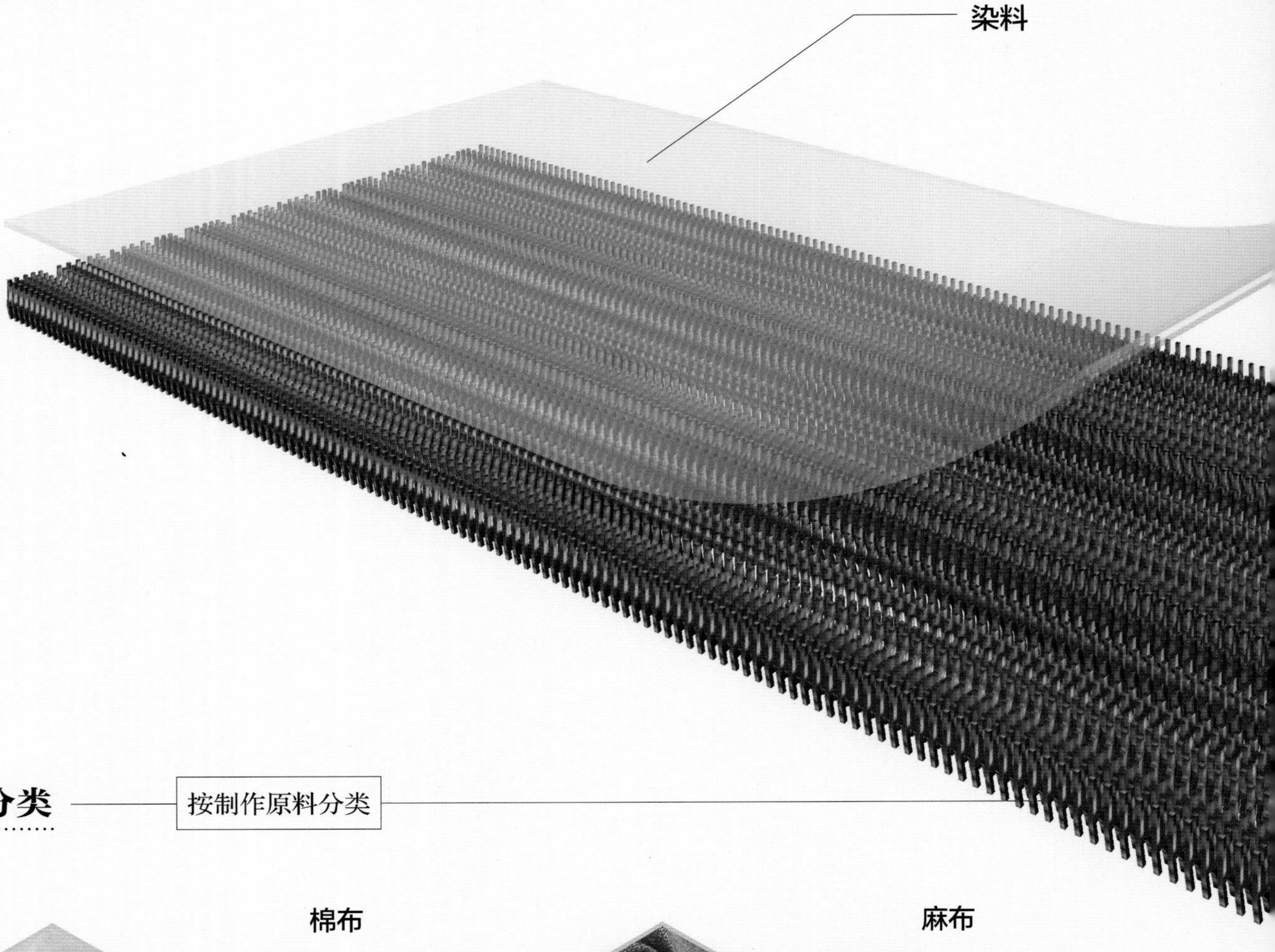

染料

材料分类 —— 按制作原料分类

棉布

各类棉纺织品的统称，手感柔和，吸湿性、透气性佳，但易缩、易皱，不适用于人多的场所

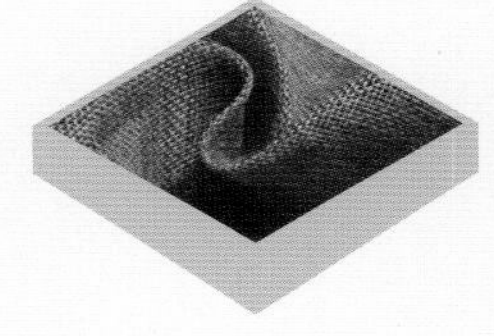

麻布

以麻类植物的纤维为原料制成，强度高，吸湿、导热、透气性较好，外观较粗糙，硬度相对较高

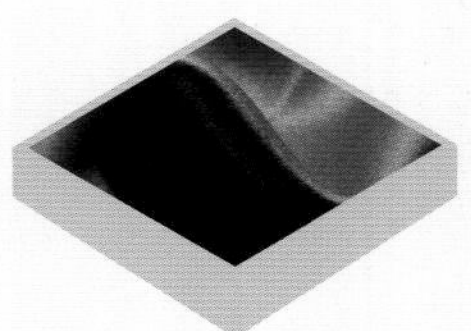

化纤布

由化学、合成或人造纤维制成，色彩鲜艳，垂坠挺阔，耐磨性、耐热性、吸湿性、透气性较差，容易产生静电

混纺布

将天然纤维和化学纤维按照一定比例混合纺织而成，综合了两者的优点又尽可能避免了它们的缺点，价格较低

真丝布

以天然蚕丝为原料纺织而成的布料，轻薄、柔软、爽滑、透气，色彩绚丽、富有光泽，但易皱、不够结实

- **物理特性：**

作为饰面材料使用的布料，很少选择大花等花纹明显的款式，但制作方式决定了其色彩的丰富性，为设计提供了广泛的选择范围。但布料不能擦拭，做建材使用时无法拆卸清洗，因此需精心保养。

- **优点：**

还具有柔软、温暖的触感，可以降低室内的噪声、减少回声等作用，更容易让人感觉温馨、舒适。

纤维

- **材料分层特点：**

布料为由各种纤维经纺织制成的一体式结构材料，按照其制作步骤来看，可以将其分成纤维和染料两部分。

- **纤维的特点：**

布料是由各种纤维经纺织制成的，在未染色前，为纤维的本色，各种纤维来源不同，具有不同的特点。纤维是构成布料的主要部分，可根据需要选择适合的纤维类型。

- **染料的特点：**

分为天然染料和合成染料两大类：天然染料较为安全，但色彩少，容易掉色；合成染料不易掉色，色彩多。可使布料具有更丰富的色彩，提高其美观性和装饰性。

按材质分类

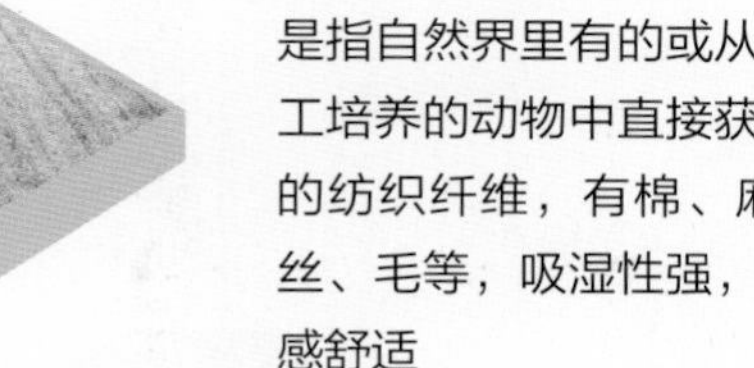

天然纤维

是指自然界里有的或从人工培养的动物中直接获得的纺织纤维，有棉、麻、丝、毛等，吸湿性强，触感舒适

化学纤维

以天然或合成的高聚物为原料，经一定的方法制造出来的纺织纤维，强度高，吸湿性低，摩擦易起静电

人造纤维

以天然高聚物，如木材、甘蔗渣或动物纤维等为原料，经一定加工纺丝所制成的纤维

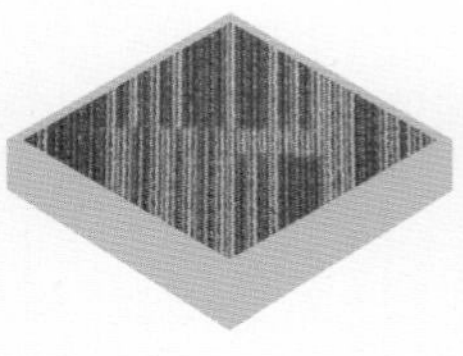

合成纤维

以石油、煤、天然气及一些农副产品为原料，经合成的高聚物加工纺丝所制成，强度高、质轻、弹性好

2. 节点与构造施工

布料作为饰面材料时，与皮革一样都有硬包和软包两种施工方式，做法可互相参考。硬包和软包最主要的区别在于，软包的内部采用了软性填料，并添加了海绵，内部和表层均较为柔软，且在美化空间上软包要优于硬包，厚度比硬包大，吸声和隔音效果较好。因此，本书将重点讲解硬包在顶棚及墙面上单独做装饰的节点与构造施工，其中，硬包装饰在墙面上通常使用胶粘法和干挂法两种方式。

❶ 胶粘法硬包墙面

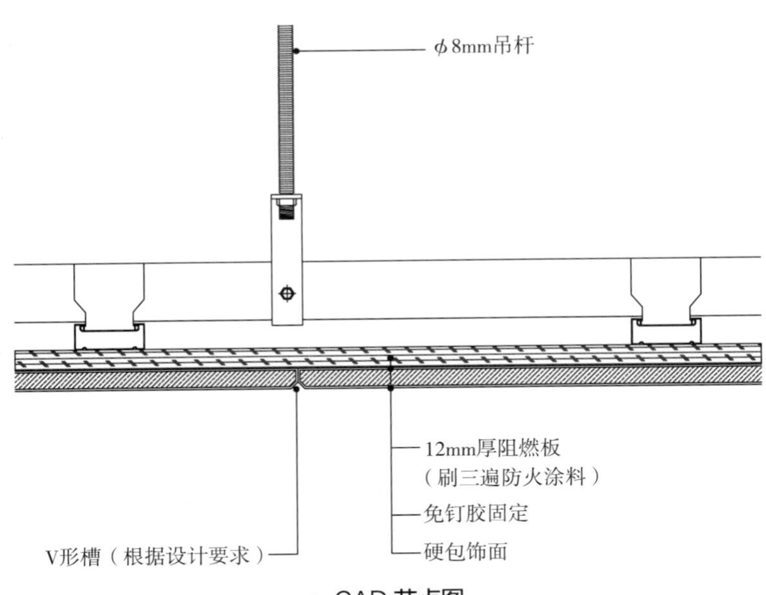

▲ CAD 节点图

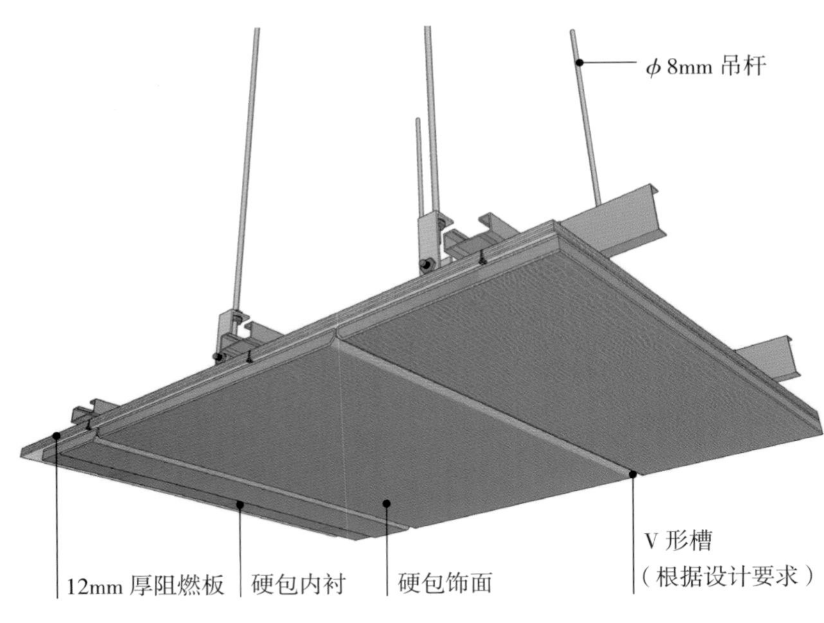

▲ 三维解析图

工艺解析

第一步

弹线

第二步

固定吊件

用膨胀螺栓将 ϕ8mm 吊件与钢筋混凝土板进行固定。

第三步

固定主龙骨

将吊杆和 D50 主龙骨通过配件连接在一起。

第四步

固定次龙骨

根据主龙骨的方向，依次固定 D50 的次龙骨。

第五步

安装阻燃板

预先将 12mm 厚的阻燃板涂刷三遍防火涂料，再用自攻螺钉与龙骨相固定。

实景效果图 ▶

在小型会议室设计硬包顶棚，能够有效地吸声，避免讨论的声音干扰到其他工作人员。

第六步

裁切基层板

将硬包基层板根据设计图纸中的造型进行裁切，然后刷清油，进行防腐、防霉处理。

第七步

包裹硬包

待基层板晾干后，两名工人一起配合对硬包基层板进行包裹，包裹时要拉紧硬包，以防日后发生空鼓。

第八步

安装硬包

将包好的硬包安装到阻燃板上，背面涂上免钉胶，再用枪钉从侧面进行固定，让硬包更加稳固。

❷ 干挂法硬包墙面

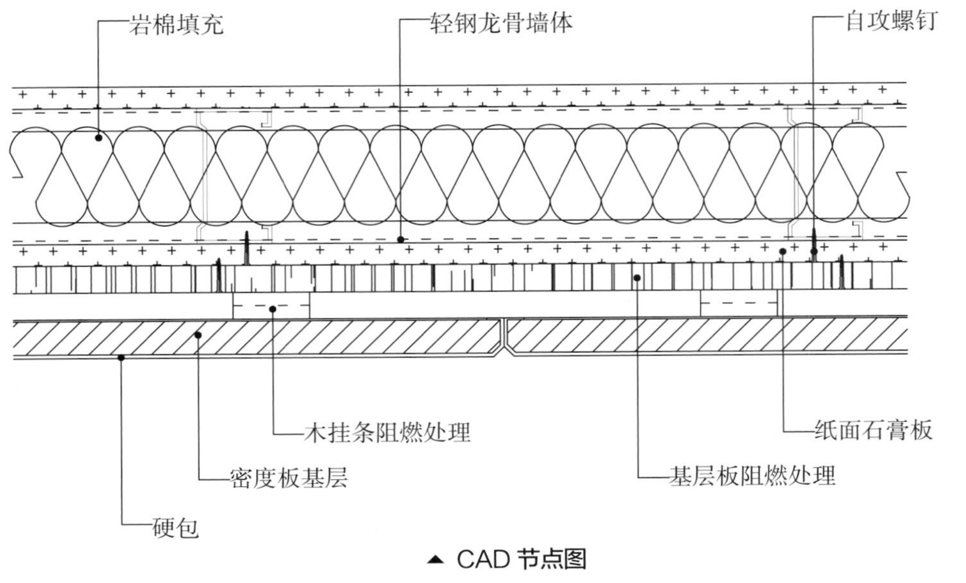

▲ CAD 节点图

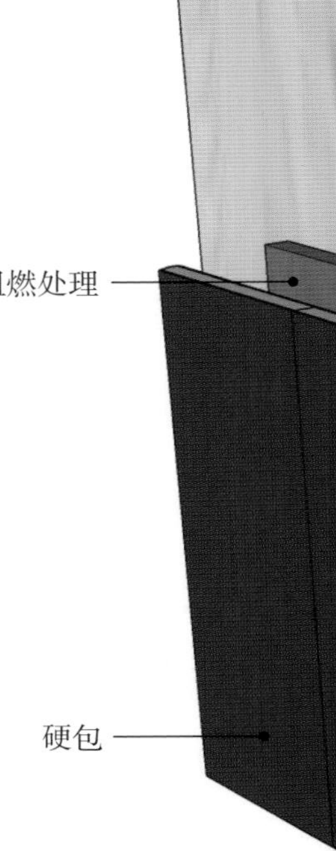

小贴士

布料做硬包的施工常见问题

①布料硬包变形的原因

龙骨或板材含水率过高，或潮湿地区未做防潮处理，均会导致变形。因此，所用龙骨及板材等含水率不应高于 12%；若所在地区湿度较大，需对龙骨和板材进行防潮处理。

②布料粘贴不牢的原因

采用粘贴法固定布艺时，出现粘贴不牢固的现象，主要是因为底板整洁度不够或涂胶不均。因此，底板应整洁无灰尘，涂胶应均匀。若为活动式硬包，可用枪钉对布面进行加固。

③贴脸或边线宽窄不一的原因

贴脸或边线宽窄不一，是由于选料不精细、施工不仔细或安装时钉子过于稀疏。因此，要重视贴脸或边线的选材及制作，严格按照规范施工。

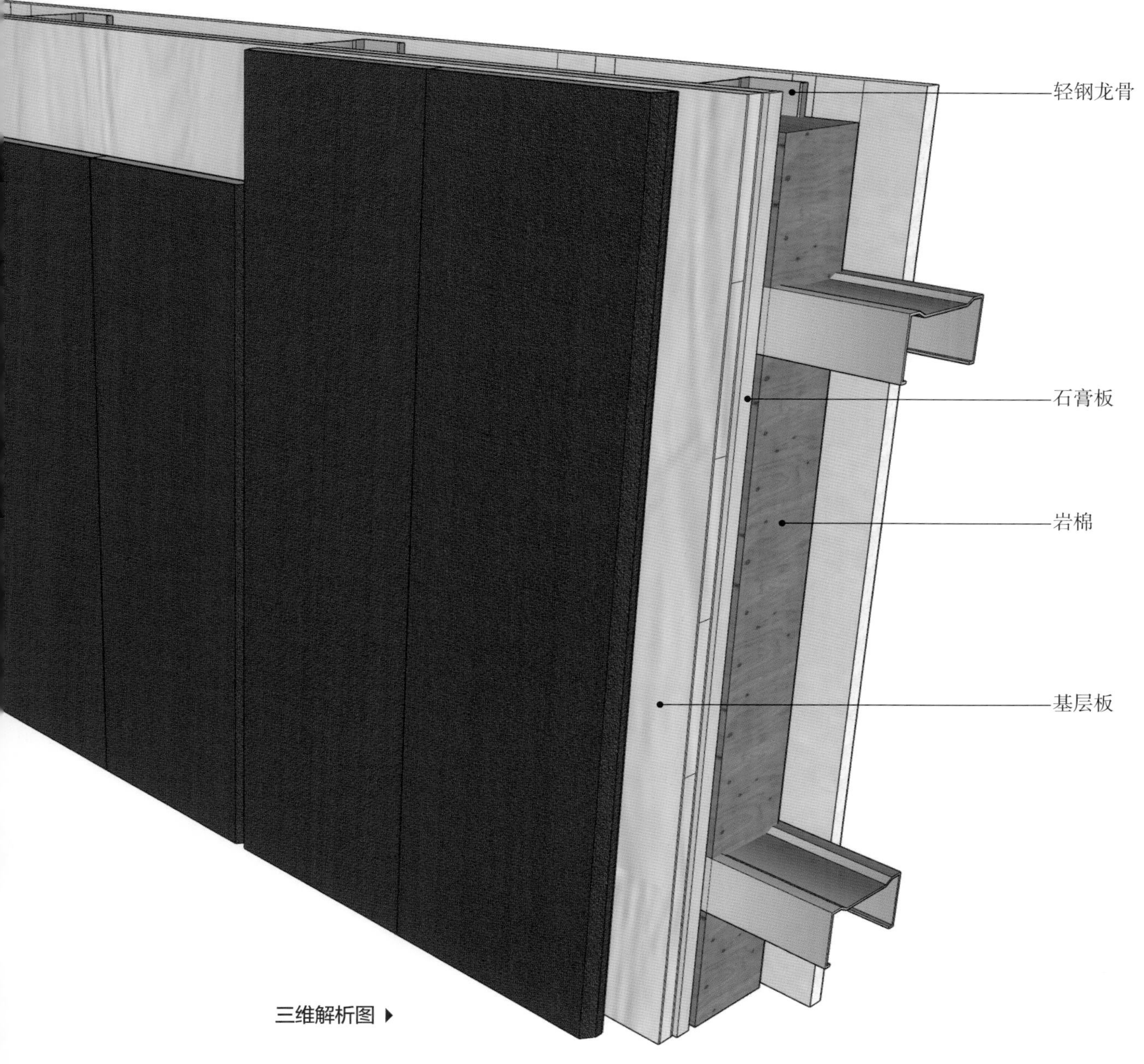

三维解析图 ▶

工艺解析

第一步

基层处理

第二步

定位弹线

根据设计图纸的要求确定硬包墙面的具体施工方法。根据造型设计来计算皮革的使用数量。

第三步

安装龙骨

将轻钢龙骨内横竖龙骨固定后，在轻钢龙骨墙体内填充岩棉。

第四步

材料加工

结合造型，对皮革进行裁剪。若造型较复杂，需制作成单独的硬包块，而后对应安装位置进行编号。

第五步

安装底板

将纸面石膏板用自攻螺钉与竖向龙骨固定，基层板经阻燃处理后与石膏板固定，将经阻燃处理的木挂条固定在基层板上。

第六步

粘贴面料

将密度板背面用木钉固定木挂条，与基层板木挂条嵌合连接，把面料在密度板表面摆正后按要求粘贴。

第七步

安装贴面或装饰边线

根据设计图纸选定和加工好贴面或装饰边线，按设计要求把油漆刷好。

第八步

修整软包硬面

除尘清理，钉、粘保护膜和处理胶痕。

◀ 实景效果图

硬包墙面具有防霉、防水、阻燃防火且耐磨的优势，与轻钢龙骨墙体结合后，能够有效地减轻墙面自重。

干挂法和胶粘法的区别

区别	干挂法	胶粘法
优点	更牢固、更安全	成本更低，安装更快
缺点	对完成面要求高，成本更高	使用的胶黏剂含有甲醛，在一些要求较高的项目中通常不允许使用
注意事项	要求越高的项目越偏向采纳干挂的做法	使用面积越大，对胶水的要求越高

❸ 胶粘法硬包墙面

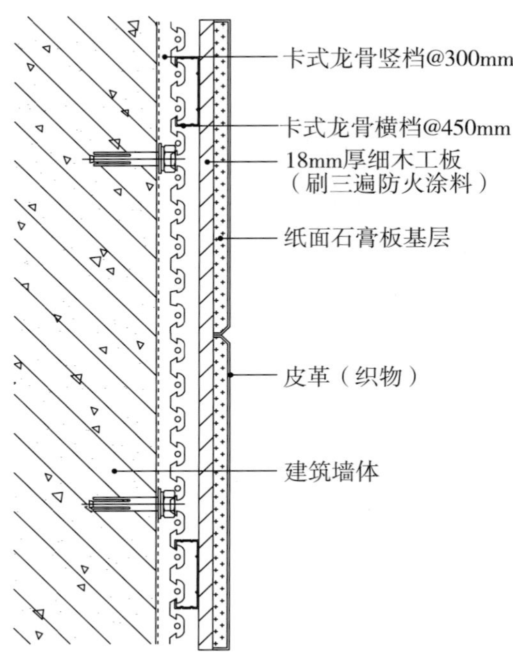

▲ CAD 节点图

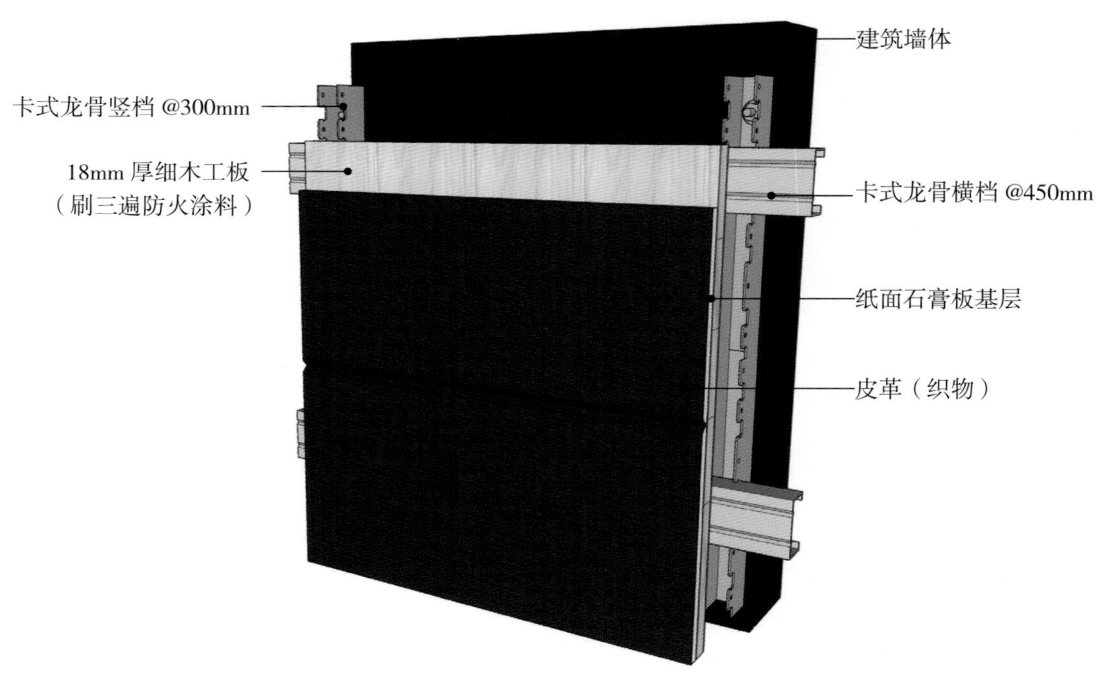

▲ 三维解析图

施工要点

1. 清理好基层后，在墙面上弹出硬包的定位线，用膨胀螺栓将卡式龙骨固定在混凝土墙上，中距 450mm，安装轻钢龙骨与卡式龙骨卡槽连接固定，中距 300mm。
2. 再安装底板，18mm 厚细木工板（刷三遍防火涂料）用钢钉与 U 形轻钢龙骨固定，进行找平处理。
3. 将硬包皮革与刷乳胶漆的纸面石膏板平整粘贴，将制作好的硬包模块用免钉胶固定在细木工板基层上。
4. 最后安装贴面或者装饰边线，并修整硬包边缘。

相较于软包墙面， 硬包墙面舒适度较低，但价格便宜且不易脏污，是客厅背景墙的一个很好的选择。此外，硬包墙面在高档酒店、会所、KTV 等商业建筑内也较为常见。

▲ 实景效果图

二、天然皮革

1. 材料特性

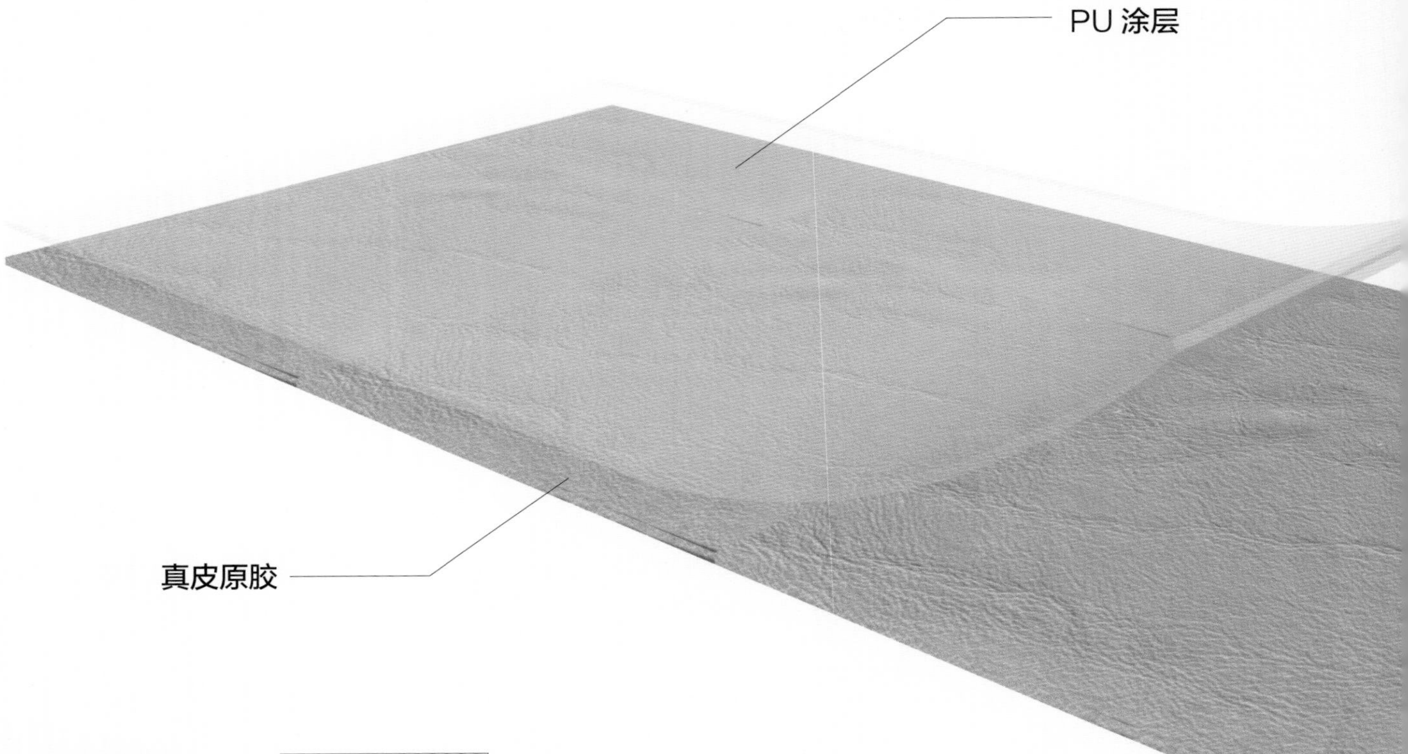

PU 涂层

真皮原胶

材料分类

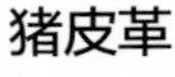

猪皮革

猪皮革的结构特点是真皮组织比较粗糙，且不规则，毛根深且穿过皮层到达脂肪层，因而皮革毛孔有空隙，透气性优于牛皮革，但皮质粗糙、弹性欠佳

牛皮革

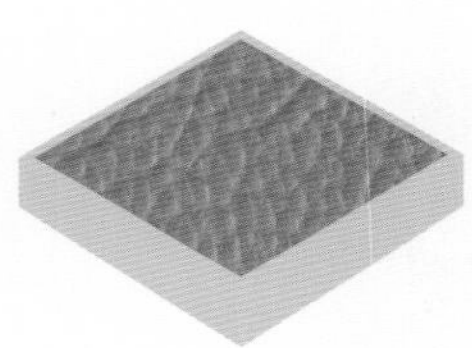

牛皮革是将生牛皮经过化学处理及物理加工，转变为一种不易腐烂的具有柔韧和透气等性能的产品

羊皮革

羊皮革是用山羊皮鞣制加工后制成的一类皮革。羊皮革的表面有较好的光泽且具有清晰的纹路。由于皮革在经过加工后会有更好的耐磨性，因此羊皮革织品比较耐用且易于打理。另外，羊皮革也具有一定的保暖性

马皮革

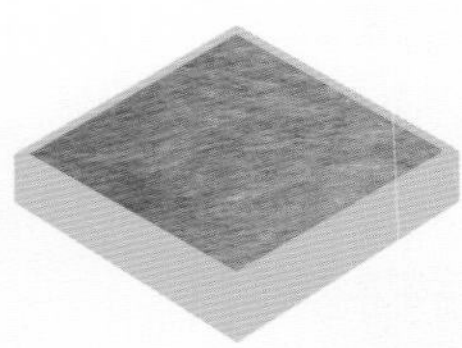

马皮革毛孔呈椭圆形，但不明显，毛孔比牛皮革略大，斜入革内呈山脉形状，有规律地排列，革面松软，色泽昏暗，不如牛皮革光亮

- **物理特性：**

皮革具有特殊的粒纹和光泽感，是非常高级的一种饰面材料。天然皮革的原料为动物皮，更具自然感，但幅面有限，不建议大面积使用。

- **优点：**

天然皮革表面有很多细毛孔，透气性能好。表面纹路自然，平整细腻、手感良好。其柔软度佳，具有光泽，成型后不易变形，并且染色性能好，具有可塑性，纹路色彩丰富。

- **分层特点：**

一张天然厚皮用片皮机剖层后，头层用来做成头层革，二层经过涂饰或贴膜等一系列工序制成二层革。

- **头层革的特点：**

头层革是整块皮料中质感和质量最好的部分，手感柔软，纹理清晰、自然，损伤小，涂层薄。多用来制作真皮家具，也可用来制作墙面软包造型，但价格较高。

- **二层革的特点：**

比头层革的质感差一些，花纹为压花，面层会以涂饰或贴膜等方式进行修整，手感不如头层革。二层革是同类皮革中价格最低的一种，可用来制作墙面软包或硬包造型。

按层次分类

头层革

厚皮用片皮机剖层而得，头层皮做成头层革

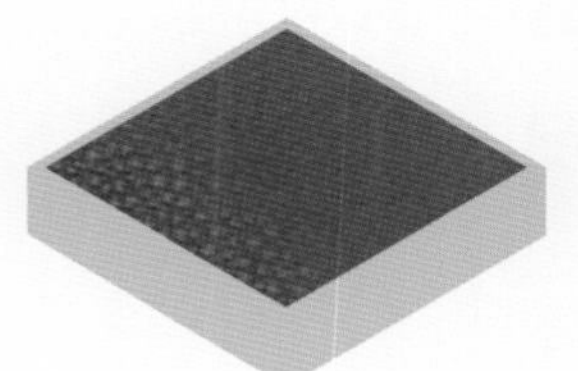

二层革

厚皮用片皮机剖层而得，二层经过涂饰或贴膜等一系列工序制成二层革，其牢度、耐磨性较差，是同类皮革中廉价的一种

2. 节点与构造施工

用天然皮革做硬包或软包造型时，通常会选用二层革，其成本低，更加适合大面积使用，但天然皮革容易发霉，浸水易膨胀，干后收缩，面积尺寸不稳定，因此，很多时候只会作为墙面部分区域的饰面材料存在，而非整面墙的饰面材料。不同的基层其软包做法会有些许差别，比如混凝土基层上会加龙骨来更好地固定基层板等，本书将重点讲解不同基层上软包墙面的节点与构造施工。

❶ 混凝土基层软包墙面

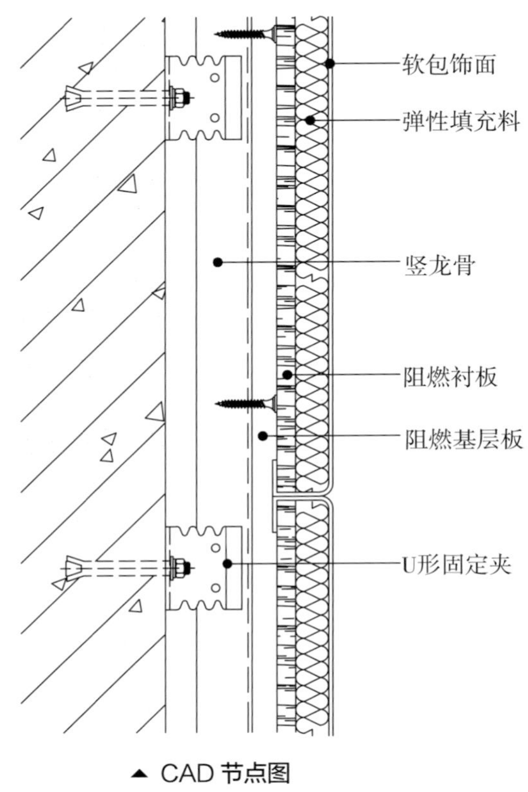

▲ CAD 节点图

工艺解析

第一步

基层处理

墙面基层涂刷清油或防腐涂料，沥青油毡不得用作防潮层，应待墙面干燥后再进行施工作业。

第二步

定位弹线

通过吊直、套方、找规矩、弹线等工序，根据图纸在墙面弹出分格线并校对位置的准确性，同时弹出竖向和水平的控制线。

第三步

安装龙骨

将 U 形固定夹通过膨胀螺栓固定在建筑墙体上，龙骨安装位置的顶棚与地面分别用膨胀螺栓将槽钢固定，竖龙骨与固定夹卡接后，再与上下槽钢焊接。

第四步

材料加工

按设计要求将软包布料及填充料进行剪裁，布料和填充料在干净整洁的桌面上进行裁剪，布料下料时每边应长出 50mm，以便于包裹绷边。剪裁时应横平竖直，保证尺寸正确。

第五步

安装底板

将阻燃基层板用螺钉固定在竖龙骨上，按分格线用气钉将阻燃衬板固定在阻燃基层板上，衬板应平整，且钉帽不得凸出板面。踢脚板在衬板底部与地面完成面相贴。

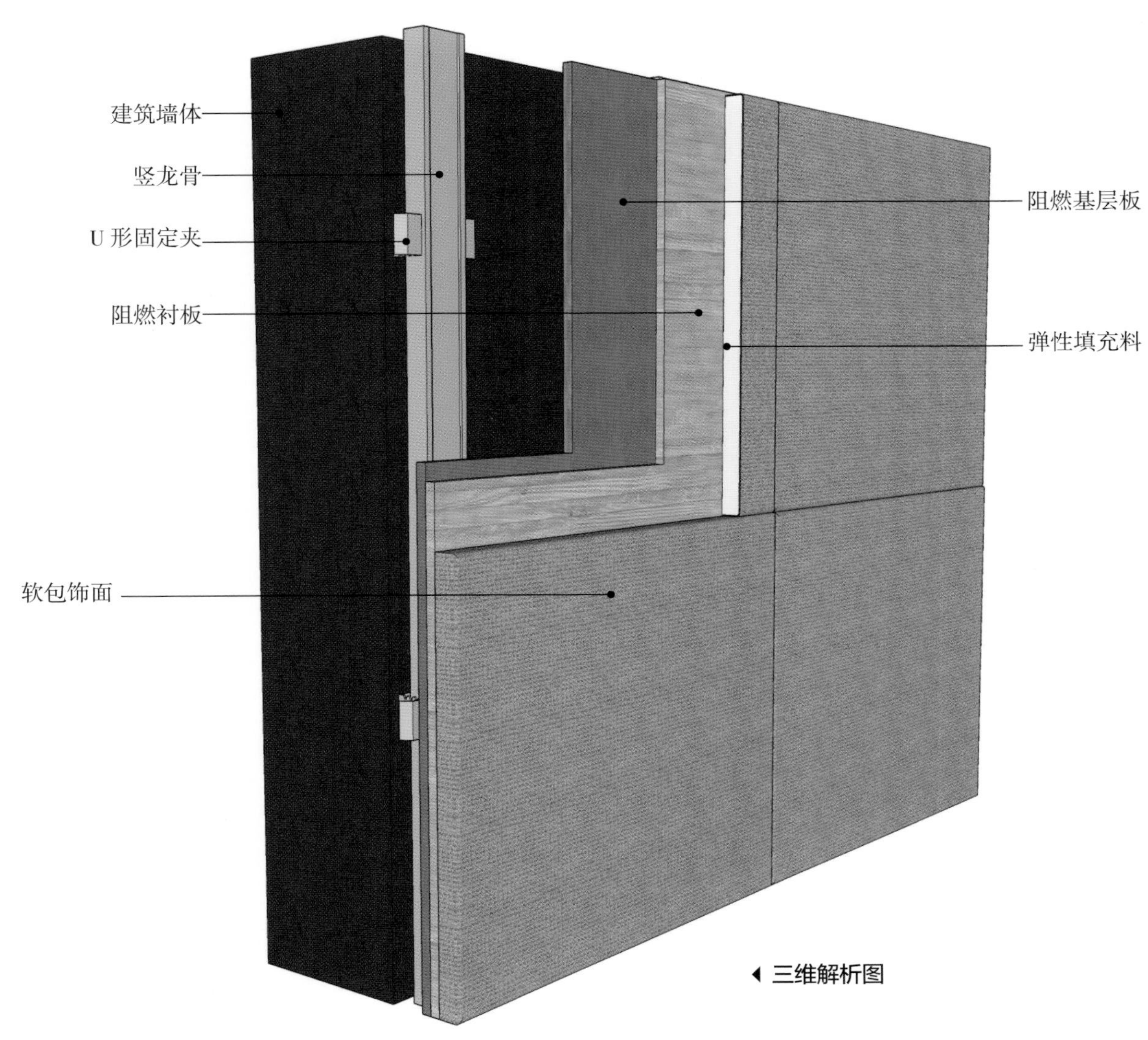

◀ 三维解析图

第六步

粘贴面料

将阻燃衬板表面均匀涂刷一层乳胶漆，将填充层平整地从板的一端粘贴到另一端，乳胶漆稍干后，将面料按顺序从下至上用钢钉固定在衬板上。拼接时应注意布料花纹相邻部分之间要对称。

第七步

安装贴面或装饰边线

将加工好的贴面或装饰边线刷好油漆，经试拼达到设计要求后，与基层固定并安装贴面或装饰边线，刷镶边油漆成活。

第八步

修整软包墙面

清理软包表面的灰尘，处理面料的钉眼及胶痕。

实景效果图

软包墙面具有吸声降噪、恒温保暖的优势，用在卧室墙面时，可以营造出温暖、安静的休息环境。此外，软包墙面还可以应用在室内客厅或者是办公场所的会客室中。

小贴士

皮革软包施工的常见问题

①软包面不平整、出现皱褶的原因

出现此类现象的原因有：软包布在张铺过程中没有展平就固定；软包的填充料没有粘贴在基层衬板上，操作过程中不平整就固定面料；层板含水率较大，造成板变形。

软包的板块制作一定要展开平整，从一端向另一端展平后固定；要用胶将软包的填充料粘在基层衬板上展平；基层木板的含水率必须控制在 8% 左右。

②软包块不方正的原因

软包不方正是由于墙面或衬板制作时不方正，或衬板边缘的木线条安装不直、接头错位。因此，软包部衬板下料尺寸要准确，板边木线条平直，接头顺畅。

③填充不饱满的原因

软包让人感觉填充得不够饱满，主要是由于施工中填充料没有认真填满。因此，需要在软包的填充料填充完成后，进行对齐检查，足够饱满后再做面层。

The Elements of Style
LIVING IN CHINA

❷ 轻钢龙骨基层软包墙面

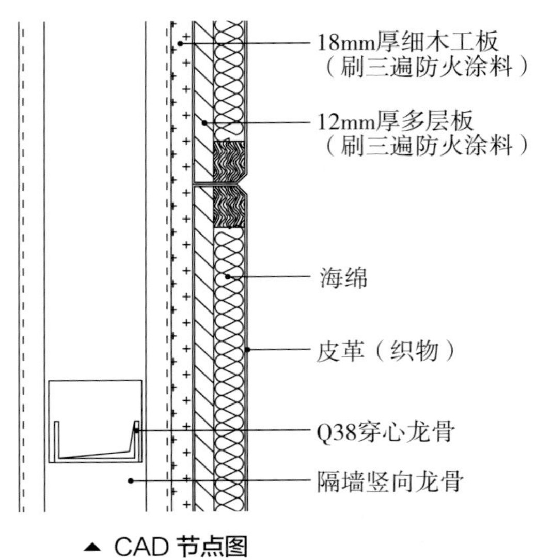

▲ CAD 节点图

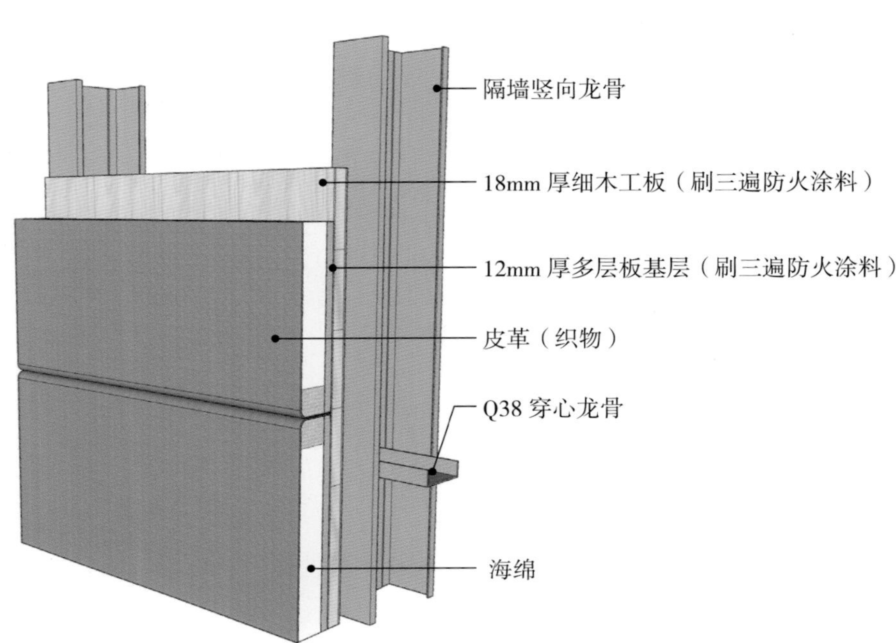

▲ 三维解析图

工艺解析

基层处理

将基层浮灰清理干净，对不够平整、垂直度达不到要求的墙面进行修补。

第一步

定位弹线

根据施工图纸在墙面弹出水平及竖向的安装线，并通过水准仪弹出墙面各个方向的控制线。

第二步

安装龙骨

隔墙竖向龙骨沿所弹位置线安装，Q38 穿心龙骨穿过竖向龙骨开孔处进行固定。

第三步

材料加工

按图纸要求将软包布料及填充料进行排版分割，尽量做到横向通缝、板块均匀等。在菱形拼花时需考虑布料幅宽以降低损耗，尖角角度不宜太小。

第四步

▲ 实景效果图

软包墙面需与家具设施有较高的匹配度，才能体现其完整性，否则会影响室内整体的装修效果。但若使用得当，软包墙面可以高效地提升空间的立体感，提高生活品位。

安装底板

将 18mm 厚细木工板（刷三遍防火涂料）用钢钉与 U 形轻钢龙骨固定进行找平，再将 12mm 厚多层板（刷三遍防火涂料）与细木工板固定。

第五步

粘贴面料

将软包皮革与海绵平整粘贴，将制作好的软包模块用枪钉固定在细木工板基层上。

第六步

安装贴面或装饰边线

将加工好的贴面或装饰边线刷好油漆，经试拼达到设计要求后，安装贴面或装饰边线，刷镶边油漆成活。

第七步

修整软包墙面

清理软包表面的灰尘，处理面料的钉眼及胶痕。

第八步

三、人造皮革

1. 材料特性

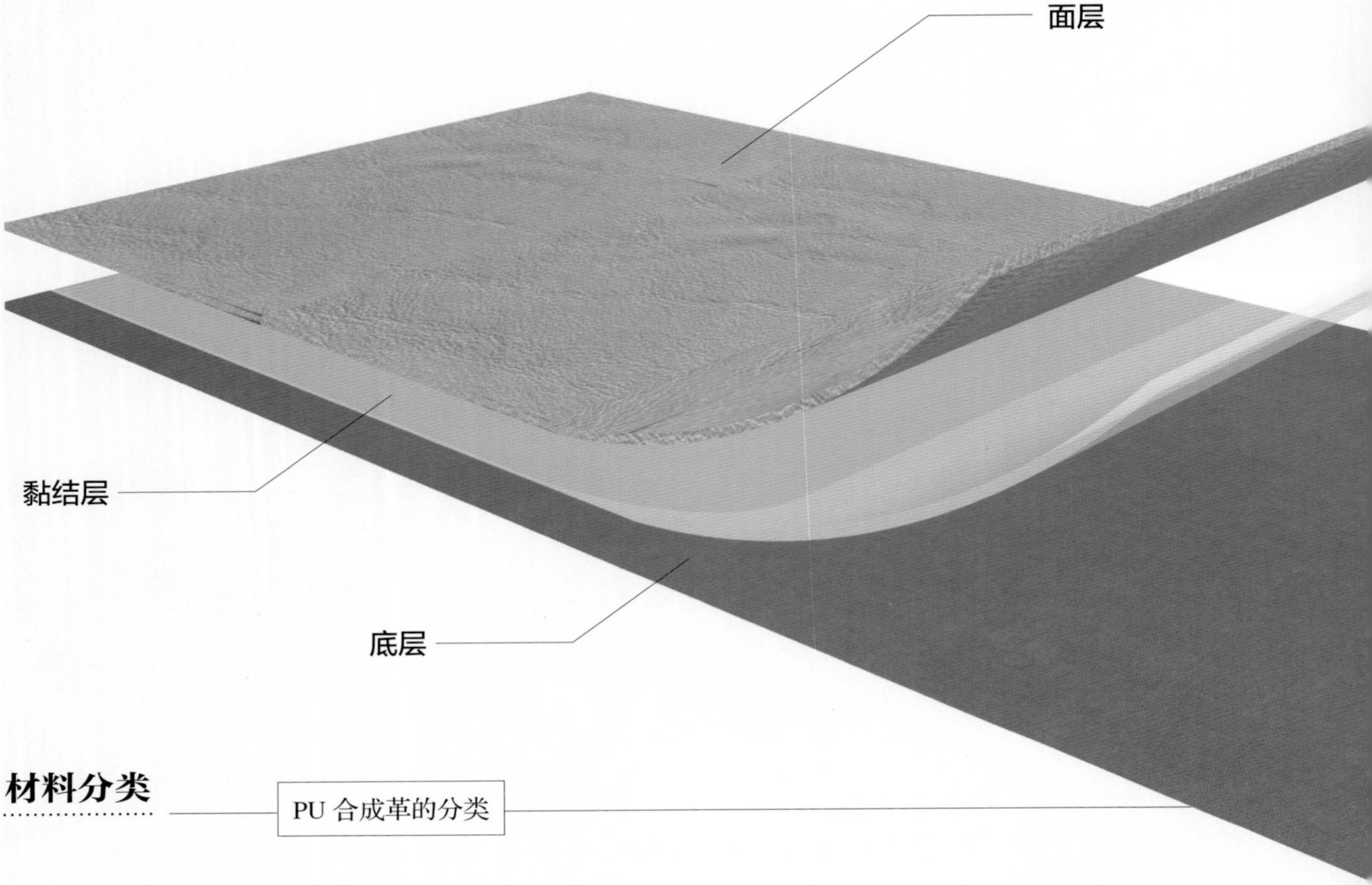

面层

黏结层

底层

材料分类

PU 合成革的分类

牛巴革

表面类似于绒面的头层皮，强度较高

疯马革

手感光滑，柔韧结实，弹性足，手推表皮会变色

镜面革

表面光滑，光亮耀人，具有镜面效果

水洗革

有复古效果的 PU 合成革

- **物理特性：**

人造皮革为人工制造，可以根据不同的强度、色彩、光泽、花纹等要求加工制作。但其手感和弹性比不上天然皮革。

- **优点：**

人造皮革具有色彩多样、花样繁多、幅面无限制、防水性能好、边幅整齐、利用率高和相对便宜的特点。

- **分层特点：**

人造皮革是在纺织布或者无纺布的基础上，用各种不同配方的 PVC 和 PU（聚氯酯）等发泡或覆膜加工而成的。因此，可大致分为底层和面层两层结构。

- **底层特点：**

底层主要是织物，如纺织布或无纺布，做基底，可以维持人造皮革的柔软感和密实感。

- **面层特点：**

面层主要由不同配方的 PVC、PE、PU 等发泡或覆膜加工制作而成，可以根据不同强度和色彩、光泽、花纹图案等要求进行加工，具有品种繁多、防水性能好、边幅整齐、利用率高和价格便宜的特点。

PVC 人造皮革的分类

普通人造皮革

多以平布、帆布、再生布为底基，用直接涂覆法制成。成品手感较硬、耐磨

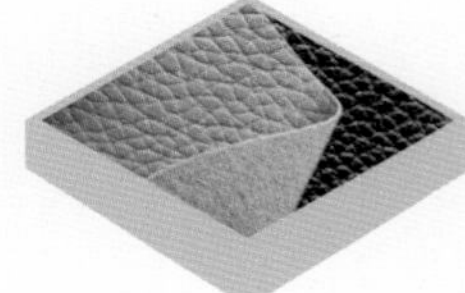

发泡人造皮革

涂膜平整光滑、质感细腻，可洗刷，光泽持久。具有高遮盖力，强附着性，极佳的抗菌及防霉性能，优良的耐水耐碱性能

绒面人造皮革

俗称人造麂皮，其品种繁多，面层有绒面感

PU 人造皮革

PU 人造皮革

用 PU 树脂与传统织物生产的人造革称为 PU 人造皮革，质量有好有坏，质量好的价格甚至高于真皮

PVC 人造皮革与 PU 合成革的区别

区别	PVC 人造皮革	PU 合成革
特点	价格低廉、色彩丰富、花纹繁多，但是易发硬、变脆	价格低廉、色彩丰富、花纹繁多，且不会变硬、变脆
浸泡汽油区分	会变硬、变脆、变舒适	不会变硬、变脆

2. 节点与构造施工

人造皮革的成本低，虽然手感、舒适度均不如天然皮革，但装饰效果好，具有一定的强度、韧性、弹性和耐磨度，十分适用于一些商业空间等大型空间。人造皮革单独做硬包和软包装饰的节点可参考第 230 页和第 231 页的内容，与天然皮革的做法相同，本书将重点讲解人造皮革硬包与其他材料在墙面上相接的节点与构造施工。

❶ 人造皮革硬包间嵌条墙面

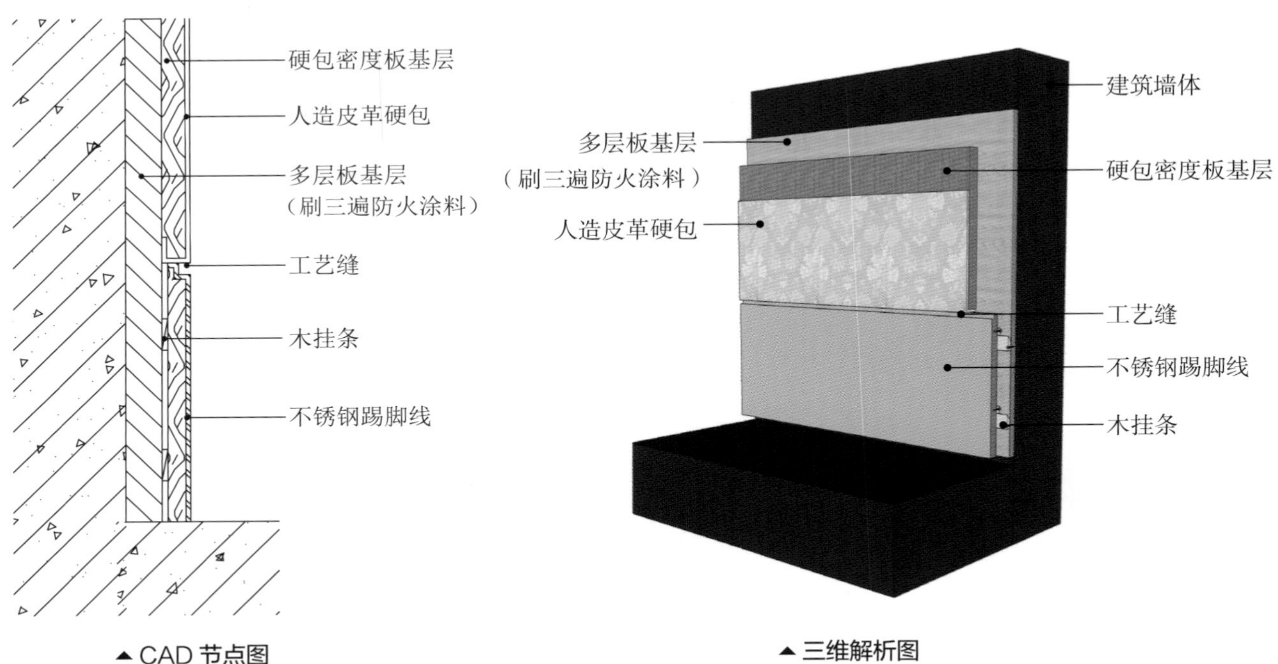

▲ CAD 节点图　　▲ 三维解析图

施工要点

1. 做好基层处理，保证墙面上无杂物和凹凸后，再进行弹线。
2. 根据弹线位置来安装龙骨，再用螺钉将阻燃基层板固定在竖龙骨上。
3. 相邻两块成品硬包饰面板间的缝隙用木衬条进行填充，并用不锈钢嵌条修饰硬包墙面的边线。

新中式风格的房间中，以硬包做墙面的，中间做嵌条分隔硬包，增加空间层次感。而且床架上白幔闲垂，给空间增添了几分懒意，和空间整体颜色也十分协调。

▼ 实景效果图

❷ 人造皮革硬包与墙纸相接墙面

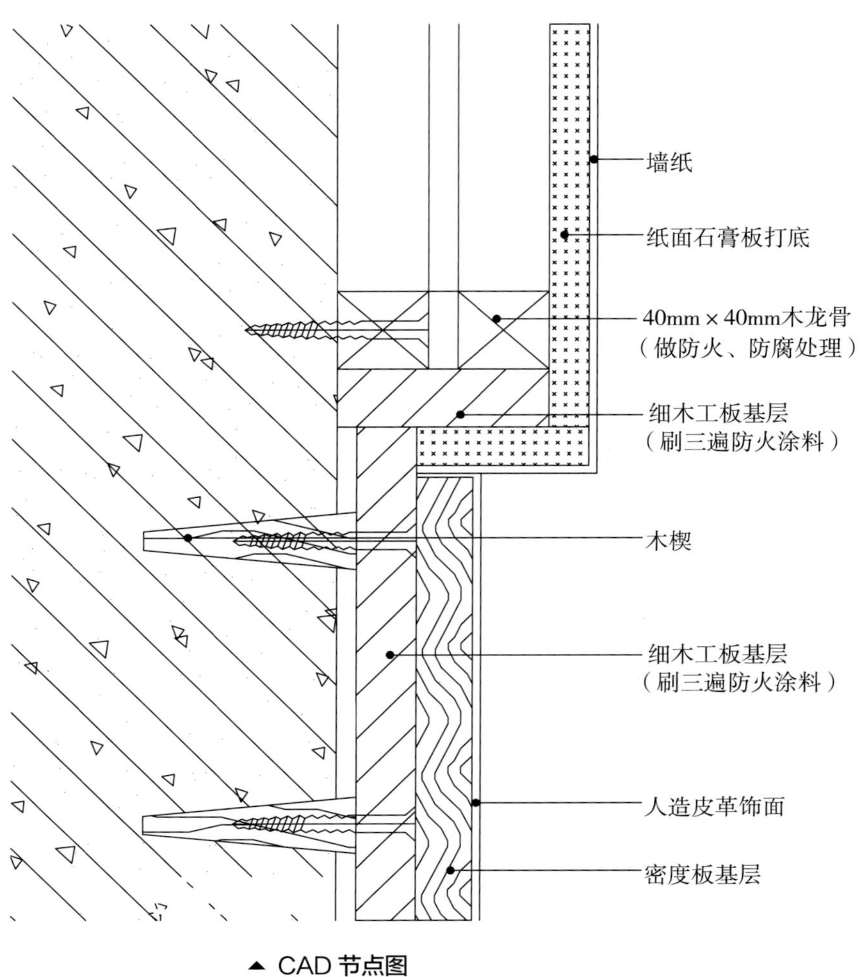

▲ CAD 节点图

工艺解析

准备工作

按设计图纸选择40mm×40mm 木龙骨、细木工板、纸面石膏板、木楔、墙纸、织布饰面，确保材料的质量。

第一步

现场放线

在墙面弹出木龙骨及基层板的安装位置线，以及墙纸与软硬包的交接位置线。同时需在墙面弹出水平和垂直的控制线。

第二步

材料加工

将木龙骨进行防火、防腐处理，细木工板刷三遍防火涂料。同时将墙纸、石膏板、龙骨及基层板按设计图纸尺寸进行裁剪。

第三步

基层处理

木龙骨按弹出的墨线安装在拐角处，通过水平及垂直的控制线确保木龙骨安装端正，木龙骨通过木楔嵌入建筑墙体。

第四步

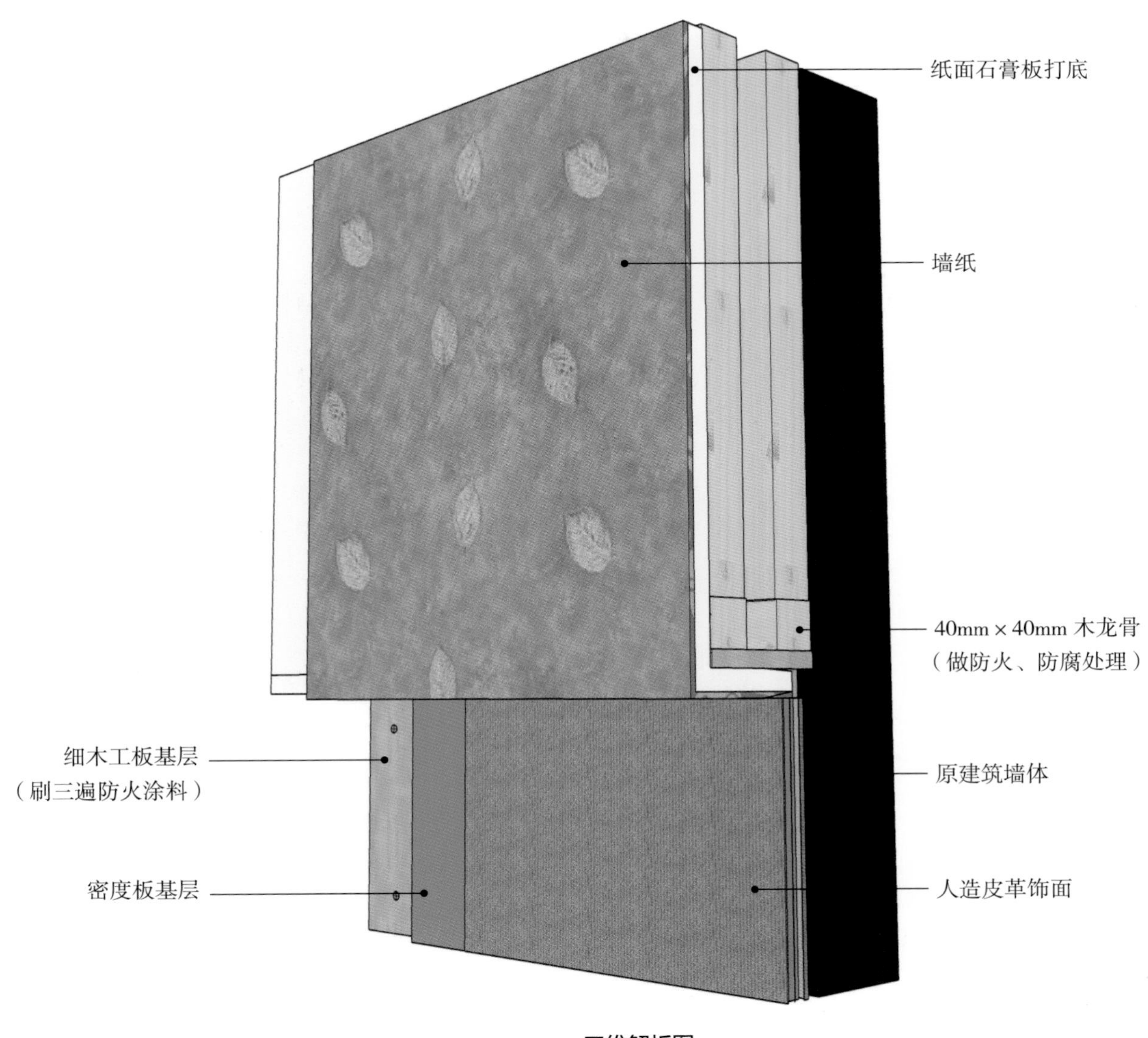

▲ 三维解析图

安装基层板

细木工板贴龙骨及木楔安装，贴墙纸的墙面拐角处用纸面石膏板进行打底。

第五步

粘贴墙纸

在石膏板表面及墙纸背面刷一遍胶黏剂，待胶半干后将墙纸花纹图案对齐，平整地粘贴在石膏板面上，拐角处墙纸需小心处理，避免出现脱落、起泡等现象。

第六步

成品软硬包安装

将人造皮革饰面与硬包的基层板黏合，制作完成的成品硬包与细木工板基层固定，同时，需注意软硬包与已粘贴好墙纸的墙面的衔接。

第七步

完成面处理

将完成饰面安装的墙面用专用保护膜做好成品保护，预防安装好的成品墙面受到污染。

第八步

温柔明快的浅粉色软包与以黑白为主色调的墙纸相接，作为卧室墙面，简约而不简单。

▲ 实景效果图

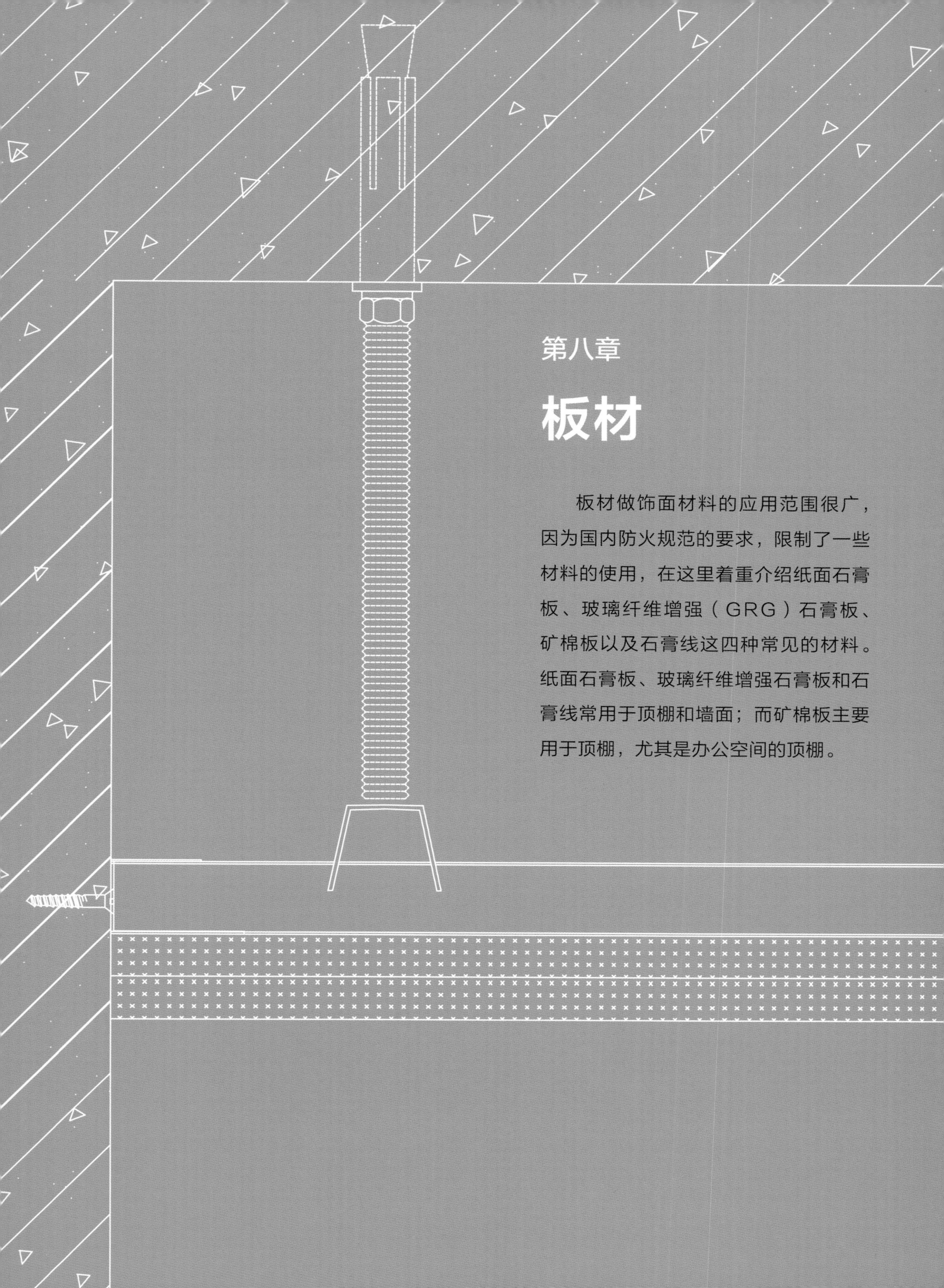

第八章

板材

板材做饰面材料的应用范围很广，因为国内防火规范的要求，限制了一些材料的使用，在这里着重介绍纸面石膏板、玻璃纤维增强（GRG）石膏板、矿棉板以及石膏线这四种常见的材料。纸面石膏板、玻璃纤维增强石膏板和石膏线常用于顶棚和墙面；而矿棉板主要用于顶棚，尤其是办公空间的顶棚。

一、纸面石膏板

1. 材料特性

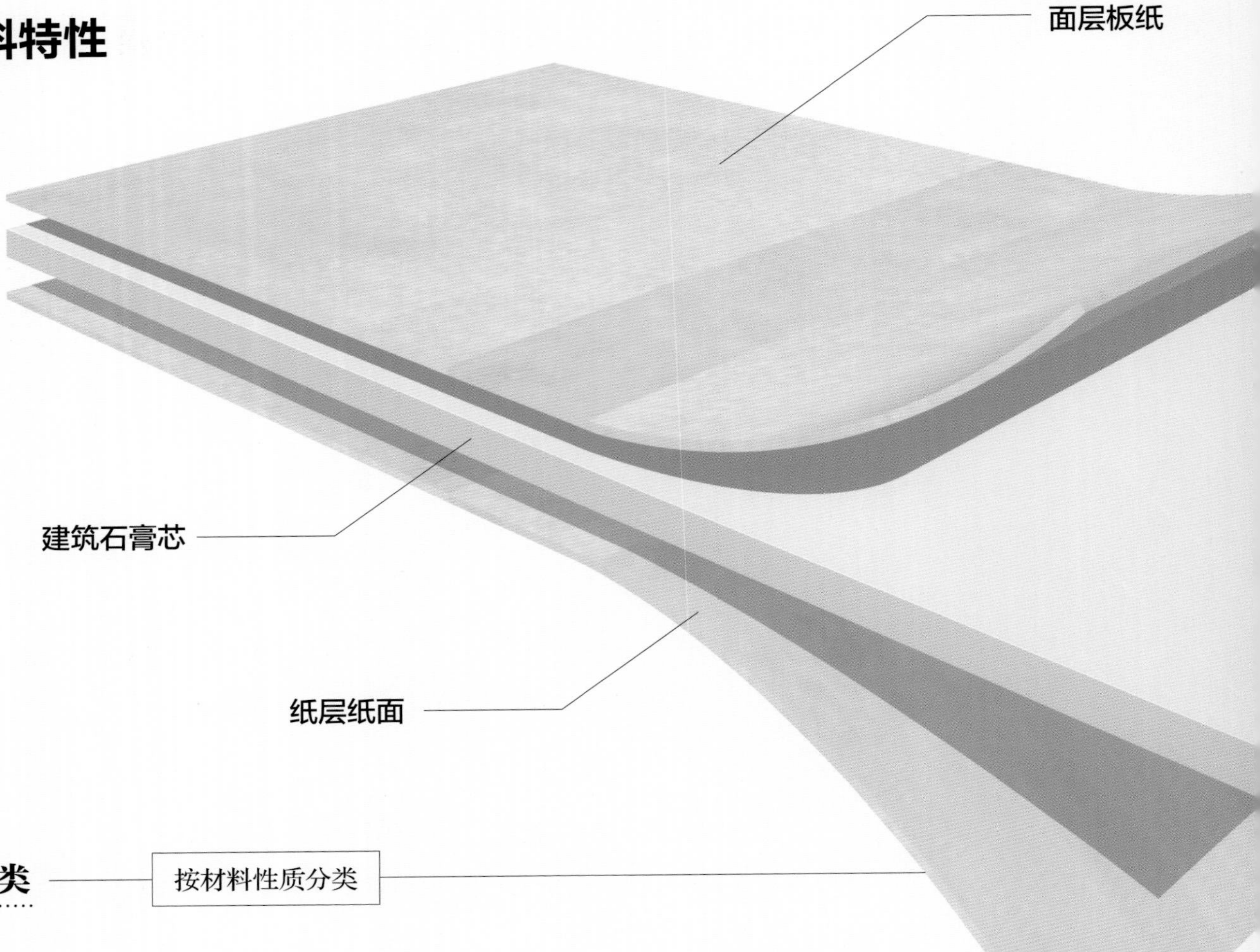

面层板纸

建筑石膏芯

纸层纸面

材料分类 按材料性质分类

普通纸面石膏板

非常经济与常见的品种，适用于无特殊要求的场所。使用场所连续相对湿度不超过 65%

平面纸面石膏板

适合作为干燥环境中吊顶以及墙面造型、隔墙的制作材料。适用于各种风格

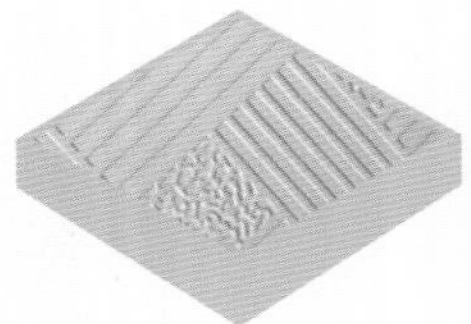

浮雕纸面石膏板

通常适合作为干燥环境中吊顶、墙面造型、隔墙的制作材料。根据浮雕花纹的不同，适用于欧式或者中式风格的室内环境中

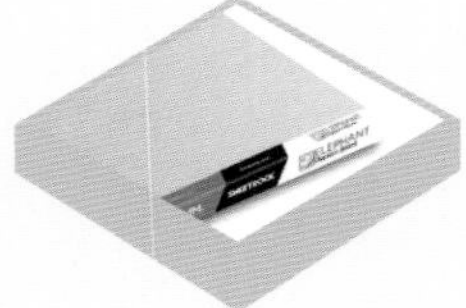

耐水石膏板

板芯和护面纸均经过防水处理，适合作为厨房以及卫浴间等潮湿环境中吊顶及隔墙的制作材料

- **物理特性：**

纸面石膏板是以建筑石膏为主要原料，掺入适量的添加剂与纤维做板芯，以特制的板纸为护面，经加工制成的板材。不仅可用于吊顶施工，还可制作隔墙及墙面造型，是室内装修工程中不可缺少的一类装饰建材。

- **优点：**

纸面石膏板具有质轻、隔声、隔热，绿色环保，加工性能强（可刨、可钉、可锯），施工方法简便的优点。

- **分层特点：**

纸面石膏板是由两层特质的板纸面和以建筑石膏为主的内芯组成的一种复合石膏板材。

- **内芯的特点：**

以天然石膏为主要原材料，掺加适量纤维、促凝剂、发泡剂和水等制成。为纸面石膏板的主体部分，使石膏板具有诸多物理特性。

- **染料的特点：**

内芯的两侧以特制的板纸为护面，一般为浅灰色，也有绿色、粉色等，可增加石膏内芯的强度，同时提升了板材整体的加工性能，更便于施工。

耐火石膏板

板芯内增加了耐火材料和大量玻璃纤维

防潮石膏板

具有较高的表面防潮性能，可用于潮气大的房间中

2. 节点与构造施工

纸面石膏板可以说是最为常见的顶棚和墙面材料，既可以做其他饰面材料的基层，也可以直接做饰面材料，且施工方式较为简单。纸面石膏板做顶棚时，最为主流的即为悬挂式顶棚，然后是卡式龙骨顶棚，最后是支撑卡式顶棚。

❶ 悬挂式纸面石膏板顶棚

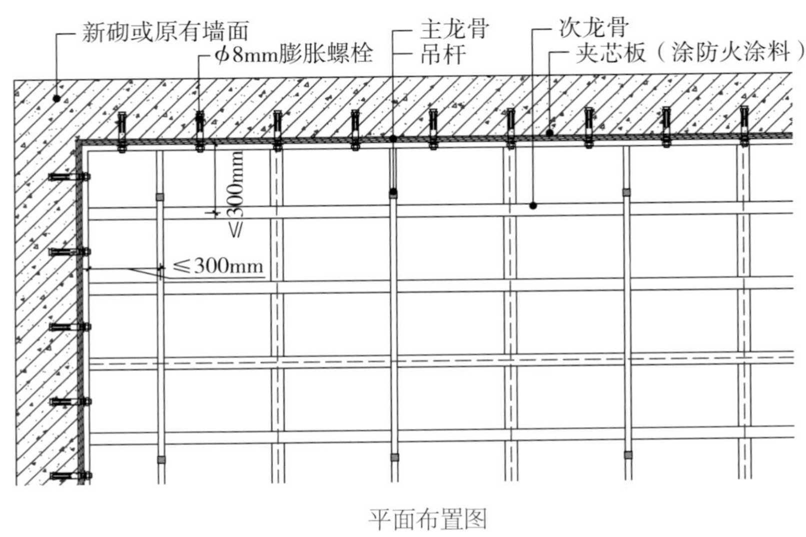

平面布置图

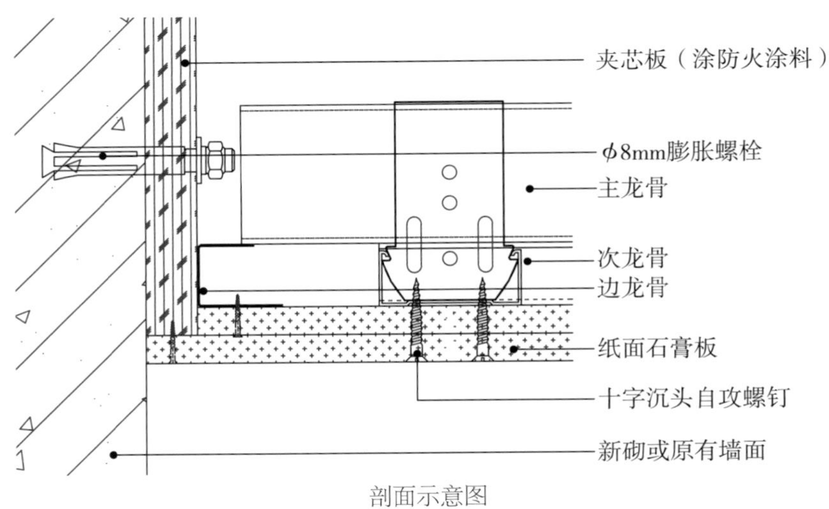

剖面示意图

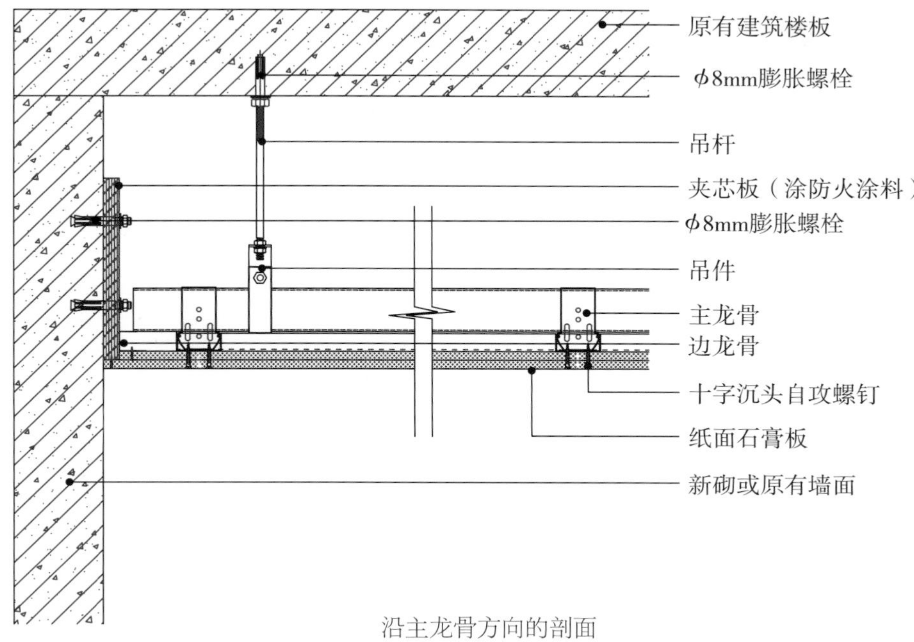

▲ CAD 节点图

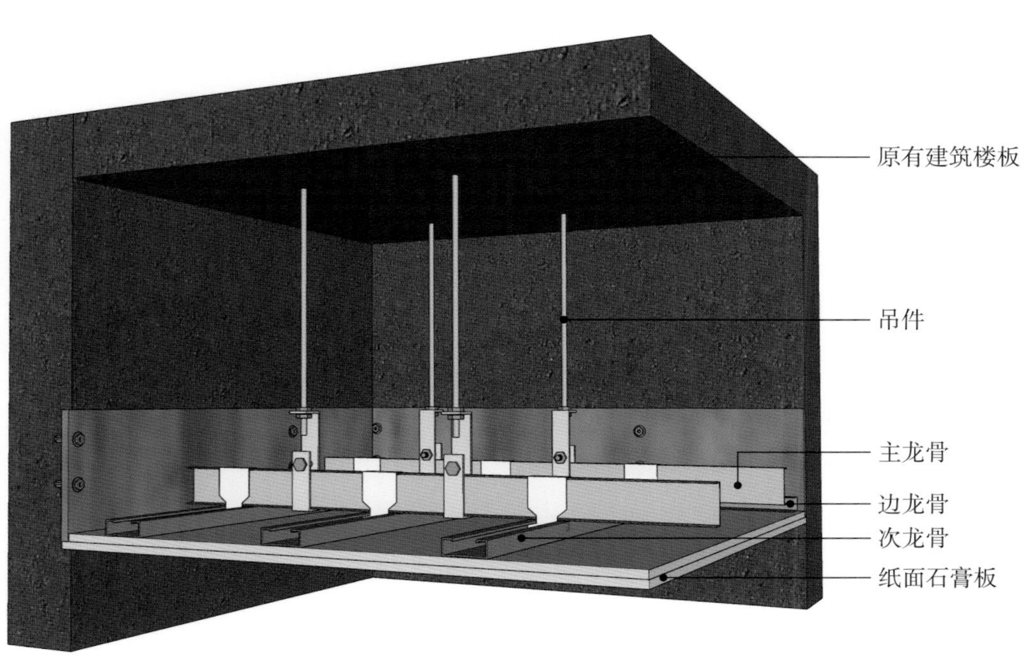

▲ 三维解析图

工艺解析

第一步

弹线定位

根据施工图中设定的顶棚高度，围绕墙体一圈弹基准线。

第二步

安装吊杆

采用膨胀螺栓固定吊杆、吊件。若是不上人的顶棚，吊杆长度小于1000mm时，应采用 ϕ6mm 的吊杆；大于1000mm时，应采用 ϕ8mm 的吊杆；大于1500mm时，还应在 ϕ8mm 的吊杆基础上设置反向支撑。若是上人的顶棚，吊杆长度小于1000mm时，应采用 ϕ8mm 的吊杆；大于1000mm，应采用 ϕ10mm 的吊杆，还应设置反向支撑，并且在灯具、风口及检修口等设备处加设吊杆。

第三步

安装龙骨

主龙骨应吊挂在吊杆上，并平行于房间长向安装。

第四步

固定龙骨

用十字沉头自攻螺钉固定边龙骨与墙面以及次龙骨与边龙骨，固定次龙骨时需使用两颗抽芯铆钉。

白色石膏板顶棚样式简单，若有不平整等小瑕疵会比较明显，因此在施工中要多注意细节，保证施工效果。

第五步

安装纸面石膏板

石膏板从顶棚的一端开始错缝安装，逐块排开，余量放在最后安装。安装时，螺钉要从板的中间开始向四周固定，石膏板边缘钉子的间距为150~170mm。

第六步

刷防锈漆

在自攻螺钉的钉眼处刷防锈漆，等干燥后采用防锈漆调和石膏批刮钉眼，保证顶棚表面平整。

实景效果图 ▲

小贴士

石膏板吊顶拱度不均匀、出现波浪形的原因

①原因

石膏板吊顶拱度不均匀、出现波浪形，主要是由于木龙骨吊杆水平度不均或节点松动。

②解决

在封罩面板前，应对龙骨骨架的平整度进行检测，发现不平问题应立刻调整。可通过控制吊杆或吊筋螺栓的松紧来调整龙骨的拱度，使其均匀；如果吊杆被钉劈裂而使节点松动，就必须更换劈裂的吊杆。

❷ 卡式龙骨纸面石膏板顶棚

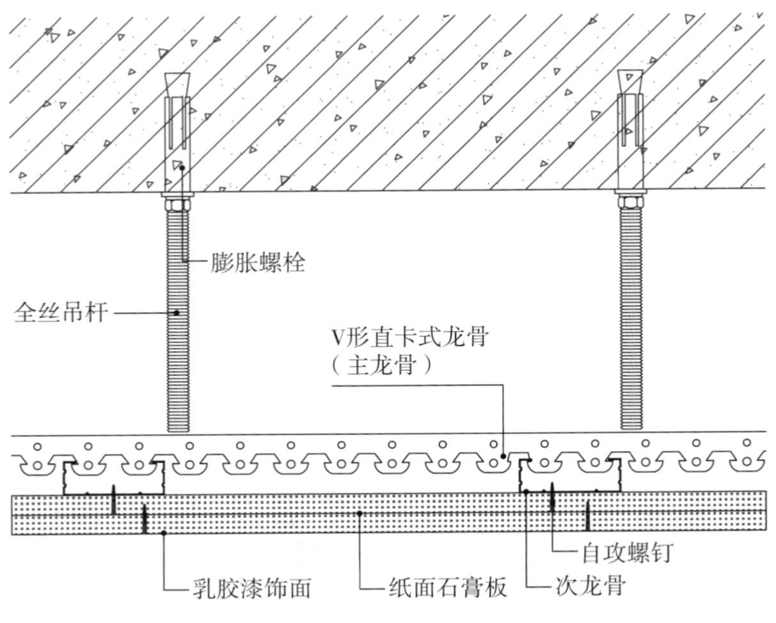

沿龙骨方向的剖面图

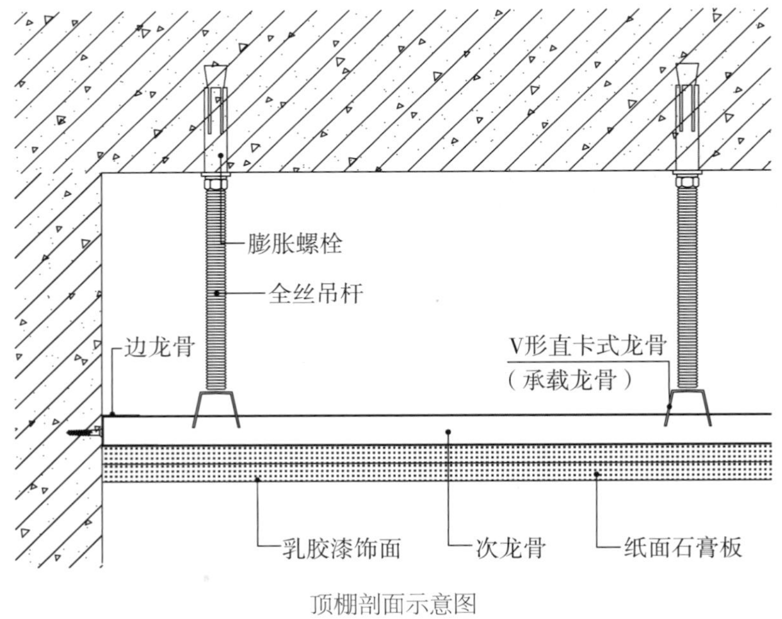

顶棚剖面示意图

▲ CAD 节点图

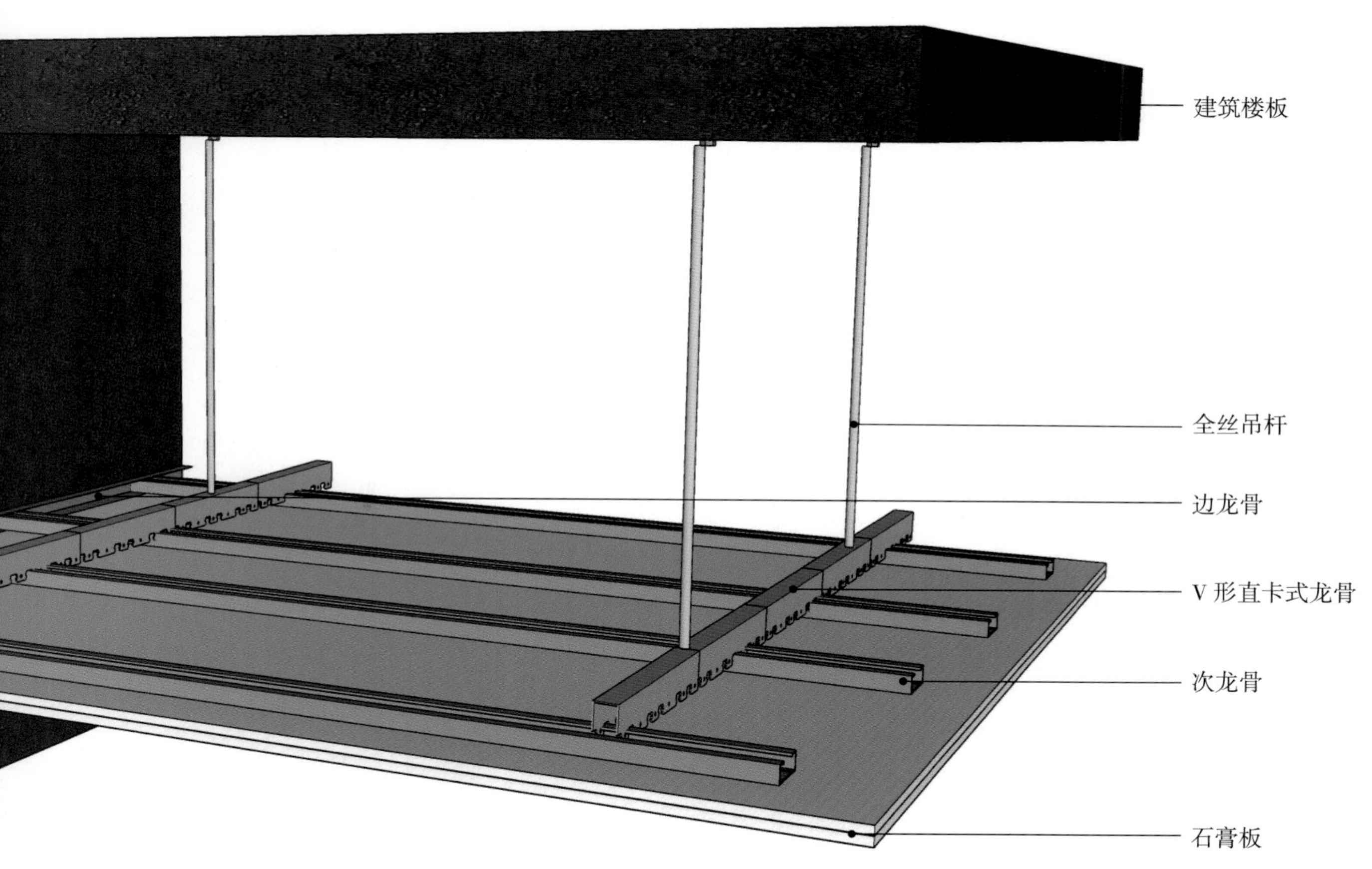

▲ 三维解析图

工艺解析

▼ 实景效果图

第一步

定高度、弹线

在顶棚和四周墙面进行弹线，要求弹线清晰、准确，误差不大于 2mm。

第二步

安装吊杆

吊杆应不低于 3cm × 5cm 龙骨，间距为 300mm，必须使用 1mm × 8mm 膨胀螺栓固定，用量约为 1 个 /m^2。钢膨胀应尽量打在预制板板缝内，膨胀螺栓、螺母应与木龙骨压紧。

第三步

安装龙骨

主龙骨与主龙骨之间的间距为 800mm，主龙骨两端距墙面悬空均不超过 300mm。边龙骨采用专用边角龙骨，不可采用次龙骨代替。安装边龙骨前应先在墙面弹线，确定位置，准确固定。次龙骨之间间距为 400mm。次龙骨、边龙骨之间均用拉铆钉固定。顶棚长度大于通长龙骨长度时，龙骨应采用龙骨连接件对接固定。全面校对主、次龙骨的位置与水平，保证主、次龙骨卡槽无虚卡现象且卡合紧密。

第四步

检查隐蔽工程

在石膏板封板之前必须检查各隐蔽工程（包括水电工程、墙面楼板等）是否有隐患或者残缺的情况。检查龙骨架的受力情况，灯位的放线是否影响封板等。中央空调的室内盘管工程由中央空调专业人员到现场试机检查是否合格。

第五步

石膏板封板

将石膏板弹线分块，使用专用螺钉固定，沉入石膏板 0.5~1mm，钉距为 15~17mm。固定石膏板时应从板中间向四边固定，不得多点同时作业。板缝交接处必须有龙骨。

卡式龙骨顶棚适用于顶棚完成面厚度 100~500mm 的空间，如家居空间、酒店客房、会所等。

③ 支撑卡式纸面石膏板顶棚

工艺解析

第一步

弹线

根据顶棚设计标高在四周墙上弹线。弹线应清晰，位置应准确。

第二步

顶棚钻孔

支撑卡的横向安装间距一般为 300~400mm，参考该间距定位膨胀螺栓孔，并在定位处进行钻孔。

第三步

挂支撑卡

使用 φ 8mm 的膨胀螺栓将支撑卡与顶面相固定。

第四步

主龙骨安装

将吊件和主龙骨相连接，主龙骨之间间距不应超过 1200mm，施工时可以通过等分来确定主龙骨的间距，主龙骨中间部位适当起拱，起拱高度应小于房间短向跨度的 1%~3%。

第五步

安装石膏板

在龙骨底面封两层纸面石膏板，用十字沉头自攻螺钉进行固定。

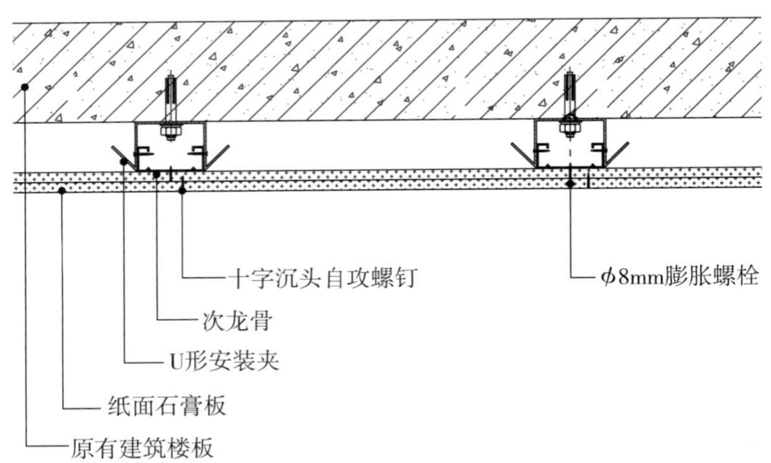

▲ CAD 节点图

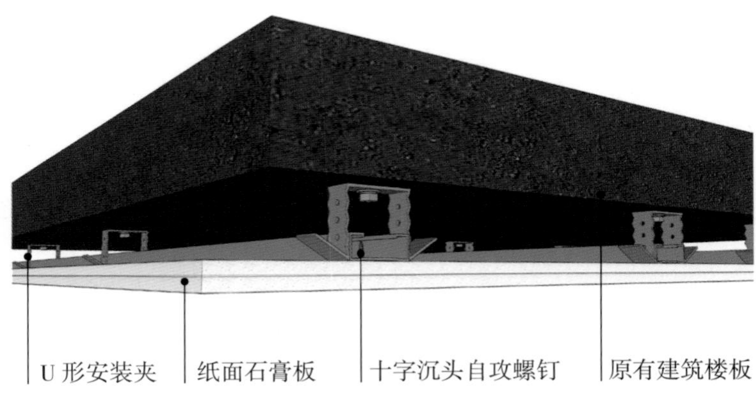

▲ 三维解析图

▲ 实景效果图

支撑卡式纸面石膏板顶棚又称“贴顶式”顶棚，能够最大限度地缩小完成面的厚度，最小可做到 35mm 的完成面，且材料成本低，但是承重小、不受力，不宜大面积使用。

❹ 纸面石膏板隔墙

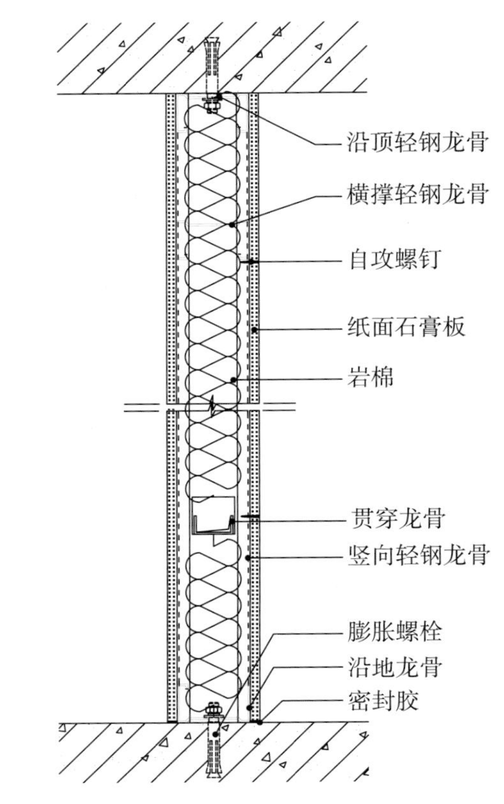

▲ CAD 节点图

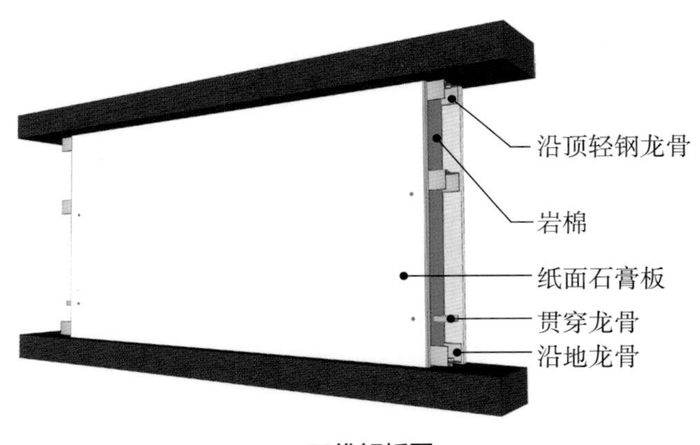

▲ 三维解析图

工艺解析

第一步

弹线

在符合设计条件的地面或地枕带上，以施工图为依据，弹出隔墙位置线、门窗洞口边框线及顶龙骨位置的边线。

第二步

安装天、地龙骨

按正确的隔墙位置线安装天龙骨及地龙骨，用射钉将龙骨与主体以 600mm 的间距固定连接。

第三步

竖向龙骨分档

在安装天、地龙骨后，根据隔墙放线门洞口位置，罩面板规格尺寸为 900mm 或 1200mm，分档的规格尺寸为 450mm。为避免破边石膏罩面板在门洞框处，不足模数的分档需避开门洞框边第一块罩面板的位置。

第四步

安装竖向龙骨

按分档位置安装竖向龙骨，其上下两端分别插入天地龙骨，用抽芯铆钉对调整后垂直且定位准确的竖向龙骨进行固定；用射钉或木螺丝以 1000mm 为间距将墙柱边的竖向龙骨与墙柱固定，竖龙骨安装完毕后安装贯通龙骨，用支撑卡与竖龙骨固定。

第五步

安装系统管、线

安装墙体内水、电管线等设备时，应避免切断横竖龙骨，同时避免在沿墙下端设置管线。安装管线需固定牢固，并采取局部加强措施。

第六步

安装横向卡档龙骨

根据设计要求，隔墙高度大于 3m 时应加横向卡档龙骨。卡档龙骨用抽芯铆钉或螺栓进行固定。

▲ 实景效果图

轻钢龙骨隔墙不能贴墙砖，故其可以作为客厅、卧室的隔墙，但不能作为卫生间和厨房的隔墙。

安装门洞口框

门框洞口处的隔墙需增强竖向龙骨的整体牢固度，端头的两根龙骨可对扣安装，并用白铁皮进行整体拉接。门框的过梁应与竖向龙骨牢固地联结，横向龙骨在切割和弯折后也需与竖向龙骨固定，而不只是在两侧进行固定，墙地面接缝处用密封胶进行密封。

第七步

安装一侧石膏板

如隔墙上有门洞口，则从门洞口处开始安装。无门洞口墙体的安装从墙的一端开始，一般不用自攻螺钉对石膏板进行固定，只有纸面石膏板紧靠龙骨时，才可用自攻螺钉进行固定。

第八步

安装另一侧石膏板及填充材料

安装方法同第一侧纸面石膏板，其接缝应与第一侧面石膏板错开，墙体内填充材料（如岩棉）应铺满铺平，且与另一侧石膏板的安装同时进行。

第九步

❺ 纸面石膏板曲面墙

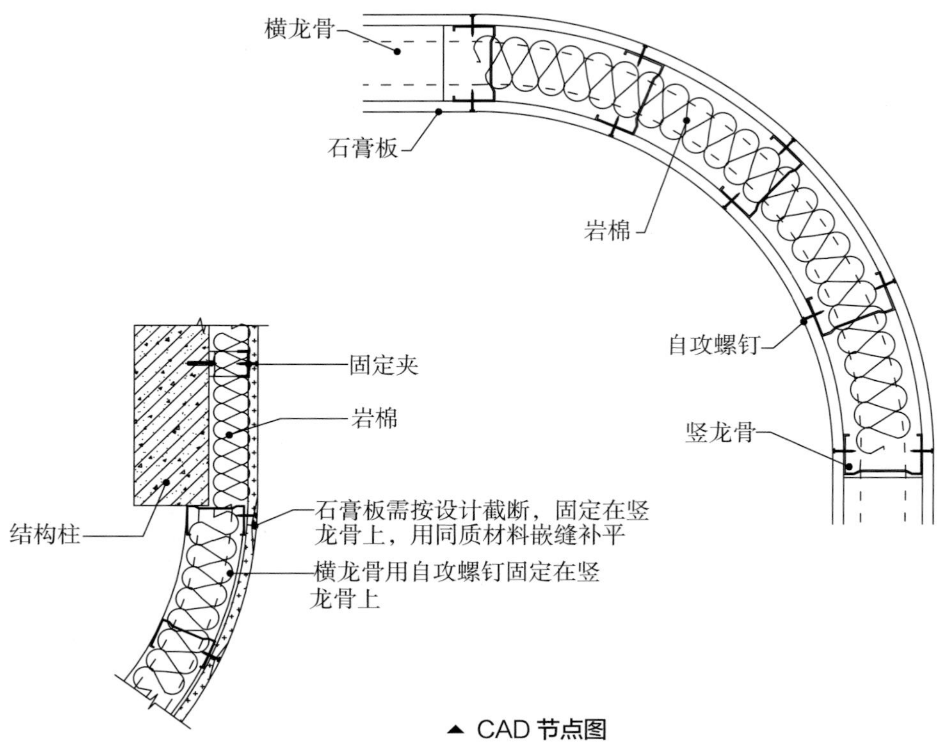

▲ CAD 节点图

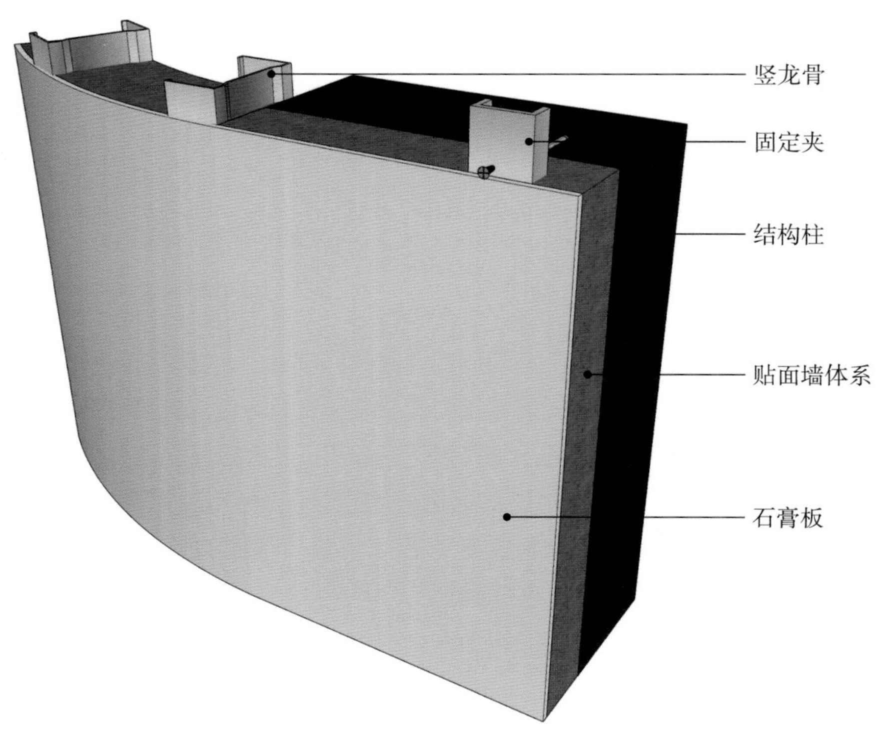

▲ 三维解析图

▲ 实景效果图

独特的曲面墙不仅可以划分空间，还能独立存在而不破坏外部结构。

施工要点

① 曲面墙在施工时，要先将天、地龙骨切割成 V 形缺口后弯曲成要求的弧度，然后再根据地面和顶面上的弹线位置进行安装。

② 竖龙骨要按 150mm 的间距进行安装。

③ 安装两侧石膏板的时候，应将石膏板在曲面一端固定后，轻轻弯曲形成曲面。

二、玻璃纤维增强（GRG）石膏板

1. 材料特性

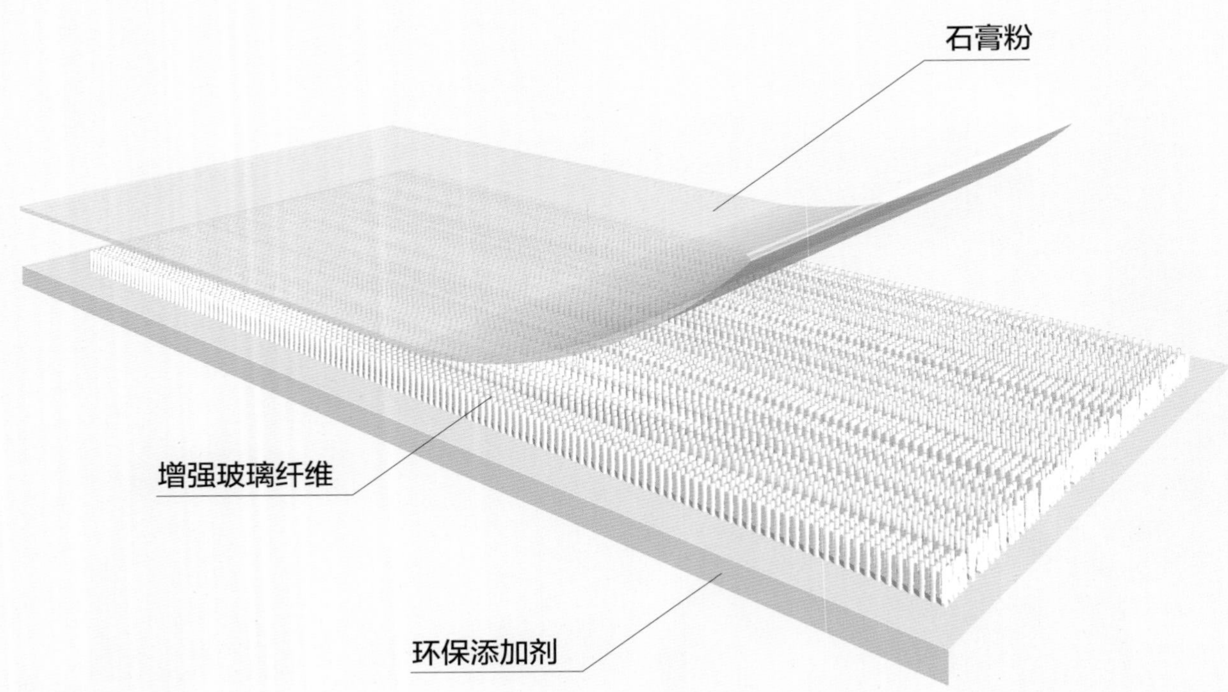

- **物理特性：**

玻璃纤维增强石膏板，是一种特殊改良纤维石膏装饰材料，可塑性强，经常用作异形的顶棚或墙面。

- **优点：**

玻璃纤维增强石膏板具有选形丰富、可塑性强、自然调节室内湿度及声学效果好的优点。

- **分层特点：**

玻璃纤维增强石膏板由石膏粉、增强玻璃纤维和环保添加剂等制成，为预铸式一体材料。从施工角度来说，其可分为面层和基层两部分。

- **面层的特点：**

面层即为玻璃纤维增强石膏板，其独特的材料和构成方式可抵御环境造成的破损、变形和开裂，不吸水且具有不燃性。施工时需要基层骨架等辅助，面层再用油漆做饰面即可。

- **基层的特点：**

无论顶面还是墙面施工，均需要基层骨架的辅助，通常使用金属骨架，采用焊接施工。需先将骨架系统安装在顶面或墙面上，而后用金属件固定玻璃纤维增强石膏板。

材料生产工艺

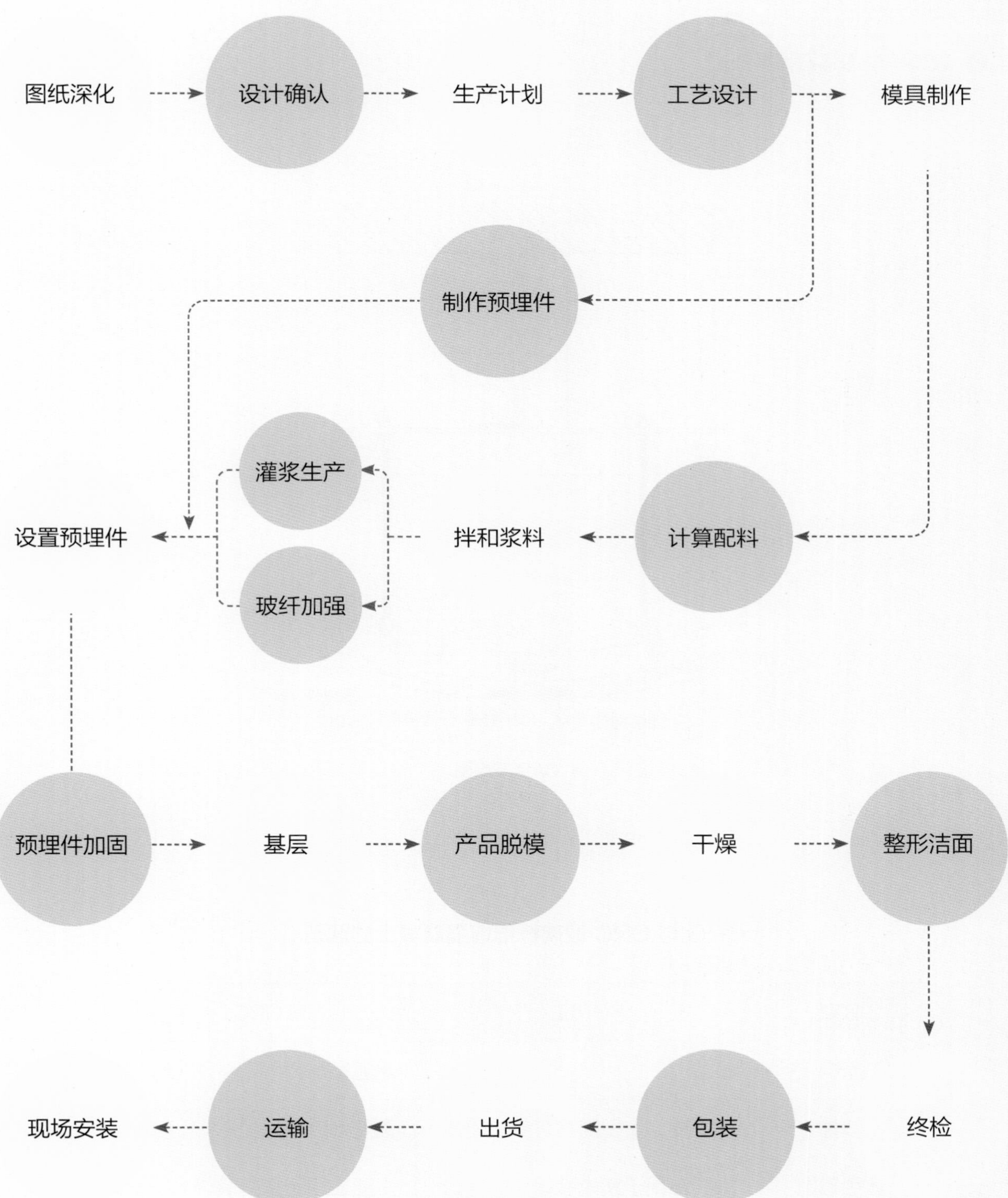
图纸深化
设计确认
生产计划
工艺设计
模具制作
制作预埋件
灌浆生产
设置预埋件
拌和浆料
计算配料
玻纤加强
预埋件加固
基层
产品脱模
干燥
整形洁面
现场安装
运输
出货
包装
终检

2. 节点与构造施工

玻璃纤维增强石膏板通常用于异形顶棚、墙面或者作为构件，若是做独立的配件可交给厂家进行定制，无须在施工现场制作。其施工的底层逻辑是通过基层骨架进行安装。

❶ 玻璃纤维增强石膏板顶棚

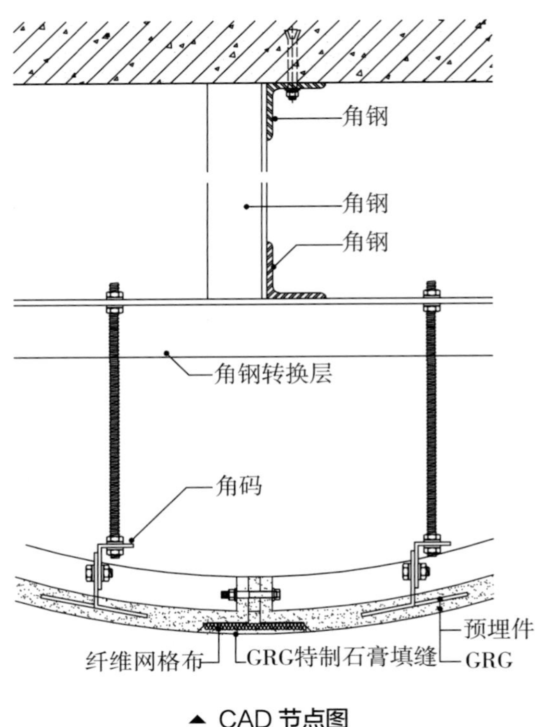

▲ CAD 节点图

GRG 与 GRC 玻璃纤维增强混凝土的区别

区别	GRG	GRC
原料	石膏	水泥
塑性	不需要，造型随意可变	需要通过模具塑形
适用范围	主要应用于室内装修	主要应用于室外装饰

注：GRG 和 GRC 非常容易让人混淆，故在此进行比较。

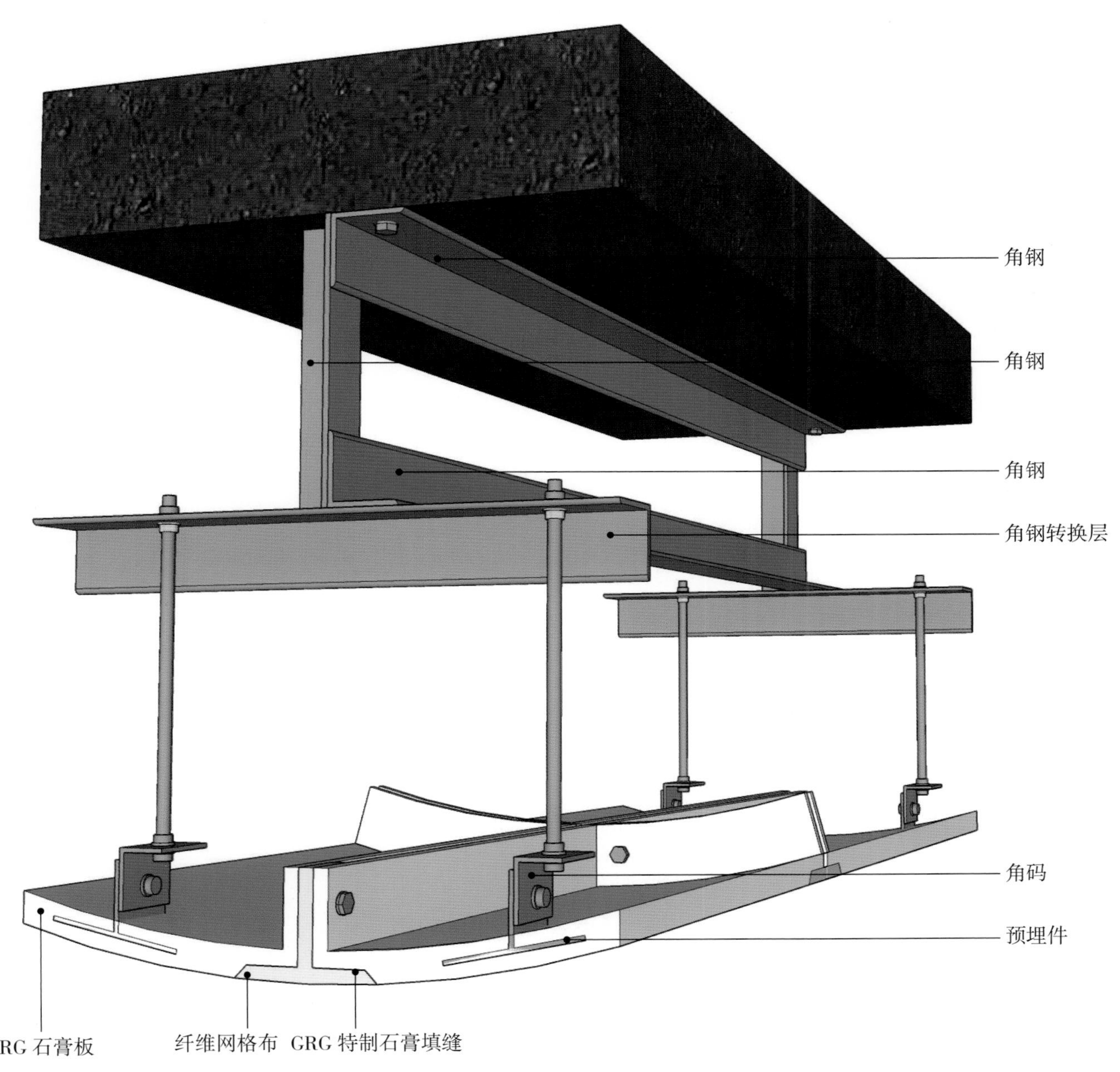

▲ 三维解析图

▲ 实景效果图

工艺解析

第一步

弹线

为保证顶棚的平整度，施工人员必须根据设计图纸要求进行弹线，确定标高及其位置的准确性。

第二步

确定 GRG 石膏板的位置

确定 GRG 石膏板的位置可以使顶棚钢架吊点准确、吊杆垂直，使各吊杆受力均衡，有效避免顶棚产生大面积的不平整，用全站仪在顶棚板下结构板面上设置与每一排顶棚板上控制点相对应的控制点。

第三步

安装吊杆

根据定位，在转换层钢架上定位、打孔、安装丝牙吊杆。

GRG 石膏板的可塑性让顶棚、墙面以曲面的形式相接，给人以震撼的视觉效果。

第四步

安装 GRG 石膏板

为保证 GRG 石膏板顶棚的整体刚度，防止以后顶棚变形，应先安装造型 GRG 石膏板顶棚，以便于顶棚造型的定位，若是与其他材料顶棚相接，也能帮助 GRG 石膏板板与其他饰面板相互固定。顶棚造型均采用轻钢材料，以保证造型有足够的刚度。

第五步

GRG 石膏板的拼缝处理

为保证顶棚及墙面造型的面层不批嵌开裂，拼缝应根据刚性连接的原则设置，内置木块用螺钉连接，并分层批嵌处理。批嵌材料采取渗入抗裂纤维的材质与 GRG 石膏板一致的专用拼缝材料。拼缝处理完成后满刮 GRG 石膏板专用腻子，打磨处理完成后进行涂料施工，施工完成后检查顶棚板的平整度。

❷ 玻璃纤维增强石膏板墙面

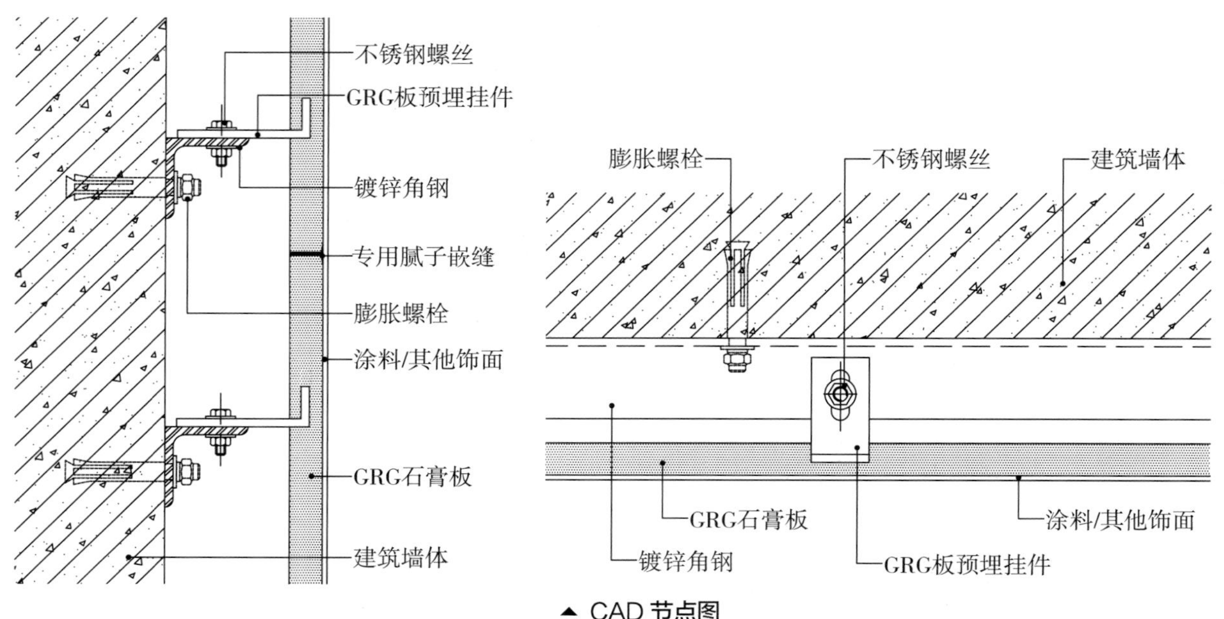

▲ CAD 节点图

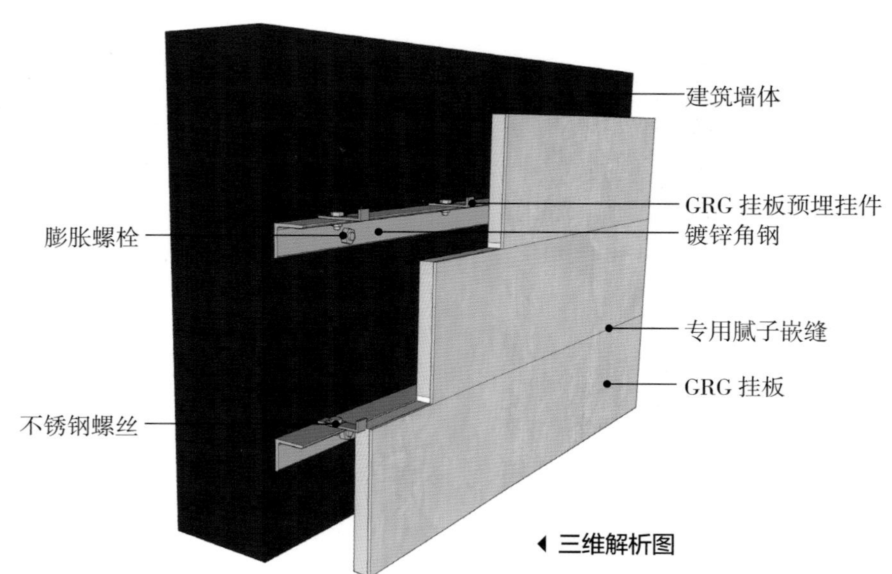

◀ 三维解析图

工艺解析

第一步

切割隔墙板

GRG 轻质隔墙板的宽度在 600~1200mm 之间，长度在 2500~ 4000mm 之间。将所购买的隔墙板预排列在墙面，并根据其尺寸计算用量，多余的部分使用手持电锯切割掉。

第二步

定位放线

使用卷尺测量 GRG 轻质隔墙板的厚度。常见的隔墙板厚度有 90mm、120mm、150mm 三种规格。在砌筑 GRG 轻质隔墙板的轴线上弹线，按照隔墙板厚度弹双线，分别固定上、下两端。

第三步

安装挂件

将 GRG 挂板预埋挂件埋入 GRG 轻质隔墙板内，用膨胀螺栓将镀锌角钢固定在建筑墙体上。

实景效果图 ▶

GRG 轻质隔墙板可以大面积、无缝地密拼任意造型，特别是洞口、转角等细微的地方，可以确保拼接没有任何误差。

小贴士

墙面 GRG 石膏板裂缝的原因及解决办法

①原因

冬季和夏季温度的差异，使得 GRG 石膏板本身伸缩较大，墙面的裂缝就是由热胀冷缩引起的，也有一部分裂缝是由于 GRG 石膏板安装存在质量问题或结构本身的不均匀沉降。

②预防

根据施工经验，在墙面 GRG 石膏板施工过程中，每 3000mm 横向、竖向可设置一道伸缩缝，伸缩缝将墙面 GRG 石膏从横向和纵向两个方向断开，且在钢架基层的同一位置设置伸缩缝，以避免墙面裂缝。

③解决

若是受到重力影响造成的开裂，一般可将 GRG 石膏板之间的接缝处理牢固，采用捂绑的方式进行处理。捂绑就是将纤维丝、GRG 粉、GRG 专用胶水按比例勾兑，搅拌均匀，将混合物填补在缝隙中，并保证缝隙内的填充物饱满均匀。

第四步

挂装 GRG 石膏板

将 GRG 挂板从下而上与面板和建筑墙体之间配套用的挂件进行连接，先将同一水平层的挂板轻挂在角钢上，调整好面板的水平、垂直度和板缝宽度后，拧紧不锈钢螺栓，再进行上层板材的安装。

第五步

嵌缝

用白乳胶粘贴网格布，并用颗粒细度较高、质地较硬的专用腻子批刮 2~3 遍进行嵌缝，以增强墙体的防裂性能。嵌缝过后可以在板面涂刷涂料或用其他饰面装饰墙面。

三、矿棉板

1. 材料特性

涂层

矿棉

材料分类 —— 按表面处理方式分类

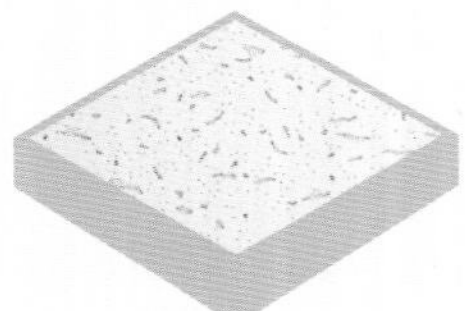

毛毛虫板

表面采用开放型处理方式，孔洞类似毛毛虫，是最为常见的一种矿棉板吸声板，吸声性能极佳

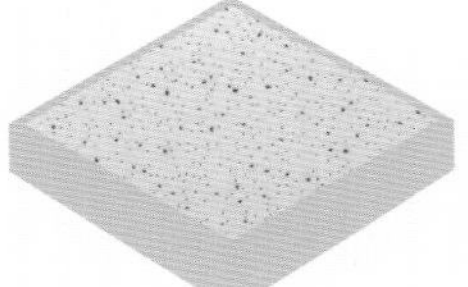

针孔板

表面孔洞类似密布的针孔，吸声能力较好，有小针孔和大针孔两种，后者较常用

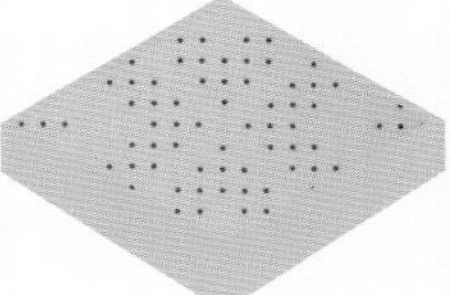

穿孔板

板材上有穿透的孔洞，有圆形也有方形，与穿孔石膏板的效果类似，吸声性能极佳

喷砂板

表面喷涂了一层密集的砂状颗粒，质感与真石漆类似，装饰效果较好，防潮能力较好，适合做各种造型

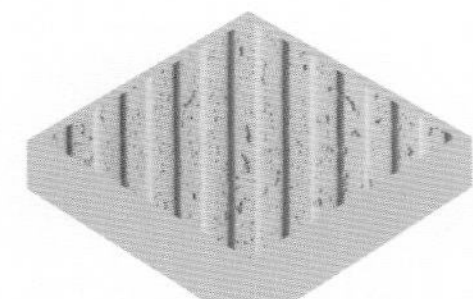

条纹板

花纹为起伏的条形，有带孔和不带孔两种，吸声效果好，装饰效果好，施工以粘贴为主

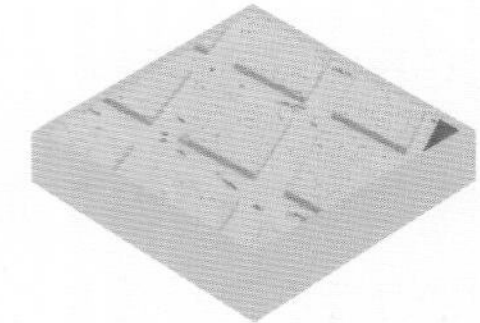

浮雕立体板

花纹为立体状，有中心花、十字花、核桃纹等造型，吸声效果好，装饰效果好，施工以粘贴为主

- **物理特性：**

矿棉板具有显著的吸音性能，原料对人体无害，还可回收再利用，是一种环保且可循环利用的绿色建材。

- **优点：**

矿棉板表面处理形式丰富，板材有较强的装饰效果，同时具有防火、隔热、防潮、绝缘等特点，裁切简便、易于施工且施工方式多样，可通过组合实现不同艺术风格的装饰效果。

- **施工分层的特点：**

矿棉板是以矿棉为主要原料，添加一定量的黏结剂、防潮剂、防腐剂经加工、烘干而成的一体式吸音材料。其表面可滚花、冲孔、覆膜、撒砂等，还可制成浮雕板。从施工角度来说，它可分为吸音层和骨架两部分。

- **吸音层的特点：**

吸音层为矿棉板，通常无须搭配隔音毡，单独施工即可起到非常好的吸音效果。矿棉吸音板需以轻钢龙骨作为骨架，固定在骨架上。

- **骨架的特点：**

骨架通常为轻钢龙骨骨架，质轻、高强，分为明龙骨和暗龙骨两种类型。轻钢龙骨需用吊杆连接到建筑顶面上，而后安装矿棉板。

按板型分类

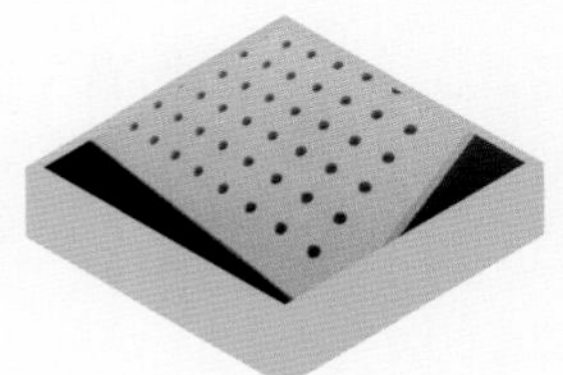

单层板

指仅有一层结构的矿棉吸声板，是较为常用的一种板材

跌级板

此类矿棉吸声板有两层结构，面层尺寸小于底层，呈跌级式结构，便于收口也更美观

2. 节点与构造施工

玻璃纤维增强石膏板通常用于异形顶棚、墙面或者作为构件，若是做独立的配件可交给厂家进行定制，无须在施工现场制作。其施工的底层逻辑是通过基层骨架进行安装。

❶ 明龙骨矿棉板顶棚

▲ 实景效果图

矿棉板成本低，明龙骨也易于安装，十分适用于大面积的开放型办公空间。

工艺解析

第一步

定高度、弹线

根据设计图纸结合现场情况，将吊点位置弹在楼板上，龙骨间距和吊杆间距一般都控制在 1.2m 以内。再将设计标高线弹到四周墙面或柱面上，若顶棚有不同标高，那么，应将变截面的位置弹到楼板上。

第二步

预排

对矿棉板进行预排，一般以中分为原则进行，若两边出现小块的矿棉板，可换一种排法，尽量使靠墙的矿棉板大于 1/3 的墙体宽度。

第三步

固定吊杆

用膨胀螺丝将吊杆固定，吊杆悬吊应沿主龙骨方向，间距不宜大于 1.2m，在主龙骨的端部或接长处，需加设吊杆或悬挂铅丝。

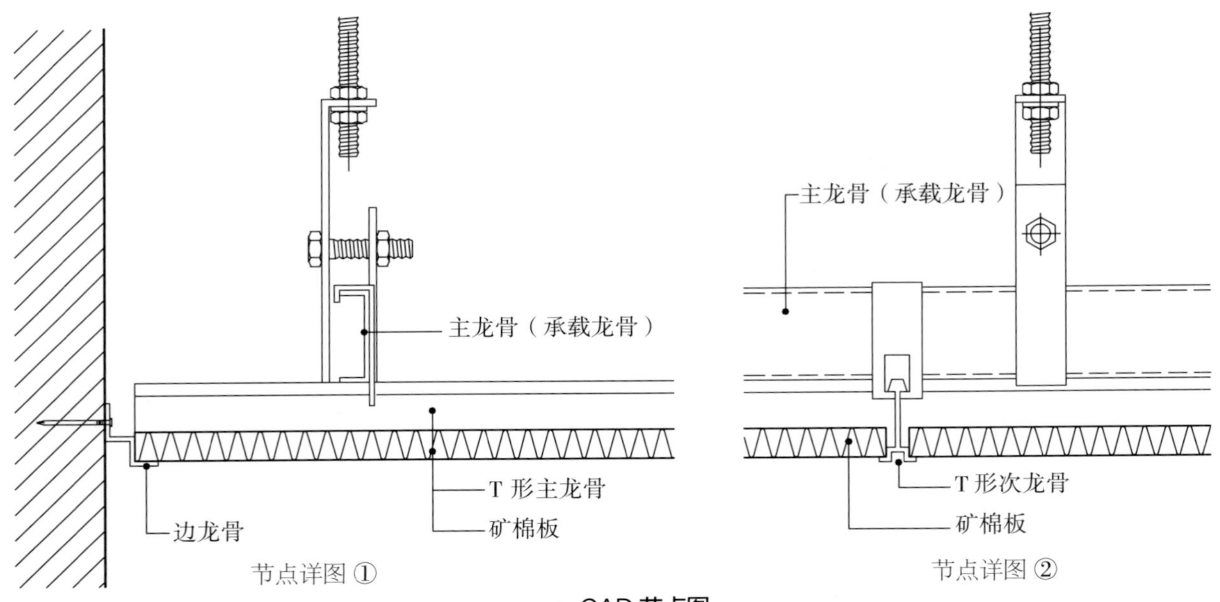

▲ CAD 节点图

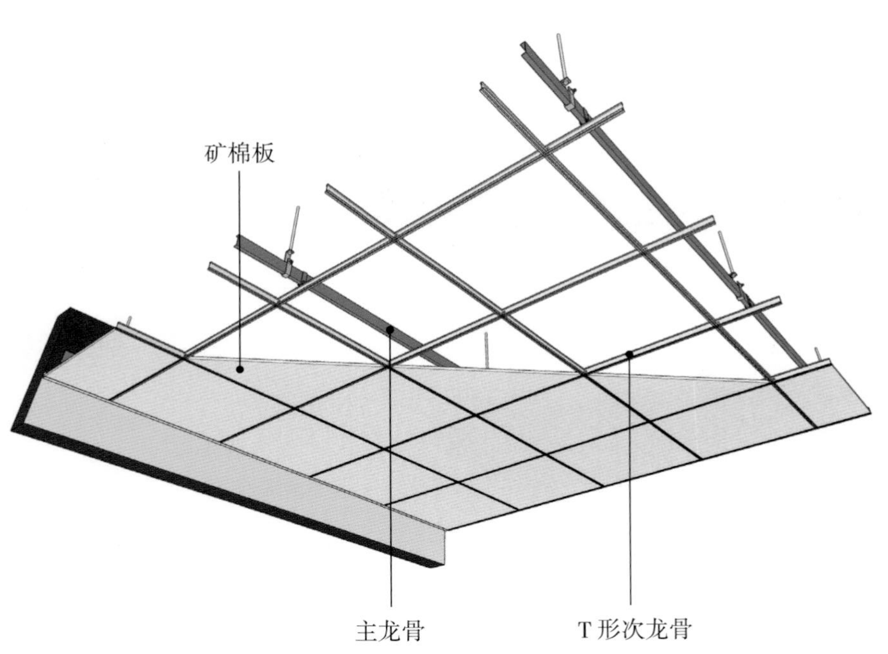

▲ 三维解析图

第四步

安装龙骨

主、次龙骨宜从同一方向同时安装，根据已确定的主龙骨位置及标高线先大致将其基本就位，将连接件与主龙骨方孔相连，全面校正主、次龙骨的位置及水平度。注意连接件应错位安装。

第五步

调平

调平时要注意一定要从一端开始，要做到纵横平直。

第六步

安装饰面板

将龙骨吊装调平后，可将饰面板放在主、次龙骨组成的框内，板搭在龙骨上即可，但要注意，饰面板的四边必须与龙骨紧密相贴，不能因翘曲留下可见缝。

❷ 暗龙骨矿棉板顶棚

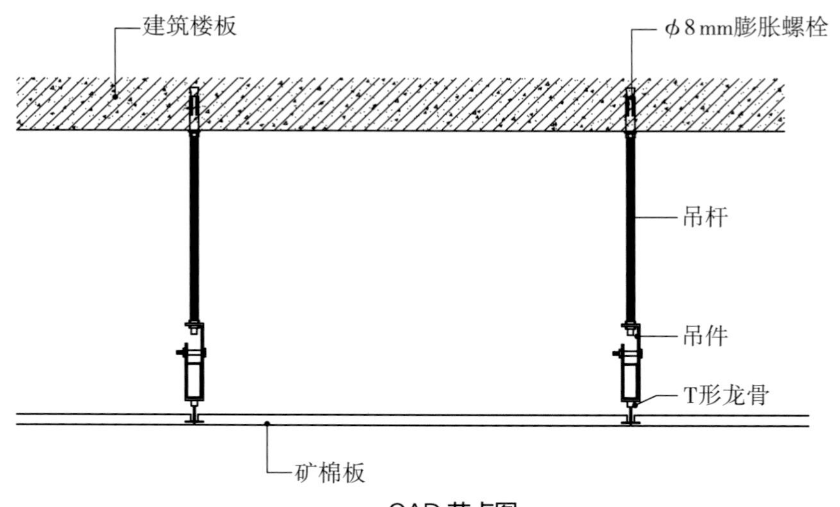

▲ CAD 节点图

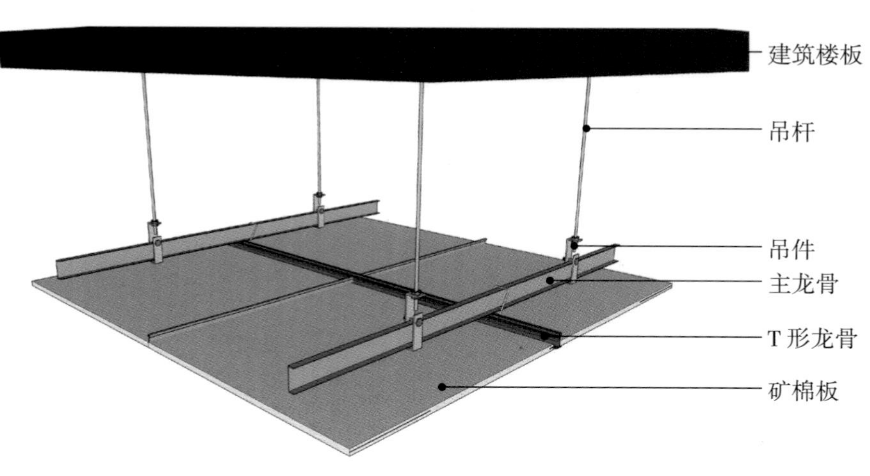

▲ 三维解析图

▲ 实景效果图

工艺解析

第一步

定高度、弹线

确定顶棚的高度，弹出顶棚线，确定矿棉板安装标准线。

第二步

安装吊杆

采用膨胀螺栓固定吊杆。吊杆的一端同L30mm×30mm×3mm 的角码焊接（角码的孔径应根据吊杆和膨胀螺栓的直径确定），另一端可以用螺丝套出大于 100mm 的丝杆，也可以买成品丝杆焊接。

矿棉板能够有效地减少噪声，不会在室内形成回声。防火性能突出，导热系数小，保温性能好，阻燃效果非常好。

第三步

安装主、次龙骨

将吊杆连接在主龙骨上，拧紧螺丝，采用 T 形龙骨做次龙骨，将次龙骨通过挂件吊挂在大龙骨上。

第四步

安装边龙骨

采用 L 形边龙骨，用塑料胀管或自攻螺钉与墙体固定，固定间距为 200mm。

第五步

安装矿棉板

矿棉板的规格、厚度应根据具体的设计要求选择，一般为 600mm× 600mm×15mm。

❸ 明暗龙骨结合矿棉板顶棚

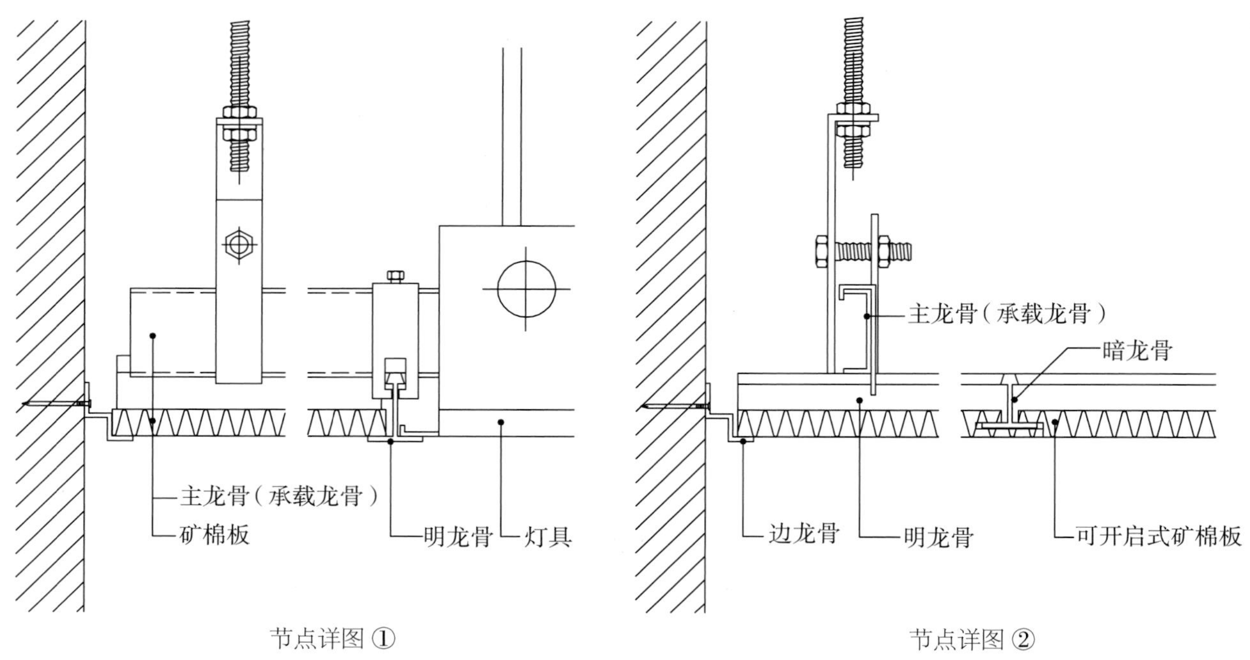

▲ CAD 节点图

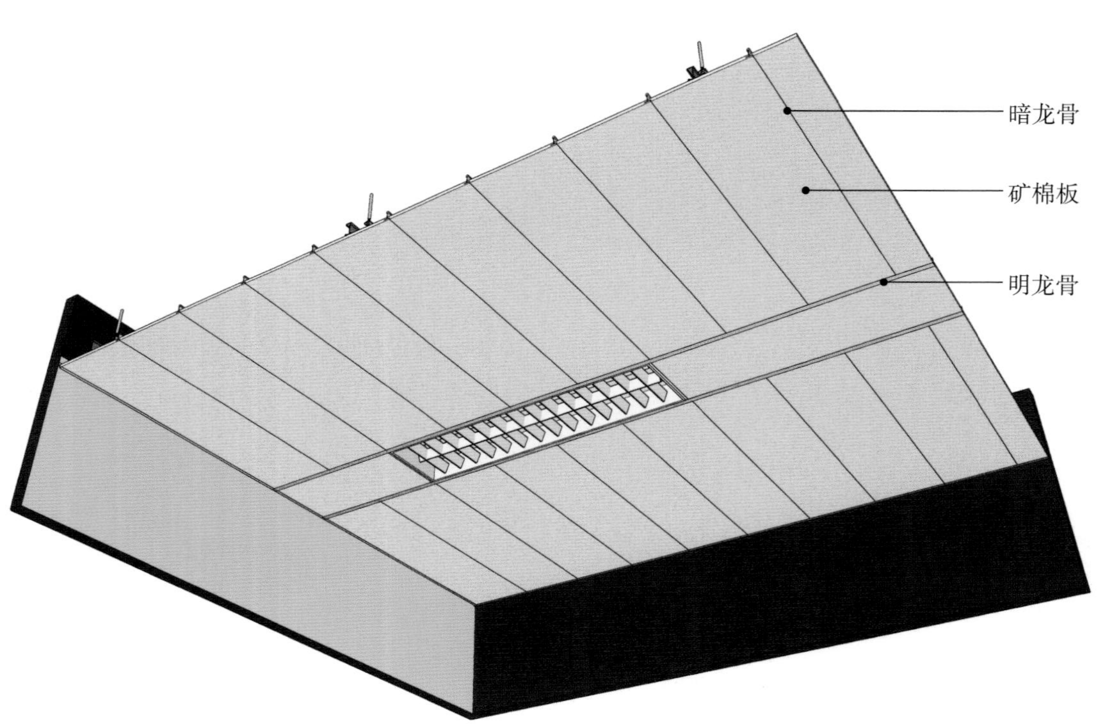

▲ 三维解析图

工艺解析

第一步

定高度、弹线

确定顶棚的高度，弹出顶棚线，确定矿棉板安装标准线，同时也要确定吊杆的两种不同安装方式的位置，方便后续结构的安装。

第二步

安装吊杆

制作好的吊杆上应做防锈处理，用膨胀螺栓固定在楼板上，用冲击电锤打孔，孔径应稍大于膨胀螺栓的直径。安装时，膨胀螺栓上端与预埋件焊接，下端套丝后与吊杆连接。安装完成的吊杆端头外露长度≥ 3mm。

第三步

安装主、次龙骨

一般采用 C38 龙骨做主龙骨，主龙骨之间间距一般为 900~ 1200mm。安装主龙骨时，顶棚应根据要求起拱 1/200，随时检查龙骨平整度。配套次龙骨一般选用 T 形龙骨，间距与饰面板横向规格相同，在与主龙骨平行方向安装 600mm 的横撑龙骨，间距为 600mm 或 1200mm。

第四步

安装边龙骨

采用 L 形边龙骨，与墙体用自攻螺钉固定。安装边龙骨前，墙面应用腻子找平，以避免将来墙面刮腻子时出现污染和不易找平的情况。

第五步

安装矿棉板

在安装矿棉板之前必须对顶棚内的各种管线设备进行检查验收，消防及其他水管经打压试验合格后，才可安装矿棉板。

四、装饰线

1. 材料特性

材料分类

按材质分类　　按造型分类

石膏线

花纹可选择性较大，实用美观，价格低，防火，强度低，摔打易碎，潮湿易发霉、变形。施工时，容易有粉尘污染

角线

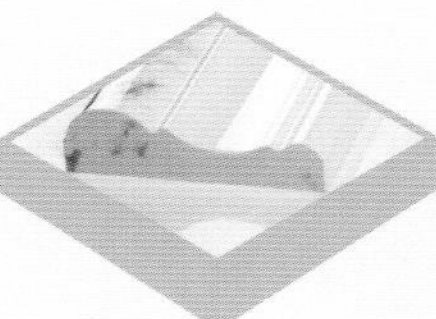

多为阴角线，用在两个界面的交界处，如吊顶和墙面的直角处，或不同层次吊顶之间，具有装饰和过渡作用

木线

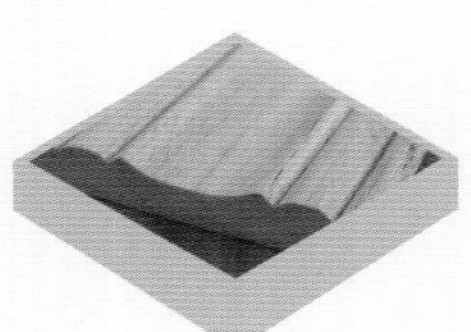

档次高，健康、无污染，制作麻烦，价格较高，若漆面处理不好，很容易变形、发霉，容易被虫蛀，保养麻烦

圆弧线

做成圆弧形的线条，可拼接设计成各种造型，主要用于顶面的装饰

PU 线

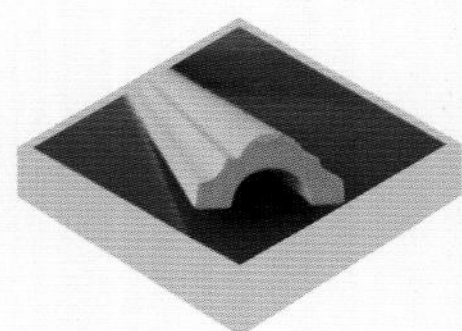

强度高，可承受正常摔打而不损伤，易打理，防水，质量只有同体积石膏线的 1/5 ~1/4，无毒无害

平线

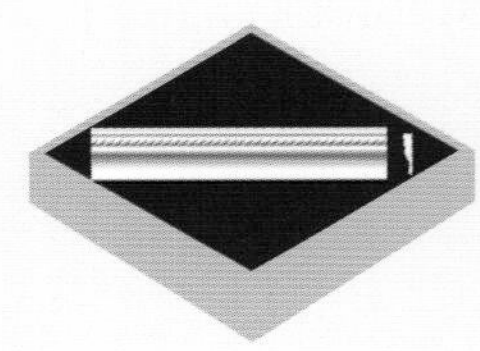

平板形的线条，装饰顶面时可采用对接法施工来制成角线，也可用于墙面造型的施工

- **物理特性：**

　　装饰线用在天花板与墙面的接缝处，从空间整体效果上来看，能见度不高，但是能够起到增加室内层次感的重要作用。除此以外，它还可用在墙面上。

- **优点：**

　　装饰线能够美化空间，增加层次感，安装方便、易打理。

- **施工分层特点：**

　　从本身的材质来看，装饰线均为一体式结构，如石膏线和 PU 线是原料灌入模具中制成的，木线的原料则为实木。从施工角度来看，装饰线可分为连接层和面层两个组成部分。

- **连接层的特点：**

　　线条与墙面或顶面的连接，多采用胶黏剂和钉接结合的方式。可根据线条的质地和基层的材料，具体选择适合的胶黏剂和钉子。

- **面层的特点：**

　　不同的线条具有不同的特点，其中 PU 线可代替石膏线，但木线不可代替石膏线。木线最适用于中式风格的室内空间，石膏线和 PU 线适用范围较广。

按表现形式分类

素面线条

素面线条是指表面没有雕花设计的一类线条，同样有凹凸的造型，但较为简洁，适合各种风格的室内空间

雕刻线条

雕刻线条是指表面带有雕刻形花纹的一类线条，精致、美观，适合欧式风格的室内空间或需要塑造华丽感的空间

2. 节点与构造施工

装饰线的施工方式基本相同，可分为粘贴法和钉接法两种。大多数情况下，装饰线可以直接安装在顶棚与墙面的衔接处，或者墙面上。在墙面上安装固定装饰线时，需将墙皮铲掉，露出建筑基面。但当基层为RC 混凝土时，则可保留腻子层。因为施工方式比较通用，本书仅对装饰线在顶棚上的节点与构造施工进行讲解。

▲ 实景效果图

❶ 粘贴法装饰线顶棚

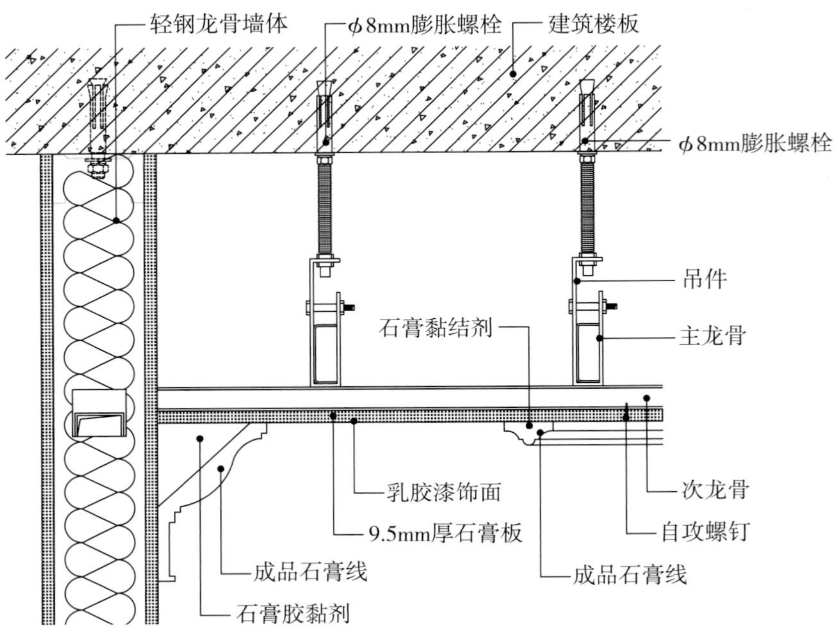

▲ CAD 节点图

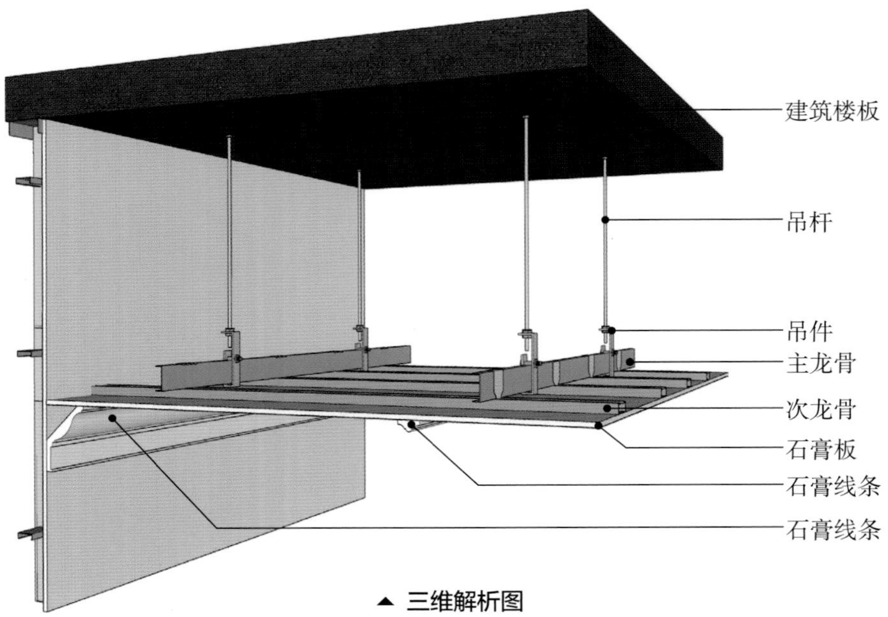

▲ 三维解析图

石膏线通常安装在顶棚与墙面的交接处，也可以直接粘接在顶棚上做装饰，丰富顶棚效果。

施工要点

1. 顶棚的施工可根据顶棚的材料及高度去选择施工方式，本节点采用了悬挂法，具体的施工步骤可参考本书第 248 页。
2. 在顶棚与墙面的交会处安装装饰线，在该位置均匀地涂刷胶黏剂，同时要快速刷，避免胶黏剂过早干掉。
3. 施工时要做到快粘快调整，边固定边调整，调整好后在最短的时间内把该补的地方补到位，该清理的地方清理到位，然后用清水清理干净，保证装饰面干净整洁。

❷ 钉接法装饰线顶棚

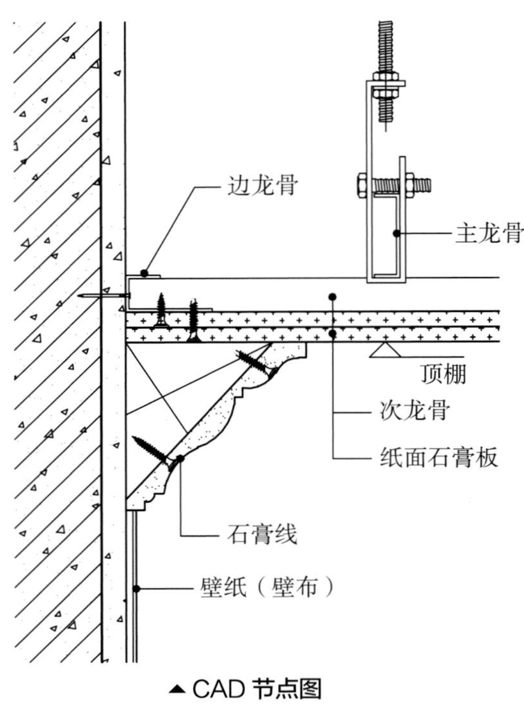

▲ CAD 节点图

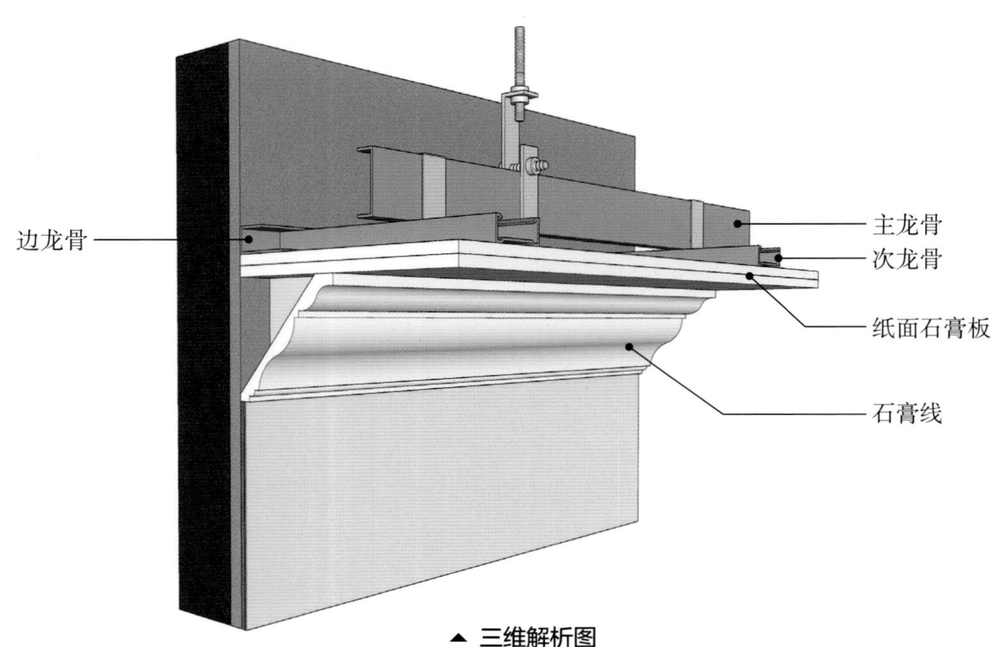

▲ 三维解析图

施工要点

1. 在安装装饰线前，需要先裁切木方，根据装饰线的角度和长度裁切出相应的木方，并给木方涂刷防火涂料，作为夹芯板。
2. 用十字沉头自攻螺钉将夹芯板分别与墙面、顶面相固定。
3. 用自攻螺钉将成品石膏线与夹芯板加以固定。

实景效果图

用多层石膏线装饰顶棚，让顶棚和墙面的装饰效果更加丰富。

③ 装饰线与灯光相接顶棚

工艺解析

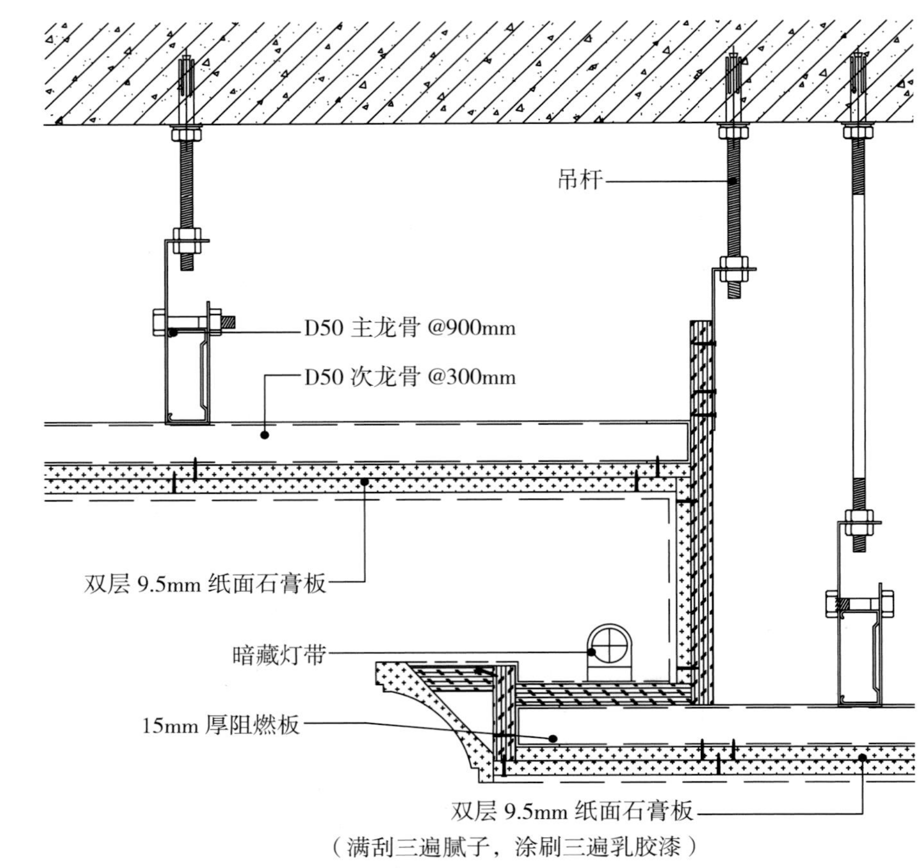

▲ CAD 节点图

第一步

弹线

根据图纸在顶棚和四周墙面上进行弹线，要求弹线清晰。

第二步

固定吊杆

使用膨胀螺栓将吊杆与楼板进行固定，固定前确定好吊杆的长度，注意，在跌级的位置，吊杆的长度应调整。

第三步

安装主龙骨

采用 D50 的轻钢龙骨做主龙骨，其间距为 900mm。

第四步

安装次龙骨

采用 D50 的轻钢龙骨做次龙骨，其间距为 300mm。

第五步

安装边龙骨

第六步

安装侧板

采用 15mm 厚的细木工板做侧板，安装前需涂刷三遍防火涂料，与吊件间采用自攻螺钉进行固定。

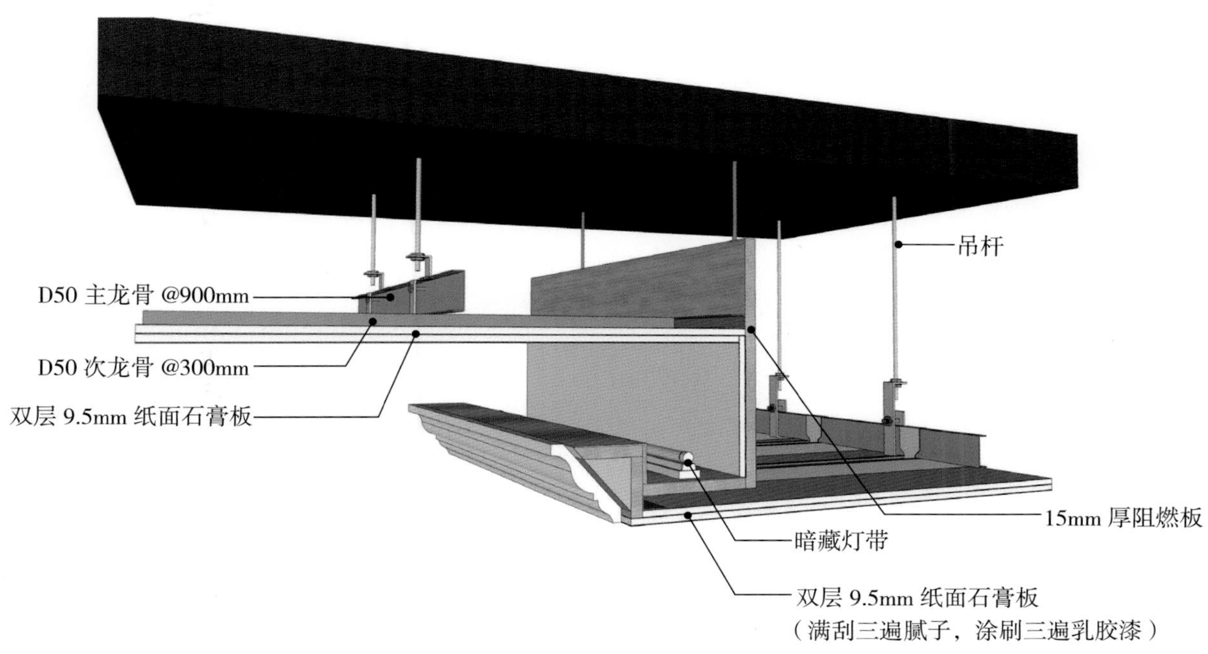

▲ 三维解析图

第七步

安装石膏板

安装双层 9.5mm 厚纸面石膏板，用自攻螺钉将其与龙骨进行固定。

第八步

安装灯带

将所需灯带的长度提前测量好，整段截取，然后用自攻螺钉将其均匀地固定在基层板上。

第九步

涂刷石膏胶黏剂

均匀的涂刷石膏胶黏剂，同时要快速刷，避免胶黏剂过早干掉。

第十步

固定成品石膏线

施工时要做到快粘快调整，边固定边调整，调整好后在最短的时间内把该补的地方补到位，该清理的地方清理到位，然后用清水清理干净，保证装饰面干净整洁。

▲ 实景效果图

石膏线的宽度可以根据室内面积的大小来定。面积大的空间可以搭配宽一些、造型相对复杂的石膏线；面积小的则采用窄一些、款式简洁的石膏线，这样既能彰显层次感，又不会显得突兀。

小贴士

装饰线的施工常见问题

①装饰线不直的原因

安装装饰线前未找好水平线、安装时未拉通线均会导致装饰线不直。施工前应先找好水平线，施工时要按照水平线拉线，将水平线作为参照。

②装饰线与墙面间有缝隙的原因

装饰线与墙体或天花之间有明显的缝隙，是因为未进行补缝或补缝时不仔细。装饰线与墙体和天花之间的缝隙，需用腻子灰进行填补，而后磨平。

③装饰线出现脱落现象的原因

出现此类现象的主要原因有两个：一是黏结位置的墙面有腻子，但未进行铲除；二是装饰线固定不够牢固。如果原墙面有腻子，在预计要安装石膏线的位置应先将其铲除，直到露出水泥层，否则日后石膏线会不断脱落；粘贴石膏线时，胶须涂抹均匀，粘贴时应用力按压，而后用枪钉或钢钉进行加固。

第九章

木质材料

木质材料以其独特的装饰感和易加工性能，为设计提供了无限可能性，可用于制作板材、地板、家具、贴面装饰等。木饰面是顶棚和墙面常见的饰面材料，而实木地板、复合木地板及强化地板则是常见的地面材料。木质材料纹理多样，深浅不一，几乎适用于所有风格的空间，因此在室内空间中出场率较高，十分受设计师的青睐。

一、木饰面

1. 材料特性

保护膜

面漆层

底漆层

饰面木皮层

基层板

材料分类

按使用树种分类

檀木

檀木为珍稀木种，光泽好，结构细致，材色喜人，花纹也很美丽，富于变化，为高档饰面板

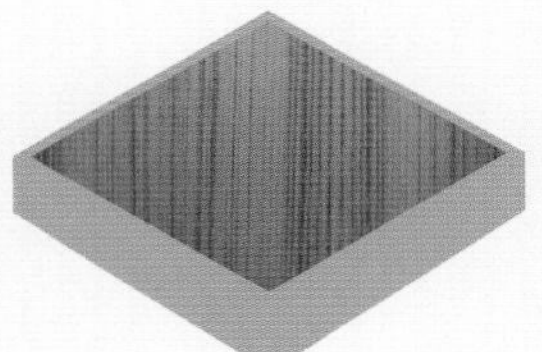

柚木

色泽金黄、温润，纹理优美、线条清晰，装饰风格稳重。纹理有直纹和山纹之分。含油量高，耐日晒

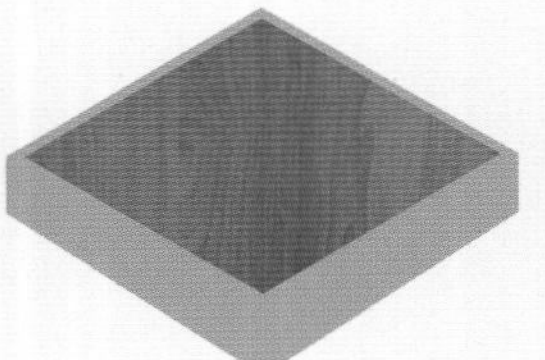

樱桃木

纹理通直，有狭长的棕色髓斑，贴面板多使用红樱桃木，暖色赤红，合理使用可营造高贵气派的效果

黑胡桃木

色彩为棕灰色，纹理粗而富有变化，用透明漆涂刷后色泽深沉稳重，更加美观，比较百搭，适用于各种风格的居室

- **物理特性：**

木饰面具有木材的纹理和质感，可用作墙面、柱、门窗套、门、家具、隔断等的饰面。

- **优点：**

施工便利，囊括了所有木种，色彩、纹理多样，适用于多种装饰风格。

- **结构分层特点：**

木饰面是人造复合板材，面层为天然木材或科技木材通过精密刨切或旋切制成厚度为 0.2~0.5mm 的微薄木片，也就是木皮；基层为由木段旋切成单板或由木方刨切成薄木再用胶黏剂胶合而成的三层或多层的胶合板。面层与基层通过胶黏剂和热压工艺结合在一起。

- **基层的特点：**

由生长期较短的木材或木材的边角部分制成，能提高木材利用率，是节约木材的主要途径之一。基层的胶合板在为面层木纹提供承载体的同时，也使施工更便利。

- **面层的特点：**

分为天然木材和科技木材两类，天然木多用珍贵的木材制成，提高了木材的利用率，节约能源的同时满足了装饰需求。面层木纹根据切割方向的不同形成不同的纹理，可根据室内风格等选择合适的类型。

按制作原料分类

天然薄木

面层原料为天然木材，花纹美观自然。但变异性比较大、无规则，真实感强、立体感突出。但可能带有天然木材的缺陷，品种不如人造薄木多

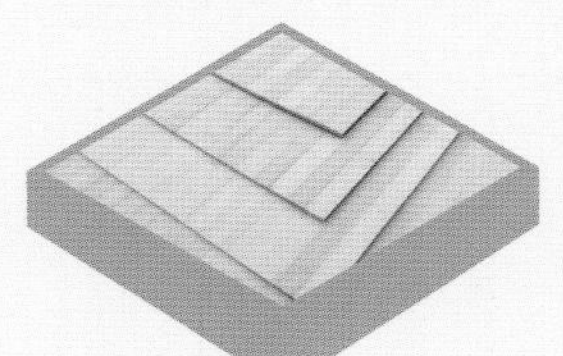

人造薄木

也叫作科技薄木，木纹由人工印刷制成，可以模仿出天然木材的纹理，达到节约优质木材的目的。此类贴面板的纹理基本为通直纹理，纹理图案比较有规则

集成薄木

集成薄木是将一定规格的木条按图案要求用胶黏剂黏结成木方，然后刨切成拼花薄木。图案较特别，具有很强的个性

2. 节点与构造施工

木饰面可用作顶面和墙面的饰面材料，最常用的部位是墙面。木饰面在墙面上的施工方式有平面式和立体式两种。

（1）平面式木饰面节点构造

用木饰面做平面式施工，是指没有立面凹凸感造型的施工形式，是很常见的一种做法，可以单独使用饰面板做装饰，也可与其他材料组合进行造型。为了避免表面给人以单调感，当木纹面积较大时，可搭配不锈钢、木材质的线条或明显的缝隙等，来丰富整体层次。

❶ 干挂法木饰面顶棚

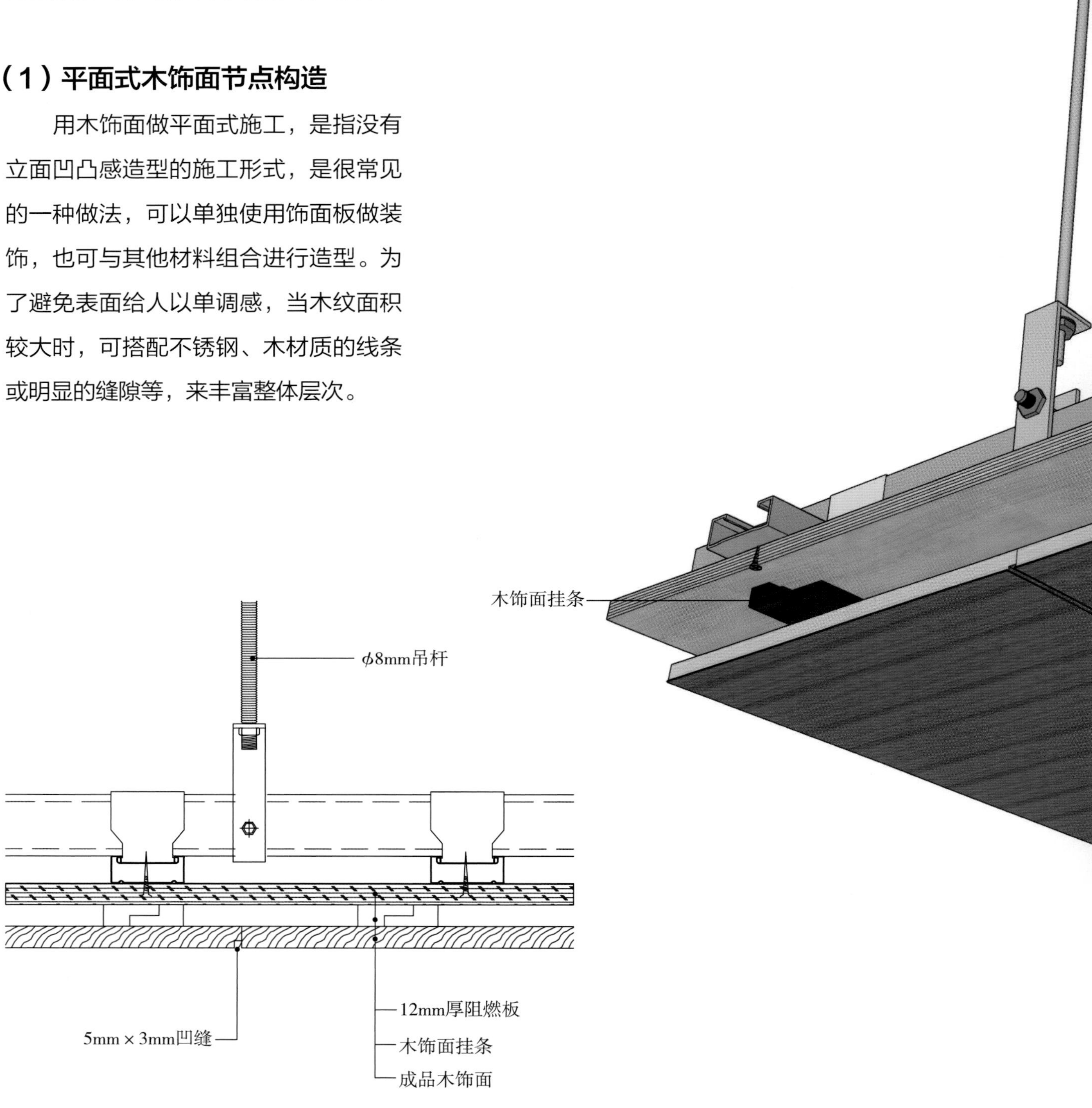

▲ CAD 节点图

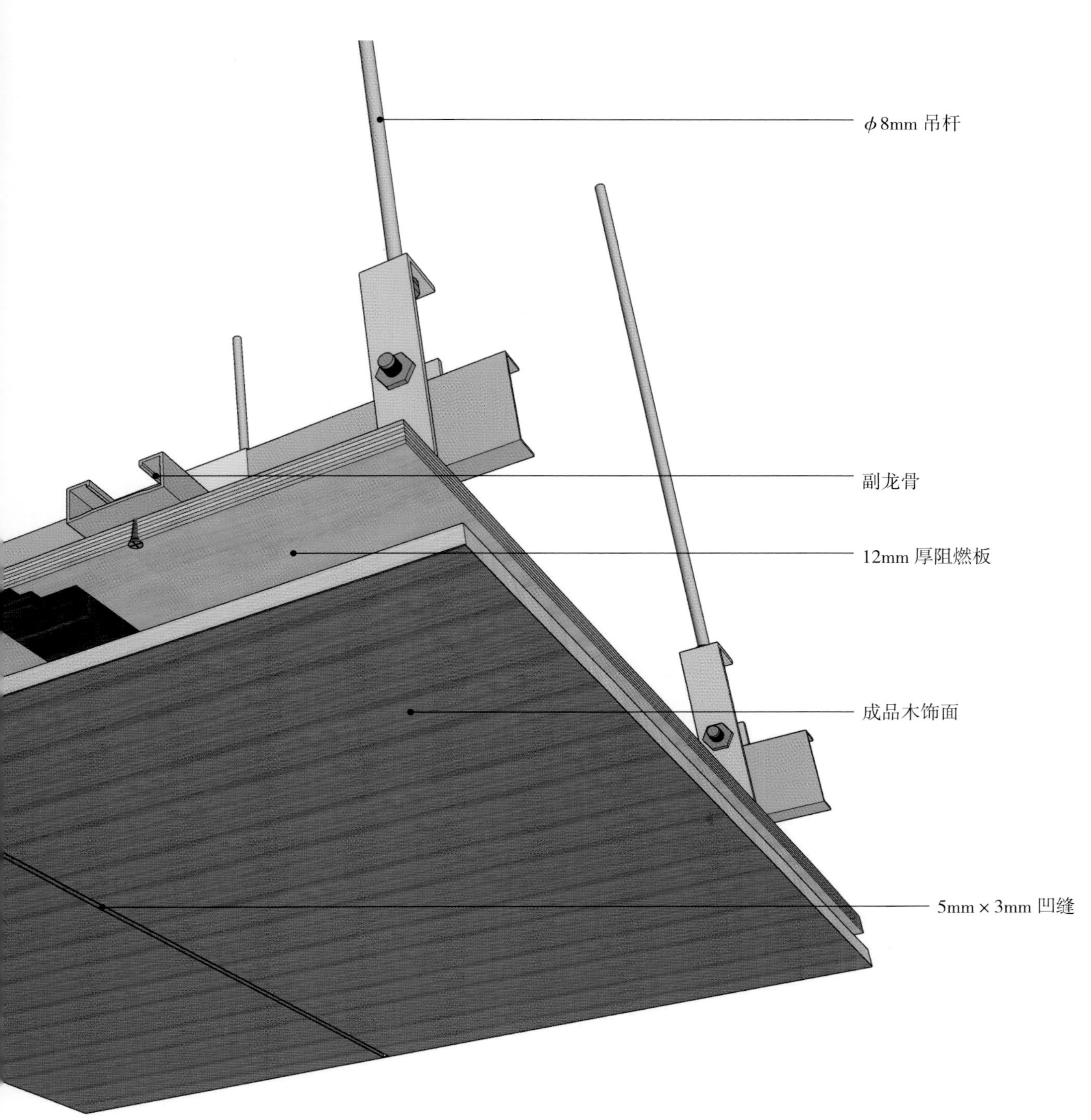

▲ 三维解析图

工艺解析

第一步

定高度、弹线

根据设计图纸结合现场情况，在楼板层上弹出主龙骨的位置，主龙骨应从顶棚中心向两边排列，遇到梁和管道固定点大于设计和规程要求，应增加吊杆的固定点。

第二步

安装吊杆

采用 ϕ 8mm 吊杆和配件固定 D50 的主龙骨，龙骨间距一般为 900mm。

第三步

安装次龙骨

配套的次龙骨一般选用烤漆 T 形龙骨，间距与板的横向规格相同。

第四步

安装阻燃板

先安装 12mm 厚的阻燃板基层，再用自攻螺钉固定阻燃板与龙骨。

安装木饰面

根据木饰面的自身情况选择相应的挂条，挂条要经过三防处理，若龙骨的间距为 300mm，那么挂条的间距就是 300mm，挂条用自攻螺钉固定在阻燃板基层上，在木饰面的背面打胶，用胶和自攻螺钉与挂条相固定。

对木饰面进行修补

用油漆将对安装后的木饰面上的自攻螺钉等空缺位置进行修补。

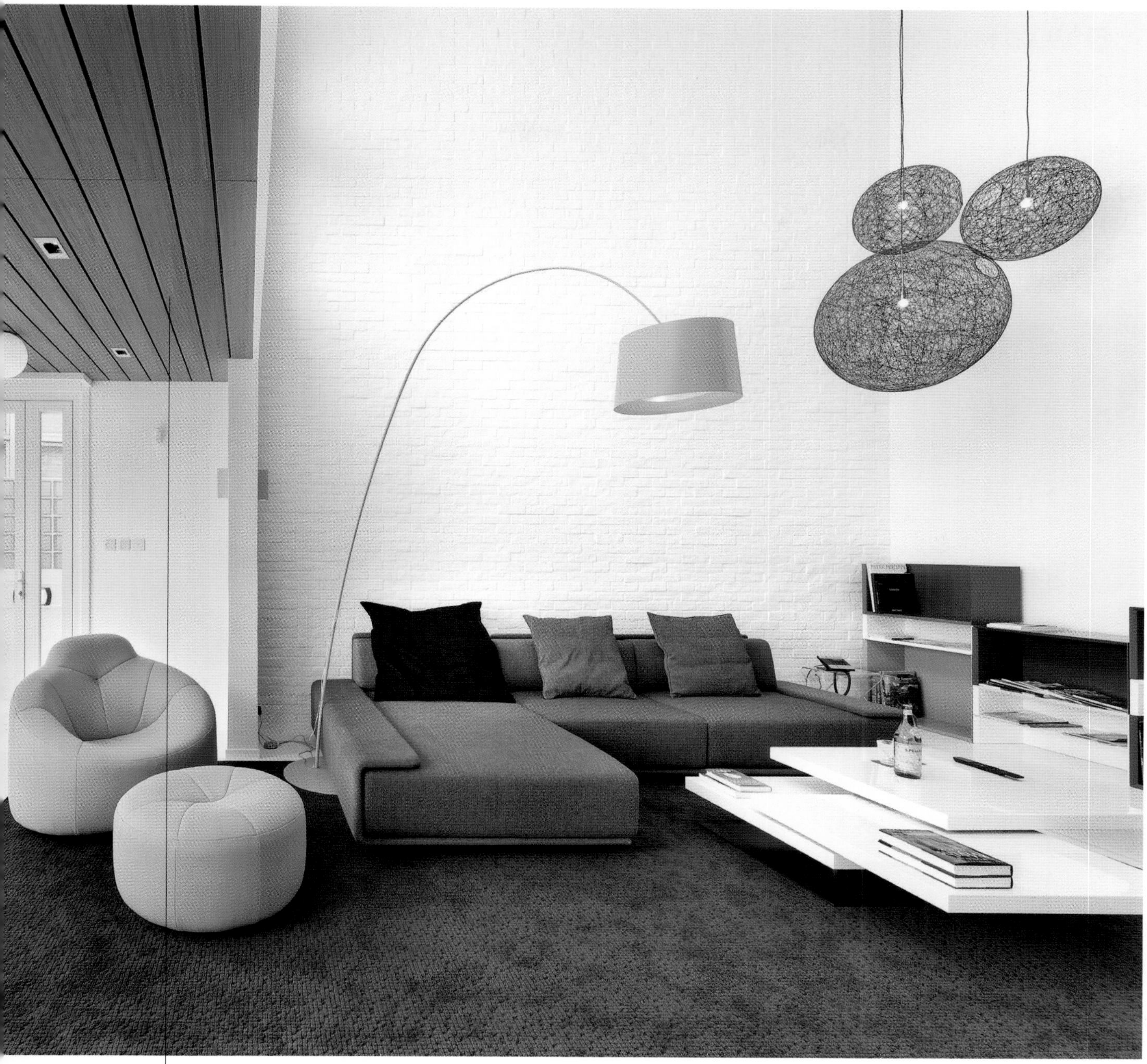

◀实景效果图

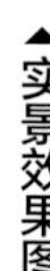

木饰面顶棚除了采用整面大块饰面板装饰外，还可以采用窄木条拼接的方式，拼接处的缝隙会让空间显得更通透，避免空间氛围过于死板。不论家装还是公装空间中都非常适合选用木饰面顶棚。

❷ 粘贴法木饰面顶棚

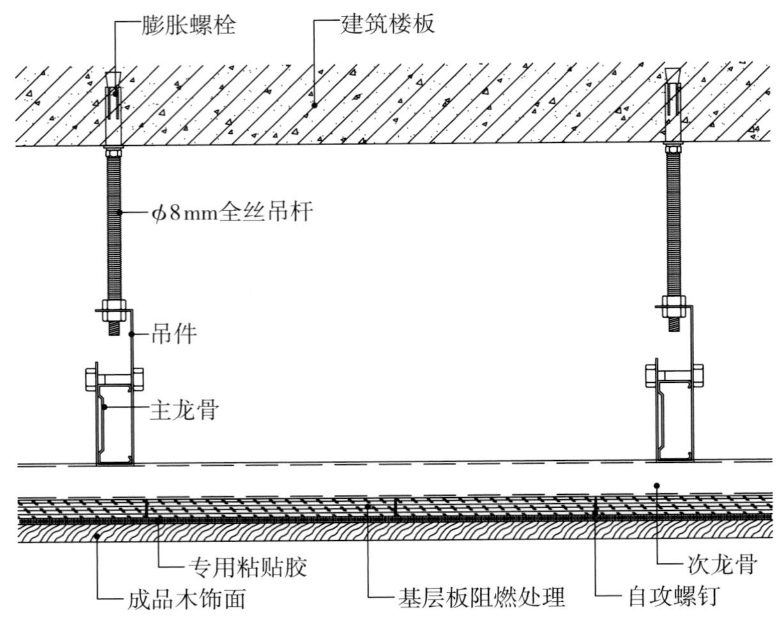

▲ CAD 节点图

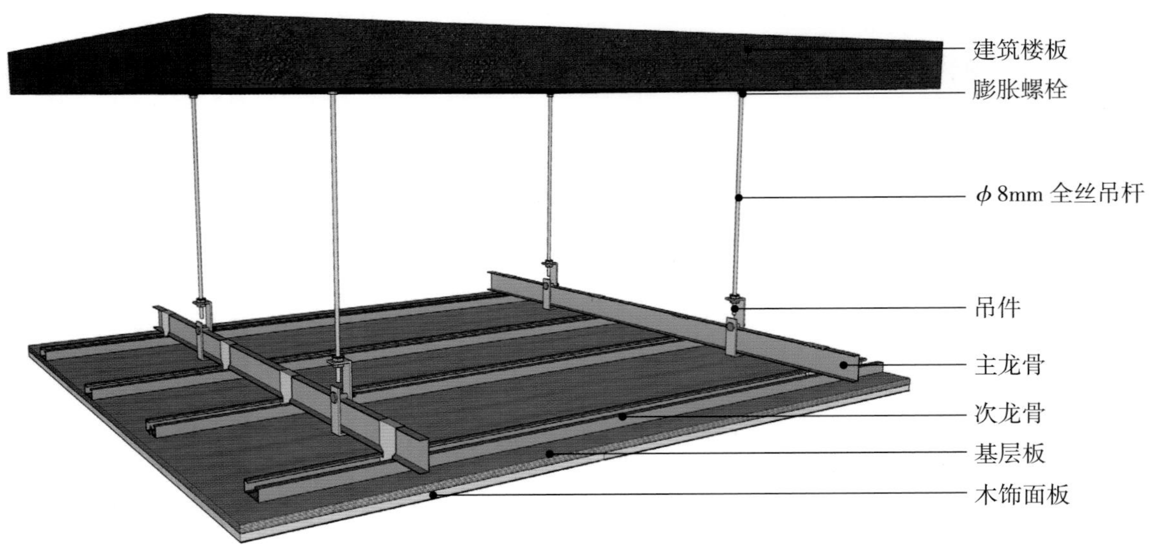

▲ 三维解析图

工艺解析

实景效果图

明显的缝隙造型，可以带来很强的节奏感，增加空间的层次感，更好地丰富空间。

第一步

定高度、弹线

根据设计图纸结合现场情况，在混凝土楼板层上弹出主龙骨的位置，最大间距为 1000mm。

第二步

安装吊杆

采用膨胀螺栓固定吊杆，吊杆可以采用冷拔钢筋和盘圆筋，但采用盘圆筋应使用机械将其拉直，安装完的吊杆端头外露长度不小于 3mm。

第三步

安装龙骨

一般采用 C38 龙骨做主龙骨，间距 900~1200mm，配套次龙骨通过挂件吊挂在大龙骨上，在与主龙骨平行方向安装 600mm 的横撑龙骨，间距为 600mm 或 1200mm。

第四步

安装木底板

用自攻螺钉固定木底板，并经过防潮处理，安装时先将板就位，用直径小于自攻螺钉直径的钻头将板与龙骨钻通，再用自攻螺钉拧紧。板要在自由的状态下固定，不得出现弯棱、凸鼓现象。

第五步

安装木饰面

木饰面板的安装可采用胶贴的方式固定在木底板上，在贴的同时注意胶要涂匀，各个位置都应涂，保证木饰面板和木底板之间的牢固。

❸ 轻钢龙骨基层木饰面粘贴墙面

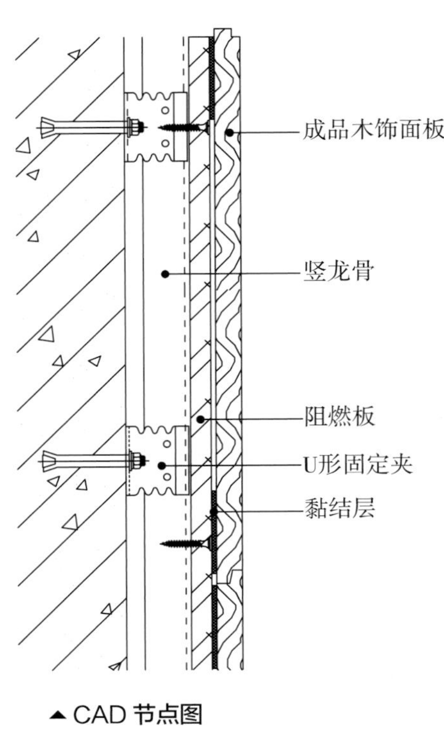

▲ CAD 节点图

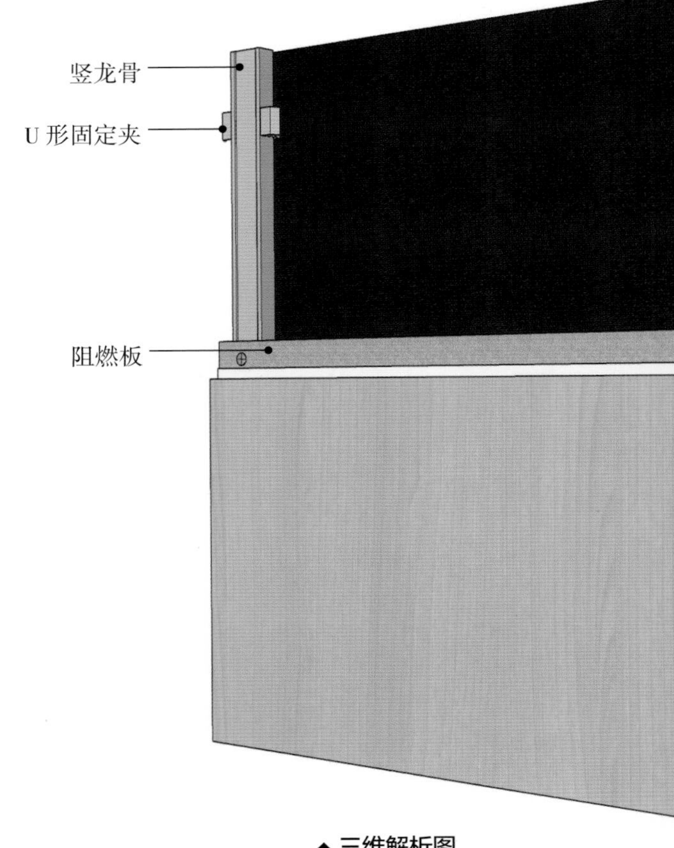

▲ 三维解析图

工艺解析

第一步

定位弹线

按图纸的设计要求弹出隔墙的四周边线，同时按面板的长、宽分档，以确定竖向龙骨、横撑龙骨及附加龙骨的位置。如果原建筑基面有凹凸不平的现象，就要进行处理，以保证龙骨安装后的平整度。

第二步

安装踢脚板

如果设计了踢脚板，则应按照踢脚板详图先进行踢脚板施工。将地面凿毛清扫后，立即洒水浇筑混凝土。在踢脚板施工时应预埋防腐木砖，以便于沿地龙骨固定。

第三步

固定边龙骨

龙骨边线应与弹线重合。在 U 形沿地、顶龙骨与建筑基面的接触处，先铺设橡胶条、密封膏或沥青泡沫塑料条，再用射钉或金属膨胀螺栓沿地、顶固定龙骨，也可以采用预埋浸油木模的固定方式。

第四步

安装竖向龙骨

将 U 形龙骨套在 C 形龙骨的接缝处，用抽芯拉铆钉或自攻螺钉固定。边龙骨与墙体间也要先进行密封处理，再进行固定，最后安装横撑龙骨。

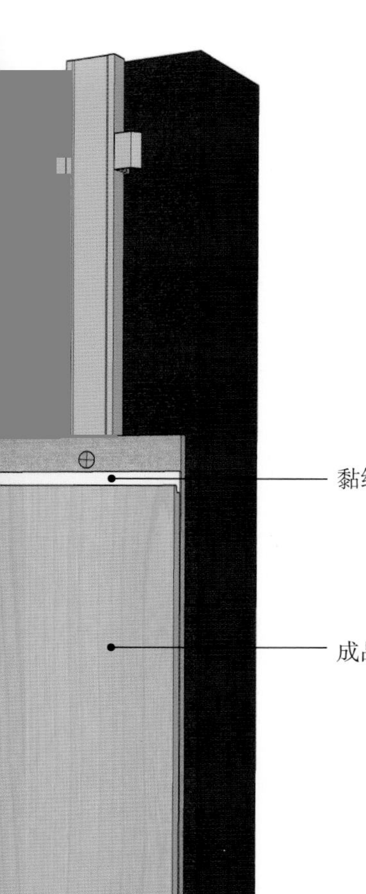

粘贴法的施工方式更适用于较薄且需要满铺的木饰面板，对基层的材质要求较高，但安装人工成本低。

三维解析图▶

第五步

填充隔声材料

一般采用玻璃棉或岩棉板进行隔声、防火处理；采用苯板进行保温处理。填充材料应铺满、铺平。铺放墙体内的玻璃棉、岩棉板、苯板等填充材料，应与安装另一侧的纸面石膏板同时进行。

第六步

安装基层板

对基层板进行阻燃处理，一般用 U 形固定夹将基层板与竖龙骨紧密贴合在一起，再用自攻螺钉进行固定。安装时从上往下或由中间向两头固定，为避免今后收缩变形，板与板拼接处应留 3~5mm 的缝隙。

第七步

贴装饰面板

成品饰面板安装前需进行排版挑选，饰面板表面应颜色相近、无明显结疤且纹路相通，在基层板和饰面板背面均匀涂刷万能胶。当胶水干燥达到不黏手的程度后，将饰面板沿所弹墨线由一端向另一端慢慢压上，再用锤子垫木块由一端向另一端敲实。

❹ 轻钢龙骨基层木饰面挂板墙面

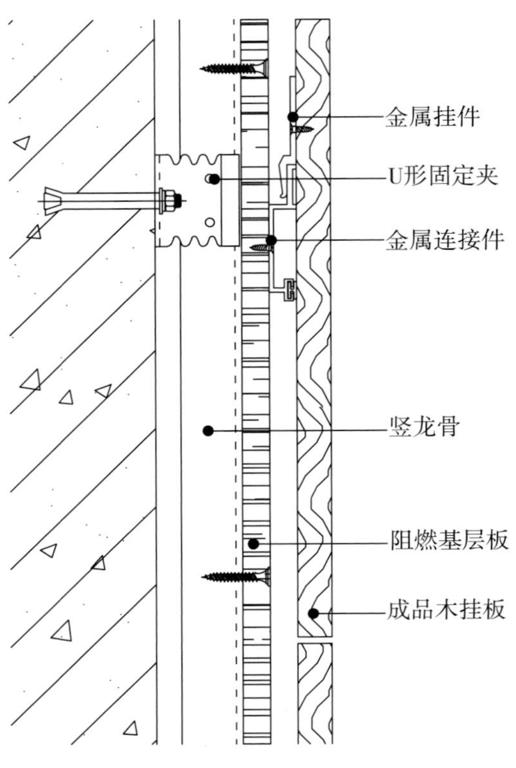

▲ CAD 节点图

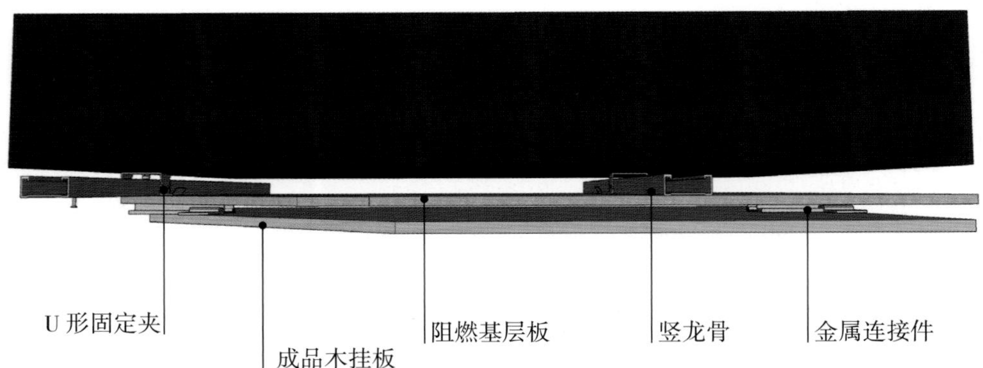

▲ 三维解析图

施工要点

1. 与木挂条不同，该做法采用了金属件进行挂板，其防火性能有所提升。
2. 选好的成品木挂板间留 3~5mm 的结构缝，用金属挂件及金属连接件将其通过干挂法直接吊挂或空挂于钢架之上，无须再用胶水粘贴。

◀实景效果图

在进行木饰面的选择时，如果想要营造温馨感且自然的效果，给人以质朴的空间感受，那么，可以选择黄色系的款式，包括米黄色系、茶色系、棕色系等。同时，如果想要文静的效果，可选直纹款式；如果想要活泼的效果，可选山纹的款式。

(2)立体式木饰面节点构造

立体式木饰面一般应用在墙面上，是指墙面上的部分造型与其他部分有凹凸层次的施工形式。如一些纹理较淡的贴面板，大面积使用时容易显得单调；而色彩较厚重的类型，大面积使用时容易显得沉闷。此时，可适当设计一些立体造型来增加层次感，还可加入灯光来烘托氛围。饰面除了单独使用外，还可与石材、墙纸、乳胶漆等材料组合进行施工，进一步丰富层次。

❶ 木饰面与灰镜相接墙面

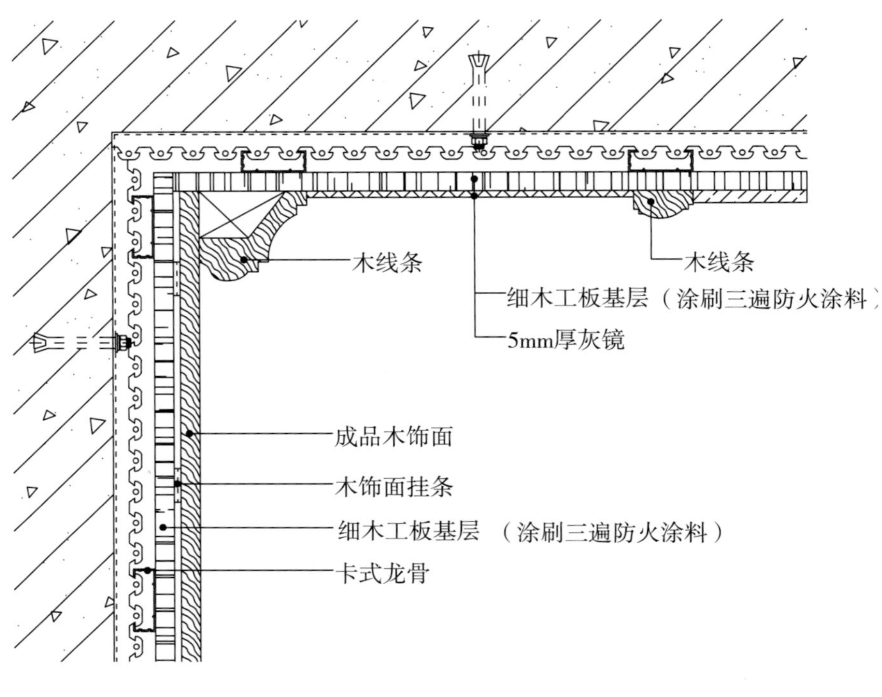

▲ CAD 节点图

施工要点

1. 通过卡式龙骨来安装细木工板基层。
2. 注意，细木工板要先涂刷三遍防火涂料，待晾干后再进行安装。
3. 安装灰镜玻璃时，在玻璃两侧固定木线条，较大木线条内部用木条进行填充。成品玻璃用玻璃专用胶固定在细木工板上，木线条与玻璃间的间隙用颜色相近的玻璃胶收口。
4. 全部安装完成后，要对玻璃及成品木饰面面层进行修补、清洁，并覆盖专用保护膜做好成品保护。

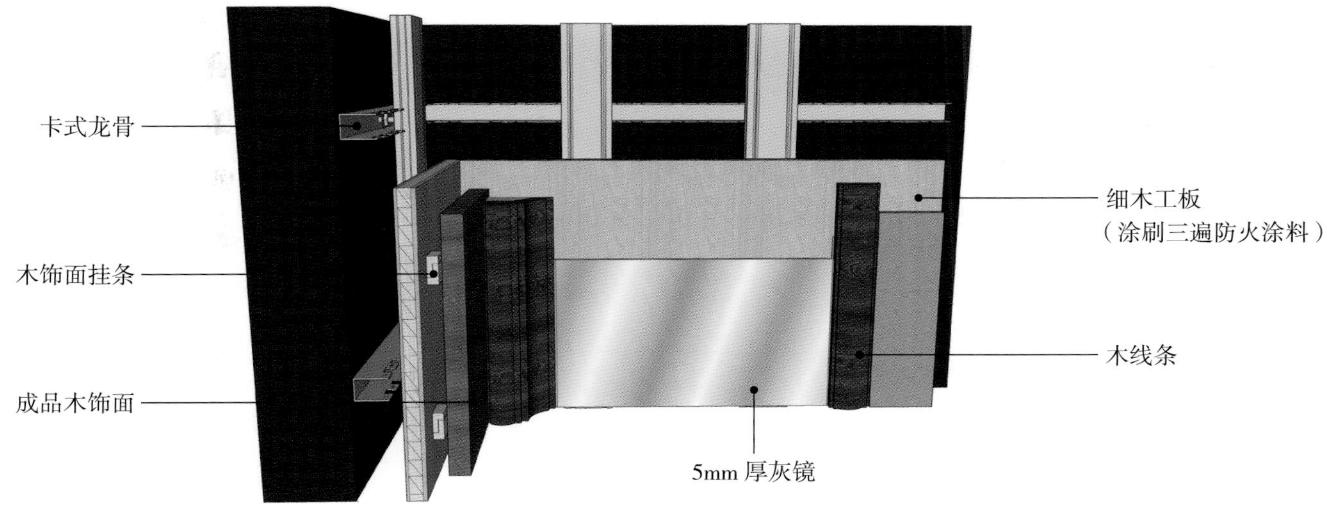

▲三维解析图

实景效果图▼

灰镜与深色木饰面搭配，可以为室内环境营造出简约、内敛和低调的家居氛围，适合用在卧室中。

❷ 木饰面与软包相接墙面

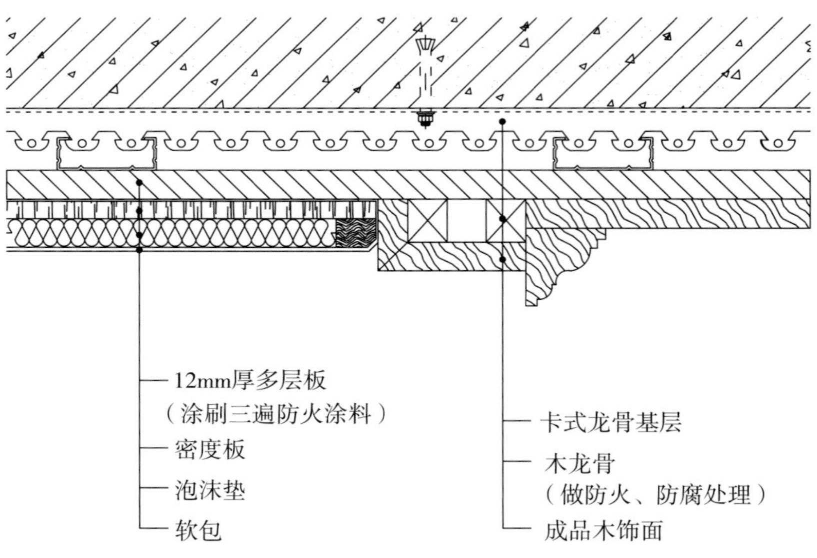

▲ CAD 节点图

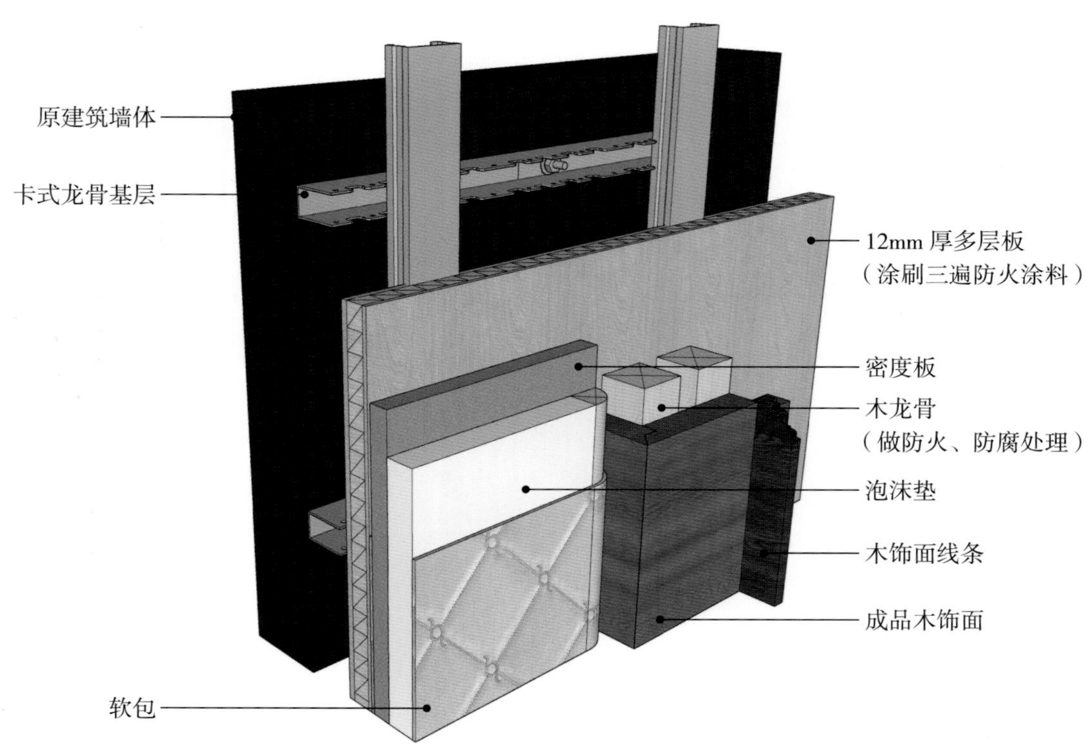

▲ 三维解析图

施工要点

1. 开始施工前先将 12mm 厚的多层板涂刷三遍防火涂料，对木龙骨做防火、防腐处理，待晾干后再进行施工。
2. 在多层板上弹出软包及木饰面的位置。
3. 将密度板固定在多层板上，并沿弹线位置安装木龙骨。
4. 成品木饰面安装在多层板上，L 形木饰面与木龙骨嵌合安装，用木饰面线条填充木饰面与木龙骨的相接处。
5. 软包两端安装固定木条，木条间用泡沫垫填充，用胶将软包布料粘贴在泡沫垫上。

实景效果图

木饰面与暖色的软硬包相接，可以使空间显得轻快活泼而又富有空间层次感，作为客厅或卧室的背景墙是一个很好的选择。

二、实木地板

1. 材料特性

高级聚酯清漆

含有各种成膜物质

原木

材料分类

按树种分类

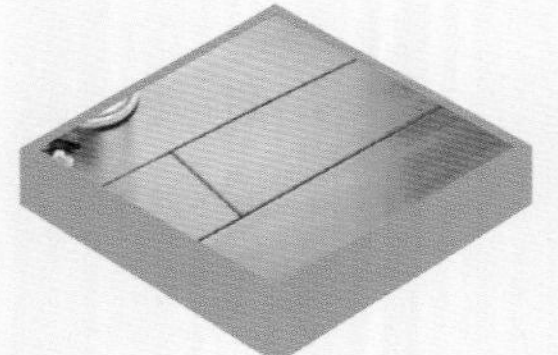

番龙眼地板

外表光滑、纹理清晰，且具有耐腐性。分金色和红褐色两种，特别适用于欧式和中式风格，不适用于地热取暖的空间

橡木地板

表面有很好的质感，结构牢固，使用寿命长，且山形木纹鲜明。特别适用于中式、欧式古典风格的居室

金刚柚木地板

即刺槐木，木材光泽强、较硬、干缩小、强度高。纹理直或交错，色泽典雅，美观大方，调温功能强

桦木地板

为大众树种，所以价格较低，颜色浅淡，可以进行多种加工，加工后的桦木地板一般颜色清透自然，十分百搭

按表面涂饰分类

涂饰地板

表面经过涂饰的一类实木地板，铺装后可直接投入使用。现多使用 UV 漆，其强度高、耐磨且涂装效果好

未涂饰地板

未经涂饰的素板，在铺装完成后，需要在表面进行涂饰才能投入使用，漆面类型可自由选择

物理特性：

实木地板又名原木地板，是天然木材经烘干、加工后制成的地面装饰建材。

优点：

实木地板具有木材自然生长的纹理，色泽天然，给人柔和、亲切的感觉，同时具有脚感舒适、可调节湿度、冬暖夏凉、隔音吸音、使用安全等优点，是地面饰面材料中的高档品。

下料方式：

实木地板的原料与实木板相同，也是各类树木的树干。一整根圆木树干可分为上、中、下和树头四部分，实木地板多使用树干的下部分。根据下料方向的不同，实木地板有直纹和山纹两种图案。

直纹的特点：

树干的径切面，即为直纹的实木地板，此种下料方式可以截取到优良的木材，但会产生下脚料。相对来说，直纹有较为规则的纹路，具有典雅、简约的装饰效果。

山纹的特点：

树干的弦切面，即为山纹的实木地板，下料时选取范围比较广，成品率高，纹理变化丰富，装饰效果给人以活泼感。

按铺装方式分类

榫接地板

目前最常见的一种实木地板拼接方式，也叫作企口地板。地板的四个小边加工有公槽和母槽，安装时将公母槽口对接即可

平接地板

此类地板经过加工后，具有统一的长度、宽度、厚度。四边是平直的，拼接处没有任何槽口，直上直下，有时为了使拼接更牢固，需要打胶，现在较少使用

锁扣地板

地板的边缘带有锁扣，其既可控制地板的垂直位移，又可控制地板的水平位移，是地板板块之间连接最紧密的一种工艺

2. 节点与构造施工

实木地板铺装地面时，通常会有满铺或者与其他地面材料拼接装饰两种方式。在选择实木地板的时候要考虑到强度的问题，一般来说，木材的密度越高，强度就越大。人流、活动量大的空间可选择强度高的品种，如巴西柚木、杉木等地板；而卧室则可选择强度相对低一些的品种，如水曲柳、红橡、山毛榉等地板；而老人住的房间则可选择强度一般但十分柔和温暖的柳桉、西南桦等地板。

（1）整地式实木地板节点构造

整地式实木地板是室内空间中十分常见的铺装形式。选择实木地板时应考虑到规格的问题。一般来讲，应遵循宜窄不宜宽，宜短不宜长的原则，因为小规格的实木条不容易变形、翘曲，价格低，且铺设时更加灵活。

❶ 架空法实木地板地面

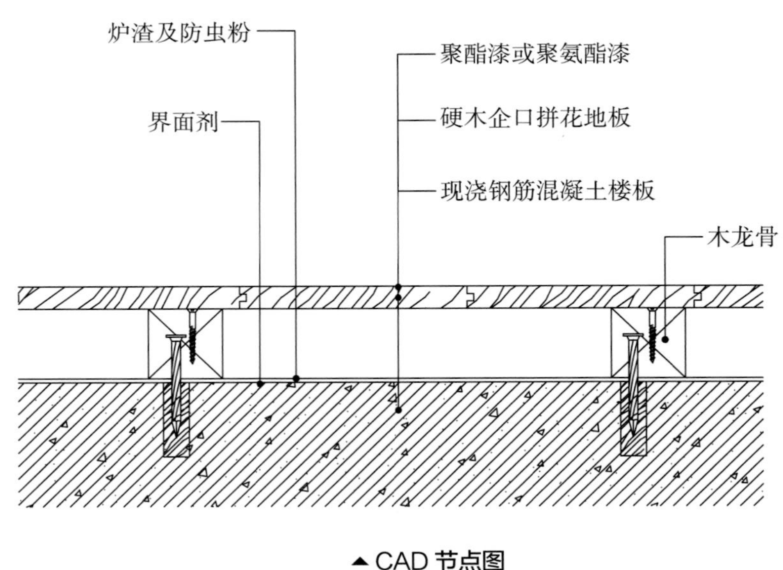

▲ CAD 节点图

❷ 毛地板架空法实木地板地面

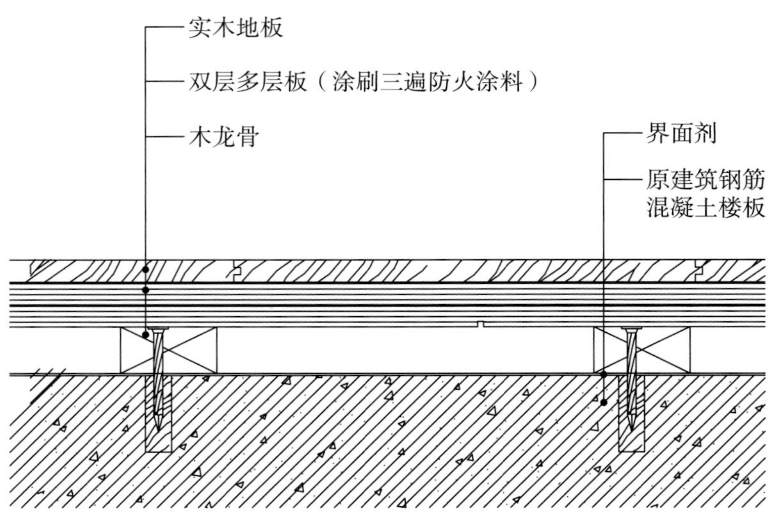

▲ CAD 节点图

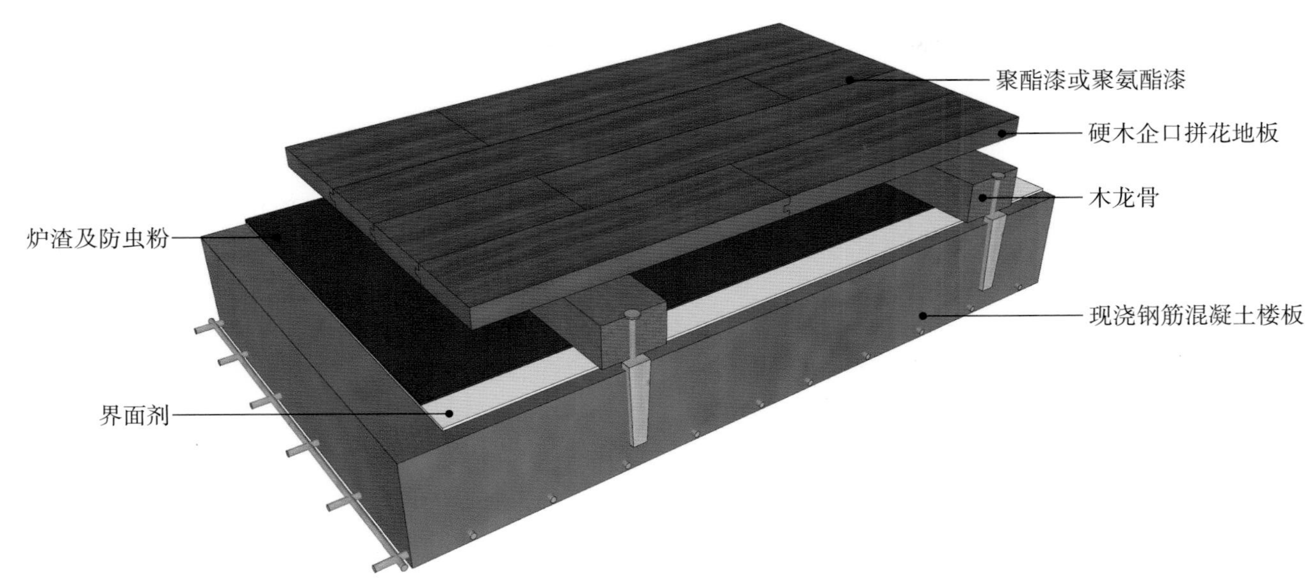
聚酯漆或聚氨酯漆
硬木企口拼花地板
木龙骨
炉渣及防虫粉
现浇钢筋混凝土楼板
界面剂

▲ 三维解析图

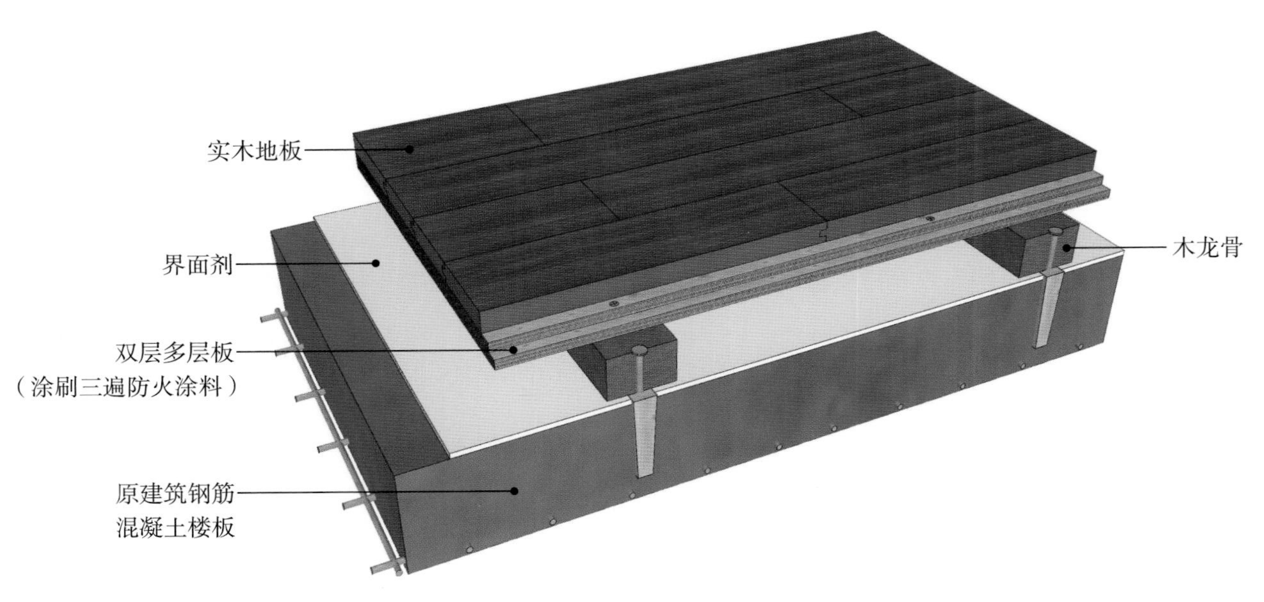
实木地板
界面剂
木龙骨
双层多层板
（涂刷三遍防火涂料）
原建筑钢筋
混凝土楼板

▲ 三维解析图

工艺解析

以上两种铺设方法的区别在有无毛地板，其余的施工步骤均相同，下面以毛地板架空法为例，讲解工艺步骤。

第一步

基层处理

先将基层清扫干净，并用水泥砂浆找平。在地面上弹出木地板的位置线，弹线要求清晰、准确，不能有遗漏，同一水平要交圈；基层应干燥且已做防腐处理（铺沥青油毡或防潮粉）。预埋件的位置、数量、牢固性要达到设计标准。

第二步

安装木格栅

根据设计要求，格栅可采用 30mm×40mm 或 40mm×60mm 截面木龙骨；也可以采用 10~18mm 厚，100mm 左右宽的人造板条。

在进行木格栅固定前，按木格栅的间距确定木模的位置，用 ϕ16mm 的冲击电钻在弹出的十字交叉点的水泥地面或楼板上打孔。孔深 40mm 左右，孔距 300mm 左右，然后在孔内下浸油木模。用长钉将木格栅固定在木楔上。格栅之间要加横撑，横撑中距依现场及设计而定，与格栅垂直相交并用铁钉钉固，要求不松动。

为了保持通风，应在木格栅上面每隔 1000mm 开深不大于 10mm，宽 20mm 的通风槽。木格栅之间的空腔内应填充适量防潮粉或干焦渣、矿棉毡、石灰炉渣等轻质材料，起到保温、隔声、吸潮的作用，填充材料不得高出木格栅的上边缘。

第三步

安装基层板

在木格栅的上方用自攻螺钉将基层板与木龙骨钉在一起，同时在基层板的背面开防变形拉槽。

第四步

铺设木地板

条形地板的铺设方向应考虑铺钉方便、固定牢固、实用美观等因素。对于走廊、过道等部位，应顺着行走的方向铺设；而室内房间，应顺着光线铺设，因为对于多数房间而言，顺光方向与行走方向是一致的。

架空法和毛地板架空法优缺点对比

名称	优点	缺点
架空法	施工方便、结构稳定、能有效防止受潮	工期较长，须提前对龙骨做防火防潮处理
毛地板架空法	能有效防止受潮、脚感舒适	损耗较多、成本较高

▲ 实景效果图

实木地板的花色自然，具有变化，不死板。

（2）拼接式实木地板节点构造

拼接式实木地板是指同一空间的地面上除实木地板外，还有其他材料共同组成的地面形式。实木地板和其他材料相接时，材料间的矛盾感可使空间更加丰富，而且从视觉上，地面能够产生分割空间的效果，但没有隔断阻隔视线，使空间更加开阔。

❶ 实木地板与环氧磨石相接地面

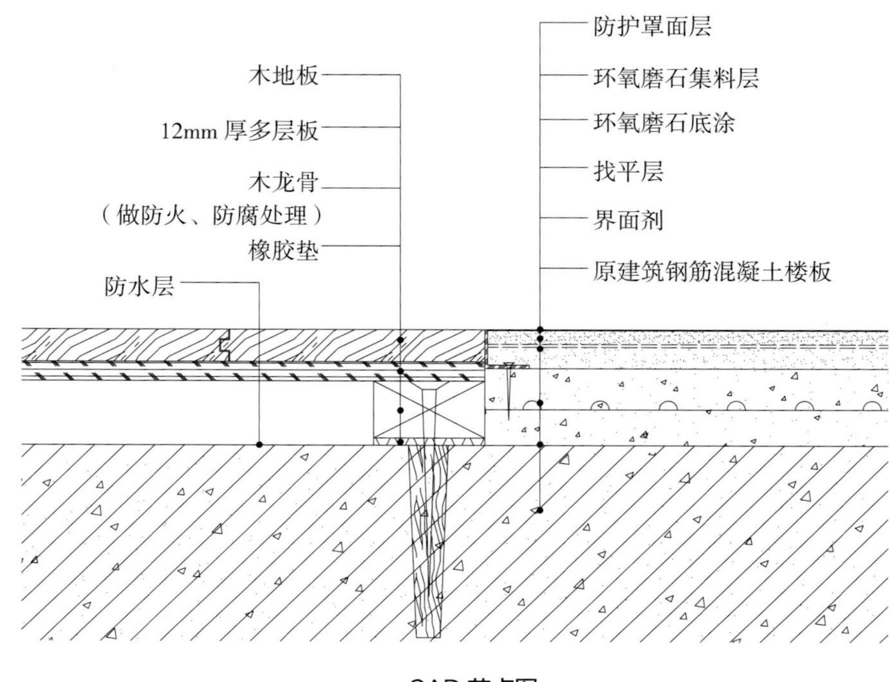

▲ CAD 节点图

▲ 三维解析图

施工要点

1. 先铺设实木地板再做环氧磨石，铺完实木地板后要进行成品保护，防止做环氧磨石的时候污染实木地板。
2. 铺设实木地板的时候要在实木地板与环氧磨石相接的位置加一道木龙骨，这样既能增强地板的稳定性，还能确定好边缘的位置。
3. 实木地板铺设到墙边附近时，应与墙保持 10mm 的距离，作为伸缩缝，后期可以用踢脚线掩盖，不会影响到空间的美观性。

收边条将环氧磨石隔离成单独的区域做换鞋区，耐脏、易清洁的环氧磨石极适用于该区域。

◀**实景效果图**

❷ 实木地板与地毯相接地面

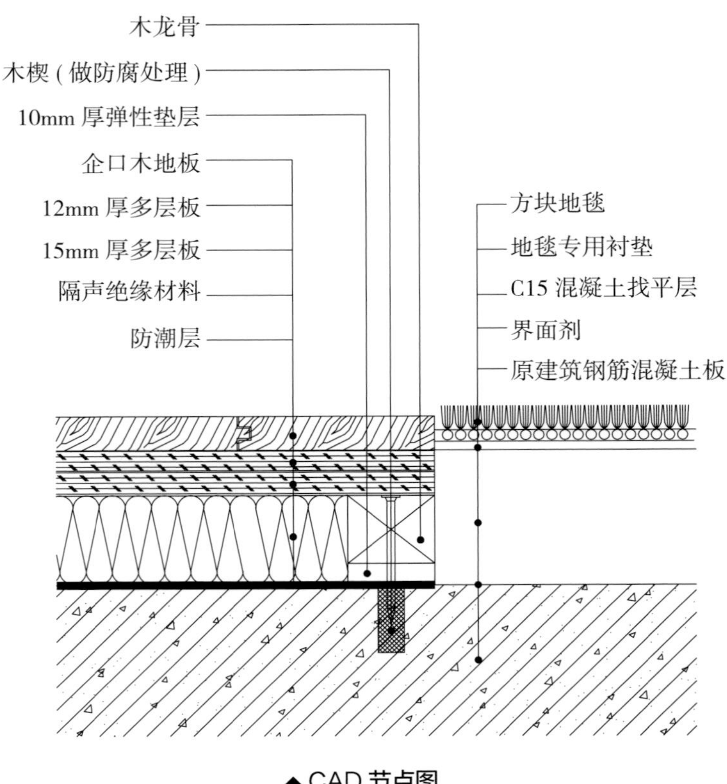

▲ CAD 节点图

企口木地板
12mm 厚多层板
15mm 厚多层板
隔声绝缘材料
防潮层
方块地毯
地毯专用衬垫
C15 混凝土找平层
界面剂
原建筑钢筋混凝土板
10mm 厚弹性垫层
木龙骨
木楔（做防腐处理）

▲ 三维解析图

施工要点

① 块毯的铺设方式较为简单，只需用胶黏即可。块毯的胶黏方式有两种，一是先将地毯虚铺在地面上，再将地毯卷起，然后在其背面涂刷专用胶；二是将块毯卷起，在两块块毯的拼接处贴上胶纸，块毯的四个角都要重复该动作，如此既能固定地毯和地面，又能将相邻的地毯连接，防止卷起。

② 要注意，若地毯有花纹，需要提前预铺、配花并编号，避免拼贴出的效果不好。再根据弹线将空间边缘处的块毯进行准确的裁切，并清理拉掉的纤维。

休闲区和走廊通过木地板和块毯两种材质分割开来，让人在走廊行走时，会不自觉地避开休闲区，使休闲区的人们不受干扰。且木地板 + 天窗 + 阳光，更能营造休闲、舒适的氛围。

◀实景效果图

三、复合木地板

1. 材料特性

材料分类 按面层工艺分类 按板材厚度分类

漆面工艺

表面为平面，花纹立体感强、通透清晰，油漆面附着力强，提高了地板的耐磨、抗压、抗划伤性

12mm 板

实木复合地板中最薄的一种，其脚感接近强化复合地板，弹性较差，价格较低

15mm 板

厚度中等，价格适中，脚感介于强化复合地板和实木地板之间，是使用较多的一种

浮雕工艺

表面具有凹凸的浮雕感，稳重大气、质地硬朗，自然纹理犹如山水画，装饰性强

18~20mm 板

最厚的一类实木复合地板，脚感接近实木地板，弹性佳，价格较高

物理特性：

复合木地板即为实木复合地板，兼具实木地板的美观性与强化复合地板的稳定性。实木复合地板的种类丰富，适合多种风格的家居空间。它与实木地板一样，不适用于厨房、卫生间等易沾水、潮湿的空间。

优点：

具有自然美观，脚感舒适，耐磨、耐热、耐冲击，阻燃、防霉、防蛀，隔音、保温，不易变形，铺设方便等优点。

结构分层特点：

实木复合地板由多层结构组成，以三层实木复合地板为例，它是由三层不同种类的实木结构交错层压而成的。可将其结构分成基层和面层两大部分。

基层的特点：

基层由底材和芯材两部分组成，底层为旋切单板，树种多为速生木材；芯层由普通软杂木木板条组成。可以达到节约木材的目的，同时可增加地板的刚性、弹性和保温性。

面层的特点：

面层使用的是优质、珍贵的木材，在木材表面进行大约五遍的 UV 漆涂饰，增强了硬度、耐磨性和抗刮性。面层保留了实木地板木纹优美、自然的特性，且大大节约了优质、珍贵的木材资源。

按结构分类

两层实木复合地板

由表板和芯板两部分组成，表板为实木拼板或单板，芯板是由速生木材或者小径木材压制而成的集成木方两层实木复合地板的强度不如三层实木复合地板和多层实木复合地板，现较少使用

三层实木复合地板

最上层为表板，是选用优质树种制作的实木拼板或单板；中间层为实木拼板，一般选用松木；下层为底板，以杨木和松木为主

多层实木复合地板

以实木拼板或单板为面板，以胶合板为基材制成的实木复合地板。每一层之间都是纵横交错的结构，层与层之间互相牵制，是复合地板中稳定性最可靠的一种

2. 节点与构造施工

复合木地板在铺装时也有整面和拼接两种形式，拼接的方式和实木地板并无不同，通常通过金属收口条来处理不同地面材料的衔接处。不过，复合木地板的铺设方法与实木地板不同，悬浮铺设法、胶粘式铺设法、龙骨架空铺设法、毛地板架空铺设法都可以应用。龙骨架空铺设法和毛地板龙骨架空铺设法在实木地板章节已有所体现，本书将重点讲解悬浮铺设法和胶粘式铺设法。

❶ 悬浮铺设法复合木地板地面

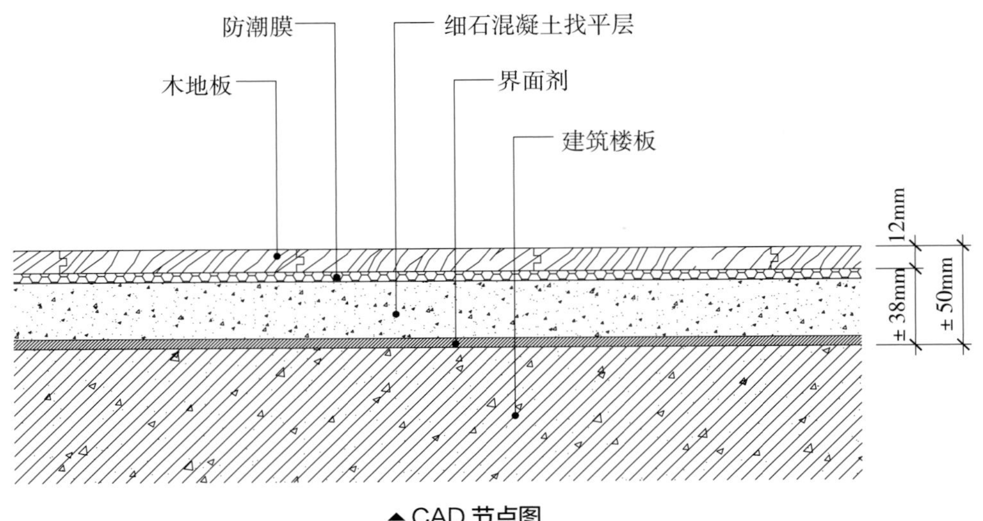

▲ CAD 节点图

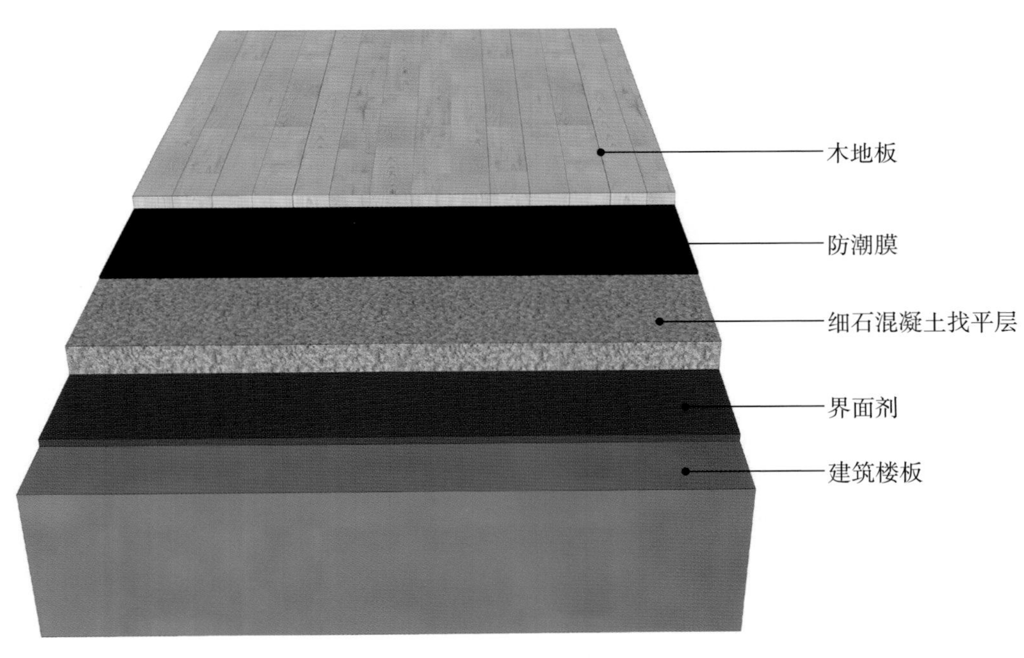

▲ 三维解析图

工艺解析

第一步

基层处理

先将基层清扫干净，并用水泥砂浆找平。在地面上弹线，弹线要求清晰、准确，不能有遗漏，同一水平线要交圈；基层应干燥且已做防腐处理（铺沥青油毡或防潮粉）。预埋件的位置、数量、牢固性要达到设计标准。

第二步

涂刷界面剂

第三步

细石混凝土做找平

地面的水平误差不能超过 2mm，超过则需要找平。如果地面不平整，不仅会导致整体地板不平整，还会有异响，严重影响舒适度。

第四步

铺设防潮膜

撒防虫粉、铺防潮膜。防虫粉主要起到防止地板起蛀虫的作用。防虫粉不需要满撒地面，可呈 U 形铺撒。防潮膜主要起到防止地板发霉变形的作用。防潮膜要满铺于地面，在重要的部位，甚至可铺设两层防潮膜。

第五步

铺设木地板

从边角处开始铺设，先顺着地板的竖向铺设，再并列横向铺设。铺设地板时不能太用力，否则拼接处会凸起来。在固定地板时，要观察地板是否有端头裂缝、相邻地板高差过大或者拼板缝隙过大等问题。

❷ 胶粘式铺设法复合木地板地面

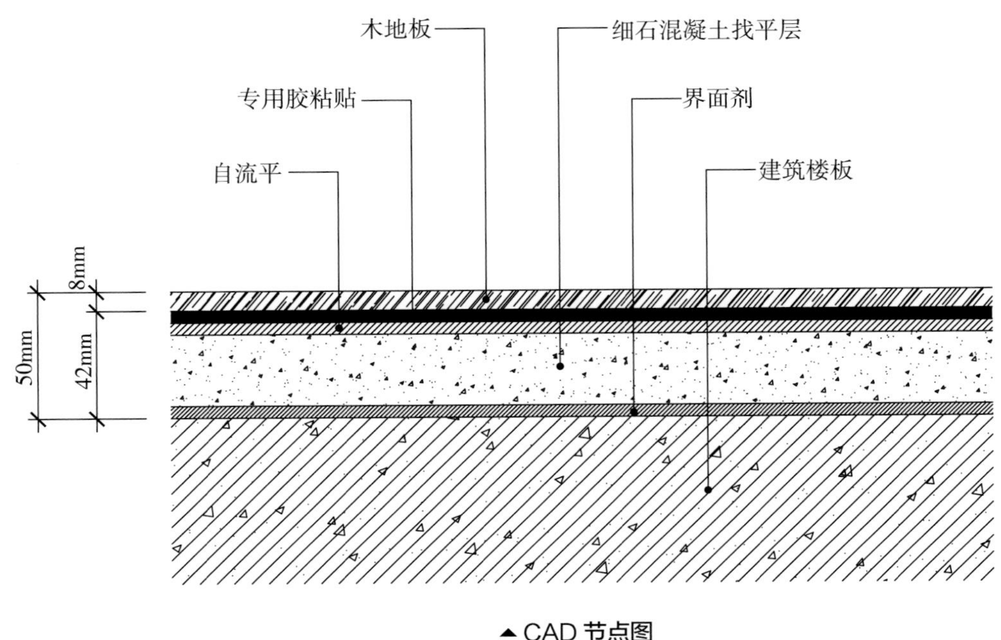

▲ CAD 节点图

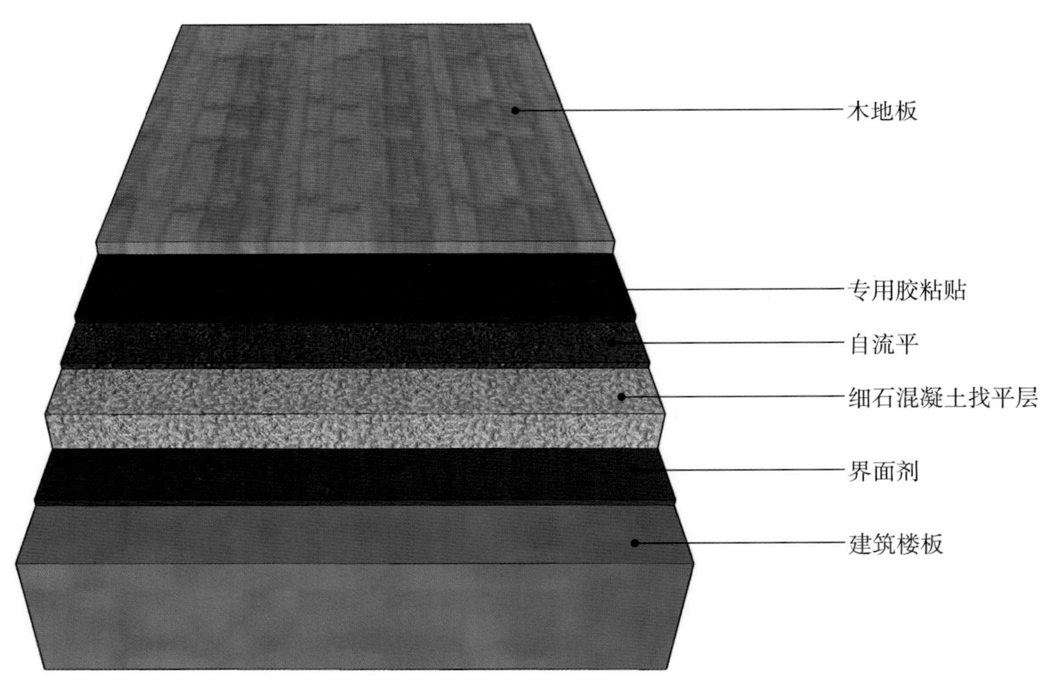

▲ 三维解析图

施工要点

1. 使用塑料刮板在地面或地板背面涂刷地板专用胶粘连，应严格按照胶黏剂的使用说明，施工温度不应低于 10℃，施胶量应适中，涂布应均匀、无遗漏。
2. 正式铺装前，可以对地板进行预铺，尤其是拼接方式较为复杂的地板。

复合木地板通过不同的铺装方式，也可以有很强的装饰效果。

实景效果图

四、强化木地板

1. 材料特性

耐磨层

（三氧化二铝）

装饰层

（纸浸渍热固性氨基树脂）

高密度基材层

（刨花板、高密度纤维板等）

平衡（防潮）层

（平衡纸）

材料分类

按表面涂层分类

三氧化二铝

标准的强化地板表面，使用的都是含有三氧化二铝的耐磨纸，它有46g、38g、33g等不同规则，但只有使用46g的才能保证表面的耐磨性能

三聚氰胺

三聚氰胺表面涂层，一般适用于耐磨程度要求不高的地方，在地板行业内将这类表面涂层的地板称为“假地板”，选择时需注意

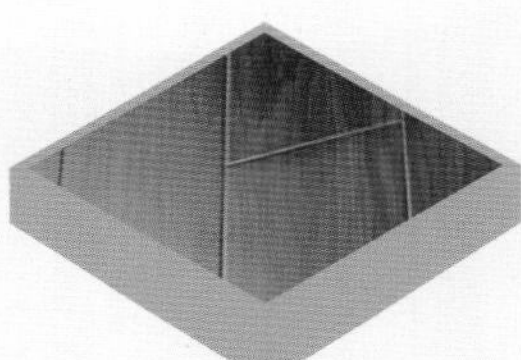

钢琴漆面

实际上是将用于实木地板表面的油漆，用于强化地板表面，只是使用的漆比较亮，耐磨程度非常低，不能与三氧化二铝强化木地板相媲美

标准板

标准板即为尺寸符合国家统一标准的强化地板，其宽度一般为191~195mm，长度为1200~1300mm

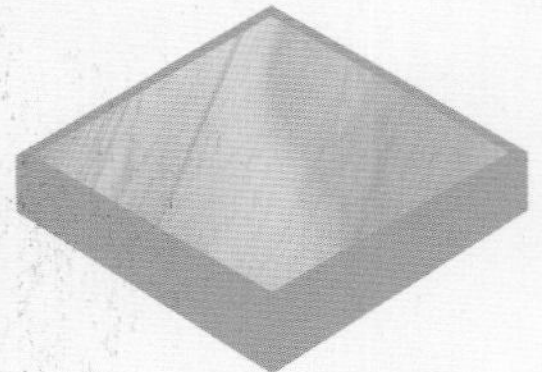

宽板

宽板的宽度为295mm左右，长度为1200mm左右，是我国强化地板加工企业为了满足消费需求，自主发明的。其优点是地板的缝隙相对较少，缺点是色差相对较大

窄板

窄板长度为900~1000mm，宽度为100mm左右，近似实木地板的规格，常被称为仿实木地板，稳定性好

物理特性：

强化木地板俗称“金刚板”，也称浸渍纸层压木质地板、强化地板。强化木地板从原材料来说是在原木的基础上，添加胶、防腐剂、添加剂后制成的。因此它打破了原木的物理结构，克服了原木稳定性差的弱点。

优点：

强化木地板不需要打蜡，耐磨、稳定性好，色彩、花样丰富，防火性能好，日常护理简单。价格选择范围大，各阶层的消费者都可以找到合适的款式。

结构分层特点：

强化木地板是将一层或多层专用纸浸渍热固性氨基树脂，铺装在刨花板、高密度纤维板等人造板基材表层，背面加平衡（防潮）层，正面加耐磨层和装饰层，经热压、成型制成的。强化木地板由耐磨层、装饰层、高密度基材层、平衡（防潮）层四部分构成，总体来说，可分为基层和面层两部分。

基层的特点：

强化地板的基层包括两部分，分别为加了氨基树脂的高密度基材层和基材背面的平衡（防潮）层。基层为面层提供了有力的支撑，并提高了地板整体的强度和防潮能力。

面层的特点：

强化地板的面层包括装饰层和耐磨层两部分。装饰层为装饰纸；耐磨层由三氧化二铝构成，具有很高的硬度。装饰层仿木纹制造，具有装饰性；耐磨层耐污染，抗腐蚀，抗压、抗冲击。

按性能分类

锁扣板

地板的接缝处采用锁扣形式，既控制地板的垂直位移，又控制地板的水平位移，连接稳固

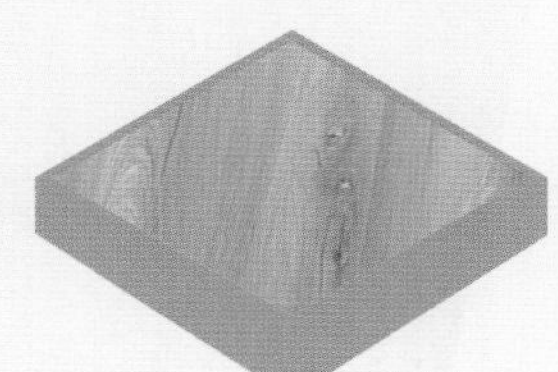

静音板

即在地板的背面加软木垫或其他类似软木的垫子。静音板具有增强脚感、吸音、隔音的效果，能够提高强化地板使用的舒适性

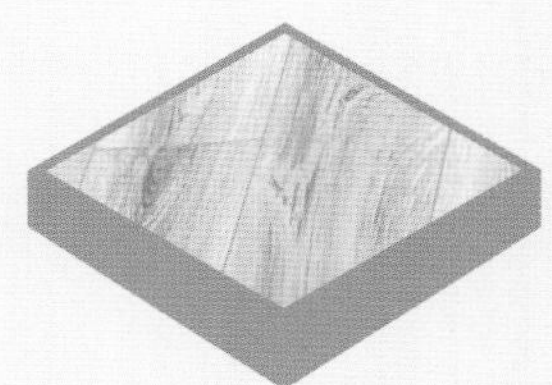

防水板

在强化地板的企口处，涂上防水的树脂或其他防水材料，使地板外部的水分、潮气不容易侵入，内部的甲醛不容易释放，能够提高地板的环保性和延长使用寿命

2. 节点与构造施工

强化木地板在地面的铺装形式与实木地板、复合木地板均相同，不过强化木地板更适合使用悬浮铺设法和毛地板架空铺设法。这两种方法均在前文有所体现，因此本节不再赘述，将重点讲解强化木地板特殊位置的节点构造，如地暖区或与其他材料的相接位置。

❶ 强化木地板地暖地面

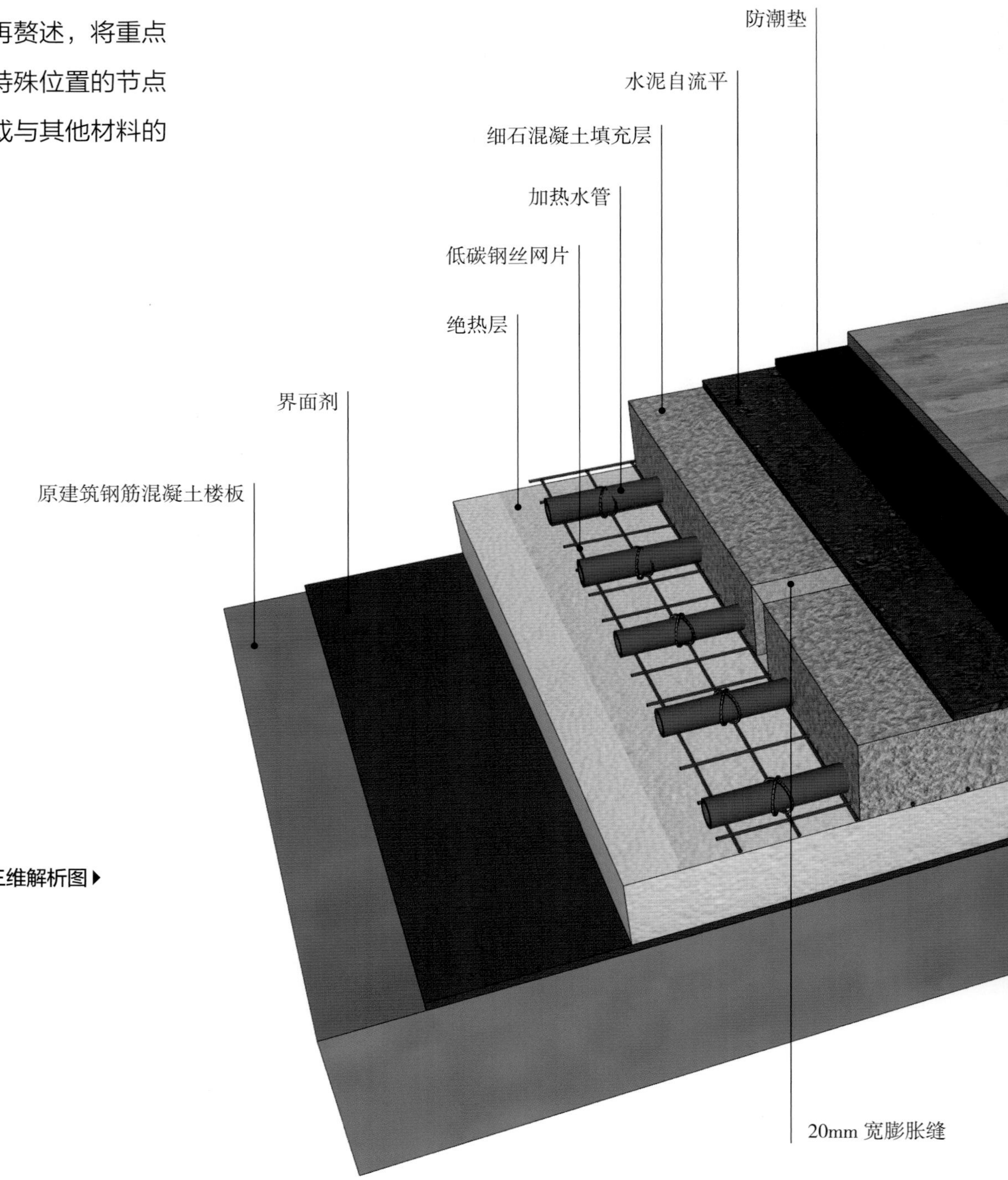

三维解析图▶

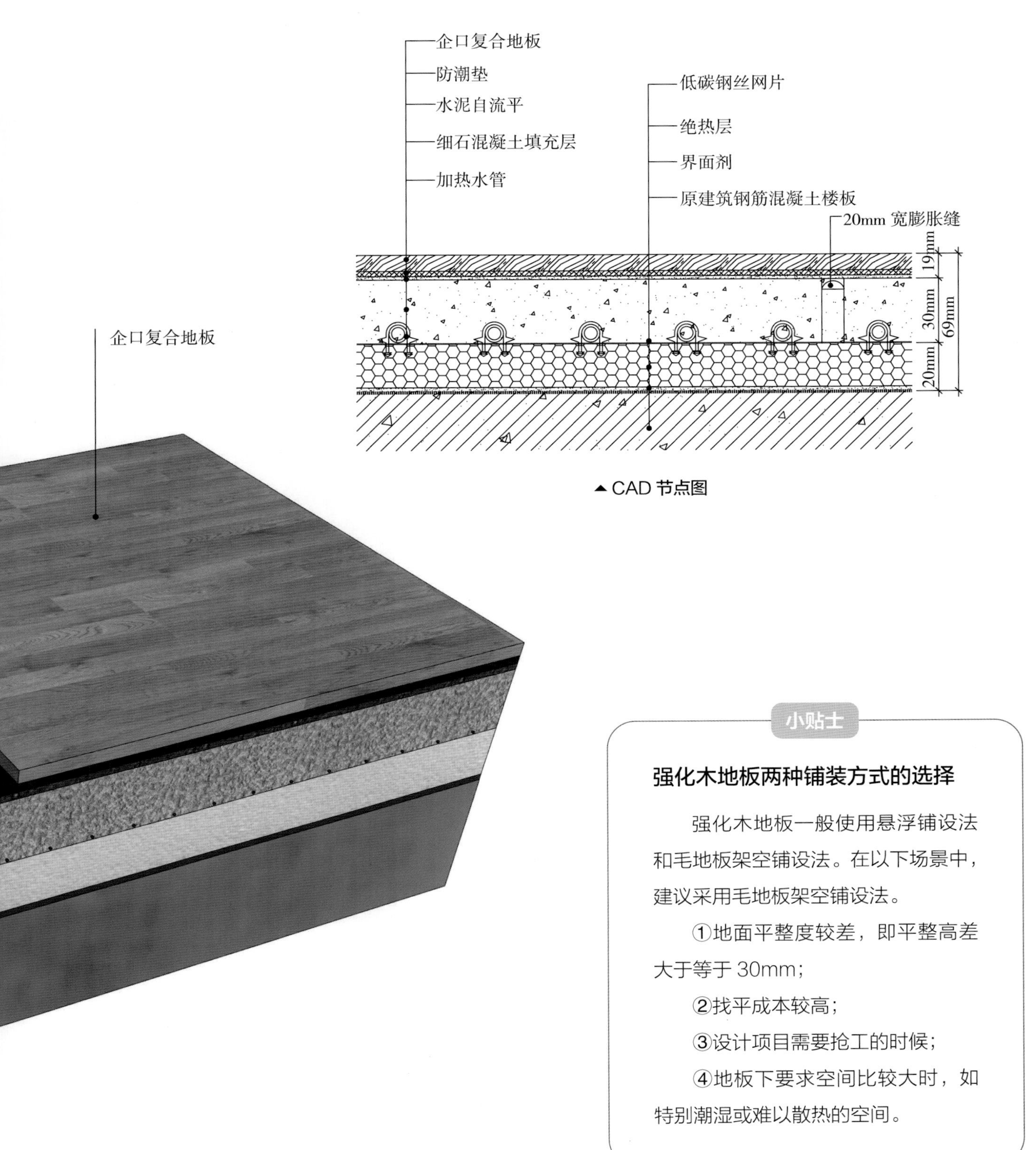

▲ CAD 节点图

小贴士

强化木地板两种铺装方式的选择

强化木地板一般使用悬浮铺设法和毛地板架空铺设法。在以下场景中，建议采用毛地板架空铺设法。

①地面平整度较差，即平整高差大于等于 30mm；

②找平成本较高；

③设计项目需要抢工的时候；

④地板下要求空间比较大时，如特别潮湿或难以散热的空间。

工艺解析

第一步

基层处理

第二步

涂刷界面剂

第三步

做防水层

防水层需涂刷 2~3 遍。

第四步

水泥砂浆保护层

第五步

做绝热层

第六步

铺铝箔反射热层

先铺设铝箔反射热层，在搭设处用胶带黏住。铝箔纸的铺设要平整、无褶皱，不可有翘边等情况。

第七步

铺设低碳钢丝网片

涉及防水层的房间，如卫生间、厨房等，在固定钢丝网时不允许打钉，管材或钢网翘曲时应采取措施，防止管材露出混凝土表面。

第八步

固定加热水管

第九步

压力测试

第十步

浇筑填充层

使用钢筋细石混凝土做填充层时，要人工将混凝土抹压密实，不得用机械振捣，不许踩压已铺设好的管道。

第十一步

水泥自流平做找平

在自流平中倒入水泥，观察到水泥流出约 500mm 宽范围后，再由手持长杆齿形刮板、脚穿钉鞋的操作工人在自流平水泥表面轻缓地进行第一遍梳理，导出自流平水泥内部气泡并辅助流平。当自流平中水泥流出约 1000mm 宽范围时，再由手持长杆针形辊筒、脚穿钉鞋的操作工人在自流平水泥表面轻缓地进行第二遍梳理和滚压，提高自流平水泥的密实度。

◀实景效果图

强化木地板是完全的人工产品，表面不再使用木材，而是用纸，所以花色的选择范围比实木地板和实木复合地板更广，设计时可充分发挥创意性，如工业风格可搭配做旧感且带有数字印花的款式或搭配做旧效果的款式等。

第十二步

铺设防潮垫

第十三步

铺设木地板

在铺设木地板前，需要在其背面涂氟化钠防腐剂，再涂黏结剂。如果设计对燃烧性能有要求，那么，应按照消防部门的相关要求，做相应的防火处理后，再安装在地面上。

❷ 强化木地板与自流平相接地面

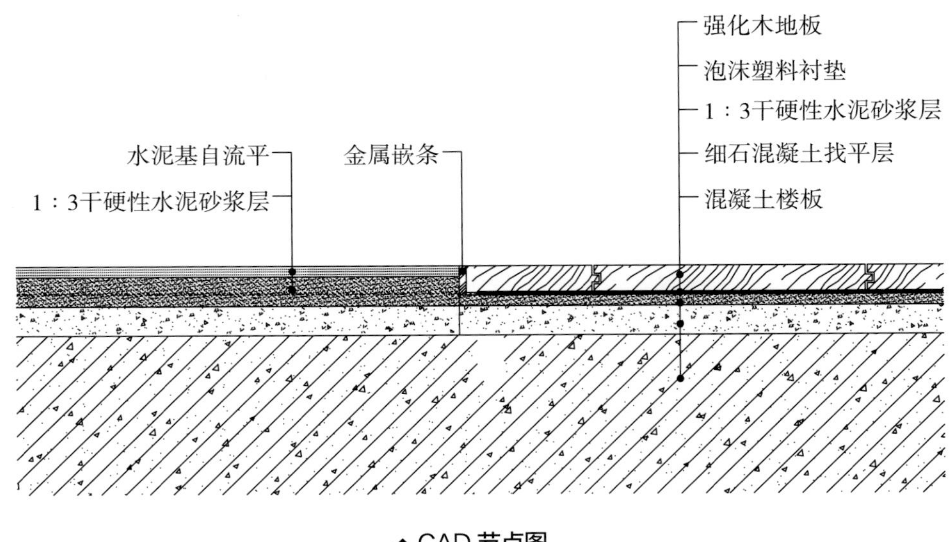

▲ CAD 节点图

泡沫塑料衬垫
金属嵌条
木地板
水泥基自流平
1：3干硬性水泥砂浆层
细石混凝土找平层
混凝土楼板

▲ 三维解析图

施工要点

1. 干硬性水泥砂浆是普通砂浆，坍落度比较低，适合做中间层，多用于铺装工程中。其有助于增加下一个项目的附着力。
2. 清理好水泥砂浆层表面后，就可以铺塑料衬垫了，将塑料衬垫平铺在水泥砂浆面，用点粘法把衬垫粘上即可。

第十章

地面材料

除了石材、木地板外，还有很多其他地面材料，如软质地板、地毯及水泥地材。地毯在地面材料中主要以舒适的脚感和丰富的款式取胜，有块毯和满铺地毯等类型。块毯因为使用灵活、铺装便捷，在家居空间中使用较多；满铺地毯则在公共场所应用较多。软质地材和水泥地材目前的使用率相对较低，但也有其适合的人群，特别是水泥地面材料，其因为独特的质感和个性化的效果，越来越受到年轻人的喜爱。

一、软质地材

1. 材料特性

特殊 UV 处理层

耐磨层

印花层

玻璃纤维层

弹性发泡层（抗压层）

稳定层

材料分类

PVC 地板 — 按形状分类 — 按结构分类 — 亚麻地板 — 按色彩分类

PVC 片材地板

片材地板的规格较多，主要为条形和方形，条形有粘贴施工和锁扣连接两种类型，方形以粘贴施工为主

PVC 卷材地板

质地较为柔软的一卷一卷的地板，一般宽度有 1.5m、2m 等，长度为 20m，厚度为 1.6~3.2mm

多层结构

多层复合型 PVC 地板一般由 4~5 层结构叠压而成，较厚实，弹性较好，吸音性能佳

宽板

同心透结构，即从上到下均为一层式结构，其花纹和色彩从上到下均相同，分为单一同心透和半同心透两类

单色亚麻地板

颜色单一，并且基本无纹理，可单独拼贴，可也与其他单色地板组合拼贴，比较容易搭配，适用于各种风格

复色亚麻地板

由两种或两种以上颜色组成，具有丰富的色彩变化，适合做不同形状的拼贴，若与其他色彩组合搭配须谨慎

• **物理特性：**

软质地板是相对于木地板等具有硬挺感的地板而言的。它可以卷起来，具有柔软的特性，因此称为软质地板。目前使用较多的是 PVC 地板和亚麻地板。

• **优点：**

PVC 地板是一种轻体地面装饰材料，环保无毒，超轻、超薄、超强耐磨，弹性极佳，脚感舒适，防火、防潮，而且是可再生的地材。亚麻地板是一种卷材，花纹和色彩从上到下均相同，能够保证地面长期亮丽如新。亚麻地板具有极佳的弹性，同时还抑菌、抗静电。

• **分层特点：**

PVC 地板类型较多，分为同心透结构和多层结构两类；而亚麻地板则均为单一同心透结构。因此，这里以多层结构的 PVC 地板为例进行介绍，总体来说，其可分为基层和面层两部分。

• **基层的特点：**

多层结构的 PVC 地板的基层一般由玻璃纤维层、弹性发泡层（抗压层）和稳定层等组成。可保持地板的稳定性，提高吸音性能，增强弹性、脚感的舒适度和抗冲击性等。

• **面层的特点：**

多层结构的 PVC 地板的面层通常由三部分组成，即印花层、耐磨层和特殊 UV 处理层。印花层为装饰主体，其余两层具有提升地板的耐磨性并防污、防褪色等作用。

按材质分类

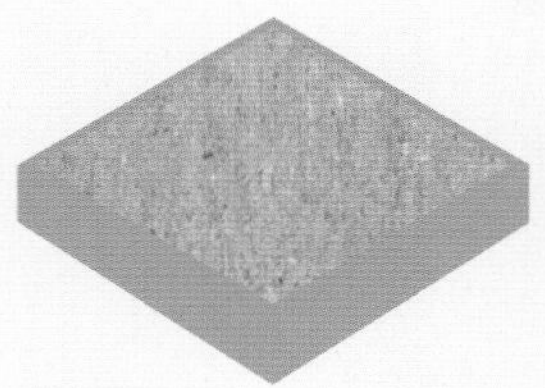

天然亚麻地板

完全由天然材质制成，环保性极高，铺设出来的效果更上档次

混合材质亚麻地板

由天然材质与其他材质组合而成，具有较高的性价比，可选择的样式也比较多

2. 节点与构造施工

软质地板的铺设方式大致相同，下面以使用频率最高的PVC 地板为例，讲解其节点与构造施工。PVC 地板可分为块材、卷材与片材三类，其中，块材是指锁扣地板，其铺设方式与企口型木地板相似，将地板边缘的公母槽口对接即可。而卷材和片材则是采用粘贴法来施工的。

❶ PVC 地板地面

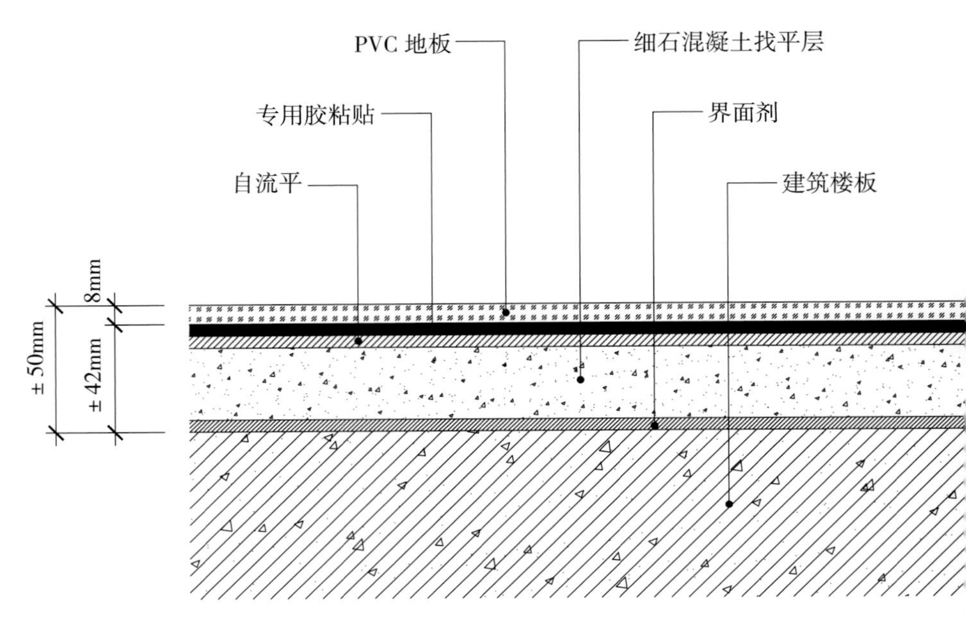

▲ CAD 节点图

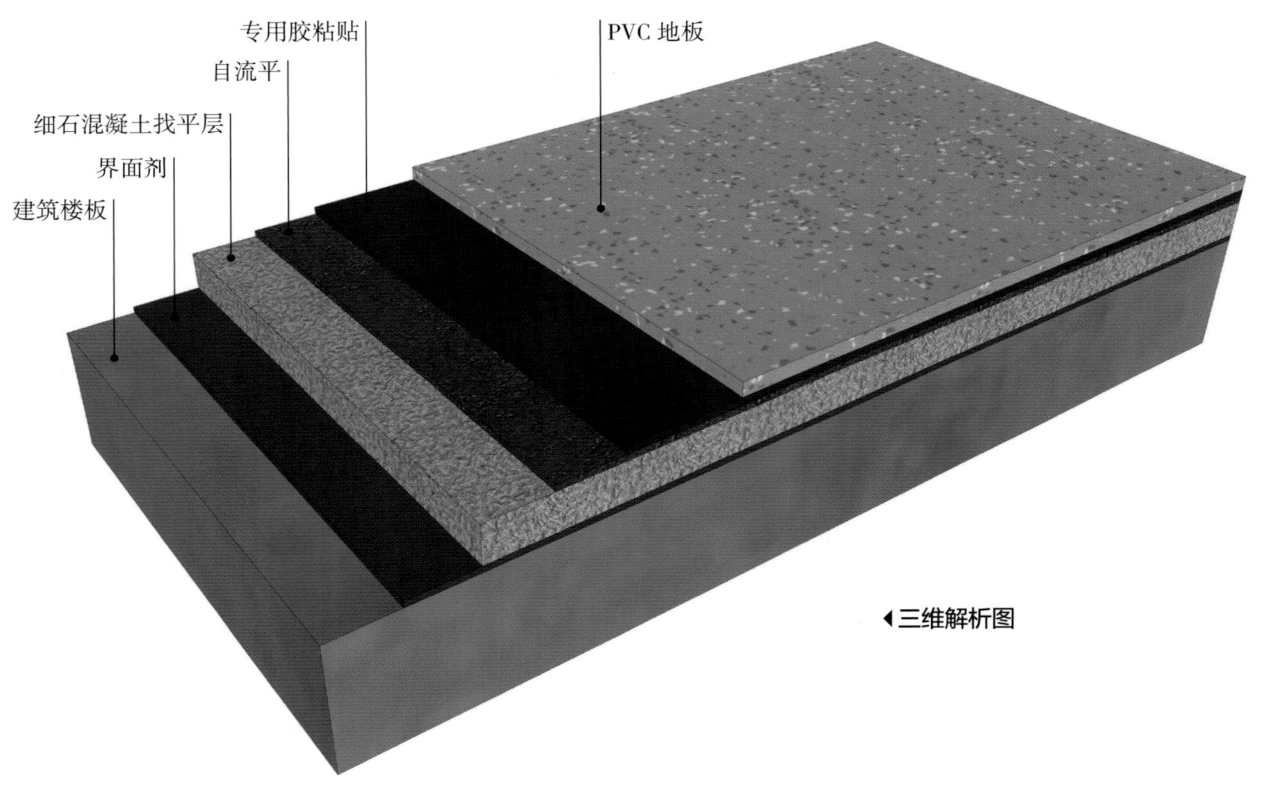

◀三维解析图

工艺解析

第一步

基层处理

第二步

涂刷界面剂

涂刷界面剂可以让找平层更好地与地面衔接，最大限度地避免出现空鼓或者脱落的情况。

第三步

细石混凝土做找平

当找平层的厚度小于 30mm 时，可采用水泥砂浆找平；若大于等于 30mm ，应采用细石混凝土找平，并加入钢丝网，增强找平层整体的抗拉能力。

第四步

做自流平

将自流平浆料浇注在找平层上，对面层上存在的凹坑进行填补。

第五步

专用胶粘贴

使用 PVC 地板专用胶来粘贴卷材的 PVC 地板。

第六步

铺设 PVC 地板

铺设时，两块材料的搭接处应采用重叠切割，一般要求重叠 30mm，注意保持一刀割断。铺贴时，将卷材的一端卷折起来，然后刮胶于地面。

❷ 地暖空间 PVC 地板地面

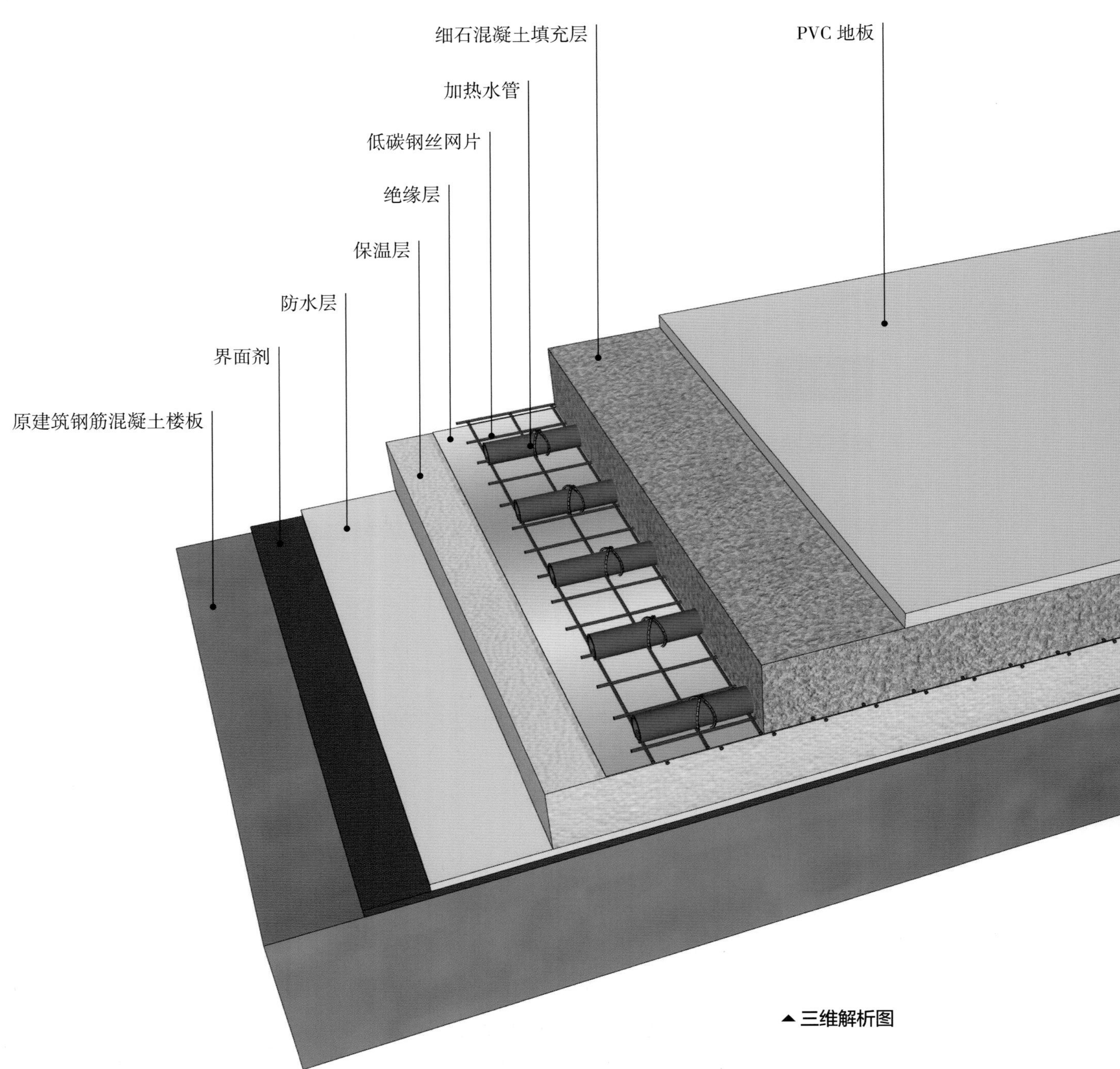

▲ 三维解析图

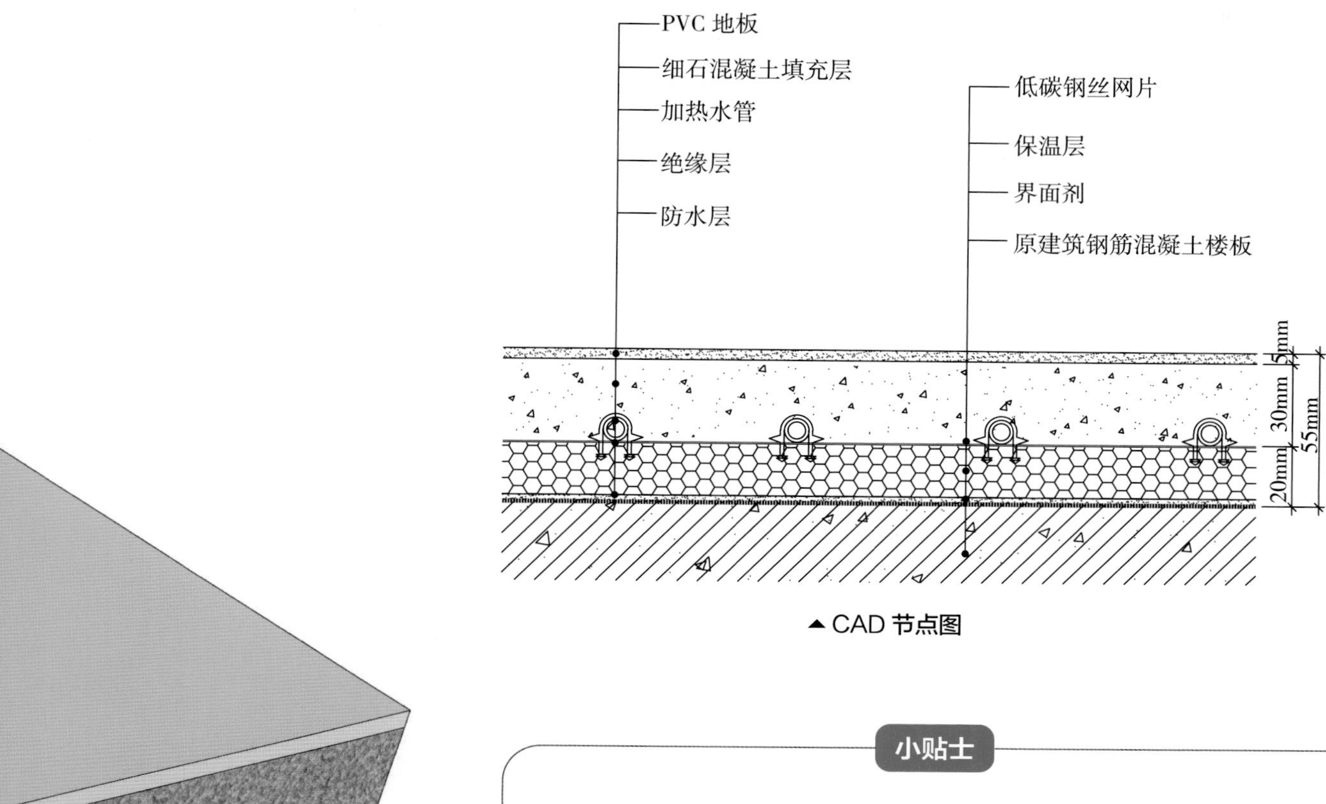

▲CAD 节点图

小贴士

PVC 地板的清洁与保养

①使用前清洁保养

将地板表面的灰尘、杂物清除。用擦地机除去地板表面的保护蜡、油脂、灰尘及其他污垢，用吸水机将污水吸干。用清水洗净、吸干，上 1~2 层高强面蜡。

②日常清洁保养

用推尘或吸尘器吸尘或湿拖。用地板清洁上光剂按 1：20 兑水稀释，用半湿的拖把拖地。

③特殊污垢的处理

局部油污，将水性除油剂原液直接倒在毛巾上擦拭；大面积油污，将水性除油剂按 1：10 稀释后，用擦地机加红色磨片低速清洁；黑胶印，用喷洁保养蜡配合高速抛光机加白色抛光垫做抛光处理。对于时间比较长的黑胶印，可以将强力黑胶印去除剂直接倒在毛巾上擦拭处理；胶或口香糖，将专业的强力除胶剂直接倒在毛巾上擦拭去除。

工艺解析

第一步

清理基层

将毛坯地面磨平后，对整体地面进行拉毛处理。

第二步

涂刷界面剂

第三步

做防水层

防水层需涂刷 2~3 遍，否则须增设玻纤布，且每遍涂刷的固化物厚度不得低于 1mm，并应在其完全干燥（5~8h）后，再进行下一道工序。

第四步

做保温层

通过铺设保温板来做保温层，铺设要平整，搭接严密。

第五步

铺设绝缘层

铺设反射膜时最好按照网格横平竖直的方式进行铺设，方便后期更好地铺设地暖管，也方便计算地暖管之间的间距。铺设时一定要完全舒展开反射膜，不能出现弯曲的情况。反射膜之间不能留有间隙，否则会导致热量流失，无法满足室内温度的需要。

第六步

铺设钢丝网

在反射膜上铺设一层 ϕ 2mm 钢丝网，间距 100mm×100mm，规格 2m×1m。铺设要严整严密，钢网间用扎带捆扎，不平或翘曲的部位用钢钉固定在楼板上。

▲实景效果图

PVC 地板可以做出木地板的纹路，因此常被应用于家居空间、商业空间中，而且其因具有优良的性能，所以非常适用于人流较多的场所。

第七步

固定加热水管

加热水管要用管夹固定在保温板上，固定点间距不大于 500mm（沿管长方向），大于 90° 的弯曲管段的两端和中点均应固定。

第八步

浇筑细石混凝土

细石混凝土可以做地暖的填充层。

第九步

铺设 PVC 地板

❸ PVC 地板踏步

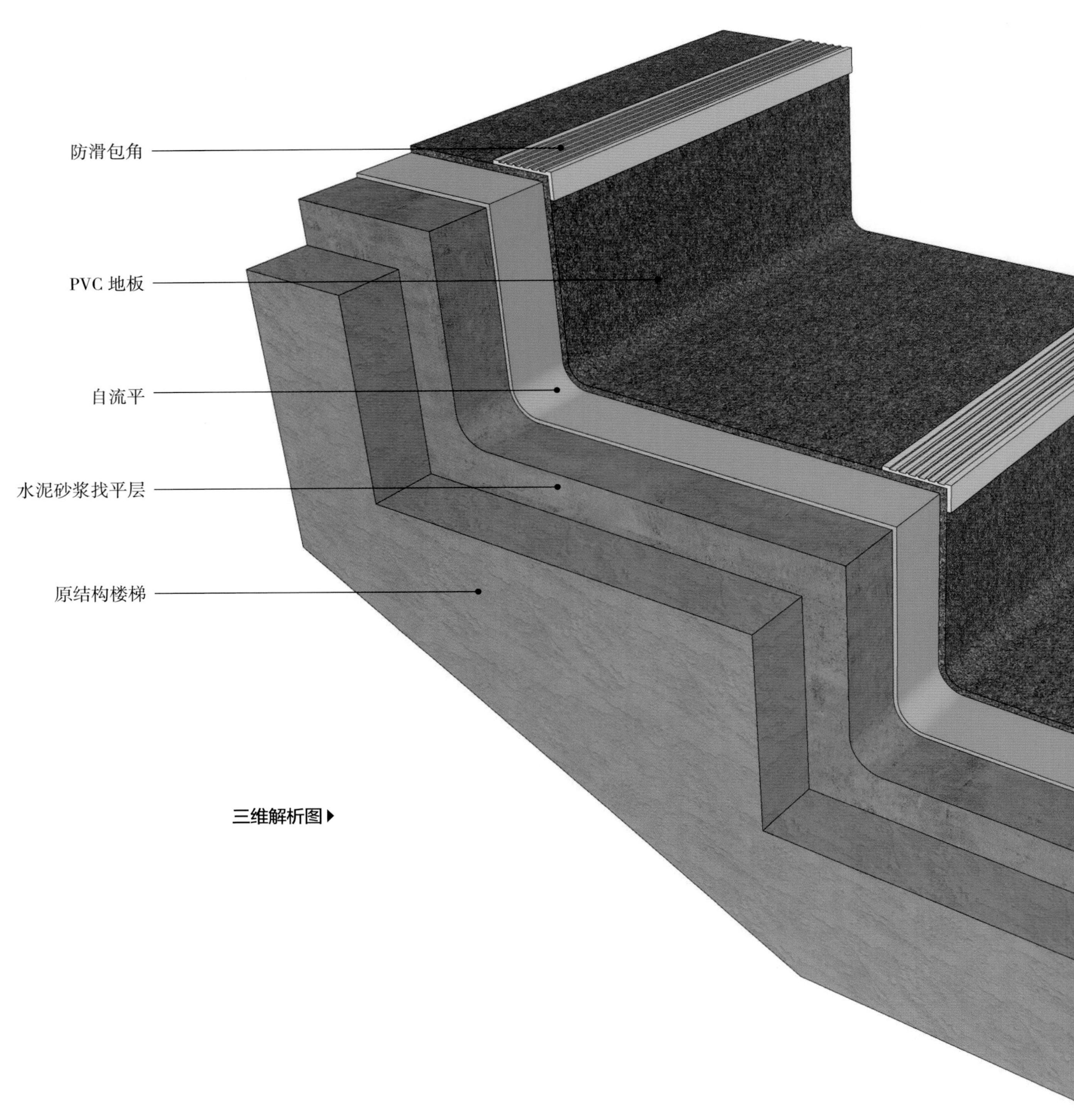

三维解析图▶

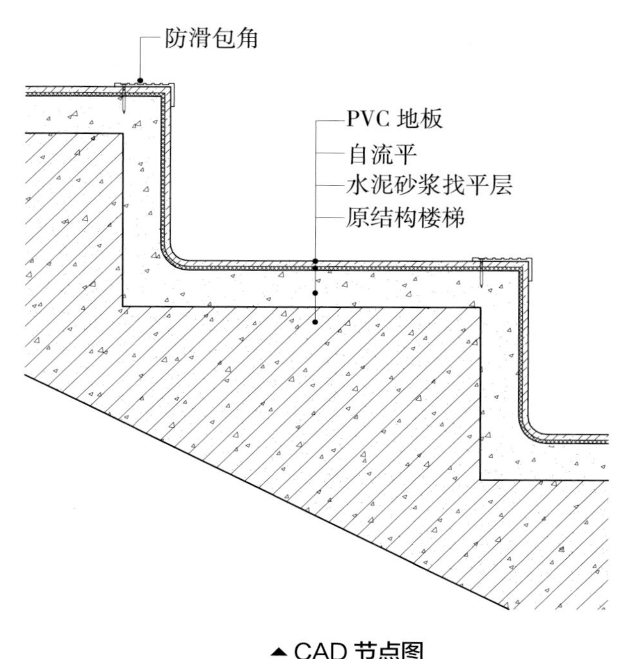

▲ CAD 节点图

PVC 地板的平整度检验

项目	质量要求	检查工具
表面平整度	≤ 3mm/2m	2m 靠尺和钢板尺，分度值 0.5mm
拼装高度差	≤ 0.2mm（无倒角）	塞尺，分度值 0.02mm
	≤ 0.25mm（有倒角）	
拼装离缝	≤ 0.4mm	塞尺，分度值 0.02mm
地板与墙之间的间隙	8~12mm	钢板尺，分度值 0.5mm
漆面	无损伤、无划痕、无明显胶斑	肉眼观察
异响	主要行走区域不明显	脚踩

工艺解析

第一步

踏步基层安装

经现场支模、配筋，安装踏步阳角角钢及踏步模板，将踏步基层一次性浇筑成型。或直接将已制作完成的混凝土踏步基层板固定在墙上，作为踏步的基层。

第二步

基层材料处理

对混凝土面进行检查清理，使用水泥砂浆进行找平处理，测出各梯段踏步的踏面和踢面尺寸，按测量出的尺寸加工 PVC 地板。

第三步

放线

在楼层和休息平台面层标高，从楼梯侧墙弹出一条斜线，休息平台的楼梯起跑处的侧墙上也弹出一条垂直线，两面层标高差除以梯段踏步数，精确到毫米的斜线与垂直线相交，从交点分别向下、向内弹出水平和垂直的各踏步的面层位置控制线。

第四步

踏步面层安装

在水泥砂浆找平层上，采用具有自动流平或稍加辅助流平功能的材料，现场搅拌后摊铺成面层。PVC 地板用螺钉将 PVC 地板与找平层与自流平层固定安装。

第五步

设置防滑带

为防止行走时跌滑，应在楼梯踏步表面采取防滑措施。一般是在踏步边缘设防滑条或留 2~3 道凹槽。防滑条长度一般为踏步长度每边减去 150mm。常用的防滑材料有金刚砂、水泥铁屑、橡胶条、塑料条、金属条、马赛克、缸砖、铸铁和折角铁等。

第六步

完成面处理

将 PVC 地板表面的灰尘污渍清除，并做好成品保护，防止外界因素的污染。

▲实景效果图

PVC 地板踏步的使用寿命长达 30~50 年，具有卓越的耐磨性、防污性和防滑性，这类踏步脚感十分舒适，其优越的特性使其广泛地应用于家居、医院、学校、写字楼等地。

二、地毯

1. 材料特性

面层

棉、毛、丝、麻、椰棕或化学纤维等

底布

麻布、无纺布、复合针刺毛毡、PVC 等

材料分类

按制作方法分类　按产品形态分类　按材质分类

机制地毯

生产效率高，外观质感等方面都不如手工地毯，但价格较低。包括威尔顿地毯和阿克明斯特地毯两类

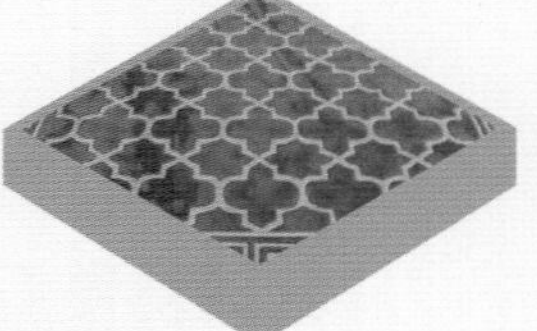

满铺地毯

幅度一般为 3.66~4m，满铺即铺设在室内两墙之间的全部地面上，铺设场所的室宽超过毯宽时，可以进行裁剪拼接以达到满铺要求

羊毛地毯

由纯羊毛制成，毛质细密，具有天然的弹性，受压后能很快恢复原状，吸声、保暖、脚感舒适，不带静电，不易吸尘土，阻燃，图案精美，不易老化褪色

手工地毯

毛长、整齐、细密，有精美的花纹图案。弹性、耐磨损性、耐气候性俱优，使用寿命长，且越使用性能越好

块毯

有块毯和拼块毯两种，块毯以块为计量单位，多数是机制地毯，花形图案复杂多彩，宽度一般不超过 4m；拼块毯也叫地毯砖，呈方形或长方形，搬运和拼装都十分方便

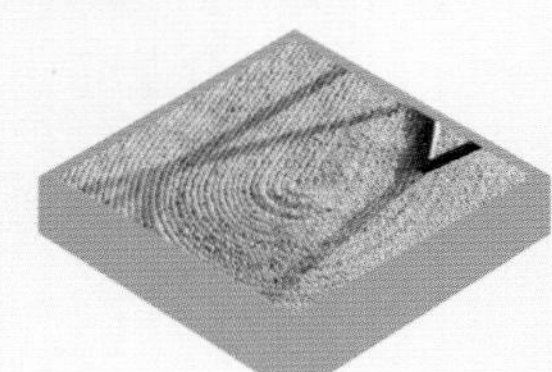

植物纤维地毯

由草、剑麻、玉米皮等材料纺织而成，类型多样，其中剑麻地毯较为常用，此类地毯效果自然、淳朴，适合夏季铺设，易脏、不易保养，不适用于潮湿地区

• 物理特性：

地毯是以天然或合成纤维为原料编织而成的一种地材，集装饰性和实用性为一体。

• 优点：

地毯图案丰富、色彩绚丽、造型多样，脚感舒适、弹性极佳、有温暖感，且具备良好的防滑性，人在上面走不易滑倒和磕碰。表面绒毛可以捕捉、吸附空气中的尘埃颗粒，有效改善室内空气质量并隔绝声波。冬天可以保暖，夏天可以防止冷气流失，以达到调温、节能的目的。

• 分层特点：

地毯主要包括面层和底布两大部分。面层是地毯的主要部分，有机器和手工两种制作方式；底布为基层，可选材料较多。

• 面层的特点：

由棉、毛、丝、麻、椰棕或化学纤维经编织等工艺制成，种类多样，款式丰富，可选择范围广。面层具有美丽的外观、舒适的脚感以及其他诸多优良的物理性能。

• 底布的特点：

有麻布、无纺布、复合针刺毛毡、PVC 等诸多类型，适合承载不同类型的面层，是地毯不可缺少的部分。底布为面层材料提供支撑，否则，地毯无法成块或成卷。底布的存在使施工更便利。

混纺地毯

羊毛与合成纤维混纺，使用性能有所提高，花色、质感和手感与羊毛地毯差别不大，克服了羊毛地毯不耐虫蛀的缺点，具有更高的耐磨性，吸声、保湿、弹性好

纯棉地毯

由棉纤维制成，抗静电，吸水性强，脚感柔软舒适，便于清洁，可以直接放入洗衣机清洗，耐磨性不如混纺地毯和化纤地毯

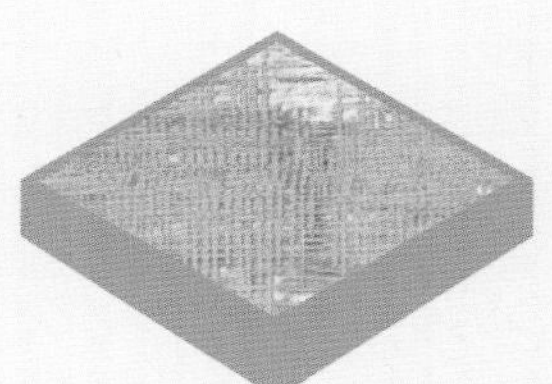

化纤地毯

包括聚丙烯地毯、丙纶地毯、尼龙地毯等，耐磨性好并且富有弹性，价格较低，克服了纯毛地毯易腐蚀、易霉变的缺点，阻燃性、抗静电性相对较差

2. 节点与构造施工

❶ 倒刺条固定法地毯地面

地毯作为常见的地面材料，其施工节点根据施工方式的不同也有所不同，主要分为倒刺条固定法和粘贴施工法两种，分别适用于满铺地毯和方块地毯。

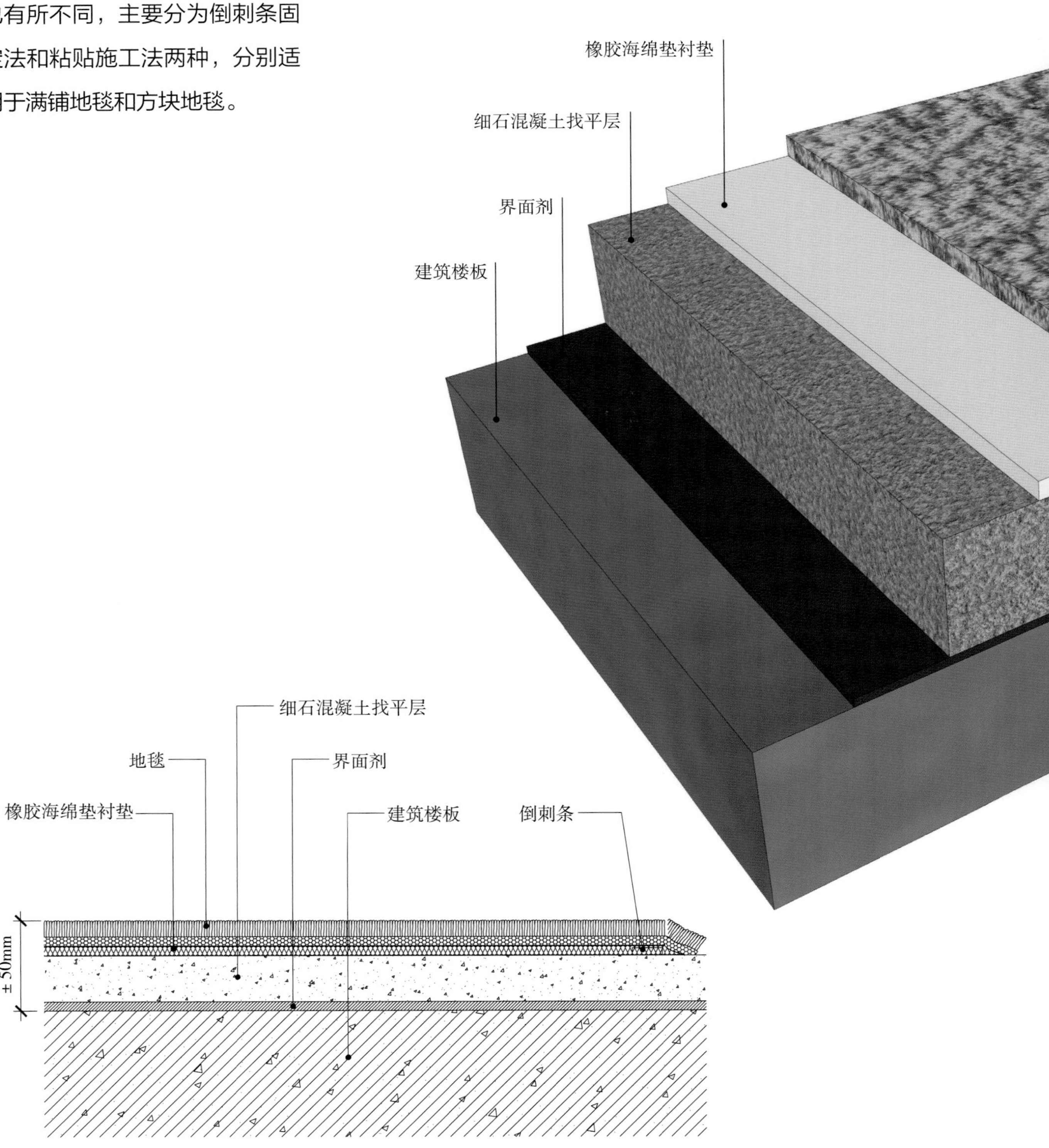

▲ CAD 节点图

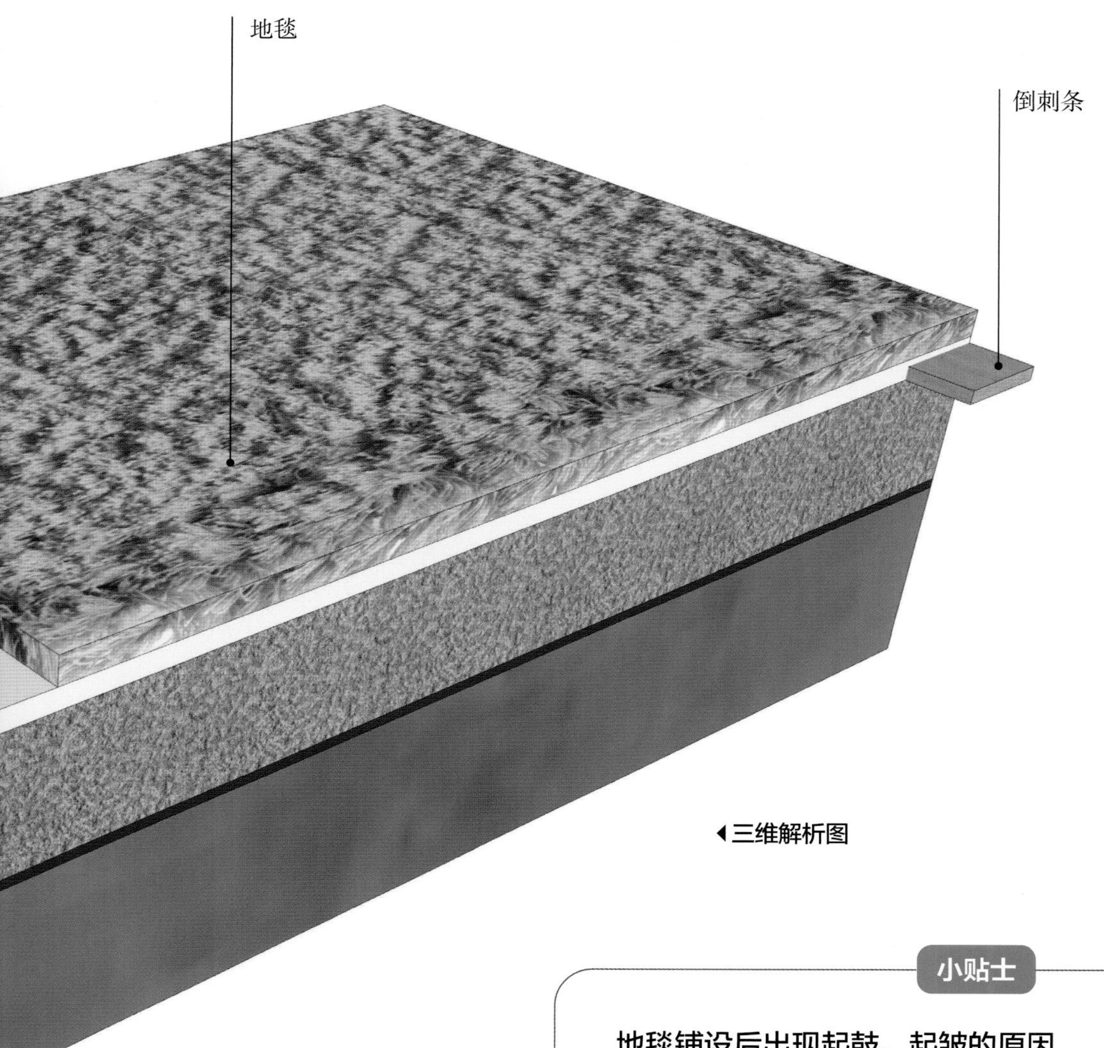

三维解析图

小贴士

地毯铺设后出现起鼓、起皱的原因

①原因

此类现象产生的原因：地毯打开时出现鼓起现象，但未卷回重新铺展；地毯铺设时，推张松紧不均匀，铺设不平伏；基层墙边阴角处地板木条上的抓钉未能抓住地毯；胶黏剂涂抹不均匀，导致地毯与基层黏结不够牢固。

②预防

地毯打开时出现起鼓现象，必须立即卷回头再重新平稳展开；用倒刺板固定地毯时，展开后要用地毯撑子将地毯完全展开，且用力要均匀，张平后立即装入倒刺板，用扁铲敲打，保证所有倒刺都能抓住地毯；用胶黏法铺设地毯时，涂胶要均匀，并充分晾置，粘贴完成后将地毯滚压一遍。

工艺解析

第一步

基层处理

要求地面平整、光滑、洁净，如有油污，需用丙酮或松节油擦净。水泥地面的含水率应不大于 8%，表面平整偏差应不大于 4mm。严格按照设计图纸的具体要求进行弹线、套方和分格。如图纸有明确要求，需严格按图施工；如图纸没有具体要求，应先对称找中并弹线，再定位铺设。

第二步

裁切地毯

根据房间尺寸、形状用裁边机断下地毯料，每段地毯的长度要比房间长出 2cm 左右，宽度要以裁去地毯边缘线后的尺寸计算。

第三步

铺贴橡胶海绵衬垫

第四步

固定木倒刺条

沿房间四周靠墙角 1~2cm 处，用钉条或螺丝将木倒刺条固定于基层上。在门口处可以用铝合金卡条或锑条固定，卡条或锑条内均有倒刺，可扣牢地毯，以防止地毯被踢起和边缘受损，达到美观的效果。

第五步

铺贴地毯

先缝合地毯，将裁好的地毯虚铺在衬垫上，然后将地毯卷起，在地毯的拼缝处用烫带或狭条麻条带进行黏结，在缝合处贴塑料胶纸，保护接缝处不被划破或勾起。铺贴地毯时，用地毯撑子向两边撑拉，使地毯边缘挂在倒刺条上，再沿墙边刷两条胶黏剂，将地毯压平掩边。

▲实景效果图

满铺地毯的铺设效果更好，没有缝隙，更具整体性。但是更换时需要全部更换，成本较高。

❷ 粘贴固定法地毯地面

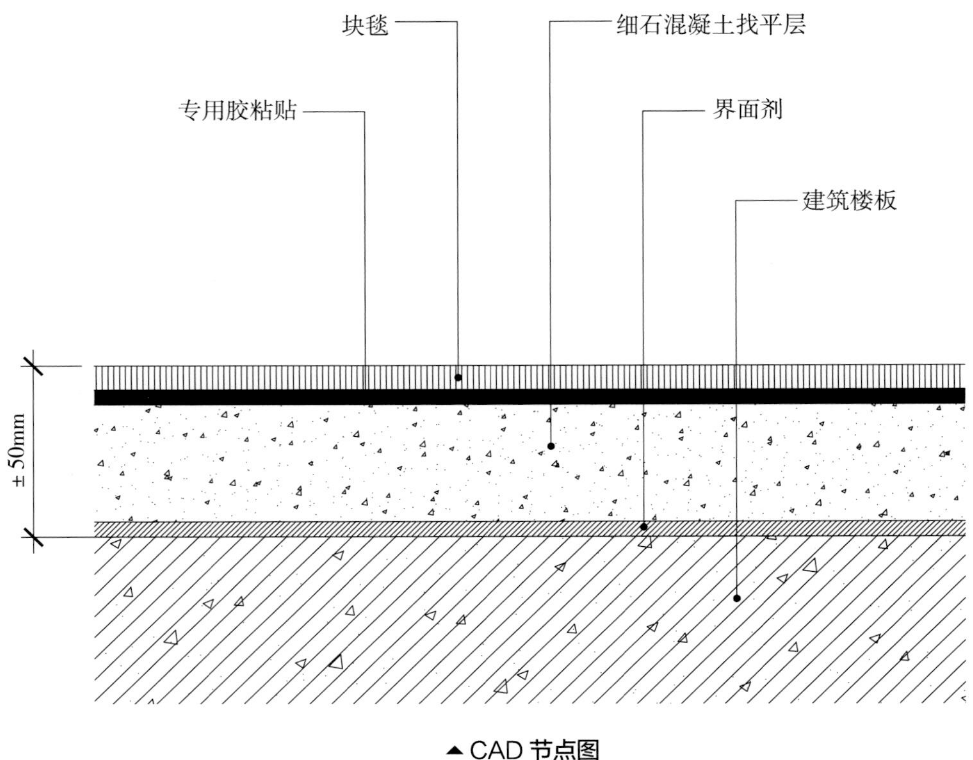

▲CAD 节点图

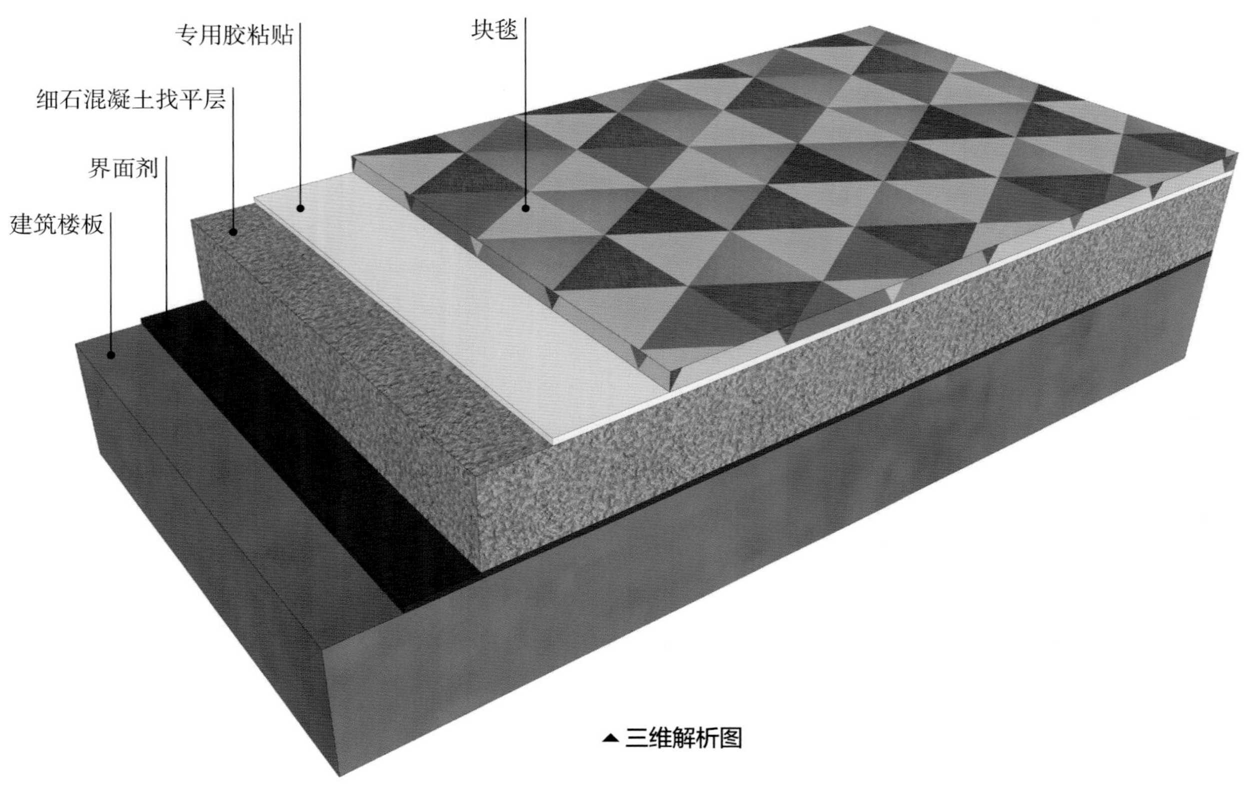

▲三维解析图

工艺解析

第一步

基层处理

先将基层清扫干净，并用水泥砂浆找平。弹线要求清晰、准确，不能有遗漏，同一水平线要交圈；基层应干燥且做防腐处理（铺沥青油毡或防潮粉）。预埋件的位置、数量、牢固性要达到设计标准。

第二步

实量放线

在铺装之前必须进行实量，准确记录各个数据，根据计算的下料尺寸在地毯背面弹线。

第三步

裁切地毯

若有花纹，需要提前预铺、配花并编号，再根据弹线将空间边缘处的块毯进行准确的裁切，并清理拉掉的纤维。

第四步

涂刷界面剂

涂刷一层界面剂，增加基层和找平层的黏性。

第五步

细石混凝土做找平层

第六步

铺贴块毯

块毯的胶黏方式有两种：一种是将地毯虚铺在地面上，将地毯卷起，在其背面涂刷专用胶；另一种是将块毯卷起，在两块块毯的拼接处贴胶纸，块毯的四个角都要重复该动作，如此既能固定地毯和地面，又能使相邻的地毯相连接，防止卷起。

❸ 地暖空间地毯地面

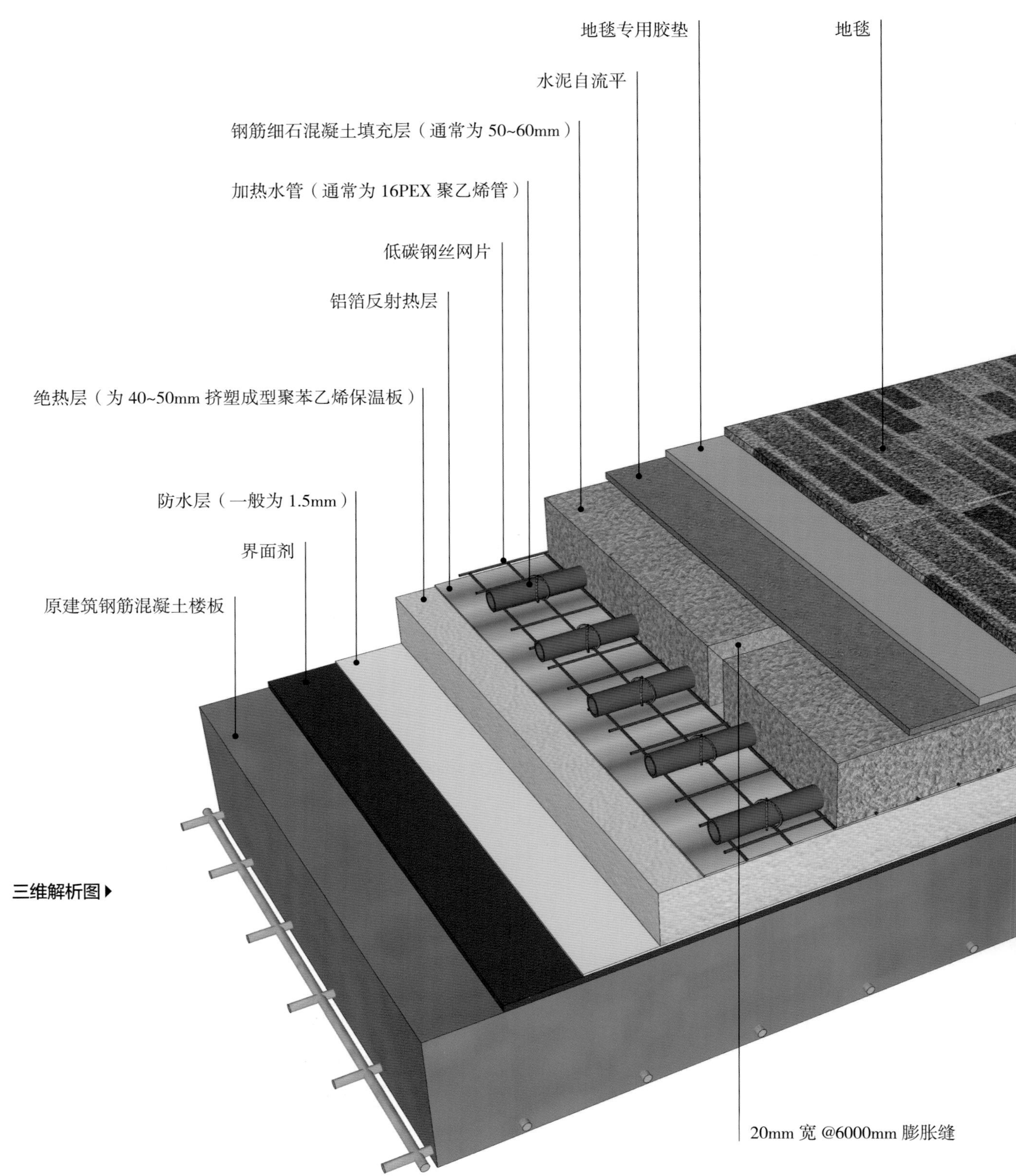

三维解析图▶

小贴士

地毯铺设后拼缝不平、不实应如何解决

①原因

地毯与其他地面的收口或交接处最容易出现拼缝不平、不实的问题，这主要是因为施工过程不够细致。

②解决

如情况严重，应返工处理；如问题不严重，可加衬垫来解决，用胶黏剂把衬垫粘牢，再固定地毯。需要特别注意，面层和垫层拼缝处的缝合工作要做好，一定要严密、紧凑、结实，并满刷胶黏剂以粘牢固。

地毯

地毯专用胶垫

水泥自流平

钢筋细石混凝土填充层（通常为 50~60mm）

加热水管（通常为 16PEX 聚乙烯管）

低碳钢丝网片

铝箔反射热层

绝热层（为 40~50mm 挤塑成型聚苯乙烯保温板）

防水层（一般为 1.5mm）

界面剂

原建筑钢筋混凝土楼板

20mm 宽 @6000mm 膨胀缝

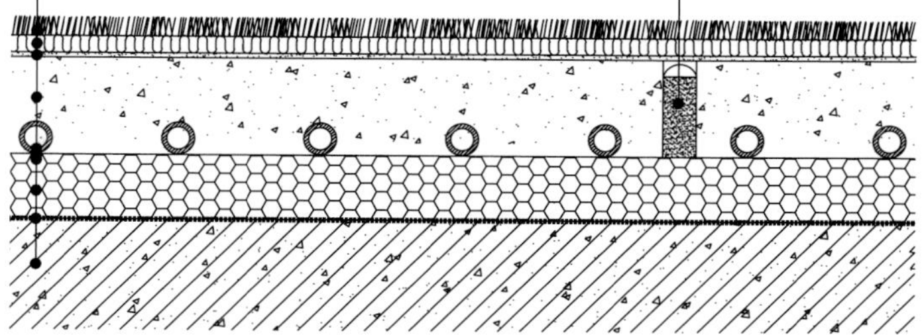

▲ CAD 节点图

工艺解析

第一步

基层处理

将基层表面清理平整，保证无凹坑、麻面、裂缝，并清洁干净，高低不平处应预先用水泥砂浆填嵌平整。

第二步

涂刷界面剂

涂刷界面剂增强基层与防水层之间的连接性。

第三步

防水施工

若找平层的厚度不小于 30mm，则采用细石混凝土找平，并加双向钢丝网，以防止开裂，每 2m 的长度内，平整度偏差应不大于 3mm。

第四步

做防水保护层

平铺 10mm 厚的水泥砂浆做防水保护层。

第五步

做绝热层

第六步

铺设铝箔反射热层

先铺设铝箔反射热层，在搭接处用胶带黏住。铝箔纸的铺设要平整、无褶皱，不可有翘边等情况。

第七步

铺设钢丝网片

在铝箔上铺一层钢丝网，铺设要严整严密，不平或翘边的位置用钢钉固定在楼板上。

第八步

固定加热水管

加热水管要用管夹固定在保温板上，固定点间距不大于 500mm（按管长方向），大于 90° 的弯曲管段的两端和中点均应固定。

第九步

压力测试

测试之前先检查加热管有无损伤、间距是否符合设计要求，再进行水压试验。试验压力为工作压力的 1.5~2 倍，但不小于 0.6MPa，稳压 1h 内压力下降不大于 0.05MPa，且不渗不漏即为合格。

▲实景效果图

相比于其他地面材料，地毯的保温效果更好，脚感也更加舒适。

第十步

填充混凝土

地暖填充层一般采用陶粒混凝土，但是推荐使用地暖宝等专用地暖填充材料进行填充，提高填充层的抗开裂能力。

第十一步

做自流平

第十二步

铺设专用胶垫

第十三步

铺设地毯

铺放裁割后的地毯，然后用地毯撑子向两边撑拉，再沿墙边刷两条胶黏剂，将地毯滚压平整。

三、水泥地材

1. 材料特性

保护油

磐多魔主材

• **物理特性：**

以水泥为原料，具有水泥独有的水墨感和时尚感。其原料构成简单，不存在对人体有害的物质。用途广泛，家装和多种公共场所均适用，且适合多种室内风格，如工业风、新中式风格、现代风格等。

• **优点：**

水泥地材的抗腐蚀性和耐磨性强，不会因高温或干燥而龟裂，使用寿命长，施工方便快捷，干固的速度也快，可以缩短工期。而且其成品没有像地板和瓷砖一样的拼接缝隙，不易藏污纳垢，也不用担心发霉翘起，清洁起来也十分方便。

材料分类　按装饰效果分类

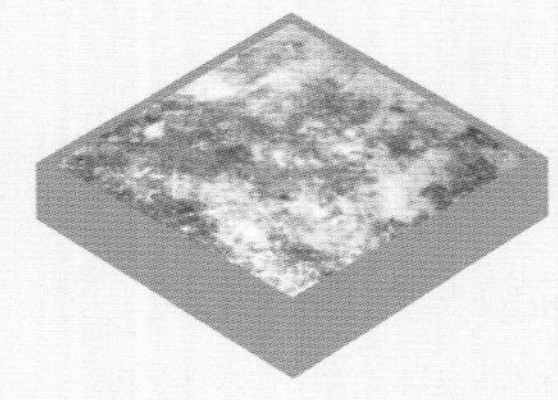

普通水泥地材

普通水泥地材硬度高，价格低，而且易起灰，易开裂，装饰性差，多用于农村房屋的地面，现在很少使用

水泥粉光地材

水泥粉光地材共有两层，表层均匀细腻，且不易开裂，即使有裂缝也比较细，除了可装饰地面外还可装饰墙面

• **分层特点：**

水泥地材的构成较为简单，通常为一层或多层结构，面层为水泥或混凝土类材质。相比较来说，磐多魔的构成略复杂一些，可分为磐多魔主材和保护油两大部分。

• **主材的特点：**

磐多魔是一种以特种水泥基材为主的全新室内装饰系统，具有高强度、高耐磨的特点，可任意调色。可实现无接缝施工，不仅可装饰地面，墙面、顶面均适用。

• **保护油的特点：**

磐多魔施工完毕后，需要在表面涂抹一层保护油，经过此工序处理后，表面没有黏结性，可渗透、蒸发水汽，并且耐污垢。保护油可提高地材整体的防潮性，并增强其硬度、耐磨性和易清洁性。

水泥自流平

水泥自流平稍经刮刀展开，即可获得高平整基面，分为垫层自流平和面层自流平两种，前者用于找平，仅有灰色；后者可直接作为地材使用，有灰色和彩色两种类型

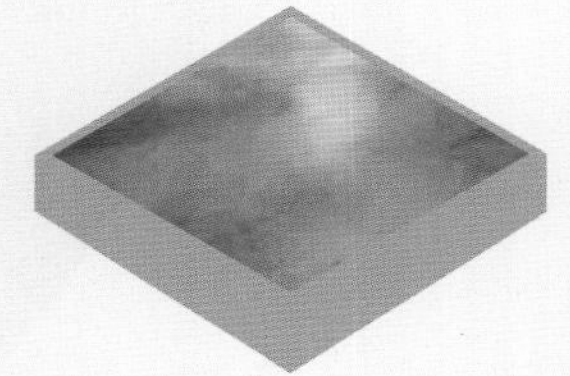

磐多魔

磐多魔可调和成彩色，效果可以和天然石材相媲美，不收缩、不龟裂，硬度极强，开裂后可用砂纸打磨修补，需每三个月打蜡保养一次，一般用于地面、墙面、顶面

2. 节点与构造施工

水泥地材是工业风格中十分常用的地面材料，同时也可应用在墙面上，达到墙、地统一的效果。

❶ 水泥基自流平地面

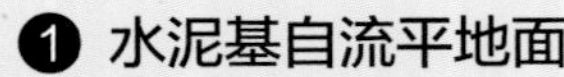

水泥基自流平（封闭剂）
水泥基自流平界面剂
细石混凝土
界面剂
建筑楼板

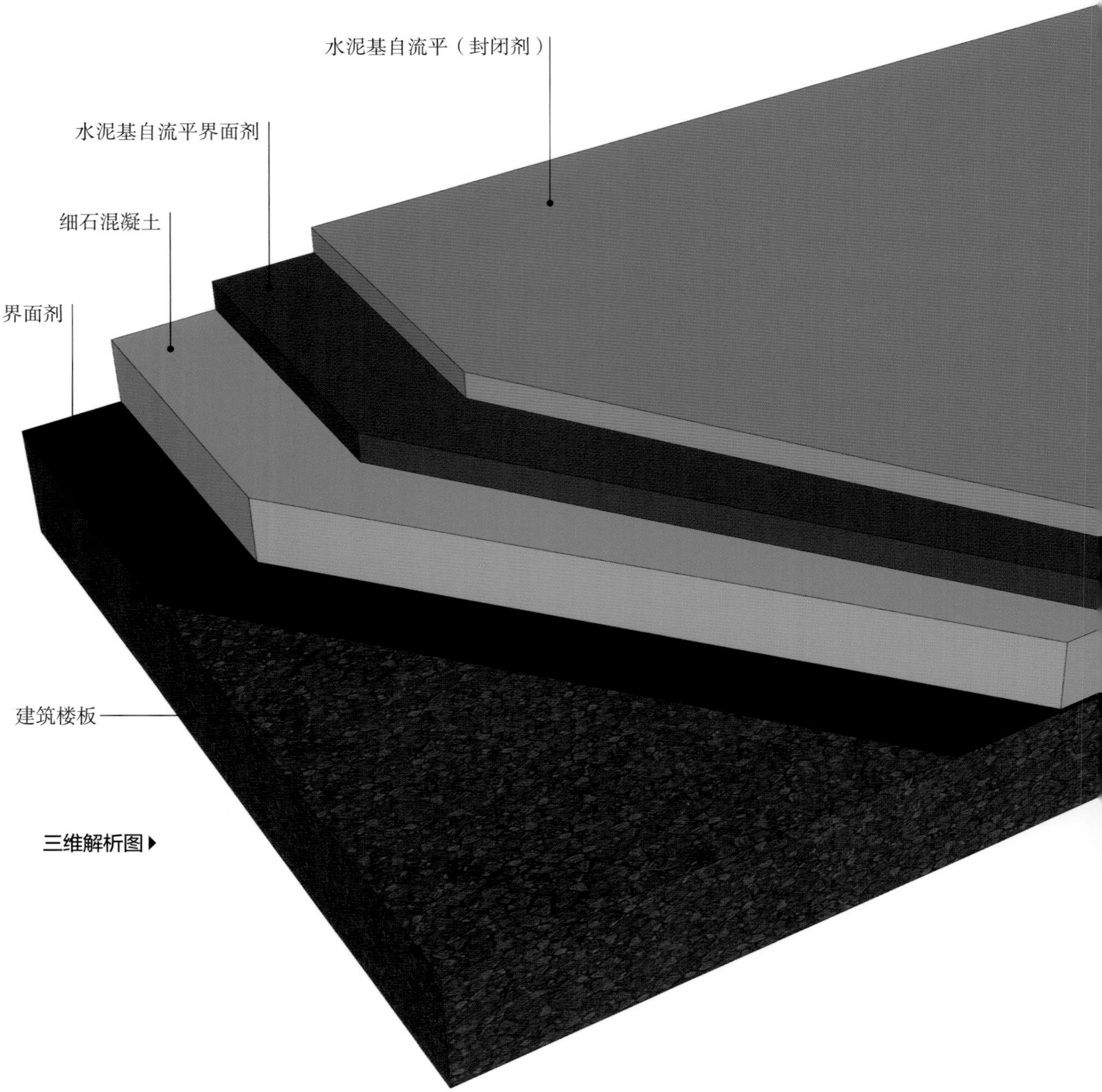

三维解析图▶

小贴士

水泥基自流平的施工条件及要点

①环境温度及基层温度为 10~25℃，环境湿度小于 80%。

②基层和环境清洁，无干扰、不间断。

③清理、平整基层，均匀涂刷底料，均匀拌合浆料，消除气泡。

④微表面整平（厚度≥ 2mm）；一般表面整平（厚度≥ 3mm）。

⑤标准的全空间一体整平（厚度≥ 6mm）；严重不平整基体整平（厚度≤ 10mm）。

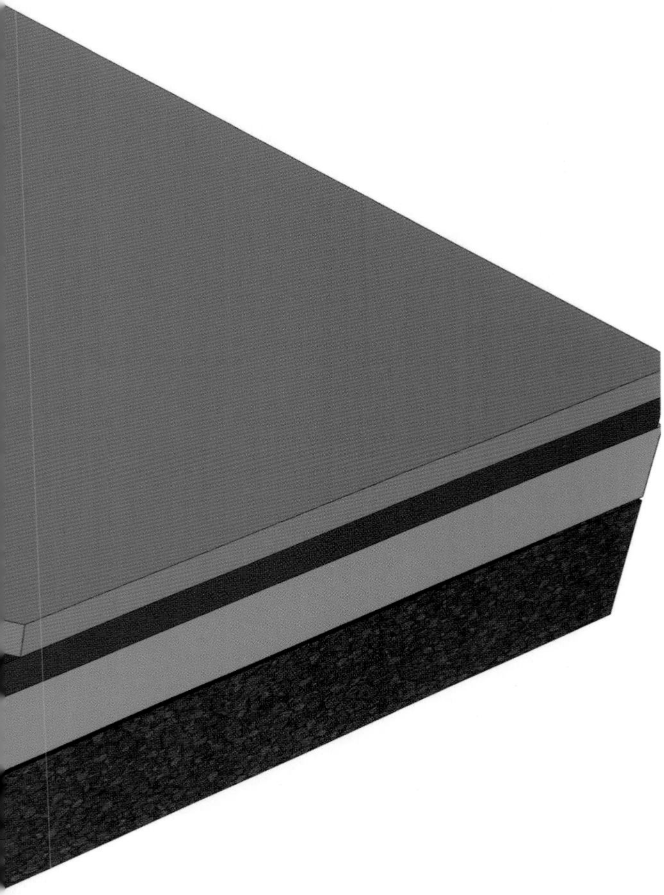

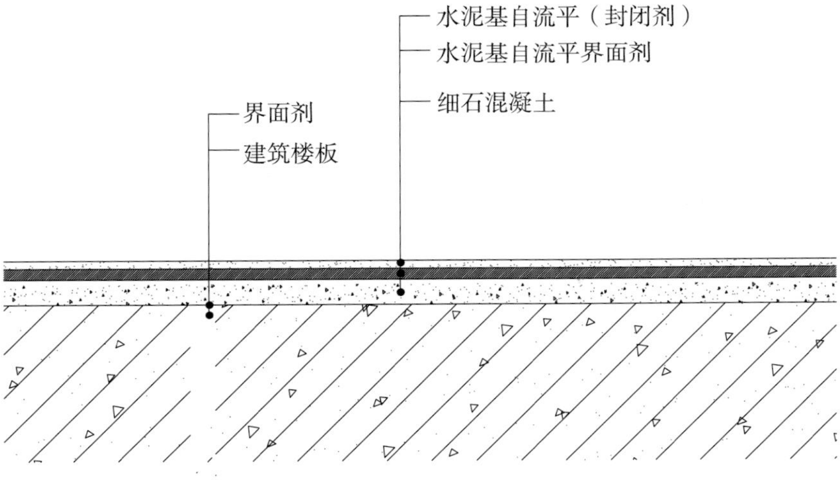

水泥基自流平（封闭剂）
水泥基自流平界面剂
细石混凝土
界面剂
建筑楼板

▲CAD 节点图

工艺解析

第一步

清理基层

将毛坯地面磨平后，对整个地面进行拉毛处理，增加水泥自流平与地面的接触面积，以防出现空鼓现象。基层表面处理完毕后，用大型工业吸尘器吸尘。

第二步

涂刷界面剂

刷界面剂可以封闭基层，防止气泡的产生。

第三步

混凝土找平

采用标号为 C25 的细石混凝土对地面进行找平，以保证底面的平整度。

第四步

涂刷自流平界面剂

涂刷界面剂可以让自流平水泥更好地与地面衔接，最大限度地避免出现空鼓或者脱落的情况。

第五步

配制自流平

将自流平底涂剂按 1∶3 的比例兑水稀释，用来封闭地面，混凝土或水泥砂浆地面一般涂刷 2~3 遍。如果地面轻度起砂，可以按 1∶5 的比例兑水稀释，连续涂刷 3~4 遍，直到地面不再吸收水分时，即可施工自流平。

第六步

浇自流平

浇自流平水泥时，当其流出约 500mm 宽范围时，由手持长杆齿形刮板、脚穿钉鞋的操作工人在自流平水泥表面轻缓地进行第一遍梳理，导出自流平水泥内部气泡并辅助流平。当自流平流出约 1000mm 宽范围时，由手持长杆针形辊筒、脚穿钉鞋的操作工人在自流平水泥表面轻缓地进行第二遍梳理和滚压，以提高自流平水泥的密实度。

水泥基自流平地面无缝且美观，非常适用于工业风格空间。

◀实景效果图

第七步

辊筒渗入

推干的过程中会有一定凹凸，这时就需要用辊筒将水泥压匀。如果缺少这一步，就很容易导致地面出现局部不平整，以及后期局部的小块翘空等问题。

第八步

完工养护

施工完成后，需要及时对成品进行养护，必须封闭现场 24h。在这段时间内需要避免行走或者受到冲击等，从而保证地面的质量不会受到影响。

❷ 夯土基自流平地面

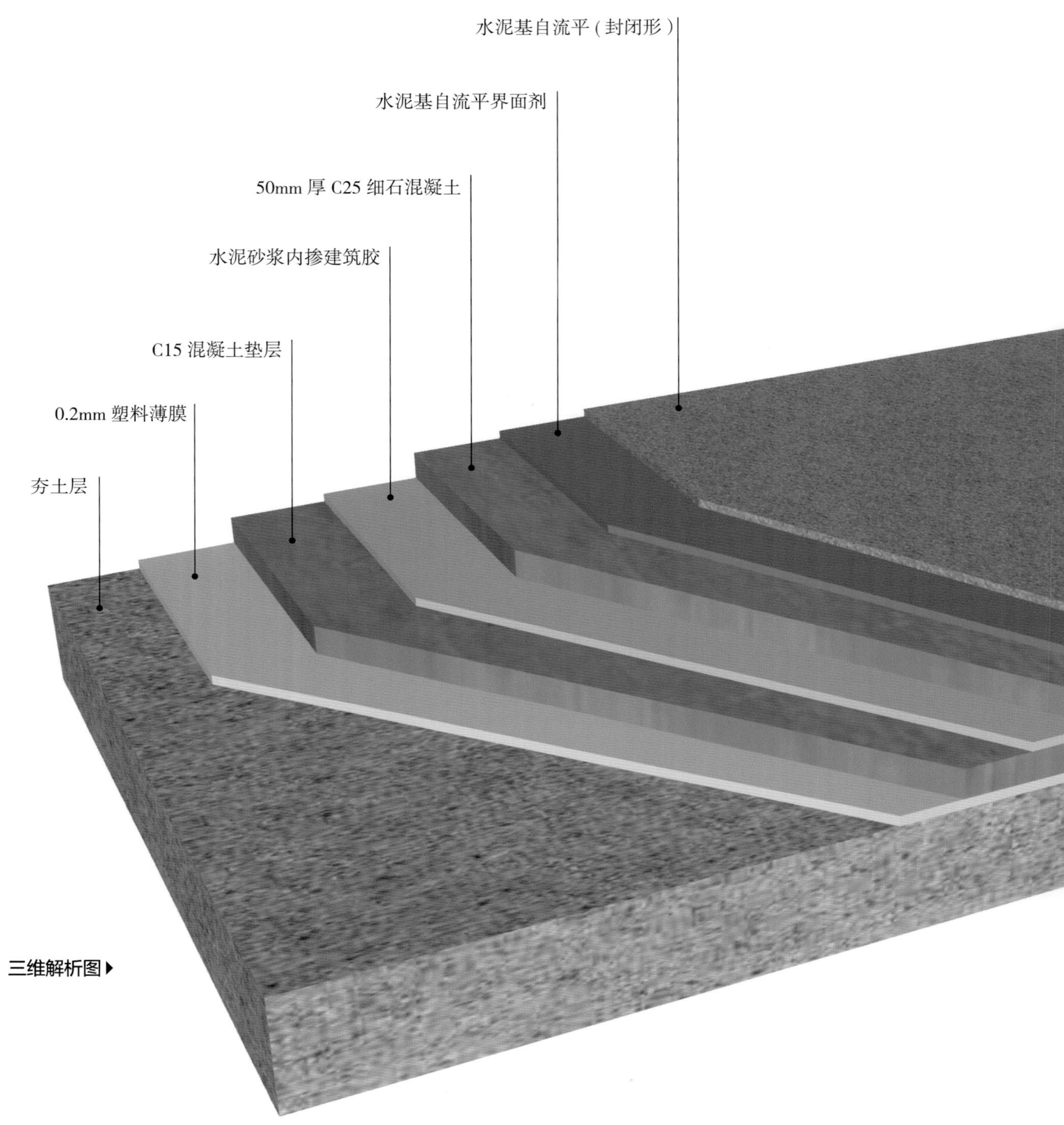

三维解析图▶

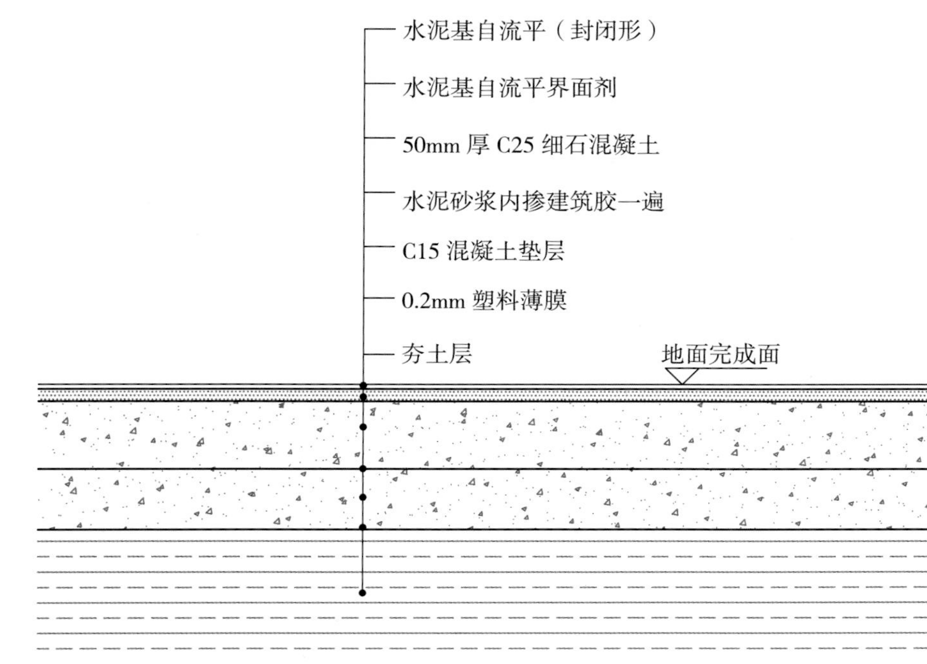

▲ CAD 节点图

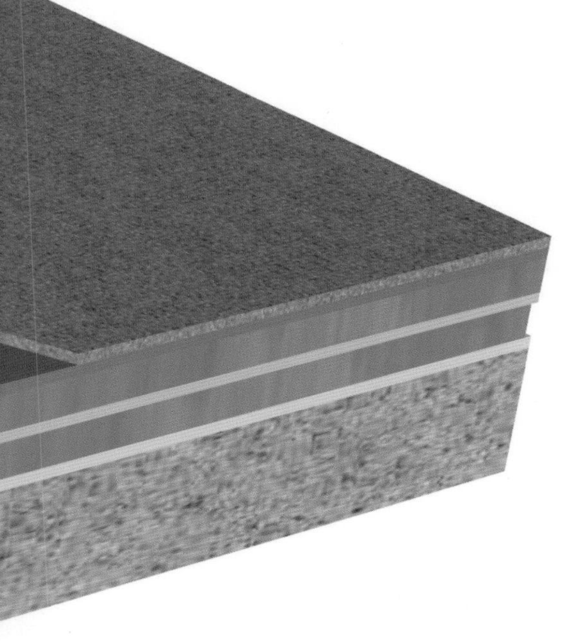

小贴士

水泥选购技巧

①找正规企业，其产品质量相对有保证，且售后服务会更好。

②看合格证书，通过产品相关合格证书了解产品质量。

③看颜色，一般水泥为灰白色，若颜色过深或掺杂其他颜色，则内含杂质过多，质量较差。

工艺解析

第一步

清理基层

要彻底清除夯土基层表面存在的浮浆、污渍、松散物等一切可能影响黏结的材料，充分开放基层表面，确保基层清洁、干燥坚固后，再进行施工。

第二步

铺塑料薄膜

在基层上面铺 0.2mm 的塑料薄膜。

第三步

铺设混凝土垫层

使用 C15 混凝土做垫层，同时在水泥砂浆内掺建筑胶一遍，以增强水泥砂浆的粘贴力。

第四步

细石混凝土找平

使用标号为 C25 的细石混凝土对地面进行找平，以保证底面的平整度。一般的找平厚度为 50mm。

第五步

涂刷自流平界面剂

涂刷界面剂，让混凝土与自流平充分黏结，消除气泡。

第六步

配制并浇注自流平

按照比例将水泥与水搅拌均匀，浇注到界面剂上，用辊筒压匀，消除气泡，保证其平整度。

▲实景效果图

夯土基自流平地面的效果与普通水泥基自流平地面的效果相同，只不过，不同基层地面的处理方式不同，节点也会不同。

第七步

刷封闭剂

在自流平完全固化后，在施工表面刷封闭剂。在封闭剂被水泥自流平地面完全吸收后，人才可在上面走动。

❸ 水泥抛光地面

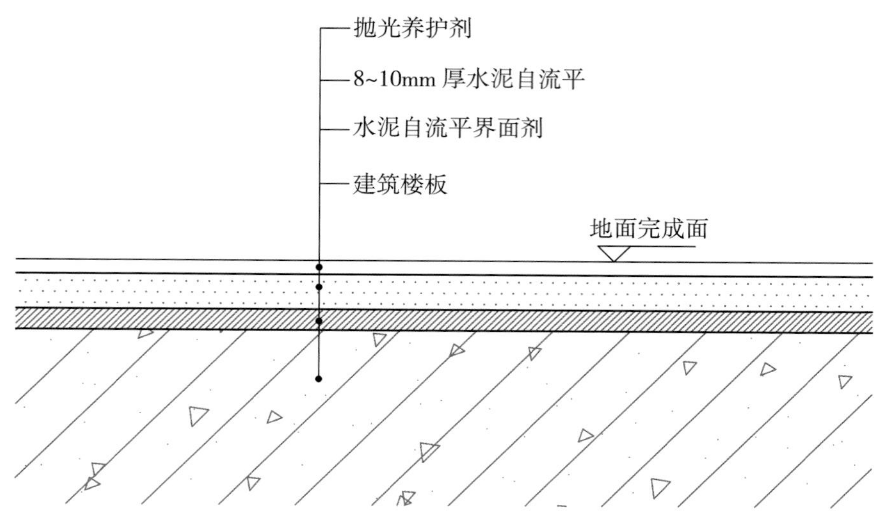

▲ CAD 节点图

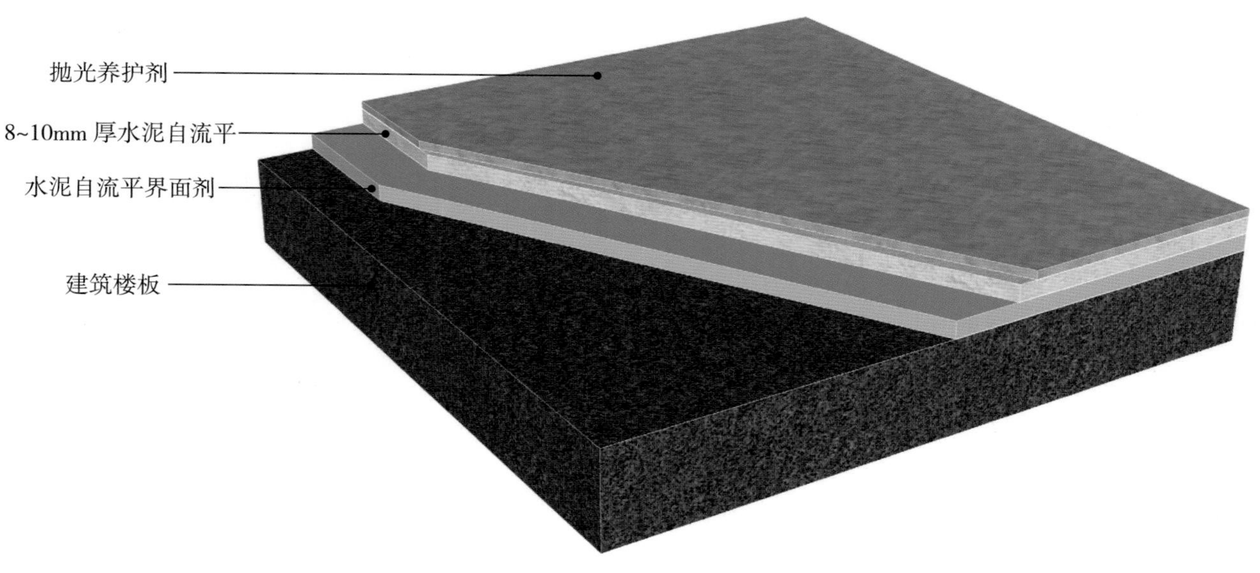

▲ 三维解析图

工艺解析

第一步

定高度、弹线

将混凝土建筑楼板磨平后，对整体地面进行拉毛处理，增加水泥自流平与地面的接触面积，以防出现空鼓现象。基层表面处理完毕后，用大型工业吸尘器吸尘。

第二步

涂刷界面剂

涂刷两遍界面剂，增加基层和水泥自流平的黏合力，防止出现空鼓现象。

第三步

浇筑水泥自流平

按照比例将水泥与水搅拌均匀，浇注到界面剂上，用辊筒压匀，消除气泡，保证其平整度。

第四步

抛光养护

自流平完成后，关闭门窗避免风吹，养护 7 天后对自流平表面进行固化抛光。

◀实景效果图

水泥抛光地面可以根据颜色的深浅及自流平滚压的方式，形成多种纹理，为空间增加层次感。其适用范围广，不管家居空间还是公共空间都较为适用。

室内装饰节点与构造施工

附赠品

目录

一、抹灰工程（DBJ/T 61—37—2016）

1. 基本规定

①内墙抹石灰砂浆工程必须符合设计要求。

②材料使用必须符合国家现行标准的规定，严禁使用国家明令淘汰的材料。

③各工序应按施工技术标准进行质量控制，每道工序完成后应进行“工序交接”检验。

④相关各专业之间，应进行交接检验，并形成记录，未经监理工程师或建设单位技术负责人检查认可，不得进行下道工序施工。

⑤施工过程质量管理应有相应的施工技术标准和质量管理体系，加强过程质量控制管理。

⑥施工单位应遵守有关环境保护的法律法规，并应采取有效措施控制施工现场的各种粉尘、废弃物、噪声、振动等对周围环境造成的污染和危害。

2. 质量标准

（1）主控项目

①抹灰前基层表面的尘土、污垢、油渍等应清除干净，并应洒水润湿。

检查要求：抹灰前基层必须经过检查验收，并填写隐蔽验收记录。

检查方法：检查施工记录。

②一般抹灰材料的品种和性能应符合设计要求。水泥北纬时间和安定性应合格。砂浆的配合比应符合设计要求。

检验要求：材料复难要由监理或相关单位负责见证取样，并签字认可。配制砂浆时应使用相应的量器，不得估配或采用经验配制。对配制使用的量器，应在使用前检查标识，并进行定期检查，做好记录。

检查方法：检查产品合格证，进行场验收记录，复验报告和施工记录。

③抹灰层与基层之间的各抹灰层之间必须粘结牢固，抹灰层无脱层、空鼓，面层应无爆灰和裂缝。

检验要求：操作时严格按规范和工艺标准操作。

检查方法：观察，用小锤轻击检查，检查施工记录。

（2）一般项目

①普通抹灰表面应光滑、洁净，接槎平整，分格缝应清晰。

②高级抹灰表面应光滑、洁净，颜色均匀、无抹纹，分格缝和灰线应清晰美观。

检验要求：抹灰等级应符合设计要求。

检查方法：观察，手摸检查。

③护角、孔洞、槽、盒周围的抹灰应整齐、光滑，管道后面抹灰表面平整。

检查方法：观察。

④抹灰总厚度应符合设计要求，水泥砂浆不得抹在石灰砂浆上，罩面石膏灰一不得抹在水泥砂浆层上。

检验要求：施工时要严格按施工工艺要求操作。

检查方法：检查施工记录。

⑤一般抹灰工程质量的允许偏差和检验方法应符合下表的规定。

一般抹灰的允许偏差和检查方法

项次	项目	允许偏差（mm）		检验方法
		普通	高级	
1	立面垂直度	3	2	用 2m 垂直检测尺检查
2	表面平整度	3	2	用 2m 靠尺和塞尺检查
3	阴阳角方正	3	2	用直角检测尺检查
4	分格条（缝）直线度	3	2	拉 5m 线，不足 5m 拉通线，用钢直尺检查
5	墙裙、勒脚上口直线度	3	2	拉 5m 线，不足 5m 拉通线，用钢直尺检查

二、吊顶工程（DBJ/T 61—37—2016）

1. 轻钢骨架活动罩面板顶棚施工工艺标准

轻钢龙骨断面规格尺寸允许偏差（mm）

项目			优等品	一等品	合格品
长度			+30 −10		
覆面龙骨断面尺寸	尺寸 A	A ≤ 30	±1.0		
		A＞30	±1.5		
	尺寸 B		±0.3	±0.4	±0.5

续表

<table>
<tr><th colspan="3">项目</th><th>优等品</th><th>一等品</th><th>合格品</th></tr>
<tr><td rowspan="3">其他龙骨断面尺寸</td><td colspan="2">尺寸 A</td><td>± 0.3</td><td>± 0.4</td><td>± 0.5</td></tr>
<tr><td rowspan="2">尺寸 B</td><td>B ≤ 30</td><td colspan="3">± 1.0</td></tr>
<tr><td>B > 30</td><td colspan="3">± 1.5</td></tr>
</table>

轻钢龙骨角度允许偏差

成形角的最短边尺寸（mm）	优等品	一等品	合格品
10~18	± 1° 15′	± 1° 30′	± 2° 00′
> 18	± 1° 00′	± 1° 15′	± 1° 30′

轻钢龙骨外观、表面质量

项目	优等品	一等品	合格品
腐蚀、损坏、黑斑、麻点	不允许	± 1° 30′	± 2° 00′
双面镀锌量（g/m^2）	120	100	80

轻钢骨架活动罩面板顶棚允许偏差

<table>
<tr><th rowspan="2">项次</th><th rowspan="2">项类</th><th rowspan="2">项目</th><th colspan="5">允许偏差（mm）</th><th rowspan="2">检验方法</th></tr>
<tr><th>矿棉板</th><th>塑料板</th><th>玻璃板</th><th>硅钙板</th><th>格栅</th></tr>
<tr><td>1</td><td rowspan="4">龙骨</td><td>龙骨间距</td><td>2</td><td>2</td><td>2</td><td>2</td><td>2</td><td>尺量检查</td></tr>
<tr><td>2</td><td>龙骨平直</td><td>3</td><td>3</td><td>3</td><td>3</td><td>3</td><td>尺量检查</td></tr>
<tr><td>3</td><td>起拱高度</td><td>± 10</td><td>± 10</td><td>± 10</td><td>± 10</td><td>± 10</td><td>拉线尺量</td></tr>
<tr><td>4</td><td>龙骨四周水平</td><td>± 5</td><td>± 5</td><td>± 5</td><td>± 5</td><td>± 5</td><td>尺量或水准仪检查</td></tr>
<tr><td>5</td><td rowspan="4">面板</td><td>表面平整</td><td>2</td><td>2</td><td>1</td><td>2</td><td>2</td><td>用 2m 靠尺检查</td></tr>
<tr><td>6</td><td>接缝平直</td><td>1.5</td><td>1.5</td><td>1</td><td>1.5</td><td>1.5</td><td>拉 5m 线检查</td></tr>
<tr><td>7</td><td>接缝高低</td><td>0.5</td><td>0.5</td><td>0.5</td><td>1</td><td>1</td><td>用直尺或塞尺检查</td></tr>
<tr><td>8</td><td>顶棚四周水平</td><td>± 5</td><td>± 5</td><td>± 5</td><td>± 5</td><td>± 5</td><td>拉线或用水准仪检查</td></tr>
<tr><td>9</td><td rowspan="2">压条</td><td>压条平直</td><td>2</td><td>2</td><td>2</td><td>2</td><td>2</td><td>拉 5m 线检查</td></tr>
<tr><td>10</td><td>压条间距</td><td>2</td><td>2</td><td>2</td><td>2</td><td>2</td><td>尺量检查</td></tr>
</table>

2. 轻钢骨架固定罩面板顶棚施工工艺标准

轻钢骨架罩面板顶棚允许偏差

项次	项类	项目	允许偏差（mm）			检验方法
			埃特板	防潮板	石膏板	
1	龙骨	龙骨间距	2	2	2	尺量检查
2		龙骨平直	3	3	3	尺量检查
3		起拱高度	±10	±10	±10	拉线尺量
4		龙骨四周水平	±5	±5	±5	尺量或水准仪检查
5	面板	表面平整	2	2	1	用 2m 靠尺检查
6		接缝平直	3	3	3	拉 5m 线检查
7		接缝高低	1	1	1	用直尺或塞尺检查
8		顶棚四周水平	±5	±5	±5	拉线或用水准仪检查

纸面石膏板规格尺寸允许偏差（mm）

项目	长度	宽度	厚度	
			9.5	≥ 12.0
尺寸偏差	0 −6	0 −5	±0.5	±0.6

注：板面应切成矩形，两对角线长度差应不大于5mm。

纸面石膏板断裂荷载值

板材厚度（mm）	断裂荷载（N）	
	纵向	横向
9.5	360	140
12.0	500	180
15.0	650	220
18.0	800	270
21.0	950	320
25.0	1100	370

硅钙板的质量要求

序号	项目		单位	标准要求
1	外观质量与规格尺寸	长度	mm	2440 ± 5
		宽度	mm	1220 ± 4
		厚度	mm	6 ± 0.3
		厚度平均值	%	≤ 8
		平板边缘平直度	mm/m	≤ 2
		平板边缘垂直度	mm/m	≤ 3
		平板表面平整度	mm	≤ 3
		表面质量	—	平面应平整，不得有缺角、鼓泡和凹陷
2	物理力学	含水率	%	≤ 10
		密度	g/cm^3	0.90 ＜ D ≤ 1.20
		湿胀率	%	≤ 0.25

三、轻质隔墙工程（DBJ/T 61—37—2016）

1. 木龙骨板材隔墙施工工艺标准

隔墙龙骨允许偏差

项目	项次	允许偏差（mm）	检验方法
1	立面垂直	2	用 2m 托线板检查
2	表面平整	2	用 2m 直尺和楔形塞尺检查

骨架隔墙面板安装的允许偏差

项次	项目	允许偏差（mm）					检验方法
		纸面石膏板	埃特板	多层板	硅钙板	人造木板	
1	立面垂直度	3	3	3	3	3	用 2m 垂直检测尺检查
2	表面平整度	2	2	2	2	2	用 2m 靠尺和塞尺检查
3	阴阳角方正	3	3	3	3	3	用直角检测尺检查
4	接缝直线度	—	—	—	—	3	拉 5m 线，不足 5m 拉通线用钢直尺检查

续表

项次	项目	允许偏差（mm）					检验方法
		纸面石膏板	埃特板	多层板	硅钙板	人造木板	
5	压条直线度	2	2	2	2	2	拉 5m 线，不足 5m 拉通线用钢直尺检查
6	接缝高低差	1	1	1	1	1	用钢直尺和塞尺检查

2. 玻璃隔断墙施工工艺标准

钢化玻璃规格尺寸允许偏差（mm）

边长度 L / 允许偏差 / 厚度	$L \leqslant 1000$	$1000 < L < 2000$	$2000 < L \leqslant 3000$
4 6	+1 −2	±3	±4
8 10 12	+2 −3	—	—
15	±4	±4	
19	±5	±5	±6

钢化玻璃的厚度及其允许偏差（m）

名称	厚度	厚度允许偏差
钢化玻璃	4.0	±0.3
	5.0	
	6.0	
	8.0	±0.6
	10.0	—
	12.0	±0.8
	15.0	
	19.0	±1.2

玻璃隔断墙允许偏差

项次	项类	项目	允许偏差（mm）		检验方法
1	龙骨	龙骨间距	2	—	尺量检查
2		龙骨平直	2	—	尺量检查
3	玻璃	表面平整	—	1	用 2m 靠尺检查
4		接缝平直	2	0.5	拉 5m 线检查
5		接缝高低	0.5	0.3	用直尺或塞尺检查
6	压条	压条平直	1	1	拉 5m 线检查
7		压条间距	0.5	1	尺量检查

3. 轻钢龙骨隔断墙施工工艺标准

轻钢龙骨侧面和地面的平直度（mm/1000mm）

类别	品种	检测部位	优等品	一等品	合格品
墙体	横龙骨和竖龙骨	侧面	0.5	0.7	1
		底面	1	1.5	2
	贯通龙骨	侧面和底面			
吊顶	承载龙骨和覆面龙骨	侧面和底面			

骨架隔墙面板安装的允许偏差

项次	项目	允许偏差（mm）	检验方法
1	立面垂直	3	用 2m 托线板检查
2	表面平整	2	用 2m 直线和楔形塞尺检查

隔断骨架允许偏差

项次	项目	允许偏差（mm）					检验方法
		纸面石膏板	埃特板	多层板	硅钙板	人造木板	
1	立面垂直度	3	3	2	3	2	用 2m 托线板检查
2	表面平整度	3	3	2	3	2	用 2m 靠尺和塞尺检查
3	阴阳角方正	2	2	2	2	2	用直角检测尺、塞尺检查
4	接缝直线度	—	—	—	—	2	拉 5m 线，不足 5m 拉通线用钢直尺检查
5	压条直线度	—	—	—	—	2	拉 5m 线，不足 5m 拉通线用钢直尺检查
6	接缝高低差	0.5	0.5	0.5	0.5	0.5	用钢直尺和塞尺检查

四、饰面板（砖）工程（DBJ/T 61—37—2016）

1. 室内贴面砖施工工艺标准

室内贴面砖允许偏差

项次	项目	允许偏差（mm）	检验方法
		外墙面砖	
1	立面垂直度	2	用 2m 垂直检测尺检查
2	表面平整度	2	用 2m 直尺和塞尺检查
3	阴阳角方正	2	用直角检测尺检查
4	接缝直线度	1	拉 5m 线，不足 5m 拉通线用钢直尺检查
5	接缝高低差	0.5	用钢直尺和塞尺检查
6	接缝宽度	1	用钢直尺检查

2. 墙面贴陶瓷锦砖施工工艺标准

陶瓷锦砖允许偏差

项次	项目		允许偏差（mm）	检验方法
			外墙面砖	
1	立面垂直度	室内	2	用 2m 靠尺和塞尺检查
		室外	3	
2	表面平整		2	用 2m 靠尺和塞尺检查

续表

项次	项目		允许偏差（mm）	检验方法
			外墙面砖	
3	阴阳角方正		2	用 20cm 方尺和塞尺检查
4	接缝平直		2	拉 5m 小线和尺量检查
5	墙裙上口平直		—	拉 5m 小线和尺量检查
6	接缝高低差	室内	0.5	用钢板短尺和塞尺检查
		室外	1	

3. 大理石、磨光花岗石饰面施工工艺标准

大理石、磨光花岗石允许偏差

项次	项目		允许偏差（mm）		检验方法
			大理石	磨光花岗石	
1	立面垂直	室内	2	2	用 2m 托线板和尺量检查
		室外	3	3	
2	表面平整		1	1	用 2m 靠尺和楔形塞尺检查
3	阳角方正		2	2	用 20cm 方尺和楔形塞尺检查
4	接缝平直		2	2	拉 5m 小线（不足 5m 拉通线）和尺量检查
5	墙裙上口平直		2	2	拉 5m 小线（不足 5m 拉通线）和尺量检查
6	接缝高低		0.3	0.5	用钢板短尺和楔形塞尺检查
7	接缝宽度偏差		0.5	0.5	拉 5m 小线和尺量检查

4. 墙面干挂石材施工工艺标准

室内外墙面干挂石材允许偏差

项次	项目		允许偏差（mm）		检验方法
			光面	粗磨面	
1	立面垂直	室内	2	2	用 2m 托线板和尺量检查
		室外	2	4	
2	表面平整		1	2	用 2m 靠尺和塞尺检查
3	阳角方正		2	3	用 20cm 方尺和塞尺检查
4	接缝平直		2	3	拉 5m 小线和尺量检查
5	墙裙上口平直		2	3	拉 5m 小线和尺量检查
6	接缝高低		1	1	用钢板短尺和塞尺检查
7	接缝宽度偏差		1	2	用尺量检查

五、涂饰工程（DBJ/T 61—37—2016）

1. 木饰表面饰涂混色油漆施工工艺标准

木饰表面饰涂溶剂型混色涂料质量和检查方法

项次	项目	普通涂饰	高级涂饰	检查方法
1	颜色	均匀一致	均匀一致	观察
2	刷纹	刷纹通顺	无刷纹	观察
3	光泽、光滑	光泽基本均匀光滑无挡手	光泽均匀一致光滑	观察、手摸
4	裹棱、流坠、皱皮	明显处不允许均匀一致、刷纹通顺	不允许	观察
5	装饰线、分色线直线度允许偏差，不大于（mm）	2	1	拉 5m 线（不足时拉通线）和尺量检查

2. 木饰表面饰涂清色油漆施工工艺标准

木料表面饰涂清漆质量和检查方法

项次	项目	普通涂饰	高级涂饰	检查方法
1	颜色	均匀一致	均匀一致	观察
2	木纹	棕眼刮平、木纹清楚	光滑均匀一致	观察
3	光泽、光滑	光泽基本均匀光滑无挡手	光泽均匀一致光滑	观察、手摸
4	刷纹	无刷纹	无刷纹	观察
5	裹棱、流坠、皱皮	明显处不允许	不允许	观察、手摸
6	装饰线、分色线直线度允许偏差，不大于（mm）	2	1	拉 5m 线（不足时拉通线）和尺量检查
7	五金、玻璃等	洁净	洁净	观察

3. 木饰表面饰涂混色瓷漆磨退施工工艺标准

木饰表面施涂清混色瓷漆磨退高级涂料工程一般项目

项次	项目	普通涂饰	高级涂饰	检查方法
1	颜色	均匀一致	均匀一致	观察
2	刷纹	刷纹通顺	无刷纹	观察
3	光泽、光滑	光泽基本均匀光滑无挡手	光泽均匀一致光滑	观察、手摸
4	裹棱、流坠、皱皮	明显处不允许	不允许	观察
5	装饰线、分色线直线度允许偏差	不大于 2mm	不大于 1mm	拉 5m 线（不足时拉通线）和尺量检查

4. 金属表面饰涂混色油漆涂料施工工艺标准

金属表面饰涂混色油漆涂料的一般项目

项次	项目	普通涂饰	高级涂饰	检查方法
1	颜色	均匀一致	均匀一致	观察
2	裹棱、流坠、皱皮	明显处不允许	不允许	观察
3	光泽、光滑	光泽基本均匀光滑无挡手	光泽均匀 一致光滑	观察、手摸
4	装饰线、分色线直线度允许偏差	不大于 2mm	不大于 1mm	拉 5m 线（不足时拉通线） 和尺量检查
5	刷纹	刷纹通顺	无刷纹	观察

5. 木饰表面饰涂清漆磨退施工工艺标准

清漆的涂饰质量和检验方法

项次	项目	普通涂饰	高级涂饰	检查方法
1	颜色	均匀一致	均匀一致	观察
2	木纹	棕眼刮平、木纹清楚	棕眼刮平、木纹清楚	观察
3	光泽、光滑	光泽基本均匀光滑无挡手	光泽均匀 一致光滑	观察、手摸检查
4	刷纹	无刷纹	无刷纹	观察
5	裹棱、流坠、皱皮	明显处不允许	不允许	观察

6. 混凝土及抹灰表面饰涂油性涂料施工工艺标准

混凝土及抹灰表面饰涂油性涂料基本项目

项次	项目	中级涂饰	高级涂饰	检查方法
1	颜色	均匀一致	均匀一致	观察
2	光泽、光滑	光泽基本均匀光滑无挡手	光泽均匀一致光滑	观察、手摸
3	刷纹	刷纹通顺	无刷纹	观察
4	裹棱、流坠、皱皮	明显处不允许	不允许	观察
5	装饰线、分色线直线度允许偏差	不大于 2mm	不大于 1mm	拉 5m 线（不足时拉通线）和钢直尺检查

六、裱糊与软包工程（DBJ/T 61—37—2016）

1. 裱糊工程施工工艺标准

（1）主控项目

①壁纸、墙布的种类、规格、图案、颜色和燃烧性能等级必须符合设计要求及国家现行的有关规定。

②裱糊工程基层处理质量应符合要求。

③裱糊后各幅拼接应横平竖直，拼接处花纹、图案应吻合，不离缝，不搭接，不显拼缝。

④壁纸、墙布应粘贴牢固，不得有漏贴、补贴、脱层、空鼓和翘边。

（2）一般项目

①糊后的壁纸、墙布表面应平整，色泽应一致，不得有波纹起伏、气泡、裂缝、皱褶及污斑，斜视时应无胶痕。

②复合压花壁纸的压痕及发泡壁纸的发泡层应无损伤。

③壁纸、墙布与各种装饰线、设备线盒应交接严密。

④壁纸、墙布边缘应平直整齐，不得有纸毛、飞刺。

⑤壁纸、墙布阴角处搭接应顺光，阳角处应无接缝。

2. 木作软包墙面施工工艺标准

（1）主控项目

①软包的面料、内衬材料及边框的材质、颜色、图案、燃烧性能等级和木材的含水率应符合设计要求及国家现行标准的有关规定。

②软包工程的安装位置及构造做法应符合设计要求。

③软包工程的龙骨、衬板、边框应安装牢固，无翘曲，拼缝应平直。

④单块软包面料不应有接缝，四周应绷压严密。

（2）一般项目

①软包工程表面应平整、洁净，无凹凸不平及皱褶；图案应清晰、无色差，整体应协调美观。

②软包边框应平整、顺直、接缝吻合。其表面涂饰质量应符合本规范涂饰的相关规定。

③软包工程安装的允许偏差和检验方法可参考下表。

软包工程安装的允许偏差和检验方法

项次	项目	允许偏差（mm）	检验方法
1	垂直度	3	用 1m 垂直检测尺检查
2	边框宽度、高度	0，–2	用钢尺检查
3	对角线长度差	3	用钢尺检查
4	裁口、线条接缝高低差	1	用直尺和塞尺检查

七、地面面层工程（DBJ/T 61—37—2016）

1. 砖面层施工质量标准

（1）主控项目

①原料应符合相关规定的要求。

②面层与下一层应结合牢固，无空鼓、裂纹。

③面层表面的坡度应符合设计要求，不倒泛水、无积水；与地漏、管道接合处应严密牢固，无渗漏。

（2）一般项目

①砖面层表面应洁净、图案清晰，色泽一致，接缝平整，深浅一致，周边顺直。板块无裂纹、缺楞、掉角等缺陷。

②面层邻接处的镶边用料及尺寸应符合设计要求，边角整齐光滑。

③踢脚线表面应洁净、高度一致、结合牢固，出墙厚度一致。

④楼梯踏步和台阶板块的缝隙宽度应一致、齿角整齐；楼层梯段相邻踏步高度差不应大于 10mm；防滑条应顺直。

⑤砖面层的允许偏差应符合下表的规定。

⑥在管根或埋件部位应套裁，砖与管或埋件结合严密。

砖面层的允许偏差和检验方法

[illegible]	允许偏差（mm）			检验方法
	陶瓷锦砖、陶瓷地砖	缸砖面层	水泥花砖面层	
[illegible]	2	4.0	3	用 2m 靠尺和楔形塞尺检查
[illegible]直	3.0	3.0	3.0	拉 5m 线和用钢尺检查
接缝高低差	0.5	1.5	0.5	用钢直尺和楔形塞尺检查
踢脚上口平直	3.0	4.0	—	拉 5m 线和用钢尺检查
板块间隙宽度	2.0	2.0	2.0	用钢尺检查

2. 地板面层施工质量标准

（1）主控项目

①材料应符合相关规定的要求。

②木格栅安装应牢固、平直。

③毛地板铺设应牢固，表面平整。

④实木地板面层铺设应牢固；黏结无空鼓。

（2）一般项目

①实木地板面层应刨平磨光，无明显刨痕和毛刺等现象；图案清晰，颜色均匀一致。

②面层缝隙应严密；接头位置应符合设计要求、表面洁净。

③拼花地板接缝应对齐，粘、钉严密；缝隙宽度均匀一致；表面洁净，胶粘无溢胶。

④踢脚线表面应光滑，接缝严密，高度一致。

⑤实木地板面层的允许偏差应符合下表的规定。

实木地板、实木集成地板、竹地板面层的允许偏差和检验方法

项目	允许偏差（mm）			检验方法
	松木地板	硬木地板、竹地板	拼花地板	
板面缝隙宽度	1.0	0.5	0.2	用钢尺检查
表面平整度	3	2	2	用 2m 靠尺和楔形塞尺检查
踢脚线上口平齐	3	3	3	拉 5m 线和用钢尺检查
板面拼缝平直	3	3	3	
相邻板材高差	0.5	0.5	0.5	用钢尺和楔形塞尺检查
踢脚线与面层接缝	1.0			用楔形塞尺检查